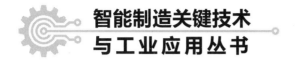

智能制造关键技术
与工业应用丛书

智能制造系统集成与优化方法

Integration and Optimization Methods
for Intelligent Manufacturing Systems

周佳军　姚锡凡　著

化学工业出版社

·北京·

内容简介

随着工业互联网、云计算、大数据、数字孪生等新一代信息技术与工业系统全方位深度融合，制造系统的透明化、智能化、服务化、智慧化发展受到各国政府、产业界和学术界的共同关注，学术研究日益活跃。本书以"感知互联，系统集成，优化决策"为导向，聚焦制造系统的集成互联与优化决策两大核心问题，展开与其相关的基本理论、共性方法、优化模型与算法的阐述，重点探讨几类融合新一代人工智能、人机物协同的新兴集成智能制造系统；在此基础上，系统阐述多个智能决策优化方法，将迁移学习、图神经网络、深度强化学习等方法应用于复杂制造系统资源分配与优化调度，以期为智能制造系统提供优化创新手段和技术支撑。

本书可作为高等院校机械工程、智能制造工程、自动化、计算机科学与技术、管理科学与工程等相关专业的教材或参考书，也可供制造企业工程技术人员和管理人员参考。

图书在版编目（CIP）数据

智能制造系统集成与优化方法 / 周佳军，姚锡凡著.
北京：化学工业出版社，2025. 2. --（智能制造关键技术与工业应用丛书）. -- ISBN 978-7-122-46724-9

Ⅰ. TH166

中国国家版本馆 CIP 数据核字第 2024MY3879 号

责任编辑：张海丽　　　　　　　文字编辑：张　宇
责任校对：杜杏然　　　　　　　装帧设计：王晓宇

出版发行：化学工业出版社
　　　　　（北京市东城区青年湖南街 13 号　邮政编码 100011）
印　　　装：大厂回族自治县聚鑫印刷有限责任公司
710mm×1000mm　1/16　印张 21¾　字数 414 千字
2025 年 1 月北京第 1 版第 1 次印刷

购书咨询：010-64518888　　　　　售后服务：010-64518899
网　　址：http://www.cip.com.cn
凡购买本书，如有缺损质量问题，本社销售中心负责调换。

定　　价：138.00 元　　　　　　版权所有　违者必究

前言

　　工业兴国，止于至善。　近年来，工业产品及服务日益复杂、生命周期越来越短，对制造系统的透明性和灵活性提出了新的需求，亟须基于实时制造过程信息对制造系统进行动态优化和控制。随着物联网、信息物理系统、数字孪生、区块链、5G 通信技术、云计算及大数据处理技术等新一代信息技术的迅猛发展和在制造业中的不断渗透，制造过程已由传统的"黑箱"模式向"透明化泛在感知"的模式转变，驱动制造系统向透明化、智能化、服务化、智慧化的方向发展。在此背景下，各国制造业只有不断创新制造模式和决策方法才能在新一轮全球工业革命中占领先机。如德国提出"工业 4.0"战略规划，美国提出"工业互联网"战略，我国的"中国制造 2025"也明确要求加快新一代信息技术与制造业深度融合，促进工业转型升级。本书以"感知互联，系统集成，优化决策"为导向，聚焦制造系统的集成互联与优化决策两大核心问题，展开与其相关的基本理论、共性方法、优化模型和算法的阐述，为制造过程全方位的分析、优化和决策提供参考。

　　著名科学家钱学森认为：系统是由相互依赖的若干组成部分结合而成的，具有特定功能的有机整体。制造作为一个系统，是按照一定的模式将产品制造过程所涉及的要素，组成具有特定生产功能的有机整体。系统集成与优化是关于复杂系统有效运作的科学，致力于将人工智能方法、工程技术与管理科学相结合，从系统的角度对实际工程问题进行定量分析、优化与设计，解决与效率、质量和成本相关的系统问题。本书回顾了制造系统集成的发展历程，对比分析了我国制造系统集成发展情况及存在的短板，对制造系统集成的基础技术、内涵及特征进行了归纳总结，展望了新一代智能制造系统的发展态势及趋势。在此基础上，重点探讨几类融合新一代人工智能、人机物协同的新兴集成智能制造系统，包括大数据驱动的主动制造系统、人本智能制造系统、自主智能制造系统以及可持续包容性制造，旨在梳理其研究脉络的同时，为未来智能制造发展提供有益的借鉴参考。

随着硬件、数据分析以及智能算法等技术的日益成熟，基于深度学习的人工智能技术得到了突破性发展。通过将人工智能技术、机器学习、数据挖掘等方法与优化决策方法相结合，传统的制造系统向高度智能、自治的智能制造系统转变，以实现复杂、动态生产活动的自组织优化和自适应协同。本书针对复杂制造系统资源分配与优化调度问题，系统阐述了多个典型决策优化方法，包括迁移学习辅助的云制造系统多任务协同优化方法、基于图神经网络和深度强化学习的柔性车间动态调度方法、面向超多目标资源服务组合优化的对抗搜索求解策略以及模糊多属性云制造资源决策理论与方法，以期为复杂制造系统提供智能优化创新手段和技术。

本书所涉及的研究成果是在国家自然科学基金杰出青年科学基金项目(51825502)、国家自然科学基金基础科学中心项目(52188102)、国家自然科学基金项目(51905198、51911530245、51675186、51175187)、中国博士后科学基金特别资助(2020T130225)与面上资助(2019M652630)、中国地质大学"青年拔尖"人才培养计划等项目的资助下取得的。本书撰写过程中得到了华中科技大学副校长、国家智能设计与数控技术创新中心主任高亮教授的悉心指导与帮助，在此对他表示衷心的感谢。

智能制造系统集成与优化涉及领域宽广、研究内容丰富，是一门快速发展的交叉学科。由于笔者研究阅历与学术水平的局限，书中难免存在疏漏之处，许多内容还有待完善和深入研究，诚恳读者批评指正。

著者
2024 年 5 月

目录

第一部分　综述篇

第二部分　制造系统集成篇

第 3 章
制造物联与信息物理生产系统　　084

第 7 章
可持续包容性制造　　　　　　　　　　　　　　155

第三部分　制造系统优化篇

第 8 章
高维多目标制造云服务组合优化方法　　　　168

第 9 章
基于迁移学习的云制造多任务协同优化　　　213

第 10 章
深度强化学习驱动的分布式柔性车间调度　284

第一部分　综述篇

第**1**章

制造系统集成概述

　　制造业的持续健康发展是我国经济发展的主要动力，发展先进制造技术、推进制造业转型升级是提高我国制造业竞争力的重要支撑。在此背景下，源于先进技术系统集成协同创新及突破性发展的智能制造系统日益对全球工业竞争格局产生长远、深刻的影响。本章将从系统科学的角度出发，探讨智能制造系统的概念、组成、内涵及最新研究热点，分析智能制造系统是如何影响产品生产活动的，重点介绍基于信息物理系统、物联网、云计算、大数据发展起来的新一代智能制造系统。智能制造系统是人机物协同的系统工程，智慧制造/社会制造是新一代先进制造技术的典型应用模式。新一代信息网络技术等先进技术综合协同创新及突破性发展将推动新的工业革命，以"工业 4.0"等为代表的新工业革命将为这些智能制造系统的发展创造良好的技术基础和社会环境。

1.1　制造业的发展机遇与挑战

　　制造业是工业的基石，是国民经济的支柱产业，是一个国家生产力水平的具体体现，在实现经济繁荣、促进科技创新及保障国家安全等方面发挥着重要作用。纵观全球范围内，国际社会重振制造业趋势日渐明显，以德国、美国和日本为首的发达国家重提先进制造业来重塑经济结构，助力发展。德国提出以信息物理系统（cyber physical systems，CPS）为主要特征的"工业 4.0"（Industry 4.0）、美国的"工业互联网"（industrial internet）和日本的《制造业白皮书》等相关概念政策，深刻表明了各国政府要实现"制造强国"这一理念的坚定决心。不论是 CPS 还是工业互联网都致力于物理世界与信息世界的融合，因而"工业 4.0"与"工业互联网"异曲同工，同时两者均诞生于制造业强国，在全球引起了极大的反响和认同。我国先后发布了以智能制造为主攻方向的《中国制造 2025》和以"两化"深度融合为主线的《关于深化"互联网＋先进制造业"

发展工业互联网的指导意见》以及《新一代人工智能发展规划》等一系列国家战略文件，明确以智能制造为主攻方向，大力推动信息技术与制造技术深度融合，通过智能感知（smart sensing）及大数据（big data）处理技术提升产品质量及增加效益，推动制造业转型升级与向高端化发展。

　　当前我国制造业正面临着来自发达国家和发展中国家"前后夹击"的双重挑战[1]：一方面，欧美发达国家推行"再工业化"战略，抢占制造业高端市场；另一方面，部分发展中国家以低人力成本承接劳动密集型产业转移，抢占制造业中低端市场。与世界先进水平相比，中国制造业仍然大而不强，在自主创新能力、核心竞争力、可持续发展能力、产品服务化和智能化程度、质量效益等方面仍有差距，转型升级和跨越发展的任务紧迫而艰巨。从资源与环境角度看，我国制造业能源资源消耗巨大、对环境污染严重。从技术与创新水平的角度来看，我国制造产业技术创新能力薄弱，有自主知识产权的产品少，产品的附加值较低。从产业内部价值链的角度看，我国传统制造业处在价值链上（研发、制造、营销）价值创造能力较低的环节，在研发和营销领域，科技创新能力弱、品牌建设不足。从市场环境的角度看，知识经济时代的市场竞争日趋激烈，消费更加个性，传统的追求生产效率而进行的品种单一、大批量以及标准化产品的制造模式很难适应现代市场中客户对个性化和多样化的需求。采用计算机、互联网及智能化技术，尤其是以数字孪生（digital twin）、云计算（cloud computing）、物联网（internet of things，IoT）、信息物理系统（cyber physical systems，CPS）、大数据（big data）等为代表的新一代信息技术与现代制造业结合[2-3]，激活传统制造业并提升工业价值创造能力，已成为制造业信息化研究的主攻方向。

　　制造系统集成注重综合经济效益以及技术融合性，以大数据为代表的信息技术、以绿色能源为代表的新能源技术、以 3D 打印技术为代表的数字化智能制造等技术系统协同创新[4]，将柔性化、智能化、敏捷化、精益化、全球化和人性化融合于一体，改变制造业的生产模式以及全球经济系统，增强企业对市场的反应能力，提高自主创新能力，为客户提供更加人性化的服务，具有产品质量精良、技术含量高、资源消耗低、环境污染少、经济效益好等特性，通过发展先进制造技术和战略性新兴产业改造提升传统资源密集型和劳动密集型工业，开辟一条科技含量高、资源消耗低和环境污染少的新型工业化道路，已成为我国高新技术发展、推动经济发展和满足人民日益增长需要的主要技术支撑。目前，"互联网＋"和"人工智能＋"已成为我国制造业转型升级的主攻方向，实际上，前者与制造的深度融合就形成所谓的网络化制造，而后者与制造的深度融合则形成智能制造。但是，不论网络化制造还是智能制造，都与各自的前身有根本性的不同。比如，诞生于 20 世纪 80 年代的智能制造，当时英文用 intelligent manufacturing（IM）表示，进入 21 世纪之后，随着物联网、CPS、大数据等"smart"

技术的出现和发展,诞生名为 smart manufacturing（SM）的新一代智能制造[5]。

我国的"'十二五'制造业信息化科技工程规划"中明确提出大力发展新一代集成协同技术、制造服务技术和制造物联技术。运用集成协同技术对制造过程中的数据对象进行聚类分析和融合处理,对功能业务进行重组和优化,提升系统集成与协同的广度和深度;运用云制造、面向产品全生命周期的制造服务等技术促进制造与服务的相互融合,推进制造业的整合、增值和创新;以制造物联技术解决产品设计、制造与服务过程中的信息综合感知、可靠传输和智能处理问题,提高产品附加值。制造业信息化科技工程的实施将推进互联网、云计算、物联网等新一代信息技术与制造技术相融合,加大对云制造、制造物联等前沿信息化制造技术的研发,为加速制造业结构调整和转型升级、发展高端制造业等战略性新兴产业发挥更重要的作用。云制造、新一代集成协同技术、制造服务技术和制造物联技术等将给制造业信息化发展注入新的活力。

从社会技术系统的观点看,任何制造系统都有两个尺度,即技术系统和伴随技术系统的社会系统。社会技术系统强调系统中技术系统与社会系统两类因素的相互作用,技术影响社会系统投入的种类、转换过程的性质和系统的产出。然而,社会系统决定着技术利用的有效性和效率。如果孤立地试图使其中一个系统最优化,则可能使系统的总效能降低。智能制造系统是各个单项技术在先进制造哲理下的有机集成,从最初关注技术和工程科学等自然科学的集成,慢慢过渡为重视在先进制造的应用过程中科学技术、组织结构以及人的智慧等的深度融合,尤其注重自然科学与社会科学的集成、系统体系观念和整体全局优化,最终目的是使整个制造系统能对外部市场环境的变化产生及时、高效、敏捷的反应[6]。

1.2 制造系统的内涵和特征

制造是指对原材料进行加工或再加工,以及对零部件装配的过程的总称。未来产品制造,特别是精密电子产品制造,是一个对质量、规范和验证都有着严格要求的复杂生产工艺过程,面临过程质量控制约束多、安全性监管高、全流程协同优化难等问题。目前,我国制造领域存在着产品及服务质量不稳定、同质化严重、国际竞争参与不足、核心技术依赖于人等"卡脖子"难题,迫切需要开展智能制造系统集成技术研究。诞生于 20 世纪 80 年代末的智能制造（intelligent manufacturing,IM）,随着人工智能的发展而不断演化。但当时智能制造主要借助符号推理或专家系统等第一代人工智能技术加以实现,应用于制造中的某些局部环节,以"智能孤岛"形式存在,如计算机辅助设计、计算机辅助制造、计算机辅助工程、机器人及柔性制造技术、自动控制系统、数控技术及装备等。进入

21 世纪后，得益于计算能力的提高、大数据的兴起以及深度学习的突破，出现以大数据智能、跨媒体混合智能、群体智能、自主智能等为特征的新一代人工智能，新一代智能制造因此应运而生。

　　制造系统集成是由传统的制造技术发展起来的，既保持了过去制造技术中的有效要素，又要不断吸收自动智能控制技术、新材料加工、清洁能源、组织管理及系统工程等方面的高新技术，并将其综合应用于产品生命全周期，以实现高效低耗、清洁环保、灵活敏捷生产，是一个多学科体系，包含了从市场需求、产品设计、工艺规划到制造过程与市场反馈的人机物系统工程。本质上就是自然科学（自动控制技术、工艺规划技术等）和社会科学（组织管理和经济学等）的有机融合，从而形成对市场环境有快速反应能力和高水平竞争能力的制造技术群体。

　　从制造系统的观点来看，智能制造系统是一个三层次的技术群，如图 1-1 所示，它包含了基础制造技术、新型制造单元技术、先进制造模式/系统。第一个层次基础制造技术，主要指优质高效、低耗清洁的通用共性技术，对应于制造系统集成的支撑技术。第二层是制造技术与信息技术、新型材料加工技术、清洁能源、环境科学等结合而形成的新型制造单元技术，涉及多学科交叉、集成与融合，对应于制造系统集成的主体技术和管理技术。第三层是先进制造模式/系统，主要包括综合先进制造单元技术和组织管理等理念的现代集成制造模式，更加强

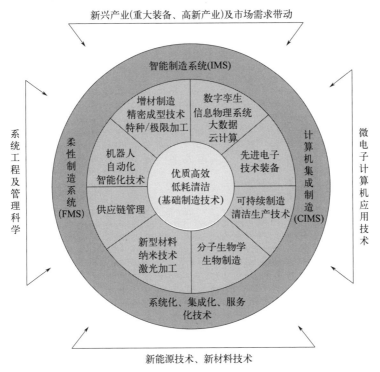

图 1-1　制造系统集成的内涵、层次及技术构成

调技术系统和社会系统的协同与融合，是人、技术、组织和管理等要素的集成，广义上讲是人机物协同制造系统。

智能制造系统集成需要新一代信息技术与制造业的深度融合与协同服务作为支撑，先进制造技术的群体涌现、协同融合将导致新的工业革命，各种技术之间产生了耦合效应推动工业革命的进程。智能制造系统集成不是依赖单一学科或某几类技术，而应该是全方位的多学科、多技术层次、宽领域的协同效应和深度融合。

1.2.1 基础制造技术

基础制造技术主要指传统的制造工艺技术，如毛坯测量下料、铸造塑性成形、锻压、焊接、热处理、材料强韧化、表面保护、机械加工、优质高效连接技术、功能性防护涂层及各种与设计制造有关的加工工艺。这些基础制造技术经过优化以及改进而形成的基础制造工艺是先进制造技术的核心组成部分。

1.2.2 新型制造单元技术

（1）新型材料、纳米技术和激光加工

纳米技术亦称超精密工程，加工误差可达纳米级以下；激光加工具有很强的适应性，材料浪费少。纳米技术和激光加工的发展引发了机械技术与电子技术在纳米水平上相融合的微型机械的出现。传统研制材料是根据已有的认识或经验，通过基本材料的组合反复配试获得，整个过程非常慢，往往并非最佳的结果。2011年6月，美国先进制造业伙伴关系（Advanced Manufacturing Partnership，AMP）计划之一的"材料基因组计划"研究从分子结构来分析材料，通过原子排列找出相、显微组织、性能、环境参数、使用寿命等的关系，建立原子、分子的结构跟材料性能的关系，这种方法可以把研发、生产和应用先进材料的速度提高一倍以上。

（2）增材制造与精密成型技术

增材制造是激光加工、CAD/CAM、新材料科学交叉融合的产物，相对于传统的材料切削加工技术，基于离散-堆积原理或直接利用激光将原材料烧结成复杂形状的产品。如3D打印是材料技术、烧结技术和打印技术的融合创新，用计算机程序直接控制生产设备生产制作个性化产品，具有设计制造一体化、高度柔性、缩短新产品的研制周期等优点。材料近净成型技术（NSP）将原材料直接制造成精密工件，其制作的零件具有精确的外形和好的表面粗糙度，不需要加工或少量加工即可投入使用，极大地改造了传统毛坯成型技术。3D打印是实现个性化定制的新兴技术，推动制造方式从减材到增材的颠覆性转变，大幅缩减了产品

开发周期与成本，用户可以深度参与到产品设计与制造中来，实现个性化生产，具有重大的应用潜能。

（3）机器人、自动化及智能化技术

工业机器人在生产加工中的运用，可以完成某些过程复杂、费时耗力的标准化生产流程。自动化技术从自动控制、自动调节、自动补偿和自动辨识等发展到自学习、自组织、自维护和自修复等更高的水平。智能化技术综合了信息技术、模糊算法、神经网络控制等智能优化算法的多学科技术。智能机器在没有人工干预情况下进行生产，具有人机一体化、自律能力强、自组织与超柔性、自学习与自我维护等特点。智能机器人将替代人类绝大多数体力劳动和相当部分的脑力劳动，使人类得以将更多时间用于从事创造性工作，同时也使资源与能源的消耗和浪费得以减少，使制造业朝可持续方向发展。

（4）先进电子技术装备

先进电子装备，如平板电脑、智能手机、穿戴设备等普适人机交互设备和移动终端会越来越普及，将使人与物理世界的交互方式更为普适化、虚拟化、智能化和个性化，实现任何地点、任何时间、任何人都能访问任何信息的交互。传感器和嵌入式设备将会感知和采集各种环境和监测对象信息，并对这些信息进行处理，用户能利用自然普适智能的方式来无缝地实现资源共享和服务的获取。

（5）分子生物学及生物制造

生物制造（BM）是一种通过学习生物系统的结构、功能及其控制机制，解决制造过程中的一系列难题的新概念和新方法，具有类似生物的自组织、自适应、自相似结构与分布化控制等特点，使组织结构、制造模式、制造技术和信息技术实现有机集成。BM 强调生命科学的应用，方法包括基因算法、进化算法、强化学习和神经网络等。

（6）供应链管理

消费者需求日趋主体化、个性化和多样化，大批量生产模式的响应越来越迟缓与被动，市场竞争日趋激烈，迫切需要增强制造企业的灵活性和应变能力，缩短产品生产周期，这需要供应链上制造企业能够实现信息的快速交换和共享。制造过程的实质是物质流、信息流在控制流的协调下实现从原料到产品的转换。供应链管理以整体效益最优化为目标，以系统化的观点综合考虑对人、技术、管理、设备、物料、信息等系统构成要素的优化组合，实现产品在从设计、制造、使用到报废的整个产品生命周期中，经济效益、社会效益和生态效益的协调统一。

（7）清洁生产技术、绿色可持续制造

清洁生产和绿色可持续制造是将加工制造阶段产生的废物无害化、使资源循环利用，以达到在生产过程中污染物排放尽量少的目的。清洁生产和绿色制造主要表现在以下几个方面：一是绿色设计，设计阶段就充分考虑对资源和环境的影响，将环境友好作为产品的设计目标和出发点；二是绿色选材，材料选择不仅考虑产品的功能、质量、成本等多方面的要求，还必须考虑其绿色性，将环境因素融入材料的选择过程中；三是绿色制造，要尽量研究和采用物料和能源消耗少、废弃物少、对环境污染小的制造方法，符合环境保护要求；四是产品的回收和循环再制造，循环再制造是资源→产品→废弃物→再生资源或再生产品的反馈式循环模式。

（8）物联网、大数据、云计算等新一代信息技术

美国的 IBM 公司基于新一代信息技术提出的智慧地球（smart planet）掀起了物联网研究的高潮，引起了国内外学者和政府的广泛关注。物联网是利用 RFID、嵌入式系统、传感器等技术获取现实世界信息，使物体与物体之间通过网络相互连接并进行信息交互，以实现智能化识别、跟踪、监控和管理的一种网络。物联网通过信息系统与物理环境的全面融合，最终形成统一的基础设施，支持各类智能化应用。物联网技术融入产品的全生命周期及制造过程的各个阶段将形成新的制造模式——制造物联，将在本书后面章节予以介绍。随着物联网时代的到来，社交网络、电子商务、信息物理系统、移动终端等不断发展，数据量，尤其是半结构化、非结构化数据将爆发式增长。一般意义上，大数据是指无法在一定时间内用常规机器和软硬件工具对其进行感知、获取、管理、处理和服务的数据集合，具有大量、高速、多样、价值高的特点。对于制造业而言，数据积累和数据的广度上还不够，数据应用大多针对传统企业内的结构化数据，有效整合大数据，包括微博、论坛、网站等数据源，分析发掘这些数据蕴藏着的潜在价值，有助于快速预测市场趋势和客户个性化需求、细分客户、提供量身定制的合适服务、及时了解整个供应链的供需变化等。此外，制造系统中包含了大量的物料、人员、生产设备状态及加工过程等数据，研究制造系统中产生的大量不同来源数据的动态演变过程，搜索、比较、聚类、分析、处理与融合制造过程数据，综合应用非常规数据处理和大数据处理等手段，以支持制造过程的优化决策，优化生产流程和改进产品质量，确保产品制造过程的高效可靠，能有效提升制造企业经营管理效率和市场竞争力。大数据分析通常和云计算联系到一起，制造业已经进入大数据时代，大数据具有数据体量巨大、数据类型繁多、查询分析复杂等特点，超越现有企业 IT 架构和基础设施的承载能力，这需要高性能的计算机和网络基础设施，必须依托云计算的分布式架构、分布式处理、分布式数据库和云存储、虚拟化技术等。云计算是能够提供动态资源池、虚拟化和高可用性的下一代计算平台，通过按需使用的方式为用户提供可配置的资源（包括网络、服务器、存储、IT 基础设施、软件、服务等）。云计算融合物联网、面向服务、高性能计算和智能科学等技术形成云制造，将各类制造资源或能力虚拟化、服务化，通过网络和云平台，为用户提供高效便捷、可按需使用、优质廉价的制造全生命周期服务。

1.2.3 先进制造模式/系统

制造模式是制造业为了提高产品质量、市场竞争力、生产规模和生产速度，以完成特定的生产任务而采取的一种有效的生产方式和一定的生产组织形式。先进制造模式是以计算机信息技术和智能技术为代表的高新技术为支撑技术，在先进制造思想的指导下用扁平化、网络化组织结构方式组织制造活动，追求社会整体效益、顾客体验和企业盈利同时最优化的柔性、智能化生产系统。按照历史唯物主义的观点，社会存在决定社会意识，从制造业的发展进程来看，不同社会发展时期决定了不同的制造思想、生产组织方式和管理理念，它们相互作用共同决定了特定时期的制造模式。如图 1-2 所示，按照制造技术发展水平、生产组织方式以及管理理念将制造模式的发展历程归纳为以下八个阶段：手工作坊式生产、机械化生产、批量生产、低成本大批量生产、高质量生产、网络化制造、面向服务的制造、智能制造。

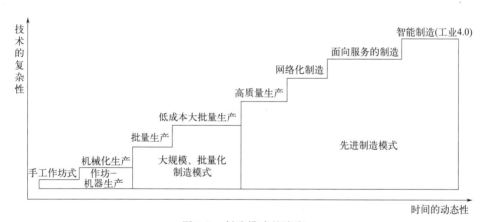

图 1-2　制造模式的演变

早期的制造是以手工作坊式、机器单件小批量模式生产的，产品质量主要依赖手工匠技艺，成本较高、生产批量小，零部件的质量可控性及兼容性比较差，供不应求成为制造业进一步发展必须解决的问题。产业革命后，新的生产技术和管理思想大量涌现，这一阶段的早期，制造技术的改进重点在于规模化大批量生产以及提高生产效率等，流水线式生产方式使得专业分工和标准化规模生产从技术方法上成为可能，科学组织管理理念等又从组织、结构、方式上保障了流水线式生产的实现，使得大规模制造成为可能。然而，大规模、批量化生产方式的精细化分工和高度标准化形成了一种刚性的资源配置系统，在买方市场下，市场环境瞬息万变，这种生产模式会给企业带来巨大损失。20 世纪 90 年代，随着先进的制造理念、先进的生产技术以及先进的管理方式的不断成熟与发展，各种新的制造理念、先进制造新模式得到了迅猛发展，理论界相继出现了高质量生产、网络化制造、面向服务的制造、智能制造等一系列新概念，各种先进制造模式之间的关系如图 1-3 所示。

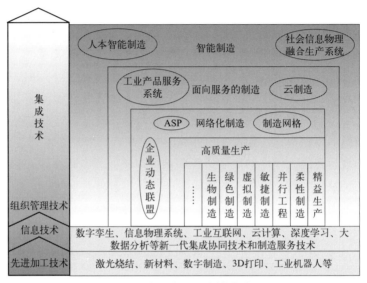

图 1-3　先进制造生产模式关系

（1）高质量生产

① 并行工程、柔性制造、精益生产。并行工程强调各部分的协同工作，以便将产品设计、制造和保障过程用系统工程方法综合在一起，从而实现产品一次性制造成功，缩短产品开发周期，提高产品质量。柔性制造主要依赖对柔性技术设备的投资来提高制造系统对内外环境变化的适应能力。精益生产是通过组织结构、人员因素、运行模式和市场需求等方面的改进，使得生产过程中一切多余的、无用的流程被精简，以便多品种小批量生产的一种生产管理方式。这三类制造模式是一类基础的生产管理方法，是虚拟制造、敏捷制造、现代集成制造的基础技术，为知识集成制造的诞生创造了条件。

② 虚拟制造和敏捷制造。虚拟制造的实质是对产品制造的全过程虚拟集成，通过设计的最优化实现产品的一次性制造成功。敏捷制造是企业实现敏捷的生产经营哲学和制造方式，具有需求响应的快捷性、组织形式的动态性、工作机制的协同性、控制机制的分布性等特性。虚拟制造是实现敏捷制造的重要手段，敏捷制造的核心是动态联盟/高效快速重组，而动态联盟/高效快速重组这种组合能否协调优化运行，组合运行效益及风险评估必须将其映射为虚拟制造系统，通过虚

拟制造系统模拟仿真各种未来制造过程对产品全生命周期的影响。

③ 生物制造和绿色制造。生物制造是一种通过学习生物系统的结构、功能及其控制机制，解决制造过程中的一系列难题的新概念和新方法。绿色制造是考虑环境影响和资源利用率的现代制造模式，它系统地考虑产品开发制造及其活动对环境的影响，使社会效益和企业利益协调整体最优化。绿色制造和生物制造相互促进及协同发展体现了人与自然的相互联系、相互依存、相互渗透的和谐共处、协调发展的关系。

（2）网络化制造

网络化制造是指在产品全生命周期制造活动中，以信息技术和网络技术等为基础，实现快速响应市场需求和提高企业竞争力的制造技术/系统的总称。较典型的应用模式有制造网格（MGrid）、应用服务提供商（application service provider，ASP）。制造网格是运用网格技术对制造资源进行服务化封装和集成，屏蔽资源的异构性和地理上的分布性，以透明的方式为用户提供服务，从而实现面向产品全生命周期的资源共享、集成和协同工作。ASP 是企业将其部分或全部流程业务委托给服务提供商进行管理的一种外包式服务，以优化资源配置、提高生产和管理效率。企业用户可以直接租用 ASP 平台提供的各类软件进行自己的业务管理，如产品生命周期管理（product lifecycle management，PLM）、企业资源规划（enterprise resource planning，ERP）等，不必购买整个软件和在本地机器上安装该软件，从而节省 IT 产品技术购买和运行费用，降低了客户企业的应用成本，特别适用于中小型企业。

（3）面向服务的制造

制造的价值链正不断延伸和拓展，制造和服务逐渐相互融合，制造企业倾向于提供生产型服务和服务型生产，为顾客提供产品及其应用解决方案。面向服务的制造是为实现制造价值链的增值，通过产品和服务的融合、客户全程参与、提供生产型服务或服务型生产，实现分散的制造资源的整合和各自核心竞争力的高效协同，达到高效创新的一种制造模式。面向服务的制造的典型应用有众包生产（crowd sourcing，C-Sourcing）、工业产品服务系统（industrial product service system，IPSS）等。众包是一种分布式的问题解决和生产模式，工作任务通过互联网以公开、自由自愿的方式分发给非特定的大众。众包生产就是网络化社会生产，让更多的产品和服务的用户参与到产品的创新活动中来，打破企业创新来源的界限，聚集大众智慧，增加公众的参与度，并通过"用户创造内容"的形式，生产出符合消费者需求的个性化产品。众包生产对于构建创新型制造企业非常重要，它具有开放式生产、组织构成的动态性、物理范围的分布性、参与者的主动性等特点，能够突破传统生产模式，通过外部资源的整合来实现产品开发任务；它通过激励机制代替合约机制，用人而不养人，以极低的成本聚集外部零散个体用户和群体资源，为客户提供产品及其应用解决方案。众包生产面对多样化的个性需求和不断变化的市场环境能够灵活、高效、低成本地进行资源的重新分配和整合，能有效降低产品制造成本，减少企业风险，提高适应个性化需求的灵活性，它的出现给企业的研发、生产、销售、管理到售后服务带来了巨大影响。产品服务系统（product service system，PSS）通过系统地集成产品和服务，为用户提供产品功能而不是物质的产品以满足用户需求，从而实现产品全生命周期内价值增值和生产与消费的可持续性。工业产品服务系统（industrial product service system，IPSS）是在 PSS 的基础上提出的。IPSS 是工业产品及其相关服务的集成，产品与服务作为一个集成化的整体提供给用户，这里的产品既可以是用户所有，也可以是 IPSS 的提供者所有，不仅关注产品本身质量还考虑顾客体验，通过用户的参与来提高产品服务创新能力；服务则是覆盖整个产品全生命周期内的所有活动（设计、制造、运输、销售、使用、维护、售后服务等），通过专业的服务共享，能够降低用户成本投入，从而能够集中更多的精力关注其核心竞争力。IPSS 的核心是提供工业产品的工作能力，这依赖于提供者的知识水平和经验丰富程度，因此它具有知识服务及生产型服务的特点。

（4）智能制造

基于新一代信息技术和 IBM 智慧地球的研究框架，制造系统的集成协同越来越关注人的发展和周围环境的融合，研究的关注点从之前侧重信息技术和工程科学的集成，逐步转变为技术体系、组织结构、人及环境的深度融合与无缝集成，实现优势互补与可持续制造，这些制造包括云制造、制造物联、基于信息物理系统的智能制造乃至智慧制造。德国政府在 2013 年 4 月举办的汉诺威工业博览会上，正式推出了工业 4.0 战略，工业 4.0 战略提出的智能制造是面向产品全生命周期，实现泛在感知条件下的信息化制造。智能制造技术是在新一代信息技术、云计算、大数据、物联网技术、纳米技术、传感技术以及人工智能等基础上，通过感知、人机交互、决策、执行和反馈，实现产品设计、制造、物流、管理、维护及服务的智能化，是信息技术与制造技术的集成协同与深度融合。智能制造系统由智能产品、智能设备、高质量的工作环境、高素质的劳动者等组成，他们相互之间通过中间件、云计算和服务、移动终端等连接通信和交互，对制造过程进行数据采集和工况分析并辅助智能决策，构建完整的制造体系。在产品加工过程中，智能制造将传感器及智能诊断和决策软件集成到装备中，由程序控制的装备上升到智能控制，能自适应反馈被加工工件在加工过程中的状况。例如，基于信息物理系统的智能制造的生产过程相比传统数控加工技术，能感知温度、环境、加工材料的属性变化，并作出相应调整，不会机械地执行预定程序，加工出的产品能够保证精度。基于云计算、物联网、面向服务和智能科学等技术的云制造也是一种智能化的制造模式，云制造（cloud manufacturing，CMfg）利用网络和云制造服务平台，按需组织网上制造资源（制造云），为用户提供可随时获取的、动态的、敏捷的制造全生命周期服务。云制造能促进制造资源/能力的物联化、虚拟化、服务化、协同化、智能化，进而实现产品全生命周期制造的智慧化。与传统网络化制造相比，云制造具有更好的资源动态性、敏捷性以及产品和服务解决方案的灵活性，同时能更好地解决 ASP 模式的客户端智能性和数据安全性的不足的问题，以实现更大范围的推广和应用。与制造网格相比，云制造在"分散资源集中使用"思想的基础上，还体现了"集中资源分散服务"的思想，从而实现制造资源和能力的共享和协同，为用户提供便捷可靠、优质廉价、按需使用的制造全生命周期服务。制造物联是基于互联网、嵌入式系统、RFID、传感网、智能技术等构建的现代制造物联网络；是以中间件、海量信息融合和系统集成技术为基础，基于物联网系统开发服务平台及应用系统，解决产品设计、制造、维护、管理、服务等过程中的信息感知、可靠传输与智能处理，增加制造的服务化与智能化水平的制造新模式。制造物联应用在制造系统中，能够有效地管理制造资源、监控制造过程、匹配制造需求等，可以将传统的产品制造从市场调研、研发设计、供应链、生产过程、销售、物流运输与售后服务融为一体，协同制造过程中物料流、能量流、信息流、价值流的优化运行，以支持产品智能化、生产过程自动化、供应链与物流的准时化和精益化、企业经营管理辅助决策等应用，极大地提高制造企业的核心竞争力。

1.2.4　现代集成制造系统特征

新一代信息技术的发展加快了全球制造业发展的进程，使得制造业正向物联化、服务化、智能化、社会化方向发展。

① 物联化[7-8]：工业生产过程规模日益复杂、生产环境因素随机多变，当前制造过程大多为非实时驱动，采用人工干预的被动信息交互手段，缺乏主动性和实时性，因此生产过程中存在"滞后、不一致、不协调"等问题，难以应对动态多变的客户需求及复杂生产事件。基于物料标志的生产过程可视化、智能化和协同化成为制造企业的关注重点，物联网技术在制造领域的应用和发展，为实现制造系统的实时可视化追踪提供了技术基础。制造物联化是通过在传统的工业生产过程中引入传感器、射频识别（radio frequency identification，RFID）、全球定位系统（global positioning system，GPS）等物联网传感技术，形成物物互联、互感的泛在连接，在此基础上基于多源信息的融合及复杂信息处理与决策，实现制造过程信息的主动感知、生产过程在线监控和动态优化管理。物联网技术在制造领域的渗透，可使制造系统获得实时、精确的现场数据，促进工业生产过程向"多维度、透明化泛在感知"模式发展。

② 服务化[9]：制造服务化通过将服务价值附加到物理产品上以提升产品附加值。首先，随着全球环境/资源压力和用户需求的日渐个性化，制造业不能简单地以提供产品和零部件为目的，而应以销售带有服务增值的产品或产品功能为目标，即根据用户需求层次，提供可配置的服务包或整体解决方案以满足各类用户高度动态变化的个性化需求，通过产品服务化及服务重构来灵活地实现企业价值链的重组，以提高企业产品的利润率和核心竞争力。其次，随着工业产品科技含量提高和技术升级加快，无论是产品设计制造过程还是使用过程，对专业化服务的需求越发强烈。专业化的生产性服务可以促进产品生产过程技术改进，降低产品的资源和能源消耗。一些服务企业向工业界渗透，为产品制造和产品服务过程提供专业化与个性化服务，制造业和服务业逐渐呈现交叉融合态势。再次，新兴信息技术在工业领域的广泛渗透为制造服务化提供了平台和工具。云计算的兴起为实现制造资源的服务化提供了新的技术手段，在云计算技术的支持下，基于物联网和分散的制造资源，来为各个用户提供可配置、虚拟化、按需的制造能力服务，极大地推动了制造业服务化的进程。

③ 智能化[10-11]：智能制造（smart manufacturing，SM）是我国实施"中国制造2025"的重点关注领域。在德国，智能制造被认为是工业4.0的主导生产模式，它包括"智能工厂（smart factory）"和"智能生产（smart production）"两大主题，其关键基础技术是物联网、务联网（internet of services，IoS）和信息物理系统（cyber physical system，CPS）。随着数字工厂、泛在感知智能物件、物联网的深入应用，制造过程以前所未有的速度产生着海量的生产设备、运行过程和产品管理数据，形成制造大数据。要实现制造的智能化转型，面临的最大挑战在于如何从大数据中挖掘有用的信息/知识加以有效利用，并为企业的持续创新与发展提供支持。传统智能制造（intelligent manufacturing，IM）是借助诸如专家系统和模糊逻辑等传统人工智能来实现制造过程的自适应和自诊断，以达到制造柔性化。但是，专家系统建立在符号推理的基础之上，适应性差，难以满足实时性要求，模糊逻辑的学习能力较弱。而大数据处理技术，如深度学习（deep learning，DL），可通过构建具有很多隐藏层的多层感知学习模型，从海量的训练数据学习有效的特征表示，从而对未来或未知事件做更精准的预测。在制造业中，大数据挖掘及其应用带来的效益将贯穿产品生命周期，如创意聚集、需求预测、生产流程优化、生产过程精准控制、业务流程精细化管理等。从海量工业数据中挖掘出有价值信息，提升业务洞察力，指导运营决策，已经成为未来企业提高软实力的重要策略。

④ 社会化[12]：制造系统是一个"社会-技术系统"，不仅需要技术支撑，也强调知识/创新、社群协作、组织管理上的保障。一方面，产品创新的思想往往来自用户，社会化生产注重客户参与的互动性、人的主观能动性及其隐性知识的

分享，用户通过社会性网络能够参与到产品和服务活动中来，从而充分利用群体智慧的认知与创新能力，提供任务解决方案，发现创意，帮助进行产品/服务创新，并形成新的服务理念与模式。企业可以利用大众力量进行产品创意设计、品牌推广等，增强用户体验；用户也通过价值共享获得回报。另一方面，随着制造任务的复杂度升高、社会化分工的深入，制造企业从"大而全"转向"专而精"，需要通过协作来完成复杂任务。社会层面上对制造资源动态共享与协同的需求日益迫切，资源需求者急切期望通过便捷的、租用的方式获得外部优良资源支持，资源拥有者迫切需要提高资源的利用率、实现资源的增值。随着制造服务社会化趋势的不断强化，社会化生产面向整个社会，充分利用外部优质资源，以此博采众长和资源共享，从而实现制造服务的自由流通、优化配置和按需使用。在物联化、服务化、智能化、社会化的发展趋势下，制造企业仅依赖自身内部资源组织生产的模式已很难适应，只有充分调动社会制造资源，借助云计算、大数据技术、物联网实现企业间的协同，来满足客户对产品的个性化需求和社会可持续发展的要求，才是制造企业赢得竞争的根本出路。

　　基于语义 Web、务联网（internet of service，IoS）、社会性网络服务（social network service，SNS）等，智能制造的进一步发展将会诞生智慧制造。智慧制造（wisdom manufacturing，WM）将机器智能、普适智能和人的经验、知识和智慧结合在一起，形成以客户需求为中心、以人为本、面向服务、基于知识运用、人机物协同的制造模式。智慧制造围绕客户需求，通过人机物的融合决策提供产品及应用解决方案。制造系统通过人机物集成协同，系统灵活性大，系统的组织结构和过程不断优化，制造资源得到最佳利用，生产效率大大提高，对市场变化和内部变化能迅速做出响应。先进制造模式是以所追求的目标和生产开展方式的转变为基础而产生及发展的，体现的是消费者的个性化需求、科学技术发展水平和市场竞争形势，是先进制造哲理、先进组织管理方式、先进制造技术及人的相互融合发展、相互协同作用的产物。

1.3　制造系统集成的体系架构与目标

　　物联网、云计算、信息物理系统、大数据、深度学习等新一代信息通信技术（information and communication technology，ICT）/人工智能（artificial intelligence，AI）技术的出现和发展，推动着现代集成制造系统的发展。目前，"互联网＋"和"人工智能＋"已成为制造业转型升级主攻方向，实际上，前者与制造的深度融合就形成所谓的网络化制造，而后者与制造的深度融合则形成智能制造。

1.3.1 制造系统集成的体系架构

德国早在 2005 年基于物联网启动了 SmartFactoryKL 项目；美国作为物联网和 CPS 起源国，先后开展了相关研究，如 2008 年 IBM 提出了"智慧地球"概念、2011 年成立智能制造领导联盟、2012 年通用公司提出了工业互联网概念；我国早期着重于 RFID 在制造中的应用，后来则着重于物联网与制造融合而成的制造物联（internet of manufacturing things，IoMT）研究。由此可见，现代集成制造系统最初是由物联网（internet of things，IoT）在制造业的应用而引起的，随后务联网（internet of services，IoS）、智能工厂（smart factory，SF）和 CPS 也成为其组成部分。如图 1-4 所示，SF 是工业 4.0 的重要组成部分，也是外延更广的智能制造（SM）的组成部分；CPS 可看作一种由物联网（IoT）和务联网（IoS）融合而成的系统。因此，SM 是一种基于 CPS 的制造模式，而工业 4.0 的主导生产方式是智能制造（智能工厂）[13]。

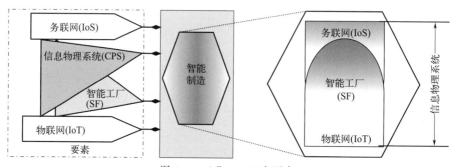

图 1-4　工业 4.0 四大要素

波士顿咨询公司则认为工业 4.0 包含 9 大支撑技术：①大数据与分析；②自主机器人；③模拟仿真；④水平与垂直的系统集成；⑤工业物联网；⑥网络信息安全；⑦云计算；⑧增材制造；⑨增强现实（augmented reality，AR）。然而这些技术绝大部分可以归类到图 1-4 所示的工业 4.0 四大要素之中。

智能制造系统作为新一轮产业革命的主导生产模式，是一个涉及多个学科的复杂系统工程，需要用标准化手段来统一认识和引领发展。德国率先提出工业 4.0 概念，并将其作为智能制造来研究，德国在 2014 年 4 月发布了工业 4.0 标准化的路线图 1.0 版，规划了工业 4.0 所需要的工业自动化技术和 IT 技术的标准化工作，并于 2015 年从层次结构、类别（功能）和生命周期价值链三个维度构建了工业 4.0 参考体系架构模型（reference architecture model industrie 4.0，RAMI 4.0），其中层次结构维度是在 IEC 62264 企业系统层级架构的标准基础之上，补充了产品/工件的内容，并由个体工厂拓展至"连接世界"；功能维度包括信息物理系统的核心功能，分为资产、集成、通信、信息、功能、业务六个层次；第三个维度从产品全生命周期视角出发，描述了以零部件、机器和工厂为典型代表的工业要素从虚拟原型到实物的全过程。在美国，国家标准技术研究所（NIST）从产品、生产系统、业务三个维度以及制造金字塔构建智能制造的生态系统，获得意义更加明确的参考体系架构；而工业互联网联盟（Industrial Internet Consortium，IIC）基于 ISO/IEC/IEEE 42010：2011 标准，于 2015 年发布了跨行业的工业互联网参考体系架构（industrial internet reference architecture，IIRA）。在我国，工业和信息化部、国家标准化管理委员会于 2015 年 12 月联合发布了《国家智能制造标准体系建设指南（2015 年版）》，从系统层级、智能特征和生命周期三个维度构建智能制造系统架构，2018 年再次更新这个架构；而工业互联网产业联盟先后发布了 2 个版本的《工业互联网标准体系》，构建包括网络、平台、安全三大功能的工业互联网体系架构。日本价值链促进会于 2016 年 12 月参照德国 RAMI 4.0 发布了工业价值链参考架构（industrial value chain reference architecture，IVRA），接着于 2018 年 4 月将 IVRA 更新为"IVRA Next"，从资产、活动、管理的角度对智能制造单元（smart manufacturing unit，SMU）进行了详细的定义。尽管上述四个国家的智能制造/工业互联网参考架构的出发点、思考问题的角度和所关注的应用领域各有差异（见图 1-5），但它们都包含制造智能化的核心理念和技术基础，并指导标准体系建设工作。实际上，德、中、美三国在各自提出的智能制造参考架构下罗列出已有标准，并指出现有标准的缺口和不足。德国将 RAMI 4.0 发布为本国的工业标准 DIN SPEC 91345，并于 2017 年春季发布为国际标准 IEC PAS 63088，确认了该框架下现有标准多达 700 项以及指出标准的新需求和未来的行动计划；我国在 2018 年版的国家智能制造标准体系建设指南中所罗列出的标准有 300 项。上述研究表明，现有的制造标准不足以支撑智能制造实现，特别是缺少网络信息安全、基于云的制造服务、供应链集成和数据分析方面的标准，也缺乏成体系的标准化框架，而面向服务仍是主旋律主题。为此，NIST 提出了面向服务的智能制造架构，利用制造服务总线连接制造系统内外的各种服务领域，包括操作技术（operational technology，OT）、信息技术（information technology，IT）、虚拟化和管理等，而 IBM 提出了包括边缘层、工厂层和企业层的工业 4.0 参考架构。

如图 1-6 所示的社会信息物理生产系统（智慧制造）参考体系架构，其中系统层次在空间跨度维度进行刻画，包括工件/产品、设备、单元、生产线、企业、互联世界；时间跨度从生命周期层次刻画，包括设计、生产、使用/维护和回收等阶段；功能层次（类别）代表系统的核心功能，包括资产（物理资源）、感控、数据（信息处理）、功能、业务、社群/用户六个层次。业务功能代表产品全生命周期的所有业务功能，包括产品设计、仿真分析、车间状态感知、数据处理、资

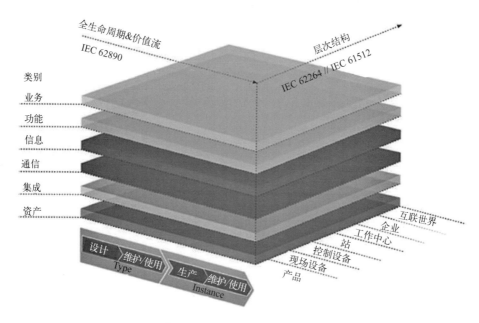

(a) 德国RAMI4.0

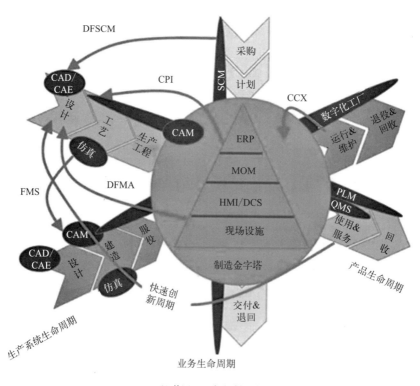

(b) 美国NIST智能制造体系架构

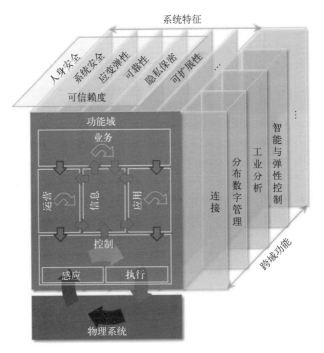

(c) 美国工业互联网联盟

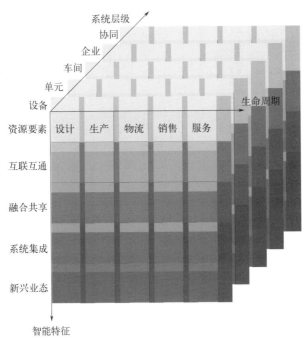

(d) 中国智能制造系统架构

图 1-5

(e) 中国工业互联网体系结构

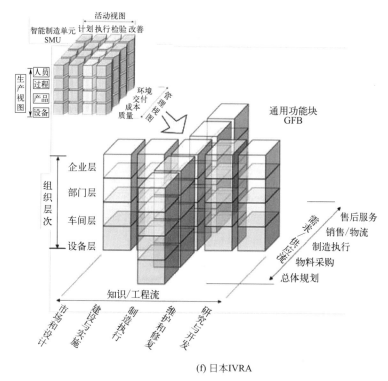

(f) 日本IVRA

图 1-5　工业 4.0、工业互联网和智能制造的体系架构

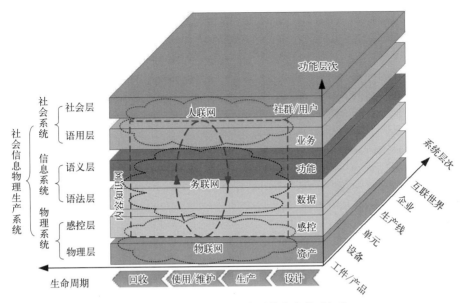

图 1-6　社会信息物理生产系统参考体系架构

源配置、机器学习、故障诊断与预测、设备控制、生产过程监控等。这种"四网"与制造技术深度融合而成的人机物协同智慧制造空间（社会信息物理生产系统）为虚实融合的跨层跨域的系统集成以及多维人机物协同提供支持。

1.3.2　制造系统集成的演进目标

生产组织方式与制造模式发生重大变化离不开重大的技术革命及新科技群的涌现，生产工具发生很大变化将导致新的工业革命。从主导技术和新兴产业角度来看，以生产方式变革为主线的先进制造技术的群体涌现、协同融合将导致新的工业革命，各种技术之间产生了耦合效应推动工业革命的进程。新工业革命不是依赖单一学科或某几类技术，而应该是全方位的多学科、多技术层次、宽领域的协同效应和深度融合。人类制造模式的演变从原始手工生产模式到现代先进制造模式的演变过程中，经历了多次大的革命性变革。

图 1-7（a）归纳了几种典型的新工业革命观点。Brynjolfsson 和 McAfee 认为目前所进行的产业革命是第二次机器革命——以增强人类思维能力为特征（暂且称智力革命），强调生产的智能化，与以往致力于克服肌肉力量限制的工业革命（体力革命）形成了鲜明对照。而认为新一轮工业革命属于第三次工业浪潮的学者最多，其中通用公司（GE）认为新一轮工业革命是第三次工业浪潮，即"工业互联网（第三次工业浪潮）＝工业革命（第一次工业浪潮）＋互联网革命（第二次工业浪潮）"，强调网络化和虚实结合的大数据智能制造。美国的 Anderson

认为新材料和 3D 打印技术等数字化制造、创客运动和个性化定制等技术融合引起新一轮工业革命，此前发生了以蒸汽机发明为代表的机械化生产的第一次工业革命和以"福特制"为代表的流水线生产的第二次工业革命。英国的 Rifkin 从能源动力的视角出发，认为新工业革命是由互联网和可再生能源结合而引起的，强调的是能源网络化和生产绿色化，此前已发生的两次工业革命分别是由印刷术和煤炭蒸汽机结合、电讯与燃油内燃机的结合而引起的。

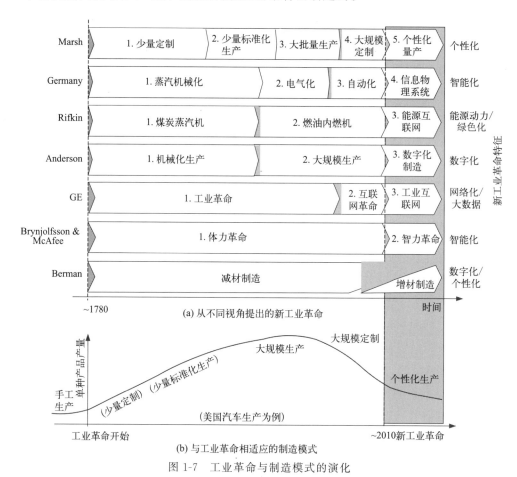

图 1-7 工业革命与制造模式的演化

德国则将新工业革命称为工业 4.0，即基于 CPS 的第四次工业革命，强调工业的智能化，而前三次分别是工业 1.0 的蒸汽机械化、工业 2.0 的电气化和工业 3.0 的自动化。而英国的 Marsh 认为历史上发生了 5 次工业革命，分别是少量定制、少量标准化生产、大批量标准化生产和大规模定制，目前正处在个性化定制阶段。而 3D 打印则是实现个性化定制的新兴技术，实现了制造方式从减材到增材的颠覆性转变，大幅缩减了产品开发周期与成本，也会推动材料革命，具有重大的应用潜能。在某种程度上，3D 打印可以看作以 CPS 方式复兴和拓展了手工作坊生产，但又不同于以往个人单打独斗的手工作坊，它是一种实现个性化生产的新型制造模式，并与互联网社会化技术融合形成所谓的社会制造，强调用户参与到产品设计与制造中来。

Koren 以美国汽车制造业为例，认为制造（生产）模式经历了三次重大转变：①大规模生产替代手工生产；②大规模定制生产替代大规模生产；③个性化生产替代大规模定制，如图 1-7(b) 所示。这与 Marsh 提出的 5 种生产方式中的后三种是一致的。这些研究从不同视角揭示了新一轮工业革命即将来临，也描绘了制造业的未来走向。归结起来，这些不同称谓的新工业革命主要特征包括数字化、智能化、网络化、定制化、个性化、绿色化和社会化，而不同新工业革命称谓，只是强调某个或某些特征罢了。实际上，新一轮工业革命是新能源、新材料、先进制造、工业机器人、新一代 ICT/AI 等众多技术协同创新和突破性发展的结果，任何一项单一的技术都不足以引发新一轮的工业革命，判断工业革命的依据主要看是否有新科技群效应及是否带来人类生产方式和生活方式的重大变革。

在新工业革命愿景下，智能机器（系统）将替代人类绝大多数体力劳动和相当部分的脑力劳动，使人类得以有更多时间从事创造性工作，同时也使资源与能源的消耗和浪费得以减少，使制造业朝可持续方向发展。由于工业 4.0 理念是由德国政府倡导提出的，并获得世界的广泛关注和认可，特别是其基础技术 CPS 融合了众多信息技术，而其他称谓的新工业革命所依托的基础技术，或多或少都与 CPS 相关，甚至可归纳到 CPS 之下，并且 CPS 本身是一种智能系统，它与制造技术的深度融合就形成所谓的智能制造（SM），所以工业 4.0 被认为是以智能制造为主导生产方式的革命。

新一轮工业革命是以往工业革命的延续和发展，其产品生产模式也是如此。因此，在未来可预见的时间里，大规模生产、大规模定制和大规模个性化生产将是并存的，三者组成如图 1-8 所示的优势互补的长尾制造，其中大规模生产主要关注"头部"的大批量标准化生产；而大规模定制和大规模个性化生产组成所谓的"长尾"，关注"尾部"的小批量或单件产品生产，并且随着新工业革命的纵横深入和在客户的需求多样化背景下，所占市场份额会越来越大。大规模定制是连接大规模生产和大规模个性化生产的桥梁，本质上是由推式的大规模生产和拉式的定制化生产相结合而形成的一种推拉式生产模式。

目前以工业 4.0 为代表的新一轮工业革命为我国制造业发展带来了新机遇。能否抓住工业 4.0 机遇，对我国未来制造业发展起到决定性的作用。但是，与从 3.0 直接迈向 4.0 的工业化发达国家不同，尚处于工业发展中的我国而言，既要追赶工业 4.0，又要补工业 2.0/3.0 的课，也就是说，需要兼顾大规模生产、大规模定制和大规模个性化生产以满足社会对产品的多样化需求，因此，对长尾制

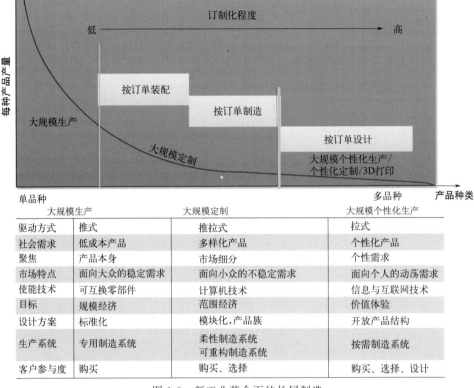

图 1-8　新工业革命下的长尾制造

	大规模生产	大规模定制	大规模个性化生产
驱动方式	推式	推拉式	拉式
社会需求	低成本产品	多样化产品	个性化产品
聚焦	产品本身	市场细分	个性需求
市场特点	面向大众的稳定需求	面向小众的不稳定需求	面向个人的动荡需求
使能技术	可互换零部件	计算机技术	信息与互联网技术
目标	规模经济	范围经济	价值体验
设计方案	标准化	模块化,产品族	开放产品结构
生产系统	专用制造系统	柔性制造系统 可重构制造系统	按需制造系统
客户参与度	购买	购买、选择	购买、选择、设计

造的智能化研究对我国制造业发展具有特别重要的意义。

　　制造系统集成是基于新能源、智能制造、数字化制造、机器人技术、新一代信息网络技术等先进技术综合系统协同创新及突破性发展的结果,融合信息、计算机、数字化、互联网技术创新变革,导致工业生产方式与制造模式发生巨大的变化,由此导致交易方式与人们的生活方式发生重大变化。传统的、自上而下、集中规模化的生产模式将逐步被分散、扁平以及协作的模式所取代,定制化、个性化、智能化、分散化和合作化是制造系统集成的主要目标。

1.4　制造系统集成的发展趋势

　　制造系统集成演化,从集成方式来看,是从工业 3.0 下的计算机集成走向工业 4.0 下人机物的协同集成以及从企业局部集成走向企业的纵向集成、横向集成和端到端的集成;从智能集成来看,是从符号智能走向感知智能和认知智能的融合;从系统结构上来看,是从以结构化数据为主的集中式控制走向以非结构化数据为主的分布式控制。

1.4.1　从符号智能走向计算智能

智能制造（IM）是在 20 世纪 80 年代末随着 AI 研究及应用深入而提出来的，诞生于工业 3.0 时期，此时制造业已开始进入大规模定制生产（对标工业化国家，世界上不同国家进入大规模定制生产时代是不同的）。对于大规模定制这样高度抽象的生产模式，其具体实现有多种技术或方法，当时主要使能技术为计算机及 PLC 技术，但当时主流制造模式并不是智能制造，而是在 20 世纪 70 年代随计算机（局域）网络而出现的计算机集成制造（computer integrated manufacturing，CIM）和精益生产，以及 20 世纪 90 年代基于 IP/TCP 的互联网兴起而诞生的以敏捷制造和虚拟企业等为代表的网络化制造模式。

智能制造随着 AI 发展而不断演进（如图 1-9 所示），特别是最初由日本于 1989 年提出、后来多个国家加入的智能制造系统（IMS）国际合作研究项目，使 IM 得到快速发展。此外，模糊逻辑（fuzzy logic，FL）、神经网络（neural network，NN）、遗传算法（genetic algorithm，GA）等计算智能在 20 世纪 80 年代兴起，以及以多智能体为代表的分布式人工智能在 90 年代的兴起，都在某种程度上促进了 IM 发展。但当时智能制造（IM 1.0）主要借助符号推理或专家系统等第一代 AI（AI 1.0）技术加以实现，而专家系统（符号推理）存在对领域专家的依赖性、知识获取的困难以及解决问题的灵活性等问题。因此，当时 IM 应用于制造中的某些局部环节，以"智能孤岛"形式存在，对当时处于支配地位的 CIM/网络化制造仅起到辅助的作用。

进入 21 世纪后，得益于计算能力的提高、大数据的兴起以及深度学习算法突破，AI 进入了以计算智能为主的新阶段（AI 2.0）。伴随以物联网、云计算等为代表的新一代 ICT 的出现和发展，先后出现了制造物联、云制造等新一代网络化制造模式，而随着以大数据和深度学习为代表的新一代 ICT/AI 技术的应用，形成了大数据驱动的新一代智能制造模式(SM 或 IM 2.0)，也孕育着以智能制造为特征的新一轮工业革命（工业 4.0）。实际上，新一代网络化制造与新一代智能制造相伴而生，彼此交互融合，此时网络化制造也变为智能化制造，制造物联（网）就是如此演化的例子。因此，新一代智能制造，将以（工业）互联网为基础设施（见图 1-9 右下角），不仅实现广泛的互联互通——贯穿于设计、生产、管理、服务等制造活动的各个环节，还由工业 3.0 下的配角跃升为工业 4.0 生产的主角。

新一代智能制造，通过物联网、务联网、内容知识网、人际网与先进制造技术深度结合，形成信息物理生产系统乃至社会信息物理生产系统，与传统符号系统的推理与知识表示不同，机器学习（计算智能）是由数据驱动的，先通过学习

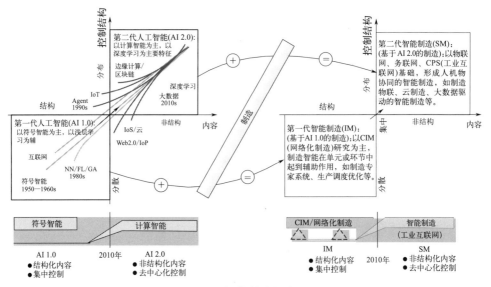

图 1-9 智能制造的演进

建模，再进行预测和动作；而基于知识的系统或专家系统，本质上是一个具有大量专门知识和经验的计算机程序系统，它内置有知识库和推理机，其中知识库中存放求解问题所需要的知识，推理机负责使用知识库中的知识去解决实际问题。例如，产生式专家系统采用"If…then…else…"规则实现，这种基于有限的预定规则范式无法处理未曾预先定义的问题，只是机械执行程序指令完成既定设计，因此其应用是极其有限的。

1.4.2 从百花齐放走向统一融合

当初，物联网（IoT）与制造技术融合就形成了所谓的 SF 或制造物联，而将云计算（广义上的务联网—IoS）与制造技术融合称为云制造。由于 CPS 的内涵和外延比 IoT 和 IoS 都要广泛得多，特别是随着基于 CPS 的工业 4.0 理念被世界各国普遍接受，因此人们往往将新兴的智能制造模式都归结到工业 4.0 下基于 CPS 的智能制造（SM）旗下。而基于 CPS 的智能制造又称为信息物理生产系统（cyber-physical production system，CPPS），或称为工业信息物理系统（industrial cyber-physical system，ICPS）。

随着 IoT/IoS/CPS 发展，诞生了工业大数据或制造业大数据的概念，同时催生了诸如预测制造和主动制造那样的大数据驱动智能制造。实际上，大数据诞生于 Web 2.0 的互联网时代，最初主要由人与人交互（人联网/人际网/移动互联网）引起，同时人际网（人联网/社交网络）与 3D 打印等技术融合，诞生了社会制造。无疑，随着新一代 ICT/AI 进一步发展以及与制造技术的深度融合，还会涌现出其他超出 CPPS 范畴的新一代智能制造模式，因此需要研究包括社会系统（社会制造）在内的更广泛的制造模式。

　　研究表明，虽然这些从不同视角提出来的新兴制造模式，有着不同的产生背景和侧重点，但它们走向融合已成为一种趋势。智慧制造（wisdom manufacturing/wise manufacturing，WM）正是将未来互联网的四大支持技术——人联网或人际网（internet of people，IoP）、内容知识网（internet of content/knowledge，IoCK）、务联网（IoS）和物联网（IoT）与制造技术深度融合而提出的一种人机物协同制造模式（如图 1-10 所示）。如果用 M 表示制造（manufacturing），用 I 表示（未来）互联网（internet），那么 I＝{IoP,IoCK,IoS,IoT}、WM＝I∩M＝IoP∩M,IoCK∩M,IoS∩M,IoT∩M。

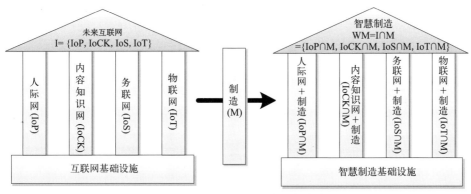

图 1-10　"四网"与制造融合的智慧制造

　　综上，新一代智能制造已从最初着重于物理系统的感知与集成（如制造物联），进一步与信息系统融合，形成 CPPS；再进一步与社会系统融合，形成社会信息物理生产系统（social CPPS，SCPPS）——智慧制造（WM），延伸和拓展了工业 4.0 下的 CPPS 理念。由此可见，现有的新兴智能制造模式可以统一于 SCPPS 框架之下，如图 1-11 所示。物联网和务联网在工业 4.0 中支撑 CPS（见图 1-4），类似地在智慧制造中支撑 CPPS（CPS＋制造），进一步与人际网（IoP）结合，进而支撑 SCPPS；而内容知识网（IoCK），包括数据-信息-知识-智慧（data-information-knowledge-wisdom，DIKW），起到桥接其他三大支柱技术的作用。在 AI 以"数据"为王的今天，从某种意义来说，IoCK 就是大数据，但又不限于此，它还包括语义 Web 和知识图谱等。IoCK 与制造技术的融合，就形成包括 IM、大数据驱动的智能制造、基于语义 Web 的智能制造等制造模式。

　　在实际生产中，企业要严格按照产品生产工艺流程才能制造出所需求的产品。具体而言，前述的"四网"要与智能工厂相互协调才能实现工业 4.0 的理念，因此根据制造系统的输入输出以及各个要素之间关系，得到融合于一体的社

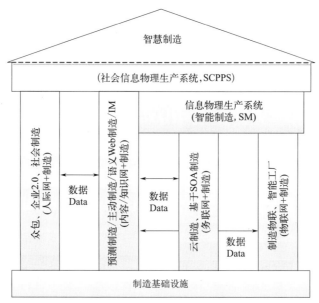

图 1-11　统一于 WM（SCPPS）框架下的多种智能制造模式

会信息物理生产系统（图 1-12）。

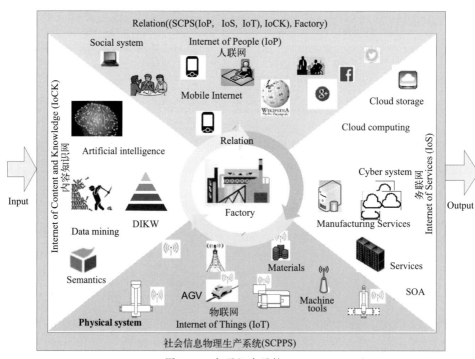

图 1-12　九元组表示的 SCPPS

（Input，Relation，SCPS，IoP，IoS，IoT，IoCK，Factory，Output）

其中，Input 表示输入元素集，包括客户要求、数据、材料、能源、资本和劳动力等；IoS 表示务联网，包括云计算和面向服务架构（service-oriented architecture，SOA）等；IoT 表示物联网；SCPS 代表桥接制造中的社会世界、信息世界与物理世界；Relation 代表系统组件之间的相互作用以及 IoT、IoS、IoCK、IoP 和 SCPS 之间的联系和协作；Factory（工厂）根据生产过程中的 Relation（关系），在 IoT、IoS、IoCK、IoP 和 SCPS 的支持下将原材料转化为产品来满足客户的需求；Output 表示系统的输出元素集，包括产品和/或服务以及解决方案等。

从层次构架来看，智慧制造（WM）从下至上包括了组织符号学的物理层、感知层、语法层、语义层、语用层和社会层，分别对应于大数据驱动的主动制造的资源层、感知层、数据层、预测层、决策层和应用层；从系统构成来看，WM 又包括社会系统、信息系统和物理系统三个子系统，相应地诞生了社会制造、赛博制造（cyber manufacturing）和物联制造（又称为制造物联），并可通过大数据和区块链将三个子系统链接起来，如图 1-13 所示。从 DIKW 金字塔模型来看，

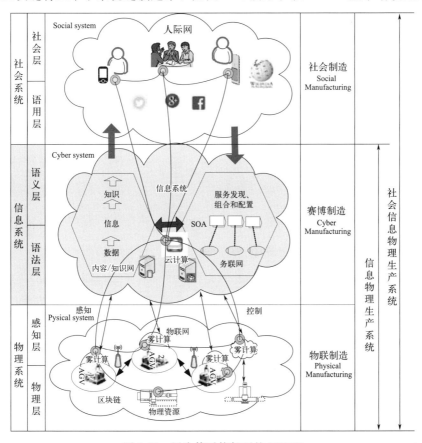

图 1-13　层次体系构架下的 SCPPS

WM 达到 DIKW 模型的最高层次——智慧层次，并随着以大数据与深度学习为代表的新一代 AI 的兴起，更加强调大数据智能所起的作用。由于新一代智能制造具备学习和认知的能力，具备了生成知识和更好地运用知识的能力，因此制造系统变得越来越智能化，人的智慧与机器智能相互启发性地增长，也使制造业的知识型工作向自主智能化的方向发生转变。

从交互的角度来看，若人机交互越自然、机器与环境的交互越自主，那么系统智能化程度就越高。伴随着联接与感知能力突飞猛进，人机物将在数据构筑的虚拟信息空间里进行交互，随着手机和穿戴设备等普及，特别是 AR 为人类感知添加了新维度，突破了物理世界的局限，同时人-人、机-机、物-物、人-机-物能够相互进行通信，感知设备和环境的变化，具有自适应性和自主智能的机器与人合作，协同完成复杂制造任务，进而通过 IoT、IoS、IoCK、IoP 连接成庞大的社会信息物理生产系统。

1.4.3　从集中走向分布、从被动走向主动

SM 早期研究将物理节点感知的数据传送到云中心进行处理，虽然云计算中心较好地实现了大批量（历史）数据处理以及资源共享与优化配置，但造成数据中心节点负载大、传输带宽负载量重、网络延迟明显、生产上实时性难以保证以及安全和隐私等问题，同时也使网络边缘物理设备（节点）缺少自主能力。在新一轮工业革命背景下，随着制造物联终端与连接规模的快速扩展，传统集中式信息处理与管理的模式难以适用，将逐步演进为集中式管理与分布式自治相结合的模式，而应运而生的雾计算或边缘计算（由于边缘计算和雾计算概念具有很大的相似性，这里不对两者加以区别使用），使边缘设备成为数据消费者和生产者。

边缘（雾）计算与云计算的有机结合，为新工业革命时代的智能制造提供更完美的数据处理平台。云计算负责非实时、长周期数据的大数据分析，能够在预测性维护、业务决策等领域发挥特长；边缘计算聚焦实时、短周期数据的分析，能更好地支撑本地业务的实时智能化处理与执行，以分布式信息处理的方式实现物端的智能和自治，并为云端提供必要的边缘设备数据，而云计算通过大数据分析输出业务规则或优化结果下发到边缘处，实现系统整体的智能化。比如，在图 1-13 所示的底部物联制造中，位于虚拟空间的"集中式"任务调度系统，完成自动导引车（automatic guided vehicle，AGV）与机器的作业调度和协调功能，而分散位于物理空间的 AGV，通过雾（边缘）计算以分布式信息处理的方式实现雾端（物端）的智能和自治。

这种云雾结合的 SCPPS，与传统 CIM 采用事后或反应性调度策略不同，它采用事前的主动性调度策略，比如在质量问题/故障问题/交货期延误发生之前，就采取行动以防这些问题发生。这种主动性实质上是利用无所不在的感知收集各

种相关数据，通过对所收集的大数据进行深度分析，挖掘出有价值的信息、知识或事件，自动地反馈给业务决策者，并根据系统健康状态、当前和过去信息，对外部环境及情形做出判断或预测，主动配置和优化制造资源。

云雾协同虽然可有效应对智能制造中海量的大数据，但如何保障生产设备与数据的安全仍然是必须面对和急需解决的问题，而强调去中心化的区块链所特有的数据加密保护和验证机制为此问题解决提供了一种手段，同时也有利于知识产权（如 3D 模型）保护。边缘（雾）计算与区块链融合，将为业务实时、业务智能、数据聚合与互操作、安全与隐私保护等关键技术问题提供支持。因此，区块链被产业界视为引发第四次产业革命的核心要素之一。

在虚拟化/服务化和数字孪生支持下，我们最终可建立物理世界和社会世界的数字镜像映射，并把感知、分析判断、预测、决策能力纳入其中，完成整个生产过程智能化。此时，人类生产实验可以在虚拟空间突破时空限制快速遍历各种模拟与仿真，无需再在物理世界进行实验，即使不得已要进行，也能做到一次成功。

纵观历史，现代集成制造就是在 ICT/AI 技术推动下不断向前发展的。如果说个人计算机（personal computer，PC）的出现标志着工业 3.0 的开始，那么物联网与务联网（云计算）的融合就代表着工业 4.0 的开始。在 PC 时代，"计算机＋制造"诞生了各种各样的计算机辅助技术 CAX（CAD/CAM/CAE/CAPP），随着计算机局域网的出现，产生了将各种"数字化/信息化孤岛"集成的 CIM。在 20 世纪 90 年代，随着互联网的出现，诞生了以敏捷制造和虚拟等为代表的网络化制造，也即诞生了"互联网＋制造"；随着制造业信息化从"互联网＋"转向"人工智能＋"，制造业也开始拥抱"人工智能＋"。图 1-14 显示了如何从工业 3.0 演进到工业 4.0 以及制造业如何从"计算机＋"演进到"互联网＋"再到"人工智能＋"。

像其他技术的成长轨迹一样，"人工智能＋制造"虽然还处于早期阶段，但将会伴随新工业革命发展而继续向前演进。在新一代智能制造中，大数据是其基础，通过数据驱动实现制造智能化是必经之路。对于数据驱动的制造数字化/信息化/自动化/智能化，可追溯到 20 世纪先后出现的 NC（numerical control，数字控制）、CNC（computer numerical control，计算机数字控制）、DNC（direct numerical control，直接数字控制）、CAD（computer aided design，计算机辅助设计）、CAE（computer aided engineering，计算机辅助工程）、CAPP（computer aided process planning，计算机辅助工艺规划）等，虽然以企业资源计划（enterprise resource planning，ERP）为代表的管理信息系统和以数控加工和柔性制造为代表的自动化技术，分别实现对企业经营管理和车间自动化的集成，然而为解决"信息化孤岛"而生的计算机集成制造，其数据处理能力有限，同时也

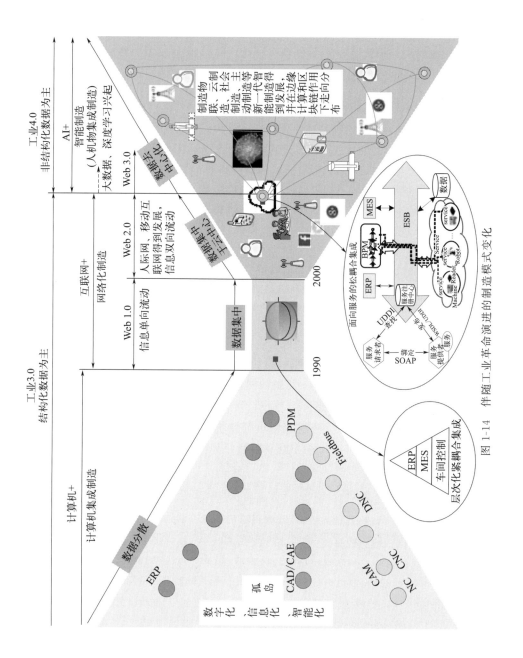

图 1-14　伴随工业革命演进的制造模式变化

缺乏实时通信能力，导致企业上层 ERP 缺乏有效的实时信息支持，下层控制环节缺乏优化的调度与协调，虽然后来出现了为解决生产计划与底层控制脱节而生的制造执行系统（manufacturing execution system，MES），但由于采用紧耦合的集成方式，仍存在诸如可集成性差、缺乏可扩展性和敏捷性等问题。20 世纪 90 年代，进入了基于互联网（Web 1.0）的网络化制造，但由于 Web 1.0 信息单向流动，网络操控能力掌握在少数专业人士手中，用户仅作为网络内容的消费者，因此呈现出数据集中化的网络化制造模式，信息透明度低，信息交互能力弱，制造业的用户参与程度低。随着互联网进入 Web 2.0，实现了信息的双向流动，用户既是网络内容的消费者也是生产者，信息透明度增高，数据逐渐呈现出去中心化的发展趋势，智能移动终端的发展形成了信息交互频繁的人际关系网络（人联网），如 Facebook、Twitter 等社交网络，消费互联网快速兴起，并起到至关重要的市场导向作用，市场竞争愈发激烈，面向服务的集成制造理念日渐深入人心，因此在 SOA 和云计算理念之上诞生了云制造。它能通过诸如企业服务总线（enterprise service bus，ESB）来集中数据资源和各种制造资源，通过服务松耦合连接实现跨平台的应用，敏捷地应对不断变化的业务需求。2010 年后，互联网进入 Web 3.0，融合语义网、物联网、云计算、移动网络、大数据、信息物理融合、AR、AI 等多种技术，实现了人与人、物与物、人与物的大规模深层次交互，加上机器学习算法的进步和计算机运算能力的提升，出现了以非结构化数据为主的大数据科学，伴随着工业互联网兴起，诞生了大数据驱动的新兴智能制造，而边缘计算与区块链进一步促进制造智能走向分布与自主。

从物联网到务联网/云计算，到大数据，到深度学习/AI，到 AR，到边缘计算，再到区块链，我们可以看到一条清晰的"两化"融合演进路线：物联网实现了物物互联和提供了从现实世界中获取数据的方法；务联网/云计算实现资源虚拟化和服务化，以及海量数据的存储、数据挖掘和按需提供服务；工业大数据推动互联网由以服务个人用户消费为主转向服务生产性应用为主；深度学习/AI 为设计、生产、决策与服务提供支持；AR 为人机交互提供了更好的感知方式；边缘计算实现设备的实时响应以及物端的智能和自治；区块链能够为数据分布式存储、安全与隐私提供保障。这也是制造业从数字化走向智慧化的过程。智慧制造实质上是集前述多种技术于一体的复杂社会技术系统，使社会世界、信息世界与物理世界深度融合，从而实现对制造系统的安全、可靠、高效、实时、协同的感知和控制。

"互联网＋"实现了空间移动信息的动态实时互联，"人工智能＋"实现了从信息富集到知识富集的信息结构升级，"互联网＋"与"人工智能＋"在新工业革命时期的融合促进智能制造向着大数据智能、分布化自治、社会化融合方向发展。随着新一轮科技与产业革命不断深入发展，制造业在生产关系和组织结构方面正在经历巨大变革。在生产关系方面，随着制造水平、信息发展程度、人民生活质量的不断提高，制造业从由生产者主导转向生产者与消费者协同融合的生产关系方向发展，特别是在"面向服务"的制造理念和"大众创业、万众创新"等指导思想引领下，制造业逐步形成技术共享、智慧共享、协同创新的社会环境；在组织结构方面，在归核化战略思想和社会分工专业化理念的引导下，工业 4.0 理念下的水平和垂直集成、端到端集成等制造产业模式得到广泛应用，促使制造产业链结构由大型企业静态一体化链式结构逐渐升级为大、中、小、微制造单元的动态网络化协同结构，企业管理趋于扁平化，企业分工更具专业化，以便实现敏捷高效的市场响应，产品全生命周期的各个环节都可通过多元化、多粒度的社会制造单元协同完成，不但满足了社会各个阶层对产品个性化的需求，而且增强了社会各个阶层的参与度。

第2章

优化与决策方法概述

本章首先概述优化与决策的基本理论与问题的基本求解方法，然后系统地阐述了多目标优化、迁移学习、多任务优化、深度学习和强化学习、不确定多属性决策等优化与决策方法，为后续各章内容提供基础技术与架构的支持。

2.1 智能优化方法

人们在长期的社会生产和应用实践中经常遇到各种各样的优化问题，包括物流配送中心的选址、工厂生产线的布局优化、无线传感器网络动态部署、光纤网络路由、卫星任务规划与调度、机械结构优化设计、无人机路径规划、车辆路径优化、车间生产调度等，图 2-1 所示为几种典型工程优化问题。所谓优化是指在

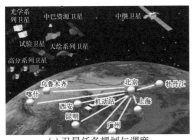

(a) 卫星任务规划与调度

(b) 车身结构优化设计

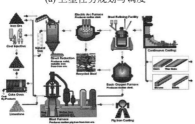

(c) 工业生产调度

(d) 地下管网路径规划

图 2-1　工程优化问题

所有可行的解决方案中选择最优方案。人类一切活动的本质不外乎是"认识世界、改造世界",认识世界需要构建模型,改造世界需要优化决策。可以说,人类所从事的一切活动均与优化有关。

2.1.1 发展历史

优化方法是指寻找问题最优解的方法,长期以来,人们对最优化方法进行了大量的研究,并将其拓展成一门重要的学科门类。17世纪,牛顿和莱布尼兹创立的微积分是优化方法的一个里程碑,成功解决了求解函数极值问题;紧接着,拉格朗日乘数法、最速下降法、线性规划、单纯形方法相继被提出;到20世纪30年代,最优化方法逐步完善,并形成系统的理论方法,在大量的科学研究和工程实践中得到广泛应用。

以上以梯度为基础的传统优化方法,通常具有较高的计算效率,但需要根据问题的特性进行选用。针对所求解问题特性,人们开发出了适用于线性规划、非线性规划、多目标规划等不同问题的优化方法。但这些方法大多是依赖于问题特性,对搜索空间有具体的要求,需要目标函数是凸集、连续可微可导,而且处理非线性信息的能力相对较弱。这些缺点使得传统优化方法在解决许多实际问题时受到了一定的限制。随着人类实践活动的深入,越来越多更复杂的工程优化问题相继出现,这些问题一般都具有大规模、非线性、多极值、多约束、非凸性等特点,传统优化方法难以进行数学建模,无法适应这些问题的求解[14]。因此,探寻适合大规模决策空间搜索,具有智能特征的问题求解方法(软计算),成为优化理论与方法学科的重要研究方向。

所谓智能,是指解决问题、学习知识、利用知识的能力。长期以来,大自然和生物生命演化过程给人以许多启迪和灵感,例如鸟群在飞行过程中通过向邻域靠近会快速地逼近追寻目标,鱼群通过聚群行为会聚集在食物浓度最高的地方,蜂群通过舞蹈来实现同伴间信息的传递,蚁群通过信息素反馈找到从蚁穴到食物源的较优路径,菌群通过大肠杆菌的趋化行为找到营养物质最丰富的地方,图2-2所示为几种典型生物群体的智能行为。单个生物体的行为能力有限,且随机性大,但整个群体却表现出高度的自组织性,通过生物群体中个体间的信息共享机制、种群间行为规则的模仿和觅食行为的映射,可设计具有复杂问题求解能力的优化方法。基于自然界的各种生物演化现象,人们设计了许多用以解决复杂优化问题的新方法,这些方法能够在有限的计算时间里得到可以接受的解,人们将其称为计算智能、智能计算或智能优化方法,如模拟人脑组织结构的人工神经网络,源于达尔文进化论和孟德尔遗传学说的遗传算法,模拟蚁群觅食行为的蚁群优化算法,模拟生物免疫的人工免疫优化算法,模拟鸟群迁徙行为的粒子群优化算法。

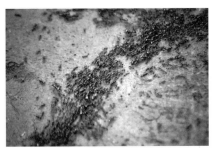

(a) 蜂群通过舞蹈进行信息传递行为　　　　(b) 蚁群通过信息素寻找最优路径的协作行为

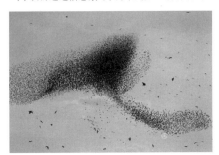

(c) 生物种群的基因进化行为　　　　　　　　(d) 鸟群迁徙行为

图 2-2　生物群体智能行为

2.1.2　典型特征

经典数学优化方法通常基于数学模型和规则，其性能受到模型假设和规则的限制，这使得在处理大规模、约束复杂等条件下的问题时得到的解的质量较差。智能优化方法以其智能高效的寻优能力和广泛的适用性得到了研究者的关注。相比于经典数学优化方法，基于仿生的群体智能优化方法是一种概率型的随机优化算法，不依赖于问题本身的数学性质，而是根据搜索过程中所获得的经验信息，按照某种策略进行寻优，具备较强的自适应性和鲁棒性[15]，能够求解经典数学优化方法不能解决的问题，同时，由于智能优化方法的并行能力，可以大大减少大规模问题的求解时间。这些优点使智能优化方法成为处理复杂优化问题的有效工具。智能优化方法在结构和行为上具有以下几个典型的特点：

① 不确定的概率型搜索。这种不确定性体现了自然界的生理机制，个体行为表现出一定的随机性，但整个群体却表现出高度的自组织性和规律性。不确定型算法是以生物行为特性及其生物学结构为启发对象，探索群体中个体与个体、个体与环境之间的信息传递与共享机制，进而设计出具备学习、协作、环境感知的优化模型，形成的一种以"生成＋检验"为特征的自适应人工智能计算技术。

对于一些高维多模的复杂函数问题，确定型算法通常只能找到局部最优解，此时不确定型算法有更大的概率获得全局最优解。

② 不依赖于问题本身严格的数学性质。智能优化方法搜索过程中基本上不利用外部信息，仅以适应度函数作为进化的依据，因此对问题的连续性、可导性不作要求，也不需要对目标函数和约束条件的精确数学描述，相较于经典数学优化方法，其适用性范围有了极大拓展，在解决离散组合优化问题方面具有非常广阔的应用前景。

③ 多智能体并行性。群体智能搜索过程随机初始化为一组解，通过个体之间的协作、学习等机制来更好地适应环境。个体具有学习能力（个体与个体之间），能够从自身和群体中获得经验，这种分布式并行模式大大提高了整个算法的运行效率，能以较小的计算代价获得较大的收益。

④ 鲁棒性。生物系统内部的个体之间通过规模效应和结构效应共同产生结果，在不同的环境下，其个体通过随机的、时变的自学习，来提高其适应性，体现了对不同复杂情境的适应性和稳健性，在信息共享的机制作用下，产生了稳定的组织行为，优化目标在群体的演化过程中得以涌现。

随着经济社会的发展，各种工程实际问题越来越复杂，以组合优化为例，仅当问题规模较小时，枚举才有可能，而当问题规模增加时，经典数学优化方法需要极长的运算时间与庞大的存储空间，难以在计算机上进行实现，称其为"组合爆炸"，传统计算方法应用受限，需要借助高效的智能方法才能解决这些问题。以仿生为基础的群体智能优化方法，由于规则简单实现容易，在复杂问题求解上体现了较之于传统优化方法难以逾越的优秀表现，引起了人们的极大关注。自然界生物系统的多样性和复杂性为群体智能优化方法提供了丰富的原始素材和巨大的研究空间，借助不同算法之间的相互交叉与互补，以仿生为基础的各种算法及其改进研究呈现繁荣态势，涌现了一大批标志性算法。这类"由生物群体依照特定规则，通过迭代产生更新群体，最优结果在群体进化过程中得以涌现的群体智能优化算法"的框架模式可统一描述为图2-3所示的基本流程：

① 设置算法运行参数，产生初始种群；

② 计算群体中所有个体的适应度值；

③ 从上一代种群中选择合适的个体形成繁殖种群；

④ 进化算子作用于繁殖种群生成子种群；

⑤ 通过生存选择在子种群和原始父种群中形成新的父种群；

⑥ 如果满足终止条件则输出最优结果，并退出程序，否则执行后续步骤；

⑦ 返回步骤②。

以仿生为基础的群体智能优化算法之间，根本的不同之处在于算法产生新解

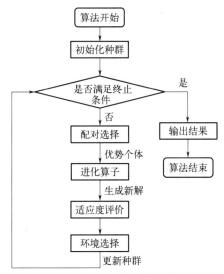

图 2-3   智能优化算法的基本框架

的机制、更新解的规则。例如，遗传算法一般采用轮盘赌选择解，通过交叉和变异产生新解；粒子群算法通过粒子速度和位置的更新产生新解，采用一对一锦标赛选择更新解；人工蜂群算法通过对食物源施加邻域扰动产生新解，采用一对一锦标赛选择更新解；蚁群算法模拟蚂蚁的寻径行为产生新解，通过蚂蚁释放信息素来影响系统环境，从而达到蚂蚁之间相互交流、协作的目的。而分布估计算法是遗传算法和统计学习的结合，没有传统的交叉、变异等遗传操作，取而代之的是概率模型的学习和采样，通过统计学习手段构建精英个体在解空间的分布概率模型，然后对概率模型随机采样产生新个体。

2.2 多目标优化

科学研究和工程实践中的许多问题含有多个需要同时优化的目标，例如，模式挖掘问题要寻找最频繁且最完整的模式[16]，投资组合优化问题要求有最大的期望收益及最小的投资风险[17]，车辆路径问题要求有最短的行驶路径与最少的用车数量[18]，车间调度问题要求最短的完工时间及最小的加工成本[19]。以上这些问题被统称为多目标优化问题（multi-objective optimization problems，MOPs）[20]。与单目标优化问题（single-objective optimization problems，SOPs）不同，MOPs的特点在于其待优化的目标之间往往是相互矛盾的（即一个目标的改善通常会导致至少一个其他目标的退化），不存在一个能使所有目标同时达到最优值的解。

2.2.1 多目标优化问题

不失一般性，本书考虑具有如下数学形式的 MOPs：

$$\text{Minimize} \boldsymbol{F}(\boldsymbol{x}) = \left[f_1(\boldsymbol{x}), f_2(\boldsymbol{x}), \cdots, f_m(\boldsymbol{x}) \right]^{\text{T}} \tag{2-1}$$

$$g_i(\boldsymbol{x}) \leqslant 0 \quad i = 1, 2, \cdots, p \tag{2-2}$$

$$h_j(\boldsymbol{x}) = 0 \quad j = 1, 2, \cdots, q \tag{2-3}$$

式中，$\boldsymbol{x} = (x_1, \cdots, x_n)^{\text{T}}$ 是决策空间 $\Omega = \prod\limits_{i=1}^{n} [lb_i, ub_i] \in \mathbb{R}^n$ 中的一个 n 维的决策向量；ub_i 和 lb_i 分别是第 i 维决策空间的上下界；g_i 是 p 个不等式约束；h_j 是 q 个等式约束；$\boldsymbol{F}: \Omega \to \mathbb{R}^m$ 是 m 维目标向量，它是一个从 n 维决策空间 Ω 到 m 维目标空间 $\Theta \in \mathbb{R}^n$ 的映射，图 2-4 给出了该映射的示意图。接下来，给出 MOPs 中的几个重要定义。

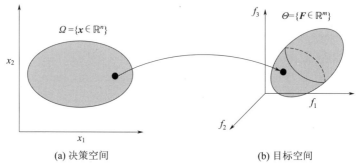

(a) 决策空间   (b) 目标空间

图 2-4　多目标优化中决策空间到目标空间的映射示意图

定义 2.1（Pareto 支配）：在多目标优化中，Pareto 支配是一种比较个体优劣的重要方法。给定两个决策向量 $\boldsymbol{x}, \boldsymbol{y} \in \Omega$，如果 $\boldsymbol{x}$ Pareto 支配 $\boldsymbol{y}$，表示为 $\boldsymbol{x} \prec \boldsymbol{y}$，当且仅当

$$\begin{cases} f_i(\boldsymbol{x}) \leqslant f_i(\boldsymbol{y}) & \forall i \in \{1, 2, \cdots, m\} \\ f_i(\boldsymbol{x}) < f_i(\boldsymbol{y}) & \exists i \in \{1, 2, \cdots, m\} \end{cases} \tag{2-4}$$

若 $\boldsymbol{x}$ 不支配 $\boldsymbol{y}$ 且 $\boldsymbol{y}$ 不支配 $\boldsymbol{x}$，则称它们是互相非支配（nondominated），并认为此时解 $\boldsymbol{x}$ 和解 $\boldsymbol{y}$ 的质量是一样。

定义 2.2（非支配解）：一个决策向量 $\boldsymbol{x}^* \in \Omega$ 是 Pareto 最优解，当且仅当

$$\nexists \boldsymbol{x} \in \Omega : \boldsymbol{x} \prec \boldsymbol{x}^* \tag{2-5}$$

定义 2.3（Pareto 最优解集）：多目标优化问题的最终解并非唯一，而是折中各目标的一组解，称为 Pareto 最优解集（pareto-optimal set，PS）。PS 定义为：

$$PS = \{ x^* \in \Omega \mid \nexists x \in \Omega : x \prec x^* \} \tag{2-6}$$

定义 2.4（Pareto 前沿）：Pareto 最优解在目标空间中的映射构成 Pareto 最优前沿面（pareto-optimal front，PF）。PF 定义为：

$$PF = \{ F(x) \in \mathbb{R}^m \mid x \in PS \} \tag{2-7}$$

定义 2.5：理想点 z^* 表示为 $z^* = (z_1^*, z_2^*, \cdots, z_m^*)^T$，其中对每一个 $i \in \{1, 2, \cdots, m\}$，$f_i$ 的下界 z_i^* 可表示为：

$$z_i^* = \min_{x \in \Omega} f_i(x) \tag{2-8}$$

定义 2.6：天底点 z^{nad} 表示为 $z^{nad} = (z_1^{nad}, z_2^{nad}, \cdots, z_m^{nad})^T$，其中对每一个 $i \in \{1, 2, \cdots, m\}$，$f_i$ 在 PS 的上界 z_i^{nad} 可表示为：

$$z_i^{nad} = \max_{x \in \Omega} f_i(x) \tag{2-9}$$

由于不存在一个能使所有目标同时达到最优值的解，求解 MOPs 的目的为在多项式时间内获得一组在目标空间中尽可能接近 PF 且分布均匀的近似解，即得到的解集需要同时拥有尽可能好的收敛性与分布性。多目标优化问题有多种分类：依据有无约束条件分为约束优化（constrained optimization）问题和无约束优化（unconstrained optimization）问题；依据问题的空间分布分为连续优化（continuous optimization）问题和离散优化（discrete optimization）问题；依据问题是否线性分布分为线性优化（linear optimization）问题和非线性优化（non-linear optimization）问题；依据优化方向分为最大化优化问题和最小化优化问题。一般来说，连续 MOPs 的 PS 集含有无穷多个解，而组合 MOPs 的 PS 中解的数量是未知的（因为它们通常是 NP-hard 问题）。

2.2.2　多目标优化方法

多目标优化方法旨在为 MOPs 求得一组折中的解，而决策者可以从得到的解集中选择任意一个或多个解作为最终的解决方案。根据决策过程的不同，多目标优化可分为先验式[21]、交互式[22] 和后验式[23]。传统的求解 MOPs 的数学方法包括线性加权法[24]、ϵ 约束法[24]、极大极小法[25]、目标规划法[26]、目标满意法[27] 等。尽管这些方法继承了求解 SOPs 的一些经典算法的机理，但是它们存在着一个共同的缺陷，那就是为得到原问题的 PS/PF，算法必须多次运行，由于各次的运行求解过程相互独立，它们之间的信息难以共享，可能导致各次得到的结果不可比较，令决策者难以做出有效的决策，并且多次运行也会带来较大的计算开销，降低问题求解的效率。另外需要注意的是，当目标和/或约束条件是非线性、非凸或不近似于某种形式时，这些方法将不能解决这类问题，例如线性加权法不能有效处理 PF 的凹部，并且它们一般也很难处理大规模的问题，限制了它们的实际应用。

考虑到数学方法的局限性，研究者们开始寻求无导数或启发式优化方法，不同于传统优化方法，这类方法不需要对问题做很强的假定，即在可接受的时间或空间范围内，给出待求解优化问题的可行解，多目标进化算法（multi-objective evolutionary algorithms，MOEAs）[28-29] 是求解 MOPs 的有效手段[20]。MOEAs 是一类模拟自然界生物进化过程或者群体智能（swarm intelligence，SI）行为的多目标优化方法，其优势在于：①无需任何关于问题的先验知识，不要求当前问题具有较好的解析性质，如可导、连续等，有着非常高的灵活性与通用性，非常适用于解决 NP 难的问题；②可处理大规模，甚至极为复杂的搜索空间，对 PF 的形状及连续性不敏感，如它们可以比较容易地处理不连续或凹的 PF；③基于种群（或群体）的特性，能够同时处理一组解，使得算法单次运行即可产生多个 Pareto 最优解，逼近真实 PF 的近似解集。值得注意的是，本节所指的 MOEAs 是一个广义的概念，它涵盖所有通过迭代优化一个或多个种群来寻找最优的元启发式算法，包括遗传算法[30]、粒子群算法[31]、差分进化算法[32]、分布估计算法[33-34] 等。

早在 1985 年，第一个用于求解 MOPs 的 VEGA 被提出[35]，被看作 MOEAs 的开创性工作。20 世纪 90 年代，各国学者陆续提出了多种基于小生境[36] 和适应度值共享机制[37] 的 MOEAs。从 1999 年到 2002 年，一批以精英保留机制为特征的经典 MOEAs 相继问世[30,38-39]。在 2007 年，基于目标分解的 MOEAs（multi-objective evolutionary algorithms based on decomposition，MOEA/D）[40] 被提出，并成为进化多目标优化（evolutionary multi-objective optimization，EMO）领域中的一个重要分支，备受研究者们的关注。自 2010 年之后，MOEAs 的研究朝着大规模[16,41-42]、分布式[31,43]、高维[44]、复杂约束[45-46]、数据驱动[47]、知识迁移[48-50] 等多元化[50-51] 的方向发展。

MOEAs 的基本框架如图 2-5 所示，进化过程是以种群为载体，以并行的方式对问题解空间进行迭代寻优，算法首先产生初始种群，代表问题的一组可行解，随后进入迭代过程（配对选择→产生子代→目标值评估→环境选择）直至满足终止条件输出解集。其中关键的步骤是解产生操作和解选择操作。解产生操作指从当前种群中选出一些解作为父代，并利用一定的算子产生新的子代解，这模仿了生物进化中遗传基因的改变过程，是算法能够对问题解空间进行有效搜索的根本所在。解选择操作指合并当前种群与新产生的子代解，并利用环境选择保留较好的一部分进入下一代，依据适者生存的自然法则优胜劣汰，这种选择机制是算法收敛到问题最优解的基础。由于现有 MOEAs 采用了不尽相同的解产生策略和解选择策略，因此以下将从解产生策略和解选择策略两个角度分别对现有的

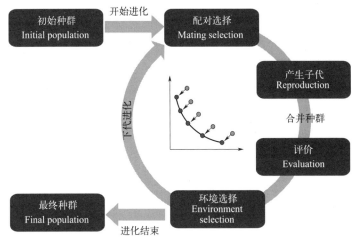

图 2-5 多目标进化算法的基本框架

MOEAs 进行分类。

子代解产生策略是搜索在决策空间中实现探索（Exploration）与开发（Exploitation）之间平衡的关键，根据子代解的产生策略，现有 MOEAs 可以归为以下几类：

① 遗传算法。遗传算法（genetic algorithm，GA）是最为流行的一类进化算法，它利用交叉（crossover）和变异（mutation）算子来产生新解。GA 的最大优势在于它的通用性，即它既可以解决连续 MOPs，又可以解决组合 MOPs。例如，当决策变量为实数编码时，它可以采用模拟二进制交叉与多项式变异[30]；当决策变量为二进制编码时，它可以采用单点交叉与随机翻转变异[16]；当决策变量为序列编码时，它可以采用次序交叉与随机插入变异[52]。此外，对于一些有着复杂编码的优化问题，研究者也可以为 GA 设计出特定的交叉和变异算子[53]。

② 粒子群算法。粒子群算法（particle swarm optimization，PSO）通过模拟鸟的飞行行为来更新种群，其中每个解的下一次更新方向受到惯性、历史最优位置以及全局最优位置的共同影响。这种让所有解向着最优位置更新的机制使得 PSO 具有较快的收敛速度；但反过来，它在多峰问题上容易陷入局部最优[54]。PSO 通常只用于求解连续 MOPs；通过引入集合型运算规则，一些工作也将它应用于求解组合 MOPs[55-56]。

③ 差分进化算法。差分进化算法（differential evolution，DE）利用解之间的差异来决定解的更新方向，它与 PSO 的最大区别在于前者没有惯性项，且决定更新方向的是随机选取的解而不是最优解[57-58]。与 PSO 相同，DE 通常也多用于求解连续 MOPs。DE 在一些决策变量关联性较强的 MOPs 上的效果较好。

④ 分布估计算法。分布估计算法（estimation of distribution algorithm，EDA）通过在决策空间中建立概率分布模型来估计 Pareto 最优解集，并利用所建立的模型进行采样直接产生新解。它在一些特定的连续 MOPs 上能够取得较好的效果。常见的多目标 EDA 有利用了协方差矩阵自适应进化策略的 MO-CMA-ES[59]、S3-CMA-ES[60]、MOEA/D-CMA[61]，利用了正则模型的 RM-MEDA[62]，利用了高斯过程的 IM-MOEA[33]，等等。

⑤ 其他算法。除上述四种主要类型之外，还有一些基于其他元启发式算法的多目标进化算法，如多目标模因算法[63]、多目标免疫算法[64]、多目标蚁群算法[65]、多目标蜂群算法[66] 以及基于各种群体智能的 MOEAs[28,67]。

根据环境选择策略，现有 MOEAs 可以归为如图 2-6 所示三大类：

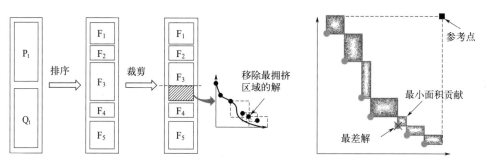

(a) 基于支配关系的算法　　　　　　　　　　(b) 基于性能指标的算法

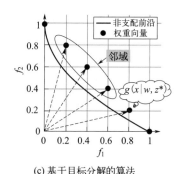

(c) 基于目标分解的算法

图 2-6　多目标进化算法的分类

① 基于支配关系的算法。大部分 MOEAs 基于解之间的支配关系来进行环境选择，即保留种群中的非支配解、剔除种群中的被支配解。基于支配关系的 MOEAs 可以细分为两类。一类是基于 Pareto 支配关系的算法，它们先利用 Pareto 支配关系保留种群中的非支配解（即非支配排序），然后利用其他策略来进一步区分所有的非支配解。此类算法首先采用非支配排序选出一部分解，然后利用拥挤距离（NSGA-Ⅱ[30]）、拐点（KnEA[68]）、密度转换（SDE[69]）、

向量夹角（VaEA[70]）等进一步区分所选出的解。另一类是基于改进的支配关系的算法，它们通过改进 Pareto 支配关系来提升环境选择压力，从而无需其他选择策略的辅助。例如基于目标空间超网格支配关系的 ϵ-MOEA[71]、GrEA[72]，模糊支配 FD-NSGA-II[73]，角度阈支配 NSGA-II/SDR[74]，以及基于权值向量支配关系的 θ-DEA[75]、RPD-NSGA-II[76] 和 DrEA[77]。

②　基于性能指标的算法。此类算法通过计算解相对于种群在某性能指标上的贡献度来判断解的质量。换言之，基于性能指标的 MOEAs 利用贪心策略来选出种群中具有最好性能指标值的那一部分解。例如使用 $R2$ 指标的 TS-R2EA[78]、MOMBI-II[79]，使用 IGD 指标的 IGD$^+$-MOEA[80]、AR-MOEA[81]、MaOEA/IGD[82]，使用 HV 指标[83] 的 HypE[84]、R2HCA[85]、DLS-MOEA[86]、SMS-EMOA[87]，使用 I_ε 指标的 MaOEA-IBP[88]，使用 I_{SDE} 的 AnD[89]，使用 I_{SDE^+}[90]，使用 L_p 指标的 2REA[91]、MOEA/CT[92]、MaOES[93] 以及 EvoKnee[94]。由于上述性能指标大都有自身偏好（例如 HV 指标偏好 Knee point 及边界点）难以真实反映解集质量，学者们提出基于多指标互补的协同进化算法，如 SRA[95]、Two_Arch2[96]。

③　基于目标分解的算法。采用分治的思想，利用一组目标空间中的均匀权值向量将原本待求解的 MOPs 转化为多个更简单的子问题予以求解。基于目标分解的 MOEAs 也可以细分为两类：一类算法通过计算解相对于权值向量的聚集函数值来将原 MOPs 转换为多个 SOPs，如 MOEA/D[40] 和 RVEA[97]；另一类算法通过计算解相对于权值向量的距离来将原 MOPs 转换为多个更简单的局部 MOPs，如 MOEA/D-M2M[98]、MOEA/D-AM2M[99] 及 SPEA/R[100]。由于未采用支配关系来区分解的质量，基于目标分解的 MOEAs 有着较高的运行效率和较快的收敛速度[101]。但另一方面，受权值向量分布的限制，基于目标分解的 MOEAs 在具有不规则 PF 的 MOPs 上效果不理想[102]。

值得一提的是，为了更好地求解特定类型的复杂 MOPs，一些 MOEAs 同时采用了多种解产生策略或解选择策略。例如，MOEA/DD[103] 同时采用支配关系＋目标分解，NMPSO[104] 采用支配关系的多目标遗传＋粒子群算法，MOEA/D-CMA[61] 采用目标分解＋分布估计算法，MOEA/D-EGO 采用代理模型＋多目标分解选择方法[105]，MOEA/DVA[106] 采用多目标分解＋遗传＋差分进化。以上特殊策略大致归为以下几类：

①　代理模型。代理模型辅助的进化优化算法（surrogate assisted evolutionary algorithms，SAEA）主要用于求解计算昂贵的 MOPs。昂贵问题的目标函数通常是一个仿真模型如有限元分析、计算流体动力学模型等[47]。调用一次仿真所耗费的时间要比普通优化问题进行一次函数评估所花费的时间要多得多。SAEA 通过训练代理模型（如高斯过程、人工神经网络、支持向量机等）来拟合

目标函数或适应度函数，通过对实际问题进行仿真采样，使用较少的样本点以及相应的代理模型建模方法得到原问题的近似数学表达，算法仅利用训练好的模型来计算其目标值或适应度值，从而大大减少了计算真实目标值的次数，并提升了算法的运行效率。常见的代理模型辅助的 MOEAs 有 MOEA/D-EGO[105]、SMS-EGO[107]、ParEGO[108]、K-RVEA[109]、CSEA[110]。

② 目标降维。目标降维策略旨在去除冗余/并不互相矛盾的目标以降低问题的难度[111]。例如，一些目标降维策略将所有正相关的目标划分至同一组，并在每一组内选出一个目标作为最终的优化目标[112]；另一些目标降维策略将冗余的目标加权成一个新的目标予以优化[113]；还有一些采用特殊的策略来对决策空间或目标空间进行转换，从而达到简化原问题的目的[114]。

③ 决策变量分解。决策变量分解旨在采用分治的思想来求解大规模 MOPs，即将所有决策变量随机或启发式地分为多组，并分别优化每一组决策变量，从而达到大幅减小搜索空间的目的[106]。决策变量分解策略在 SOPs 上有着成熟的应用[54,115-116]，但在 MOPs 上的研究较少[42,86,112]，这主要是因为多个目标的存在使得决策变量难以被准确地分组。

④ 迁移学习。迁移学习是一种运用已有历史知识对相关领域问题进行求解的机器学习方法。将迁移学习扩展到进化优化领域[117-118]，不仅可以减少算法的计算代价，而且可以显著改善种群的搜索能力，具有非常重要的研究价值[119-121]。基于迁移学习的 EAs 已在车辆路径优化[18] 和动态优化[49] 中获得应用。迁移学习重点关注从已解决问题的历史模型库中找到与新问题匹配的历史问题，将历史问题对应的知识迁移到新问题的求解过程中，以提高种群的搜索效率，尤其是昂贵优化问题[122-123]。

多目标优化领域面临的挑战主要有：

① 高维多目标优化问题。MaOPs 是指目标维数大于 3 的 MOPs，实际应用中的一些问题含有非常多的待优化目标，如水资源管理[124]、翼型设计优化[109]、工业调度[125]、项目组合优化[126]、汽车发动机标定[127]、车辆防撞设计[70] 等[128]。高维多目标优化是近几年国内外研究的热点和难点问题之一。针对 MaOPs，传统的 MOEAs 无法有效地求解，这主要是因为高维目标空间中非支配解数目急剧升高，传统支配关系无法提供足够的环境选择压力来指导种群向着高维 Pareto 前沿面进化[103]。2010 年之后，陆续有一些针对 MaOPs 的高维多目标演化算法（many objective evolutionary algorithms，MaOEAs）被提出[72,75,129]，但这些算法的效果仍不理想。

② 大规模多目标优化问题。实际应用中的另一些问题含有非常多的决策变量，如神经网络权值和偏置参数优化[51,130]、变压器配置优化[131] 等。一般决策变量数目大于 100 的 MOPs 被称为大规模多目标优化问题（large-scale multiobjective optimization problems）。虽然大规模 SOPs 的研究已获得了长足的发展，但关于大规模 MOPs 的研究仍处在初级阶段。同等决策变量规模 SOPs 和 MOPs 的难度有着天壤之别，这是因为 SOPs 仅要求种群中的一个解达到最优，而 MOPs 要求种群中的所有解均达到最优。

③ 具有不规则前沿面的多目标优化问题。还有一些实际问题具有不规则的 PF 形状，而具有不规则 PF 的 MOP 的难点在于获得一组分布均匀的解，即种群难以保持好的分布性。就目前而言，现有 MOEAs 中的分布性保持策略均存在一定的局限性。例如，MOEA/D 只能在具有规则前 PF 的 MOPs 上获得均匀分布的种群，很少有单一的 MOEA 可以在具有不同类型的 PF 的 MOPs 上均获得分布性较好的种群。

④ 约束多目标优化问题。由于约束条件的存在，MOEAs 需要合理地利用进化过程中产生的可行解和不可行解的信息，引导种群跳过不可行域向最优前沿进化，避免出现陷入局部最优的情况，以此获得较好的收敛性和分布性。研究人员提出许多不同的约束处理方法，包括罚函数法[132]、可行性法[133]、ϵ-约束处理法[134]、多存档集技术[45]、随机排序法[135]。罚函数法在目标函数后增加一项惩罚项，将约束优化问题转化为无约束问题，但参数设置不当会导致求解效果差；可行性法根据解的约束违反度值是否为零，将解分为可行解和不可行解，并据此法则来对不同解之间进行比较；ϵ-约束处理法将具有不同约束违反度值的个体划分到相应的区间，采用不同的规则来对各自的区间内的个体进行比较；多存档集技术通过两个种群或多个种群分别进化，在种群之间形成互补关系，协同进化；随机排序基于一个设定的概率参数，来选择采用目标函数值或者采用约束违反度值评价两个个体的好坏。有效协调约束条件和目标函数之间的关系，引入部分最优不可行解，为算法提供进化方向的有效信息，是促进种群收敛的关键。

2.2.3　解集的评价指标

MOPs 的最优解是一个最优解集，因此需要评价指标来评价所得集合的优劣，在没有决策者偏好信息的情况下，评价集合的优劣主要从以下三个方面考虑：

- 收敛性：评价集合中的解与真实 PF 的接近程度。
- 分布性：评价集合中的解是否分布在整个 PF 上。
- 均匀性：评价集合中的解是否在目标空间上分布均匀。

这里重点介绍几个目前最常用的评价指标[136-137]，分别是 Generational Distance（GD）指标、Spread（S）指标、Inverted Generational Distance（IGD）指标和 Hypervolume（HV）指标。

(1) Generational Distance（GD）指标

假设 A 是一个 MOP 的目标向量集合，P 中的点均匀分布在整个理想 PF 上，GD 指标是计算 A 到 P 的距离，定义式如下：

$$GD(A,P) = \frac{\sum\limits_{v \in A} d(v,P)}{|A|} \tag{2-10}$$

式中，$d(v,P) = \min(\|v-z\| | z \in P)$，$|\cdot|$ 表述集合元素的个数。GD 指标度量的是一个集合与理想 PF 之间的距离，表示这个集合的收敛性。因此，这个指标值越小，表明这个集合中的解的收敛性越好，越靠近理想 PF。如果这个指标值是 0，就表明集合 A 中的每一个解都在理想 PF 上。

(2) Spread（Δ）指标

集合 A 的 Δ 指标定义如下：

$$\Delta(P) = \frac{\sum\limits_{i=1}^{m} d(e_i,P) + \sum\limits_{z \in P} |d(z,P) - \bar{d}|}{\sum\limits_{i=1}^{m} d(e_i,P) + |P| * \bar{d}} \tag{2-11}$$

式中，$d(z,P) = \min\limits_{y \in P, y \neq z} \|F(y) - F(z)\|$，$\bar{d} = \frac{1}{|P^*|} \sum\limits_{x \in P^*} d(x,P)$，$\Delta$ 指标是用来评价集合 A 中元素分布的均匀性。如果 Δ 的值是 0，说明 A 中的元素等间距的分布在目标空间中。

(3) Inverted Generational Distance（IGD）指标

假设 A 是一个 MOP 的目标向量集合，P 中的点均匀分布在整个理想 PF 上，IGD 指标是计算 P 到 A 的距离，定义式如下：

$$IGD(A,P) = \frac{\sum\limits_{v \in P} d(v,A)}{|P|} \tag{2-12}$$

式中，$d(v,A) = \min(\|v-z\| | z \in A)$，如果 P 中的点足够多并且能均匀地分布在整个 PF 上，则 IGD 指标能在一定程度上同时反应集合 A 的收敛性和多样性。

(4) Hypervolume（HV）指标

集合 A 与参考向量 z 围成的区域的超体积通过下式计算：

$$HV(P) = Vol(U_{x \in P} [f_1(x), z_1^r] \times \cdots \times [f_m(x), z_m^r]) \tag{2-13}$$

式中，$Vol(F(x))$ 是 $F(x)$ 与参考向量 z 围成的区域的超体积。HV 指标能同时评价集合的收敛性、多样性和分布性。

2.3 迁移学习

迁移学习（transfer learning），或称归纳迁移、领域适配，是机器学习的一个重要分支。机器学习解决的是让机器自主地从数据中进行训练和学习，挖掘出有价值的知识，并应用于新的问题中。迁移学习侧重于将已经学习到的知识直接迁移应用于新的问题中。机器学习挖掘出的知识能应用于新问题的前提是，训练场景和测试场景的数据集概率分布相同，即领域间的特征应该相同。类似的，迁移学习需要找到新问题和原问题之间的相似性，才可以顺利地实现知识的迁移。

知识迁移对于我们其实并不陌生，其实人类对于迁移学习这种能力，是与生俱来的。比如，我们如果已经会打乒乓球，就可以类比着学习打网球。再比如，我们如果已经学会骑自行车，就可以类比着骑摩托车，骑自行车的本领对骑摩托车显然是有帮助的。因为这些活动之间，往往有着极高的关联性和相似性。人类在先前知识的基础上，可以在不同领域和问题之间进行迁移学习，这种能力可以帮助提高学习的效率。迁移学习是一种学习的思想和模式，如图 2-7 所示，生活中常用的"举一反三""类比学习"就很好地体现了迁移学习的思想，例如学习走路的技能可以用来学习跑步，学习骑自行车的技能可以用来学习骑摩托车。受此启发，研究人员企图借助一定的技术手段使得计算机在挖掘和整理已有数据信息的基础上，可以总结出新的知识结构提高目标域的学习能力。

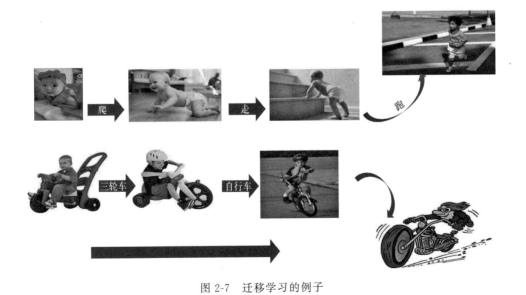

图 2-7 迁移学习的例子

在此背景下，迁移学习被提出来，并得到广泛关注和应用。从机器学习的视角来看，迁移学习放松了传统机器学习中训练数据和测试数据必须服从独立同分布的要求，只要源域和目标域之间具有一定关联性或相似性，迁移学习就可以借助在源域数据中获得的知识，来帮助目标域的学习。换言之，即使参与学习的领域或任务服从不同的边缘概率分布或条件概率分布，只要领域或任务之间具有一定的关联性，迁移学习就能够挖掘领域之间不变的本质特征和结构，迁移标注数据或知识结构，使得标注数据等有监督信息可以在领域间实现迁移和复用，从而完成或改进目标域或任务的学习效果。

2.3.1 迁移学习的动机

迁移学习具有很强的现实需求，主要体现在以下几个方面：

① 解决标注数据稀缺性。众所周知，机器学习模型的训练和更新，通常依赖于数据的标注，单纯地凭借少量的标注数据，无法准确地训练高可用度的模型。随着物联网的发展，我们可以获取到海量数据，但这些数据往往是很初级的原始形态，未被加以正确的人工标注。数据的标注是一个耗时且昂贵的操作，在医疗健康和生物信息学领域，对数据进行标注代价极高（需要专业医师或生物学家给出），这给机器学习和深度学习的模型训练和更新带来了挑战。当标注数据十分稀缺且获取代价太大时，就需要从辅助领域迁移知识来提高目标域学习效果。借助迁移学习思想，可以寻找一些与目标数据相近的有标注的数据，从而利用这些数据来构建模型，增加目标数据的标注。

② 缓解模型训练昂贵问题。模型训练需要强大的计算能力来支撑。例如，ResNet 需要很长的时间进行训练，绝大多数普通用户不具备足够的计算资源来进行高效的模型训练。利用迁移学习的思想，可以将那些训练好的模型，迁移到目标任务中，然后针对目标任务进行微调，从而拥有在大数据上训练好的模型。更进一步，可以将这些模型针对目标任务进行自适应更新，从而取得更好的效果。

③ 解决模型自适应调整问题。机器学习的目标是构建一个尽可能通用的模型，使得这个模型对于不同用户、不同设备、不同环境、不同需求，都可以很好地进行满足。换言之，就是要尽可能地提高机器学习模型的泛化能力，使之适应不同的数据情形。然而，不同的人有不同的需求，短期内根本无法用一个通用的模型去满足。为了解决个性化需求的挑战，可利用迁移学习的思想，进行跨领域适配。对于某个已经构建了模型的任务，将其加以改造，使其更好地适配于目标任务需求。

迁移学习强调的是在彼此不同但又相互关联的领域、任务和分布之间进行知识的迁移和复用。从本质上讲，迁移学习就是将已有领域的信息和知识运用于不同但相关领域中去的一种新的机器学习方法。迁移学习不要求相似领域服从相同概率分布，其目标是将源域里面已有的知识和信息抽取出来，通过一定的技术手段进行转化，并迁移到新领域中，进而解决目标域标签样本数据较少或模型训练代价高昂的学习问题。

机器学习的核心问题之一是如何让训练数据集能充分表征目标应用场景的特点，针对这一问题，经典机器学习算法假定训练样本数据集与测试样本数据集（来自应用场景）的概率分布是相同的，即训练样本采样自目标应用场景。如此一来，只需对目标场景进行充分样本抽取即可获得合乎要求的训练数据集，并且模型在训练集上所体现的认知能力，很容易泛化到测试集。但是，当应用场景发生变化时，即训练集和测试集之间存在分布漂移，基于分布一致性所得模型的性能会大幅度下降，换言之，模型缺乏对新环境的适应能力。类似的，迁移学习效果受限于领域间的相似程度，若领域间在学习内容和方法上无共同之处，迁移学习就难以发生，只有领域间有共同因素，才会产生迁移，且共同因素越多，迁移作用就越大。值得注意的是，若两个领域之间不存在相似性，或者基本不相似，那么，在源域上学习到的知识，对于目标域上的学习产生负面作用，从而大大损害迁移学习的效果。因此，迁移学习的关键是找到源域和目标域间合理的相似性，以及可迁移的成分，并挖掘其中不变的本质特征和结构来完成迁移。

迁移学习的问题形式化，是进行知识迁移研究的前提。在迁移学习中，有两个基本的概念：领域（domain）和任务（task）。

定义 2.7（领域）：领域 $\mathcal{D}$ 是由数据的特征空间 $\mathcal{X}$ 和生成这些数据的概率分布 $\mathcal{P}(x)$ 构成，即 $\mathcal{D}=\{\mathcal{X},\mathcal{P}(x)\}$，$x\in\mathcal{X}$ 表示领域上的数据，第 i 个样本或特征记为 x_i，是一种向量的表示形式，领域的数据集合记为 X，是一种矩阵形式。

概率分布 $\mathcal{P}$ 通常只是一个逻辑上的概念，即认为不同领域有不同的概率分布，却一般不给出（也难以给出）$\mathcal{P}$ 的具体形式。

定义 2.8（任务）：任务 $\mathcal{T}$ 是由标签的类别空间 $\mathcal{Y}$ 和标签对应的拟合函数 $f(x)$ 组成，即 $\mathcal{T}=\{\mathcal{Y},f(x)\}$，$y\in\mathcal{Y}$ 表示样本的标签，第 i 个样本标签记为 y_i，是一种标量形式。按统计学观点，拟合函数 $f(x)=\mathcal{P}(y|x)$ 解释为条件概率分布。

通常用小写下标 s 和 t 来分别指代两个领域。相应地，$\mathcal{D}_s$ 表示源域，$\mathcal{D}_t$ 表示目标域，源任务和目标任务的类别空间分别表示为 $\mathcal{Y}_s$ 和 $\mathcal{Y}_t$。基于上述领域和任务定义，可对迁移学习形式化表达。

定义 2.9（迁移学习）：给定标记的源域 $\mathcal{D}_s = \{x_i, y_i\}_{i=1}^{n_s}$ 和一个无标记的目标域 $\mathcal{D}_t = \{x_i\}_{i=1}^{n_t}$，这两个领域的数据分布 $P(x_s)$ 和 $P(x_t)$ 不同。迁移学习的目标是借助 $\mathcal{D}_s$ 的知识，来学习 $\mathcal{D}_t$ 的知识（标签），从而降低目标域拟合函数 $f_t(x)$ 的泛化误差。

2.3.2　迁移学习方法分类

按照数据、特征、模型的机器学习逻辑进行区分，迁移学习方法分为以下四个大类：

① 基于样本的迁移。对源域中的样本进行权重调整，对不同的样本赋予不同权重，提升位于目标域高密度区域的源域样本权重，降低不利于目标任务的样本权重，从而实现源域概率分布趋同于目标域概率分布，再对源域样本进行迁移，能够更好地与目标域数据分布匹配。

② 基于特征的迁移。本质上是对不同领域特征进行变换，使得领域间共享特性增强而独享特性减弱。假设源域和目标域的特征原来不在一个空间，或者说它们在原来空间上不相似，为了减少源域和目标域之间的差距，可将它们变换到统一特征空间中，使得这些特征相似。

③ 基于模型的迁移。假设源域中的数据与目标域中的数据可以共享一些模型的参数，则可以建立参数共享的模型，特别适用于神经网络模型，因为神经网络的结构可以直接进行迁移。

④ 基于关系的迁移。这种方法比较关注不同领域之间的关系相似性，通过挖掘和利用关系进行类比迁移。比如老师上课、学生听课就可以类比为公司开会的场景。这就是一种关系的迁移。

基于样本的迁移方法基本思想如图 2-8 所示：假设源域样本和目标域样本各自服从某概率分布，同时，源域中的一部分样本满足目标域概率分布，如果能找

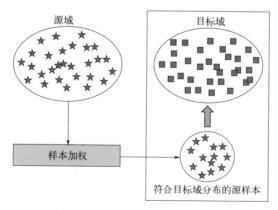

图 2-8　基于样本的迁移学习方法

到这些满足条件的源域样本，那么，就能够借助这些源域样本的标签，训练出适用于目标域的拟合函数。这类方法通常采用加权的方式来筛选出满足条件的源域样本，如何求取这些加权系数是一个关键问题。此外，这种方法通常只在领域间分布差异较小时有效。

基于特征的迁移方法是当前的研究热点。基于特征的迁移学习方法认为源域和目标域的样本能被映射到共享的隐藏特征空间，在这个空间中，源域样本和目标域样本的特征概率分布差异很小。由这一思想衍生出两种方案。第一种是共享特征元素迁移法，如图 2-9（a）所示，该方法假设源域和目标域对应的特征空间为同构空间，特征空间中的部分特征是领域独享的，而另一部分特征是领域共享的且可泛化的。这种方案的核心是如何找到刻画该隐藏特征空间的共享特征元素，构建域不变特征子空间。第二种是映射迁移，假设源域和目标域对应的特征空间为异构空间，但领域间存在共享的且可泛化的隐含特征空间，该空间可以由特征学习算法在减小领域间概率分布差异的准则下抽取得到。其原理如图 2-9（b）所示，利用源域和目标域中所有带标签的样本，学习一个变换关系，在该变换的作用下，将源域与目标域特征空间映射到一个具有域不变特性的隐藏特征空间，实现源域与目标域特征空间的映射。例如，从核映射角度，可采用高维特征空间来表示隐藏特征空间，而源域样本和目标域样本在该高维空间的投影可以用核映射方法得到，基于这些投影点可以建立相应的学习模型。

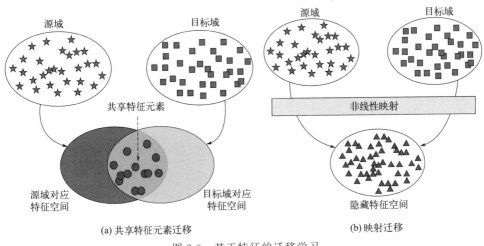

图 2-9　基于特征的迁移学习

基于模型的迁移方法通常将源域上已经训练好的模型迁移到目标域上。目前绝大多数基于模型的迁移学习方法都与深度神经网络进行结合，这些方法对现有的一些神经网络结构进行修改，在网络中加入领域适配层，然后联合进行训练。

由于神经网络具有良好的层次结构，其提取特征是逐层抽象的：假设一个网络要识别一只猫，那么一开始它只能检测到一些边边角角的东西，和猫根本没有关系；然后可能会检测到一些线条和圆形；慢慢地，可以检测到猫的轮廓；接着是猫腿、猫脸等。概括来说就是：深度神经网络前面几层学习到的是通用的特征（general feature）；随着网络层次的加深，后面的网络更偏重学习任务特定的特征（specific feature）。

来自康奈尔大学的 Jason Yosinski 等率先进行了深度神经网络可迁移性的实证研究，结果表明：神经网络的前几层提取的是通用的特征（general feature），进行模型参数迁移的效果会比较好；深度迁移网络中加入微调，效果会提升比较大，可能会比原网络效果还好；深度迁移网络要比随机初始化权重效果好；网络层数的迁移可以加速网络的学习和优化。在实际的应用中，针对一个新任务从头开始训练一个神经网络显然是非常耗时的，尤其是，我们的训练数据不可能像 ImageNet 那么大，迁移学习告诉我们，利用之前已经训练好的模型，将它很好地迁移到自己的任务上即可。其原理如图 2-10 所示，将已经训练好的网络进行改造，固定前面若干层的参数，只针对我们的任务，微调后面若干层。这样，网络训练速度会极大地加快，而且对提高我们任务的表现也具有很大的促进作用。

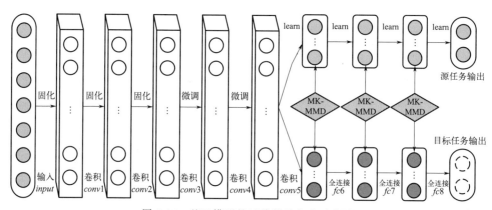

图 2-10　基于模型的迁移学习方法示意图

基于关系的迁移方法用得比较少，这里不详细展开说明。

2.4　多任务优化

对于同一时间进行着的不同任务，人类大脑能够自然而然地对它们进行处理。例如，当我们观看一段视频时，大脑可以同时完成对声音和图像的接收处理；当我们驾驶车辆时，我们一边观察路况一边把控车速和方向等，把要进行处理的多个任务分配到大脑的不同功能区域。类似的，在机器学习以及智能优化领域，很多学习或优化问题并不是孤立存在的，它们之间可能有或多或少的联系。相似学习/优化任务之间的有用信息，会对任务的求解有所帮助，从而加快每个任务的解决进度。

在机器学习领域，深度学习方法如果要获得稳定的学习效果，往往需要使用数量庞大的标注数据进行充分训练，否则就会出现欠拟合而导致学习性能下降。随着任务复杂程度和数据规模的增加，标注数据的成本和难度急剧升高。此外，单一任务的独立学习通常忽略了来自其他任务的经验信息，致使训练冗余重复，也限制了其性能的提升。为缓解上述问题，属于迁移学习范畴的多任务学习方法被提出，与单任务学习只使用单个任务的样本信息不同，多任务学习假设不同任务数据分布之间存在一定的相似性，在此基础上通过共同训练建立任务之间的联系，各个任务可以从其他任务获得一定的启发，借助学习过程中的信息迁移间接利用其他任务的数据，这种训练模式充分利用了任务之间的信息交换并达到了相互学习、提升各自任务学习性能的目的。

多任务学习通过同时学习多个相关的任务，共享各个任务所获得的有用信息，来提高每个任务的表现。然而，在智能优化领域，传统的进化算法每一次执行过程都只解决一个问题，它们无法利用问题之间的相似特性，通过问题搜索过程中的知识共享和相互协同提高优化性能。近年来，云计算、物联网等前沿技术迅猛发展，急需具有多任务处理能力的优化算法，云平台用户需求种类繁多、并发量大，来自多个用户的多个请求往往需要得到同时处理，传统的智能优化方法不能有效地应对这种挑战，设计一种能够进行多个任务同时优化的算法迫在眉睫。不同于传统的智能优化算法，多任务智能优化希望同时解决多个不同的优化问题，通过任务间的知识传递和共享，获得更好的优化性能，取得更快的收敛速度以及更好的解。多任务优化算法能为云计算框架下的多任务处理提供强有力的支撑，更大限度地提高云平台的计算效率。

尽管多任务学习取得了令人鼓舞的效果，但多任务智能优化的概念直到2016 年才被提出。进化算法（evolutionary algorithms，EAs）是一类受到生物界进化思想启发的随机优化方法，其利用种群进行优化搜索，具有强大的隐式并行潜力，能够自动并行地在多个区域进行优化搜索。但此前 EAs 每一次执行过程都只解决一个任务，无法利用任务之间的相似特性，通过任务间的相互协同提高优化性能，对隐式并行性的利用还远远不够。另一方面，实际应用中的优化问题通常与其他问题或历史解决过的问题有关联，而现有的 EAs 都是基于零先验知识从头开始解决一个问题，未能充分利用问题间的相关性来提升求解效率。

2.4.1　多任务优化问题的数学描述

多任务优化问题的数学描述如下：

设有 K 个全局最小优化问题，第 k 个任务记为 $\mathcal{T}_k$，其搜索空间为 X_k，目标函数为 $f_k: X_k \rightarrow \mathcal{R}$，每个任务还可能被若干个等式或不等式约束，多任务优化问题被定义为：

$$\begin{cases} \arg\min_x & \{f_1(\boldsymbol{x}), \cdots, f_k(\boldsymbol{x}), \cdots, f_K(\boldsymbol{x})\} \\ \text{s. t.} & g_k^m(\boldsymbol{x}) \leqslant 0 \quad m = 1, 2, \cdots, p \\ & h_k^n(\boldsymbol{x}) = 0 \quad n = 1, 2, \cdots, q \end{cases} \tag{2-14}$$

式中，优化目标即为求得解集 $\boldsymbol{x} = \{\boldsymbol{x}_1, \cdots, \boldsymbol{x}_k, \cdots, \boldsymbol{x}_K\}$，其中 $\boldsymbol{x}_k$ 为任务 $\mathcal{T}_k$ 在其搜索空间 X_k 中的可行解；$g_k^m(\boldsymbol{x}) \leqslant 0 (m = 1, 2, \cdots, p)$ 定义了任务 $\mathcal{T}_k$ 的 p 个不等式约束；$h_k^n(\boldsymbol{x}) = 0 (n = 1, 2, \cdots, q)$ 定义了任务 $\mathcal{T}_k$ 的 q 个等式约束。值得注意的是，多任务优化问题不同于多目标优化（multi objective optimization，MOO）问题，前者旨在利用种群搜索的隐式并行性，发掘不同任务间潜在的互补特性，同时使得多个任务得到尽可能的优化；后者旨在优化一个矢量目标函数以找到所有目标函数的最优平衡点。

2.4.2　多任务优化的基本框架

受人类大脑能够同时处理多个任务的情景启发，Gupta 等[138] 率先提出多因子进化算法（multi factorial evolutionary algorithm，MFEA）。MFEA 模拟自然界选型交配和垂直文化传播的生物文化现象，利用一个单一的进化种群实现对式(2-14) 所示多任务优化问题的协同搜索，通过任务内的基因继承和任务间的知识迁移来加快各个任务的收敛速度。MFEA 的"多因子"意味着：在多任务优化问题中，每一任务都作为其中一个独立的影响因子对整个种群的进化过程起作用，子代形成的复杂特征是受遗传和文化因素的协同影响，其中遗传因素的影响对应于任务内的遗传物质传递，文化因素的影响对应于任务间的知识迁移，两种因素紧密相依、缺一不可。MFEA 的基本思想如图 2-11 所示，所有任务都采用统一编码形成一个统一的搜索空间，然后由一个进化多任务求解器同时进行优化，不同问题的个体都在统一的搜索空间中进行演化，模拟多因子遗传中遗传因素（同问题空间的信息）和文化因素（其他问题空间的信息）的协同影响，通过选型交配执行基因和文化两种因素间的相互作用，生成子代种群，通过垂直文化传播继承相应任务的技能因子，模仿子代个体受到其父代个体性状表现型的直接影响。

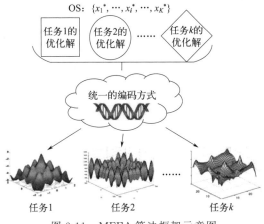

图 2-11　MFEA 算法框架示意图

为了在多任务环境中比较解的优劣，MFEA 为每个解（个体）定义了以下几个属性：

定义 2.10（因子开销，factorial cost）：给定任务 T_k，个体 x^i 的因子开销 ψ_k^i 定义为 $\psi_k^i = \lambda \delta_k^i + f_k^i$，表示 x^i 在任务 T_k 上的适应度值或目标值，其中，λ 为惩罚系数，δ_k^i 为约束违反量，f_k^i 为 x^i 的目标值。当解可行时（$\delta_k^i = 0$），因子开销为 f_k^i。x^i 的因子开销是一个 K 维向量，每个维度代表 x^i 在对应任务上的目标值。

定义 2.11（因子排名，factorial rank）：给定任务 T_k，个体 x^i 的因子排名 r_k^i 为其在任务 T_k 上根据因子开销 ψ_k 进行升序排序后，x^i 所处的位次。

定义 2.12（技能因子，skill factor）：个体 x^i 的技能因子指在所有任务中，x^i 取得最好表现的那个任务，即 $\tau_i = \arg\min_j(r_j^i), j \in \{1, 2, \cdots, K\}$，也表示个体 x^i 最擅长求解的任务。

定义 2.13（标量适应度，scalar fitness）：个体 x^i 的标量适应度 φ_i 是个体存活到下一代的衡量指标，定义为 $\varphi_i = 1/\min_{j \in \{1, 2, \cdots, K\}}\{r_j^i\}$，是基于 x^i 在 K 个任务上所得到的因子排名 $\{r_1^i, r_2^i, \cdots, r_K^i\}$ 中最好的排名获得。

MFEA 的框架如算法 2-1 所示，首先，在一个涵盖了所有任务解空间的统一搜索空间 X 中初始化一个规模为 NP 的种群，并对种群内所有个体在每个任务上进行评价，得出每个个体的因子开销、因子排名、技能因子和标量适应度。然后，进入迭代循环，在不满足停止条件时，执行种群进化，即通过选型交配（assortative mating）产生子代种群，子代种群中每个个体通过垂直文化传播（vertical cultural transmission）继承技能因子，不同技能因子代表了不同的文化背景，即对应不同的优化任务。接着，根据继承的技能因子，在对应的任务上评估，最后合并父子种群，更新合并之后种群中所有个体的标量适应度，根据优标量适应度选择 NP 个最优个体构成下一代种群。迭代过程满足预设终止条件，将每个任务的最优解从统一搜索空间 X 解码到对应任务的搜索空间。

算法 2-1：MFEA

输入：随机交配概率（rmp），K 个任务（$\langle T_1, T_2, \cdots, T_K \rangle$）

输出：K 个任务的最优解 $\langle x_1^*, x_2^*, \cdots, x_K^* \rangle$

1 初始化种群：随机产生 N 个个体组成初始种群

2 评估种群：包括计算因子成本、因子排名、技能因子、标量适应度

3 **while** 不满足停止条件 **do**

4   通过选型交配产生后代解并通过垂直文化传播分配技能因子

5   评价子代种群：包括计算因子成本、因子排名、标量适应度

6   合并父群与子群，并在合并群中执行环境选择更新种群

7 **return** $\langle x_1^*, x_2^*, \cdots, x_K^* \rangle$

---

① 种群初始化。假设有 K 个优化任务，其中第 k 个任务的维度为 D_k，则统一搜索空间为 $X \in [0,1]^{D_{\max}}$，其中维度定义 $D_{\max} = \max_{k \in \{1,2,\cdots,K\}} \{D_k\}$。在种群初始化的过程中，每一个个体都编码为一个 $D_{\max}$ 维的向量，每一维都在 $[0,1]$ 范围内随机取值。当个体在任务 T_k 上进行评估时，只需将其染色体的前 D_k 维映射回 T_k 的搜索空间中，这一编码方式不仅避免了维度灾难，而且有利于遗传物质的隐式迁移。举例来说，设 T_k 的第 i 个解为 $\overline{x}_{k,i} = (x_{k,i,1}, \cdots, x_{k,i,D_{\max}})$，且 $\overline{x}_{k,i} \in X$，通过式 $x_{k,i,d} = l_{k,d} + \overline{x}_{k,i,d}(u_{k,d} - l_{k,d})$ 将 $\overline{x}_{k,i} \in \mathcal{X}$ 解码到特定任务的搜索空间中的解 $x_{k,i}$。式中，$d = 1,2,\cdots,D_k$；$\overline{x}_{k,i,d}$ 为 $\overline{x}_{k,i}$ 的第 d 维值；$u_{k,d}$ 和 $l_{k,d}$ 为特定任务 T_k 的第 d 维决策空间上下界。

② 选型交配。任务内遗传物质传递和任务间知识迁移都是通过选型交配实现，选型交配允许拥有不同技能因子的个体进行交配，这为不同任务间的知识迁移提供了机会。算法 2-2 给出了选型交配的流程，首先从种群中随机选择两个个体作为父代，如果两个个体的技能因子不同，则判断是否进行知识迁移。在这种情况下，首先生成一个 0 到 1 间的随机数 $rand$，若两个个体的技能因子相同或者技能因子不同且 $rand < rmp$，则两个个体通过交叉算子生成子代，否则执行变异算子生成子代。值得注意的是，技能因子不同的个体进行交叉操作时，便触发了任务间的知识迁移。而 rmp 则是控制任务间知识迁移发生的概率，从而在任务内遗传物质传递和任务间知识迁移之间寻求平衡。

③ 垂直文化传播。垂直文化传播是 MFEA 另一个重要组成部分，其确定子

代个体的技能因子，并据此将子代个体在特定任务上评估因子开销，在其他任务上因子开销都将被设为无穷大。这么做的原因是生成的子代个体不可能在所有任务上都表现很好，因此，只将生成的子代个体在它最可能有良好表现的任务上评估，从而降低算法的计算负担。算法 2-3 给出了垂直文化传播的流程，在垂直文化传播中，通过选型交配产生的子代如果是由两个父代通过交叉算子产生，则该个体会等概率地继承其中一个父代个体的技能因子，如果子代由突变算子产生，则直接继承对应父代个体的技能因子。

④ 种群更新。由于上述标量适应度的设置，MFEA 的种群更新类似于传统 EA 的种群更新，直接选择标量适应度高的个体作为下一代种群。

算法 2-2：选型交配

　　输入：种群 P，随机交配概率（rmp）

　　输出：子代个体 O_1，O_2

1 在 P 中随机选择两个个体 p_1，p_2 作为父代

2 if $\tau_{p_1} \neq \tau_{p_2}$ **then**

3 $\quad$ **if** $rand \leqslant rmp$ **then**

4 $\quad\quad$ p_1，p_2 通过交叉算子产生后代 O_1，O_2

5 $\quad$ **else**

6 $\quad\quad$ p_1 通过突变算子产生后代 O_1

7 $\quad\quad$ p_2 通过突变算子产生后代 O_2

8 else

9 $\quad$ p_1，p_2 通过交叉算子产生后代 O_1，O_2

10 return O_1，O_2

算法 2-3：垂直文化传播

　　输入：子代解（O_1，O_2），父代（p_1，p_2）

　　输出：继承技能因子后的子代 O_1，O_2

1 if O_1，O_2 由 p_1，p_2 交叉产生 **then**

2 $\quad$ **if** $rand \leqslant 0.5$ **then**

3 $\quad\quad$ O_1 继承 p_1，O_2 继承 p_2

4 $\quad$ **else**

5 $\quad\quad$ O_1 继承 p_2，O_2 继承 p_1

6 else

7 $\quad$ O_1 继承 p_1，O_2 继承 p_2

8 return O_1，O_2

MFEA 的一大显著优势是：它是一种具有跨域优化能力的算法，可对多个具有不同决策空间的优化问题同时进行处理，这一跨域优化能力是由一种解的统一表示策略实现的。此外，选型交配中，个体依概率和具有相同文化背景的个体或者不同文化背景的个体进行交配操作，这不仅是实现基因继承的方式，也是其结合文化效应进行知识迁移的一种手段。不同的技能因子不仅指示不同的任务，也表示着个体不同的文化背景，随机交配概率 rmp 的设置至关重要，合适的 rmp 可平衡具有相同文化背景的父代个体进行交配以及跨文化背景的父代个体交叉，既要继承父代个体的遗传物质，又要鼓励跨文化背景的个体进行交流。为激励跨文化背景的个体交流，rmp 不宜设置过小；为避免过度的种群多样性，rmp 不宜设置过大。

2.4.3　迁移过程的自适应控制策略

进化多任务优化（evolutionary multi-task optimization，EMTO）算法作为一种求解多任务问题的进化算法，在具备了智能优化算法强大搜索能力的同时又拥有独特的知识迁移机制，它不仅能够同时处理多个优化任务[139]，还可以利用知识迁移加速收敛并提升解的质量，这比传统智能优化算法更占优势。根据信息共享机制的不同，现有 EMTO 实现通常被划分为两个分支[291]，如图 2-12 所示：一类是利用单个种群实现多任务优化，种群分割通过技能因子隐式实现，如 MFEA，此类方法称为多因子范式；而另一类则是直接为每个任务分配一个独立

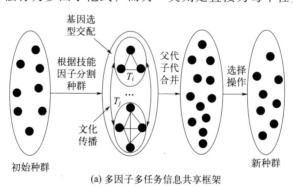

(a) 多因子多任务信息共享框架

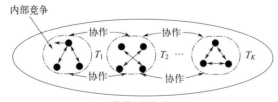

(b) 多种群多任务信息共享框架

图 2-12　进化多任务优化方法分类

的种群，种群之间通过特定的信息交流机制实现知识迁移，此类方法称为多种群范式。

相较于多因子范式，多种群范式的种群演化过程可控性更好、灵活性更强，在资源分配、大规模优化和跨任务交互等方面具有优势。与多因子范式相比，多种群范式涉及的控制参数更多，例如每个任务的种群规模。而在多因子范式中，每个任务种群的规模无法提前设置，直接受技能因子调控。

EMTO 是知识迁移思想结合在进化计算领域的突破性进展，但随着优化问题复杂性的上升，传统 EMTO 出现了一些不足之处。对此，研究人员从不同研究方向着手，提出了一系列改进的 EMTO 算法，以期对 EMTO 的性能表现和优化效率进行改进，改进工作主要涵盖以下方向。

（1）知识迁移强度自适应控制

经典 MFEA 的跨任务知识迁移强度取决于预设的随机交配概率 rmp，这种迁移方式中，知识迁移强度是固定的且设置具有一定的盲目性，无法根据知识迁移的有效程度进行动态调整。为缓解此问题，Zheng 等[140] 对 MFEA 中技能因子的概念做出延伸，定义了能力矢量，以反映个体在所有任务上的表现能力，并设计一种能对知识迁移程度进行持续动态调节的自律多任务优化（self-regulated EMTO，SREMTO）算法，基于能力矢量，通过概率的方式对种群采样，进行任务种群动态分组。跨任务知识迁移是通过任务组别间的重叠个体实现的，任务相似性越高，任务组别间的个体重叠程度越高，以此实现不同任务间知识迁移强度的动态调节，从而确保了任务间知识迁移强度正相关于任务间的相似程度。Bali 等[141] 提出从概率模型的角度在线学习不同任务间知识迁移强度，首先从各任务种群中提取概率模型，随后将目标任务概率模型建模为多个源任务概率模型的混合模型，并实时动态学习混合系数，持续地对 rmp 进行学习，避免了盲目手动调参，极大地降低了知识负迁移的风险。Chen 等[142] 结合不同任务间的相似性先验信息和搜索过程中收集的反馈信息，动态更新当前任务选择其他任务进行知识迁移的概率，使得多任务间发生知识负迁移的风险降低。

（2）领域自适应

知识由一个领域迁移到另一个领域的过程中，需要解决不同任务领域（决策空间）不一致的问题，这个过程称为领域自适应。领域自适应方法总体上分为三类：统一搜索空间、特征空间映射以及概率分布适配，如图 2-13 所示。统一搜索空间进行领域适配法将所有任务决策空间归一化到统一的决策空间，一般仅在任务相似度较高，搜索域完全重合或者部分重合情况下才有效，当搜索域完全不重合时，会产生负迁移的现象，尤其在处理低相关问题时，效果会明显下降；特征空间映射将一个任务的搜索空间转换到要与其进行同时处理的任务的搜索空间中，并在其中进行解的表示，如线性变换矩阵[143]、自编码器[117]、核化自编码器[144]、受限玻尔兹曼机[145] 等；概率分布适配方法通过学习任务种群的分布信息来匹配源任务和目标任务的适应度景观，以缓解目标任务与辅助任务领域不匹配造成的负迁移问题，代表性的方法有 GFMFDE[146]、ASCMFDE[147] 和 EMT-PD[148] 等。

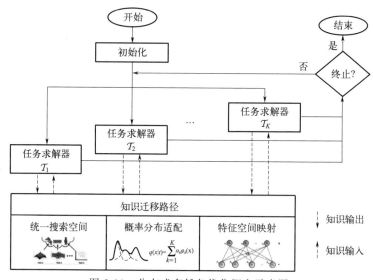

图 2-13　分布式多任务优化概念示意图

（3）辅助任务自适应选择

现有研究表明，多任务知识迁移的有效性依赖于找到与待解任务相似的任务，如果迁移中的源任务与作为迁移对象的任务不相似，迁移方法无法很好地发挥作用，甚至容易出现负面的迁移效果。为缓解此问题，Zhang 等[48] 基于任务种群概率分布相似性度量，提出基于相似度的源任务选择机制；Xu 等[149] 提出根据种群进化过程中知识迁移的累积回报量进行辅助任务筛选；文献［15］和［150］同时考虑任务之间的相似性和进化过程中知识迁移的累积回报，为目标任务选择合适的辅助任务。

（4）计算资源动态分配

由于多任务环境下不同任务的计算复杂度不同，等量计算资源配置方案会导致简单任务算力资源配置过剩，而复杂任务算力资源配置不足。为简单任务配置过多计算资源会造成计算资源的严重浪费，复杂任务计算资源有限场景下很难收敛至可接受解。为缓解此问题，Gong 等[151] 提出了一种基于动态资源分配策略的演化多任务优化算法 MTO-DRA，其根据优化过程中实时的信息反馈设计一种轮询策略，动态地为不同任务分配非均等计算资源，一定程度上提高了 EMTO 对计算资源的利用效率。Wei 等[152] 引入标准化达成函数来衡量 EMTO 中每个任务的收敛状态，并基于多步非线性回归方法评估任务复杂度，从而灵活地调整计算资源分配强度。

（5）交叉算子的动态选择

对于单种群多因子模式下的多任务优化方法，任务间的知识迁移是通过具有不同技能因子的个体进行染色体交叉操作实现的，交叉算子的选择对性能表现至关重要。Zhou 等[153] 研究了不同交叉算子对 MFEA 知识迁移能力的影响，基于演化过程中持续收集到的反馈信息（每一代新产生子代个体的质量），提出一种交叉算子动态配置方法。

（6）迁移个体的确定机制

基于种群的智能搜索方法中，知识的基本载体是个体，相似任务种群中并非所有个体都对彼此搜索有益，来自非相似源任务种群的个体反而可能对目标任务有帮助，因此，迁移个体的确定机制对迁移效果的好坏有决定性影响。Wang 等[154] 提出了一种基于异常检测的 EMTO，为每个任务种群设置独立的异常检测模型，用以在线学习当前任务与其他任务之间的个体关系，可能携带负面知识的个体被认定为离群点，通过异常检测模型识别出的候选迁移个体用以辅助当前任务。

2.5　深度学习和强化学习

2.5.1　深度学习

深度学习（deep learning）是近年来发展十分迅速的研究领域，并且在人工智能的很多子领域都取得了巨大的成功，如车牌识别、人脸识别、语音或图像理解、医学诊断、智能问答、推荐系统以及自动驾驶。从根源来讲，深度学习是机器学习的一个分支。机器学习是一类能够从数据中进行自动学习的方法。然而，我们所谓的"学习"是什么意思呢？Mitchell（1997）提供了一个简洁的定义："对于某类任务 T 和性能度量 P，一个计算机程序被认为可以从经验 E 中学习是指，通过经验 E 改进后，它在任务 T 上由 P 衡量的性能有所提升"。通俗来讲，机器学习是指从有限样例中，通过算法总结出一般性的规律，并将学习到的规律（模型）应用到新的未知数据上，以作出判断或者决策。例如，我们可以从一些历史病例的集合中总结出症状和疾病之间的规律，这样当有新的病人时，可以利用总结出来的规律，来判断这个病人得了什么疾病。

图 2-14 给出了机器学习的基本概念。对一个预测任务，输入特征向量为 x，输出标签为 y，我们希望寻找一个函数（亦称模型）$f(x,\theta)$ 来建立每个样本特征向量 x 和标签 y 之间的映射，通过学习算法 $\mathcal{A}$ 和一组训练样本 $\mathcal{D}$，找到一组

最优的参数 θ^*，得到最终的模型 $f(\boldsymbol{x}, \theta^*)$。这样就可以对新的输入 $\boldsymbol{x}$ 进行预测。学习算法 $\mathcal{A}$ 寻找最优参数 θ^* 这个过程称为学习（learning）或训练（training）过程。

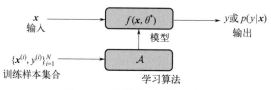

图 2-14　机器学习系统示例

当用机器学习来解决实际任务时，一般需要首先将数据预处理（如去除噪声），并表示为一组特征（feature），特征的表示形式可以是连续的数值（声音、图像数据）、离散的符号（文本数据）或其他形式。然后，从预处理的数据中提取一些有效的特征（如在图像分类中，提取边缘、尺度不变的变换特征）；随后对特征进行一定的加工，如降维和升维；最后将这些特征输入预测模型，学习一个函数进行预测。因此，机器学习模型一般会包含如图 2-15（a）所示的四个步骤，前三步是特征处理，最后一步是构建预测函数。

传统的机器学习模型将特征处理和构建预测函数分开处理，并且重点关注最后一步，即如何学习一个预测模型，可以看作浅层学习（shallow learning）。实际操作过程中，特征处理对最终系统准确性的影响十分关键，但传统机器学习模型中的特征处理一般依赖人工干预，利用人类的经验来选取好的特征，并最终提高机器学习系统的性能。因此，很多机器学习问题变成了特征工程（feature engineering）问题。开发一个机器学习系统，人们往往需要花费大量的精力去尝试设计不同的特征以及特征组合，主要工作量都消耗在了数据预处理、特征提取以及特征转换上，如何自动学习有效的数据表示成为机器学习中的关键问题。和"浅层学习"不同，深度学习通过构建具有一定深度的多层次特征表示，让模型从数据中自动学习出好的特征（从底层特征，到中层特征，再到高层特征），从而最终提升预测模型的准确率。深度学习在学习过程中不进行分模块或分阶段训练，而是将特征提取和预测模型的学习有机地统一到一个模型中，直接优化任务总体目标，是一种端到端的学习方式，中间过程不需要人为干预，如图 2-15（b）所示。

深度学习通过层次结构由较简单概念构建复杂的概念，图 2-16 展示了深度神经网络如何通过组合较简单的概念（例如转角和轮廓，它们转而由边线定义）来表示图像中动物的概念。假设一个网络要识别一只猫，那么一开始它只能检测到一些边边角角的东西，和猫根本没有关系；然后可能会检测到一些线条和圆形；慢慢地，可以检测到有猫的区域；接着是猫腿、猫脸等。

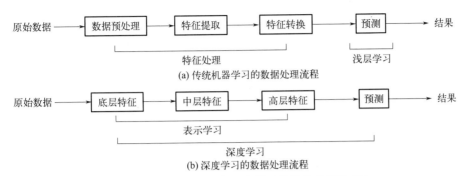

图 2-15　传统机器学习与深度学习数据处理流程对比

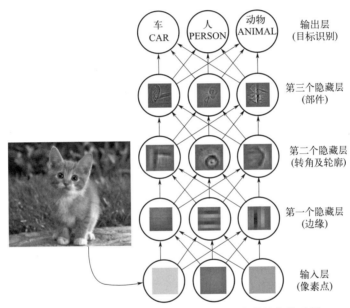

图 2-16　深度神经网络进行特征提取到分类的简单示例

目前，深度学习采用的模型主要是神经网络模型，其主要原因是神经网络模型可以使用误差反向传播算法调整神经元之间的连接强度，高效地学到很多复杂的拟合函数。神经网络可以看作一个通用的函数逼近器，一个两层的神经网络可以逼近任意的函数，因此人工神经网络可以看作一个可学习的函数，并应用到机器学习中。理论上，只要有足够的训练数据和神经元数量，人工神经网络就可以学到很多复杂的函数。人工神经网络模型塑造任何函数的能力大小可以称为网络容量（Network Capacity），与可以被储存在网络中的信息的复杂度以及数量相关。神经网络和深度学习并不等价，深度学习可以采用神经网络模型，也可以采用其他模型（如深度信念网络，它是一种概率图模型）。但是由于神经网络模型可以比较容易地解决超参数优化问题，因此它成为深度学习中主要采用的模型。

按照训练样本提供的信息以及反馈方式的不同，机器学习算法分为以下几类：

① 监督学习。训练集中每个样本都有标签，训练的目标是建模样本的特征 x 和标签 y 之间的关系，即 $f(x,\theta)$ 或 $p(y|x,\theta)$。根据标签类型的不同，监督学习又可以分为回归和分类两类，前者标签 y 是连续值，后者标签 y 是离散的类别。

② 无监督学习。从无标签的训练样本中学习一些有价值的信息，如聚类、密度估计、特征学习、降维等。

③ 强化学习。强化学习是一类通过交互来学习的机器学习算法。智能体（agent）根据环境（environment）的状态（state）做出一个动作（action），并得到即时或延时的奖励（reward），在此过程中，智能体根据外界环境的奖励不断学习并调整策略，以取得最大化的期望总回报。

2.5.2 强化学习

与需要显式地以"输入/输出对"的方式给出训练样本的监督学习不同，强化学习的每一个动作并不能直接得到监督信息，需要通过整个模型的最终监督信息（奖励）得到，并且有一定的延时性。以下围棋为例，如果通过监督学习（训练样本以"输入/输出对"的方式呈现）来训练模型下围棋，就需要将当前棋盘的状态作为输入数据，其对应的最佳落子位置（动作）作为标签。训练一个好的模型需要收集大量的不同棋盘状态以及对应的最佳落子位置（动作）。这种做法可操作性低，一是对于每一种棋盘状态，即使是专家也很难给出"正确"的动作，二是棋盘状态规模庞大（棋局有 $3^{361} \approx 10^{170}$ 种），获取大量这样有标签的数据成本高昂。对于下棋这类任务，虽然我们很难知道每一步的"正确"动作，但是其最后的结果（即赢输）却很容易判断。因此，如果可以利用大量的模拟数据，通过最后的结果（奖励）来倒推每一步棋的好坏，就能学习出"最佳"的下棋策略，这就是强化学习。

得益于数据的增多、计算能力的增强、学习算法的成熟以及应用场景的丰富，越来越多的人开始关注深度学习研究领域。深度学习虽然具有了很强大的数据表达能力，但不足以建立一个强大的人工智能系统。这是因为人工智能系统不仅需要从给定的数据中学习，而且还要像人类那样学习与真实世界交互。强化学习作为机器学习的一个分支，可让计算机与环境进行交互学习。深度强化学习结合了深度学习和强化学习各自的优点来建立人工智能系统，主要在强化学习中使用深度神经网络的强大数据表达能力来近似拟合价值函数（value function），以实现端到端的优化学习。

在强化学习中，有两个可以进行交互的对象：智能体和环境。

①　智能体（agent）。可以感知外界环境的状态（state）和反馈的奖励（reward），来做出不同的动作（action），同时根据反馈的奖励来调整策略。

②　环境（environment）。智能体外部的所有事物，受智能体动作的影响而改变其状态，并反馈给智能体相应的奖励。

为描述智能体和环境的交互过程，强化学习还涉及以下基本要素：

- 状态 s，是对环境的描述，可以是离散的或连续的，其状态空间为 $\mathcal{S}$；
- 动作 a，是对智能体行为的描述，可以是离散的或连续的，其动作空间为 $\mathcal{A}$；
- 策略 $\pi(a|s)$，是智能体根据环境状态 s 来决定下一步的动作 a 的函数；
- 状态转移概率 $p(s'|s,a)$，是在智能体根据当前状态 s 做出一个动作 a 之后，环境在下一个时刻转变为状态 s' 的概率；
- 即时奖励 $r(s,a,s')$，是一个标量函数，即智能体根据当前状态 s 做出动作 a 之后，环境会反馈给智能体一个奖励，这个奖励也经常和下一个时刻的状态 s' 有关。

基于上述定义，智能体与环境的交互过程（图 2-17）可描述为：智能体从感知到的初始环境 s_0 开始，然后决定做一个相应的动作 a_0，环境相应地发生改变到新的状态 s_1，并反馈给智能体一个即时奖励 r_1，然后智能体又根据状态 s_1 做一个动作 a_1，环境相应改变为 s_2，并反馈奖励 r_2。这样的交互可以一直进行下去。

图 2-17　智能体与环境的交互

$$s_0,\underbrace{a_0,s_1,r_1},\underbrace{a_1,s_2,r_2},\cdots,\underbrace{a_{t-1},s_t,r_t},\cdots \tag{2-15}$$

式中，$r_t = r(s_{t-1},a_{t-1},s_t)$ 是第 t 时刻的即时奖励。

智能体与环境的交互是一个马尔可夫决策过程，其下一个时刻的状态 s_{t+1} 只取决于当前状态 s_t：

$$p(s_{t+1}|s_t,s_{t-1},\cdots,t_0)=p(s_{t+1}|s_t) \tag{2-16}$$

式中，$p(s_{t+1}|s_t)$ 为状态转移概率，$\sum\limits_{s_{t+1}\in\mathcal{S}} p(s_{t+1}|s_t)=1$。

马尔可夫决策过程在马尔可夫过程中加入一个额外的变量——动作 a，即下一个时刻的状态 s_{t+1} 和当前时刻的状态 s_t 以及动作 a_t 都相关：

$$p(s_{t+1}|s_t,a_t,\cdots,s_0,a_0)=p(s_{t+1}|s_t,a_t) \tag{2-17}$$

式中，$p(s_{t+1}|s_t,a_t)$ 为状态转移概率。

给定策略 $\pi(a|s)$，马尔可夫决策过程的一个轨迹（trajectory）$\tau = s_0$，$\underline{a_0,s_1,r_1}$，$\underline{a_1,s_2,r_2}$，…，$\underline{a_{t-1},s_t,r_t}$，…的概率为：

$$p(\tau) = p(s_0,a_0,s_1,r_1,\cdots)$$
$$= p(s_0)\prod_{t=0}^{T-1}\pi(a_t|s_t)p(s_{t+1}|s_t,a_t) \tag{2-18}$$

马尔可夫决策过程的图模型表示如图 2-18 所示。

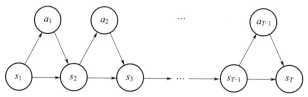

图 2-18　马尔可夫决策过程的图模型表示

给定一个轨迹 τ 上每个时间步的即时奖励 r，回报（return）是一个轨迹的累积奖励（cumulative reward）。非折扣化的回报在一个有 T 时间步长的有限过程中的值为：

$$G(\tau) = \sum_{t=0}^{T-1}r_{t+1} = \sum_{t=0}^{T-1}r(s_t,a_t,s_{t+1}) \tag{2-19}$$

式中，r_{t+1} 是 $t+1$ 时刻的立即奖励；T 是最终状态的步数，或者是整个片段的步数。

通常来说，距离更近的时间步比相对较远的时间步会产生更大的影响，因此引入折扣率来降低远期回报的权重，对更近的时间步赋予更大权重，得到的回报更符合实际情况。折扣回报是奖励值的加权求和：

$$G(\tau) = \sum_{t=0}^{T-1}\gamma^t r_{t+1} \tag{2-20}$$

式中，$\gamma\in[0,1]$ 是折扣率。当 γ 接近于 0 时，智能体更在意短期回报；而当 γ 接近于 1 时，长期回报变得更重要。假设环境中有一个或多个特殊的终止状态（terminal state），当到达终止状态时，一个智能体和环境的交互过程就结束了。这一轮交互的过程称为一个回合（episode）或试验（trial）。

强化学习的目标是学习到一个策略 $\pi_\theta(a|s)$ 来最大化期望回报（expected return）：

$$\mathcal{J}(\theta) = \mathbb{E}_{\tau\sim p_\theta(\tau)}[G(\tau)] = \mathbb{E}_{\tau\sim p_\theta(\tau)}\left[\sum_{t=0}^{T-1}\gamma^t r_{t+1}\right] \tag{2-21}$$

式中，θ 为策略函数的参数。

为了评估策略 π 的期望回报，需引入状态值函数（state value function）和状态-动作值函数（state-action value function）。

状态值函数 $V^\pi(s)$ 表示从状态 s 开始，执行策略 π 得到的期望总回报：

$$V^\pi(s) = \mathbb{E}_{\tau \sim p(\tau)}\left[\sum_{t=0}^{T-1} \gamma^t r_{t+1} \mid \tau_{s_0} = s\right] \qquad (2\text{-}22)$$

式中，τ_{s_0} 表示轨迹 τ 的起始状态。

根据马尔可夫性，当前状态 s 的值函数 $V^\pi(s)$ 可以通过下个状态 s' 的值函数 $V^\pi(s')$ 来计算：

$$V^\pi(s) = \mathbb{E}_{a \sim \pi(a \mid s)} \mathbb{E}_{s' \sim p(s' \mid s,a)}\left[r(s,a,s') + \gamma V^\pi(s')\right] \qquad (2\text{-}23)$$

这是 V 函数的贝尔曼方程（Bellman equation），表示当前状态的值函数可以通过下个状态的值函数来计算。如果给定策略 $\pi(a \mid s)$、状态转移概率 $p(s' \mid s,a)$ 和奖励 $r(s,a,s')$，则可通过迭代方式来计算 $V^\pi(s)$。

状态-动作值函数，亦称为 Q 函数（Q-function），是指初始状态为 s 并进行动作 a，然后执行策略 π 得到的期望总回报，记为 $Q^\pi(s,a)$：

$$Q^\pi(s,a) = \mathbb{E}_{s' \sim p(s' \mid s,a)}\left[r(s,a,s') + \gamma V^\pi(s')\right] \qquad (2\text{-}24)$$

状态值函数 $V^\pi(s)$ 是 Q 函数 $Q^\pi(s,a)$ 关于动作 a 的期望：

$$V^\pi(s) = \mathbb{E}_{a \sim \pi(a \mid s)}\left[Q^\pi(s,a)\right] \qquad (2\text{-}25)$$

结合式(2-24) 和式(2-25)，Q 函数可以写为：

$$Q^\pi(s,a) = \mathbb{E}_{s' \sim p(s' \mid s,a)}\left[r(s,a,s') + \gamma \mathbb{E}_{a' \sim \pi(a' \mid s')}\left[Q^\pi(s',a')\right]\right] \qquad (2\text{-}26)$$

这是 Q 函数的贝尔曼方程（Bellman equation），表示当前状态-动作的 Q 值可以通过下个状态-动作的 Q 值来计算。

2.5.3 深度 Q 网络

强化学习的目标是学习到一个最优策略，以最大化期望回报，而上一小节的状态值函数 V 和状态-动作值函数 Q 均是对期望回报的评估。对于状态值函数而言，学习的目标是选出最优策略 π^*：

$$\forall s, \pi^* = \arg\max_\pi V^\pi(s) \qquad (2\text{-}27)$$

也可以直接写为：

$$\pi^*(s) = \arg\max_a Q^\pi(s,a) \qquad (2\text{-}28)$$

但状态和动作的数量非常多的情况下，这种方式实践比较困难。一种可行的方式是通过迭代的方法不断优化策略：先随机初始化一个策略，计算该策略的值函数，并据此来设置新的策略，然后一直反复迭代直到收敛。根据贝尔曼方程可知，状态值函数和状态-动作值函数可进行迭代计算。如果知道马尔可夫决策过程的状态转移概率和奖励（模型已知），则可以采用贝尔曼方程来迭代计算其值函数，这种方法称为动态规划算法，亦称为基于模型的强化学习算法。根据值函数更新方式的不同，动态规划方法又划分为策略迭代和值迭代：前者根据贝尔曼方程来迭代更新值函数，并根据当前的值函数来改进策略，策略评估和策略改进交替轮流执行；后者将策略评估和策略改进两个过程合并，直接使用贝尔曼最优方程来计算值函数。无论是策略迭代还是值迭代，当状态数量较大的时候，算法的效率比较低。此外，状态转移概率和奖励函数可能是未知的（模型未知），需要随机游走的方法来探索环境，本质上是一种基于采样的重构过程，复杂度也非常高。一个有效的方法是通过一个函数（如神经网络）来近似计算值函数，以减少复杂度，并提高泛化能力。

如果状态转移概率 $p(s'|s,a)$ 和奖励函数 $r(s,a,s')$ 都是未知的，Q 函数可以通过采样来进行计算，这种方法称为蒙特卡罗方法。假设进行 N 次试验，得到 N 个轨迹 $\tau^{(1)},\tau^{(2)},\cdots,\tau^{(N)}$，其总回报分别为 $G(\tau^{(1)}),G(\tau^{(2)}),\cdots,G(\tau^{(N)})$，则策略 π 的 Q 函数可以近似为：

$$Q^\pi(s,a) \approx \hat{Q}^\pi(s,a) = \frac{1}{N}\sum_{n=1}^{N}G(\tau^{(n)}_{s_0=s,a_0=a}) \tag{2-29}$$

式中，$\tau^{(n)}_{s_0=s,a_0=a}$ 表示轨迹 $\tau^{(n)}$ 的起始状态和动作为 s，a。当 $N\to\infty$ 时，$\hat{Q}^\pi(s,a)\to Q^\pi(s,a)$，在近似估算出 Q 函数 $Q^\pi(s,a)$ 之后，就可进行策略改进，之后在新的策略下重新通过采样来估算 Q 函数，并不断重复，直至收敛。

在轨迹采样过程中，为了尽可能地覆盖所有的状态和动作，可采用ϵ-贪心法（ϵ-greedy method）来选择策略。给定策略 π，其对应的ϵ-贪心法策略为：

$$\pi^\epsilon(s) = \begin{cases} \pi(s) & \text{按概率} 1-\epsilon \\ \text{随机选择 } \mathcal{A} \text{ 中的动作} & \text{按概率} \epsilon \end{cases} \tag{2-30}$$

这样，每次选择动作 $\pi(s)$ 的概率为 $1-\epsilon+\dfrac{1}{|\mathcal{A}|}$，其他动作的概率为 $\dfrac{1}{|\mathcal{A}|}$，能兼顾对当前策略的利用和对其他策略的探索，以提高算法的利用和探索能力。

蒙特卡罗方法需要完整的采样轨迹，才能对策略进行评估并更新，因此效率相对比较低。时序差分学习（temporal-difference learning）融合动态规划和蒙特卡罗方法，将 Q 函数 $Q^\pi(s,a)$ 的估计改为增量计算的方式，每行动一步，就用贝尔曼方程来评估行动前状态的价值。值函数 $Q^\pi(s,a)$ 在第 N 试验后的平均等于第 $N-1$ 次试验后的平均加上一个增量：

$$\begin{aligned}
\hat{Q}^\pi_N(s,a) &= \frac{1}{N}\sum_{n=1}^{N}G(\tau^{(n)}_{s_0=s,\ a_0=a}) \\
&= \frac{1}{N}(G(\tau^{(N)}_{s_0=s,\ a_0=a}) + \sum_{n=1}^{N-1}G(\tau^{(N)}_{s_0=s,\ a_0=a})) \\
&= \frac{1}{N}(G(\tau^{(N)}_{s_0=s,\ a_0=a}) + (N-1)\hat{Q}^\pi_{N-1}(s,\ a))
\end{aligned} \tag{2-31}$$

$$= \widehat{Q}_{N-1}^{\pi}(s,a) + \frac{1}{N}(G(\tau_{s_0=s,\ a_0=a}^{(N)}) - \widehat{Q}_{N-1}^{\pi}(s,a))$$

不失一般性，将权重系数 $\frac{1}{N}$ 设为一个较小的正数 α，则每次采样一个新的轨迹 $\tau_{s_0=s,a_0=a}$，即可更新 $Q^{\pi}(s,a)$：

$$\widehat{Q}^{\pi}(s,a) \leftarrow \widehat{Q}^{\pi}(s,a) + \alpha(G(\tau_{s_0=s,a_0=a}) - \widehat{Q}^{\pi}(s,a)) \tag{2-32}$$

$G(\tau_{s_0=s,a_0=a})$ 为一次试验的完整轨迹所得到的总回报，其可借助动态规划迭代的方法来计算：

$$G(\tau_{s_0}=s,a_0=a) = r(s,a,s') + \gamma G(\tau_{s_0}=s',a_0=a') \tag{2-33}$$
$$= r(s,a,s') + \gamma \widehat{Q}^{\pi}(s',a')$$

式中，(s',a') 为下一步的状态和动作；$r(s,a,s')$ 为奖励值；$\widehat{Q}^{\pi}(s',a')$ 是当前的 Q 函数的近似估计。将上式代入式(2-32)，有：

$$\widehat{Q}^{\pi}(s,a) \leftarrow \widehat{Q}^{\pi}(s,a) + \alpha(r(s,a,s') + \gamma \widehat{Q}^{\pi}(s',a') - \widehat{Q}^{\pi}(s,a)) \tag{2-34}$$

这种策略学习方法称为 SARSA 算法。类似于 SARSA，Q 学习（Q-learning）算法是一种特殊的时序差分学习算法，Q 函数的估计方法为：

$$Q(s,a) \leftarrow Q(s,a) + \alpha(r + \gamma \max_{a'} Q(s',a') - Q(s,a)) \tag{2-35}$$

上述方法在每次迭代中优化 Q 函数来减少现实 $r + \gamma \max_{a'} Q(s',a')$ 和预期 $Q(s,a)$ 的差距。

在强化学习中，一般需要建模策略 $\pi(a|s)$、状态值函数 $V^{\pi}(s)$ 和状态-动作值函数 $Q^{\pi}(s,a)$，早期强化学习主要使用表格来记录这些概率，这种方法在状态和动作是离散且有限的情况下可行。但在很多实际问题中，有些任务的状态和动作的数量非常多，表格法的效率比较低。为缓解此问题，可以一个复杂的函数（如深度神经网络）来解决策略和值函数的建模问题，然后使用误差反向传播算法来优化目标函数，从而提高强化学习算法的泛化能力。

设 $Q_{\phi}(s,a)$ 是 $Q^{\pi}(s,a)$ 的近似拟合函数，s、a 分别是状态 s 和动作 a 的向量表示，则需要学习参数 ϕ 来使得函数 $Q_{\phi}(s,a)$ 逼近值函数 $Q^{\pi}(s,a)$。神经网络的均方差损失函数为：

$$\mathcal{L}(s,a,s'|\phi) = (r + \gamma \max_{a'} Q_{\phi}(s',a') - Q_{\phi}(s,a))^2 \tag{2-36}$$

式中，s'、a' 是下一时刻的状态 s' 和动作 a' 的向量表示。

谷歌的人工智能研究团队 DeepMind 创新性地将具有感知能力的深度学习和具有决策能力的强化学习相结合，形成了人工智能领域新的深度强化学习方法——深度 Q 网络（deep Q-networks，DQN）。其学习过程可以描述为：①在智能体与环境交互的每个时刻，利用深度神经网络来感知状态，以得到具体的状态特征表示；②智能体基于感知到的环境，决定做一个相应的动作，并反馈给智能体一个即时回报，基于预期回报来评价对应动作的值函数，并通过深度神经网络将当前状态映射为相应的动作；③环境对此动作做出反应，并得到下一个状态。通过不断循环以上过程，最终可以得到实现目标的最优策略。深度强化学习原理框架如图 2-19 所示。

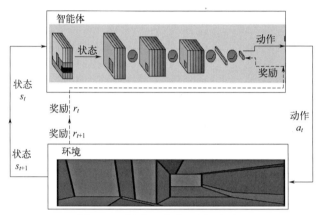

图 2-19　深度强化学习原理框架

为缓解非线性网络表示值函数时出现的不稳定等问题，DQN 主要对传统的 Q 学习算法做了两处改进：

① 目标网络冻结。DQN 除了使用深度卷积网络近似表示当前的值函数之外，还单独使用了另一个网络来产生目标 Q 值，在一个时间段内固定目标中的参数，来稳定学习目标，一定程度上降低了当前 Q 值和目标 Q 值之间的相关性，提升算法的稳定性。

② 经验回放。在每个时间步，将智能体与环境交互得到的样本存储到回放记忆单元 D。训练时，每次从 D 中随机抽取小批量的样本，并使用随机梯度下降算法更新网络参数 θ。在训练深度网络时，通常要求样本之间是相互独立的。这种随机采样的方式，大大降低了样本之间的关联性，从而提升了算法的稳定性。经验回放通过构建一个经验池来去除数据相关性。

2.6　不确定多属性决策

决策问题贯穿于制造系统优化的方方面面，如工厂选址、车间调度、制造资源优选等，并且人们一直都在探索如何做出科学决策。决策是通过一定的方式对一组（有限个）备选方案进行排序的过程。在制造系统优化领域，许多决策问题往往涉及多个属性，如价格、时间、可靠性、信誉度等。多属性决策（multiple attribute decision making，MADM）是指对多个方案在多个准则下的准则值进行集成并排序的过程，通常具有以下特点：

① 多个选择方案：在做群体决策之前，决策者必须先衡量可行的方案数，以作为评估的选择。

② 多个评估属性：在群体决策之前，决策者必须先衡量可行的属性数，提出影响方案的数个相关属性，属性间可以是互相独立的也可以是有关联的。

③ 属性的权重分配：对于不同的属性，决策者会有不同的偏好倾向，分配不同的权重给不同的属性。

传统 MADM 方法通常用精确数据来表述各决策方案的属性值及其权重，但在实际决策中，由于决策问题的复杂性，信息的不完全性和模糊性，以及人类思维的主观性等因素影响，决策者很难用精确数据来表达各属性之间的重要程度。复杂性、不确定性以及决策者思维的模糊性普遍存在，人们通常面临动态、模糊的决策环境，模糊比清晰所拥有的信息量更大，内涵更丰富。不确定性 MADM 方法的研究引起了学者们的广泛关注。不确定性 MADM 处理的是那些包含模糊信息和不确定性的决策问题，模糊信息通常表现为区间数、三角模糊数、语言变量、不确定语言变量或直觉模糊数等几种形式。

2.6.1　区间数多属性灰色关联分析

灰色关联是指事物之间的不确定关系，而灰色关联分析法是在信息不完备或数据较少的情况下，找出随机因素构成的序列之间的相关性，对不确定系统进行因子间定量化和排序分析的方法。这种相关性采用灰色关联度来衡量，若两个对象序列的指标之间同步变化程度较高，则二者关联程度较高，反之则较低。灰色关联分析法通过指标关联度确定每个指标的权重，之后加权求和打分，从多个备选方案中选择一个最优的或者最满意的方案。

在灰色系统的研究中，由于人们的认知能力有限，对反映系统行为的信息缺乏全面的了解，造成人们只能判断出系统元素的取值范围。为了更好地描述灰色系统的特征，将这些只知道取值范围而不知确切值的数称为灰数。灰数的取值范围通常是一个区间，记作 $\otimes \in [\underline{a}, \overline{a}]$。当 $\underline{a} = \overline{a}$ 时，区间灰数就变成了一个确切的实数，也称为白数，此时灰色特性消失，并用 $\otimes(a)$ 来表示以 a 为白化值的灰数。假设某区间数 MADM 问题有 m 项可行方案，n 项属性。方案 S_i 在评价属性 C_j 下的属性值为区间数 $[\underline{a}_{ij}, \overline{a}_{ij}]$，区间决策矩阵为 $\boldsymbol{A} = ([\underline{a}_{ij}, \overline{a}_{ij}])_{m \times n}$。假设决策者对方案 S_i 的主观偏好区间数 $\theta_i = [\underline{\theta}_i, \overline{\theta}_i]$，$i = 1, 2, \cdots, m$，则区间数 MADM 问题的灰色关联方法步骤为：

① 决策矩阵归一化。归一化后的决策矩阵记为 $\boldsymbol{B} = ([\underline{b}_{ij}, \overline{b}_{ij}])_{m \times n}$，其中：

$$\underline{b}_{ij}=\begin{cases} \underline{a}_{ij}\Big/\sqrt{\sum_{i=1}^{m}(\overline{a}_{ij})^2} & C_j\in C^+ \\ (1/\overline{a}_{ij})\Big/\sqrt{\sum_{i=1}^{m}(1/\underline{a}_{ij})^2} & C_j\in C^- \end{cases} \tag{2-37}$$

$$\overline{b}_{ij}=\begin{cases} \overline{a}_{ij}\Big/\sqrt{\sum_{i=1}^{m}(\underline{a}_{ij})^2} & C_j\in C^+ \\ (1/\underline{a}_{ij})\Big/\sqrt{\sum_{i=1}^{m}(1/\overline{a}_{ij})^2} & C_j\in C^- \end{cases} \tag{2-38}$$

式中，C^+ 和 C^- 分别表示效益型属性和成本型属性；$[\underline{b}_{ij},\overline{b}_{ij}]$ 可视为决策者对方案 i 关于属性 j 的客观偏好。

② 评估各方案的客观偏好与主观偏好的灰色关联系数：

$$\xi_{ij}=\frac{\min_i\min_j|\Delta_{ij}|+\rho\max_i\max_j|\Delta_{ij}|}{\Delta_{ij}+\rho\max_i\max_j|\Delta_{ij}|} \tag{2-39}$$

式中，$\Delta_{ij}=\sqrt{(\underline{b}_{ij}-\underline{\theta}_i)^2+(\overline{b}_{ij}-\overline{\theta}_i)^2}$ 为区间数距离；$\rho\in[0,1]$ 为分辨率系数；ξ_{ij} 反映了在方案 S_i 下决策者对属性 C_j 的客观偏好与主观偏好的相似程度。

③ 计算各方案的客观偏好与主观偏好的关联度：

$$\xi_i=\sum_{j=1}^{n}\xi_{ij}w_j \tag{2-40}$$

式中，$i=1,2,\cdots,m$；ξ_i 表示方案 S_i 对所有属性的客观偏好与主观偏好之间的总相似度。为使决策更具合理性，属性权重 w_j 的选择应使决策者的客观偏好与主观偏好的总相似度最大，同时考虑到各方案公平竞争，因此 w_j 根据最优化模型 $\max\sum_{i=1}^{m}\sum_{j=1}^{n}\xi_{ij}w_j$ 确定。解此模型，得到最优权重向量，进而计算出 ξ_i。

④ 方案排序。按照 ξ_i 对方案进行排序，ξ_i 值越大，对应的方案越优。

2.6.2 三角模糊数多属性决策

由于客观事物的复杂性和人类思维的模糊性，多属性决策中的属性值有时以三角模糊数形式给出。三角模糊数（triangular fuzzy number，TFN）是一种用于处理不确定环境问题的数学概念，它最早由 Zadeh[155] 在 1965 年提出，基本思想是将一个语言数据与一个区间内的实数相对应，且区间内的不同实数按照一定的概率（隶属度函数）与该语言数据等价。例如，使用 [1,3,4] 表示"优秀"，其含义是 [1,4] 中的任何一个实数按照一定的概率可以表达"优秀"的含义，且用 3 表示优秀的可能性为 1。三角模糊数由三个部分组成：最小值、最大值和中心值。这三个值分别代表了对事物的最坏情况、最好情况和可能情况的估计。三角模糊数的取值一般需要由领域专家给出，例如，可使用 $[0,0,2]$、$[1,3,4]$、$[3,5,6]$、$[5,7,9]$、$[8,10,10]$ 分别表示低（very low，VL）、较低（low，L）、一般（normal，N）、较高（high，H）、高（very high，VH）五种模糊打分，如图 2-20 所示。

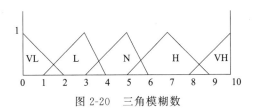

图 2-20　三角模糊数

定义 2.14（三角模糊数）：三角模糊数 $\widetilde{a}$ 可表示为 $[a^{\mathrm{L}}, a^{\mathrm{M}}, a^{\mathrm{U}}]$，其中 $a^{\mathrm{L}} < a^{\mathrm{M}} < a^{\mathrm{U}} \in \mathbf{R}^{+}$，$\mathbf{R}^{+}$ 为正实数集，a^{L}、a^{U} 和 a^{M} 分别是三角模糊数的下界、上界和中值。当 $0 < a^{\mathrm{L}} \leqslant a^{\mathrm{M}} \leqslant a^{\mathrm{U}} < 1$，称 $\widetilde{a}$ 是一个规范的三角模糊数。

定义 2.15（隶属度函数）：隶属度是一组定义用于模糊集合的函数，它可以将一个给定的值映射到范围 $[0,1]$ 之间，用于表示某个特定属性或者实体隶属于模糊集合的程度。三角模糊数 $[a^{\mathrm{L}}, a^{\mathrm{M}}, a^{\mathrm{U}}]$ 的隶属函数可表示为：

$$\mu_a(x) = \begin{cases} \dfrac{x - a^{\mathrm{L}}}{a^{\mathrm{M}} - a^{\mathrm{L}}} & a^{\mathrm{L}} \leqslant x < a^{\mathrm{M}} \\[2mm] \dfrac{a^{\mathrm{U}} - x}{a^{\mathrm{U}} - a^{\mathrm{M}}} & a^{\mathrm{M}} \leqslant x < a^{\mathrm{U}} \\[2mm] 0 & x < a^{\mathrm{L}} \text{ 或 } x > a^{\mathrm{U}} \end{cases}$$

当 $a^{\mathrm{L}} = a^{\mathrm{M}} = a^{\mathrm{U}}$ 时，模糊数转化为确定数，因此确定数可以看作模糊数的特例。

定义 2.16（模糊数运算法则）：给定三角模糊数 $\widetilde{a} = [a^{\mathrm{L}}, a^{\mathrm{M}}, a^{\mathrm{U}}]$ 和 $\widetilde{b} = [b^{\mathrm{L}}, b^{\mathrm{M}}, b^{\mathrm{U}}]$，相关运算法则为：

① $\widetilde{a} + \widetilde{b} = [a^{\mathrm{L}} + b^{\mathrm{L}}, a^{\mathrm{M}} + b^{\mathrm{M}}, a^{\mathrm{U}} + b^{\mathrm{U}}]$

② $\widetilde{a}\widetilde{b} = [a^{\mathrm{L}} b^{\mathrm{L}}, a^{\mathrm{M}} b^{\mathrm{M}}, a^{\mathrm{U}} b^{\mathrm{U}}]$

③ $\dfrac{\widetilde{a}}{\widetilde{b}} = \left[\dfrac{a^{\mathrm{L}}}{b^{\mathrm{L}}}, \dfrac{a^{\mathrm{M}}}{b^{\mathrm{M}}}, \dfrac{a^{\mathrm{U}}}{b^{\mathrm{U}}}\right]$

④ $\lambda \widetilde{a} = [\lambda a^{\mathrm{L}}, \lambda a^{\mathrm{M}}, \lambda a^{\mathrm{U}}]$

定义 2.17（模糊数相离度）：给定三角模糊数 $\widetilde{a} = [a^{\mathrm{L}}, a^{\mathrm{M}}, a^{\mathrm{U}}]$ 和 $\widetilde{b} = [b^{\mathrm{L}}, b^{\mathrm{M}}, b^{\mathrm{U}}]$，$\widetilde{a}$ 和 $\widetilde{b}$ 的相离度 $d(\widetilde{a}, \widetilde{b})$ 定义为：

$$\| \widetilde{a} - \widetilde{b} \| = |a^{\mathrm{L}} - b^{\mathrm{L}}| + |a^{\mathrm{M}} - b^{\mathrm{M}}| + |a^{\mathrm{U}} - b^{\mathrm{U}}|$$

其中，$d(\tilde{a}, \tilde{b})$ 越大，表示 $\tilde{a}$ 和 $\tilde{b}$ 相离的程度越大。当 $d(\tilde{a}, \tilde{b}) = 0$ 时，有 $\tilde{a} = \tilde{b}$，即三角模糊数 $\tilde{a}$ 和 $\tilde{b}$ 相等。

定义 2.18（模糊数相似度）： 给定模糊数 $\tilde{a} = [a^L, a^M, a^U]$ 和 $\tilde{b} = [b^L, b^M, b^U]$，三角模糊数 $\tilde{a}$ 和 $\tilde{b}$ 的相似度为：

$$s(\tilde{a}, \tilde{b}) = 1 - \frac{|a^L - b^L| + |a^M - b^M| + |a^U - b^U|}{3} = 1 - \frac{1}{3}d(\tilde{a}, \tilde{b})$$

其中，$s(\tilde{a}, \tilde{b})$ 越大，表示 $\tilde{a}$ 和 $\tilde{b}$ 相似的程度越大。当 $s(\tilde{a}, \tilde{b}) = 1$ 时，有 $\tilde{a} = \tilde{b}$，即规范三角模糊数 $\tilde{a}$ 和 $\tilde{b}$ 相等。

三角模糊数 MADM 方法将三角模糊数理论和 MADM 方法相结合，可以更好地处理不确定性和多属性的情况。给定候选方案集合 $S = \{S_1, S_2, \cdots, S_n\}$ 以及候选方案属性 $C = \{C_1, C_2, \cdots, C_m\}$，可构造决策矩阵 $\boldsymbol{D} = (d_{ij})_{n \times m}$，其中 d_{ij} 为第 i 个候选方案的第 j 个总体属性值。不失一般性，设决策矩阵中三角模糊数的上下界和中值均大于 0，则三角模糊数决策方法步骤如下：

① 去模糊化。为了能够对方案优劣进行综合评估并进一步地进行最优决策，需将矩阵 $\boldsymbol{D}$ 中的三角模糊数去模糊化。去模糊化是对于模糊数据的近似解释，对于三角模糊数，其重心是常用的最佳解释。去模糊化方法如下：

$$R' = \frac{\int_S x\mu(x)\mathrm{d}x}{\int_S \mu(x)\mathrm{d}x} = \frac{\int_{R^L}^{R^M} x\mu(x)\mathrm{d}x + \int_{R^M}^{R^U} x\mu(x)\mathrm{d}x}{\int_{R^L}^{R^M} \mu(x)\mathrm{d}x + \int_{R^M}^{R^U} \mu(x)\mathrm{d}x} \tag{2-41}$$

式中，$\mu(x)$ 为隶属度函数；S 表示相应的积分区间。去模糊化结束之后，初始矩阵 $\boldsymbol{D}$ 成为 $\tilde{\boldsymbol{D}} = (\tilde{d}_{ij})_{n \times m}$，其中仅包含实数型数据。去模糊化会对模糊数据造成一定的语义损失，但却极大限度地简化综合决策过程。去模糊化后所得数据比精确描述有更为精确的语义且能够与其他数值型数据进行综合计算。

② 规格化。为了便于数据的评估和比较，需要将矩阵 $\tilde{\boldsymbol{D}}$ 中的数据规格化至一个相同的量纲。将 $\tilde{\boldsymbol{D}}$ 中的每个实数型数据看作一个上下界相等的区间数。设 $\tilde{\boldsymbol{N}} = (\tilde{n}_{ij})_{n \times m}$ 为规格化矩阵，规格化方法如下：

$$\begin{cases} \tilde{n}_{ij} = \tilde{d}_{ij} / \|\tilde{d}_j\| & C \in C^+ \\ \tilde{n}_{ij} = \tilde{d}_{ij}^{-1} / \|\tilde{d}_j^{-1}\| & C \in C^- \end{cases} \tag{2-42}$$

式中，$\|\tilde{d}_j\|$ 为矩阵 $\tilde{\boldsymbol{D}}$ 中第 j 个列向量的欧几里得模（该向量的长度）且 $\|\tilde{d}_j\| = \sqrt{\sum_{i=1}^{n} \tilde{d}_{ij}^2}$，$\|\tilde{d}_j^{-1}\| = \sqrt{\sum_{i=1}^{n} \tilde{d}_{ij}^{-2}}$。根据区间数的四则运算法则，由式(2-42)可得：

$$n_{ij}^{\mathrm{L}} = \begin{cases} d_{ij}^{\mathrm{L}} \Big/ \sqrt{\sum_{i=1}^{n}(d_{ij}^{\mathrm{U}})^2} & C \in C^+ \\ (d_{ij}^{\mathrm{U}})^{-1} \Big/ \sqrt{\sum_{i=1}^{n}(d_{ij}^{\mathrm{L}})^{-2}} & C \in C^- \end{cases} \tag{2-43}$$

$$n_{ij}^{\mathrm{U}} = \begin{cases} d_{ij}^{\mathrm{U}} \Big/ \sqrt{\sum_{i=1}^{n}(d_{ij}^{\mathrm{L}})^2} & C \in C^+ \\ (d_{ij}^{\mathrm{L}})^{-1} \Big/ \sqrt{\sum_{i=1}^{n}(d_{ij}^{\mathrm{U}})^{-2}} & C \in C^- \end{cases} \tag{2-44}$$

在矩阵 $\widetilde{N}$ 中，对于所有 i 和 j 都有 $0 \leqslant n_{ij}^{\mathrm{L}} \leqslant 1 \wedge 0 \leqslant n_{ij}^{\mathrm{U}} \leqslant 1$，且当 $n_{ij}^{\mathrm{L}} n_{ij}^{\mathrm{U}}$ 越大时，其质量越优。

③ 综合评估。设 $\overline{\boldsymbol{\omega}} = \langle \omega_1, \omega_2, \cdots, \omega_m \rangle$ 为客户的权重向量且 $\omega_j \in R \wedge \sum_{j=1}^{m} \omega_j = 1 \wedge \omega_j \geqslant 0$。可得加权规格化决策矩阵 $\widetilde{W} = (\widetilde{w}_{ij})_{n \times m}$，其中 $\widetilde{w}_{ij} = \omega_j \widetilde{n}_{ij} = [\omega_j n_{ij}^{\mathrm{L}}, \omega_j n_{ij}^{\mathrm{U}}]$。在综合评估模型之前，需要定义矩阵 $\widetilde{W}$ 中的正理想点和负理想点作为评估的基准。正理想点（$\widetilde{s}^+$）和负理想点（$\widetilde{s}^-$）计算方式如下：

$$\begin{aligned} \widetilde{s}^+ &= \langle \widetilde{s}_1^+, \widetilde{s}_2^+, \cdots, \widetilde{s}_m^+ \rangle \\ \widetilde{s}_j^+ &= [s_j^{+\mathrm{L}}, s_j^{+\mathrm{U}}] = [\max_i(w_{ij}^{\mathrm{L}}), \max_i(w_{ij}^{\mathrm{U}})] \\ \widetilde{s}^- &= \langle \widetilde{s}_1^-, \widetilde{s}_2^-, \cdots, \widetilde{s}_m^- \rangle \\ \widetilde{s}_j^- &= [s_j^{-\mathrm{L}}, s_j^{-\mathrm{U}}] = [\min_i(w_{ij}^{\mathrm{L}}), \min_i(w_{ij}^{\mathrm{U}})] \end{aligned} \tag{2-45}$$

正理想点表示理想的最优方案，而负理想点表示理想的最劣方案。采用优良度函数评估候选方案：

$$\begin{aligned} f(\widetilde{w}_i, \widetilde{s}^+, \widetilde{s}^-) &= \frac{d(\widetilde{w}_i, \widetilde{s}^-)}{d(\widetilde{s}^+, \widetilde{s}^-)} \times 100\% \\ &= \frac{\sum_{j=1}^{m} \sqrt{(w_{ij}^{\mathrm{L}} - s_j^{-\mathrm{L}})^2 + (w_{ij}^{\mathrm{U}} - s_j^{-\mathrm{U}})^2}}{\sum_{j=1}^{m} \sqrt{(s_j^{+\mathrm{L}} - s_j^{-\mathrm{L}})^2 + (s_j^{+\mathrm{U}} - s_j^{-\mathrm{U}})^2}} \times 100\% \end{aligned} \tag{2-46}$$

优良度函数将第 i 个候选方案的加权属性值和正、负理想点作为输入，函数 $d()$ 表示两个区间型向量的距离。优良度越高的方案其综合质量越好。对决策矩阵中的每个方案按照优良度的高低进行降序排序，从而得到最优决策。

2.6.3 二元语义多属性决策

二元语义表示模型将语言短语视为其定义域内的连续变量，这一设计尽可能地保留了语义信息的细节，有效降低了模糊语言处理方法存在的信息扭曲和丢失。研究学者通过将二元语义与已有的成熟的多属性决策方法（如层次分析法、灰色关联分析法等）相结合，提出了各种相应的扩展的决策方法，广泛应用于多目标决策以及多因素分析等研究领域。Rao 等[156] 提出基于二元语义灰色关联度的可持续供应商选择决策机制，实数、区间数和语言模糊变量共存的混合属性值被转换为二元组。Wang 等[157] 开发了一种基于灰色二元语义变量的优先平均值聚合算子和 Bonferroni 均值聚合算子，前者用于表征专家之间的优先关系，将专家信息融合成总体评价，用于捕获任意属性子集之间的相互关系。

二元语义模型是一种基于符号平移的概念，采用二元组 (s_i, α_i) 来表示语言评价信息的方法，能够综合地管理来自不同语言术语集的评估结果，其中，s_i 是预定义的语言术语集 $S = \{s_0, s_1, \cdots, s_T\}$ 中的语言短语，通常 S 是由奇数个元素构成的有序集合。例如语言术语评价集 $S = \{s_0, s_1, s_2, s_3, s_4\}$ 中元素可分别对应非常差、差、一般、好、非常好。S 具有以下性质：

① 集合具有有序性：若 $i > j$，则 $s_i > s_j$；

② max 算子：若 $s_i \geq s_j$，则 $\max(s_i, s_j) = s_i$；

③ min 算子：若 $s_i \leq s_j$，则 $\min(s_i, s_j) = s_i$；

④ 逆算子：当 $j = T - i$，则有 $Neg(s_i) = s_j$。

α_i 表示符号转移的数值，也即由计算得到的语言评价信息与 S 中与之最贴近的语言短语 s_i 的偏差，$\alpha \in [-0.5, 0.5]$。α 值的定义如下：

$$\alpha = \begin{cases} [-0.5, 0.5) & s_i \in \{s_1, s_2, \cdots, s_{T-1}\} \\ [0, 0.5) & s_i = s_0 \\ [-0.5, 0] & s_i = s_T \end{cases} \tag{2-47}$$

定义 2.19（二元语义）：设 $s_i \in S$ 为语言短语，则可以通过下面的转换函数 θ 将单个语言短语 s_i 转化为相应的二元语义形式：

$$\begin{cases} \theta: & s \rightarrow S \times [-0.5, 0.5) \\ \theta(s_i) = (s_i, 0) & s_i \in S \end{cases} \tag{2-48}$$

定义 2.20（二元语义转换函数）：设 $S = \{s_0, s_1, \cdots, s_T\}$ 为一个语言短语集合，$\beta \in [0, T]$ 是评价模型中的语言符号经过某种集成方式得到的实数值，且随着语言术语集粒度的变化而变化。可用以下转换函数来表示二元语义的信息：

$$\Delta: [0, T] \rightarrow S \times [-0.5, 0.5)$$

$$\Delta(\beta)=(s_i,\alpha_i)=\begin{cases}s_i & i=round(\beta)\\ \alpha_i=\beta-i & \alpha\times[-0.5,0.5)\end{cases} \tag{2-49}$$

式中，$round$ 意为"四舍五入"取整运算。

定义 2.21（**二元语义信息的数值表示**）：设 (s_i,α_i) 为二元语义信息，$\alpha_i\in[-0.5,0.5)$，则存在逆函数 Δ^{-1} 使 (s_i,α_i) 转换成相对应的数值表示形式 β，若 $\beta\in[0,T]$，则有：

$$\begin{cases}\Delta^{-1}:\mathring{S}\times[-0.5,0.5)\to[0,T]\\ \Delta^{-1}(s_i,\alpha_i)=i+\alpha_i=\beta\end{cases} \tag{2-50}$$

定义 2.22（**二元语义关系比较**）：给定二元语义 (s_i,α_i) 和 (s_j,α_j)，存在如下关系：

- 若 $i>j$，则 $(s_i,\alpha_i)>(s_j,\alpha_j)$；
- 若 $i=j$，则有如下三种情况规定：① 若 $\alpha_i=\alpha_j$，则 $(s_i,\alpha_i)=(s_j,\alpha_j)$，② 若 $\alpha_i>\alpha_j$，则 $(s_i,\alpha_i)>(s_j,\alpha_j)$，③ 若 $\alpha_i<\alpha_j$，则 $(s_i,\alpha_i)<(s_j,\alpha_j)$；
- 若 $(s_i,\alpha_i)>(s_j,\alpha_j)$，则 $\max\{(s_i,\alpha_i),(s_j,\alpha_j)\}=(s_i,\alpha_i)$，$\min\{(s_i,\alpha_i),(s_j,\alpha_j)\}=(s_j,\alpha_j)$。这里，$<$ 表示劣于，$>$ 表示优于。

定义 2.23（**二元语义距离**）：任意两个二元语义 A：(s_i,α_i) 和 B：(s_j,α_j) 的距离 $d(A,B)$ 为：

$$d(A,B)=\frac{1}{T}(|\Delta^{-1}(s_i,\alpha_i)-\Delta^{-1}(s_j,\alpha_j)|) \tag{2-51}$$

式中，$d\in[0,1]$；$\alpha\in[-0.5,0.5)$。

定义 2.24（**二元语义有序加权平均算子**）：二元语义有序加权平均算子（2-tuple ordered weighted averaging，T-OWA）ϕ 定义为：

$$(\bar{s},\bar{\alpha})=\phi((s_1,\alpha_1),(s_2,\alpha_2),\cdots,(s_m,\alpha_m))=\Delta(\sum_{i=1}^{m}v_ic_i) \tag{2-52}$$

式中，$\bar{s}\in S$；$\bar{\alpha}\in[-0.5,0.5)$；$C=(c_1,c_2,\cdots,c_m)$ 中的元素 c_i 代表集合 $\{\Delta^{-1}(s_i,\alpha_i),i=1,2,\cdots,m\}$ 中按照降序排列排在第 i 位的元素；$\boldsymbol{V}=(v_1,v_2,\cdots,v_m)$ 代表相应权重向量，v_i 由模糊量化算子 $Q(r)$ 按下式计算得出：

$$v_i=Q(I/m)-Q((i-1)/m)\quad i=1,2,\cdots,m \tag{2-53}$$

$$Q(r)=\begin{cases}0 & r<a\\ (r-a)/(b-a) & a\leqslant r\leqslant b\\ 1 & r>b\end{cases} \tag{2-54}$$

式中，$v_i \in [0,1]$；$\sum_{i=1}^{m} v_i = 1$；$a,b,r \in [0,1]$ 在"多数""至少一半"和"尽可能多的"原则下，$Q(r)$ 对应的参数 (a,b) 分别为 $(0.3,0.8)$，$(0,0.5)$ 和 $(0.5,1)$。

为了使实际的多属性群决策更为科学化与合理化，不同的决策专家由于受到自身的主观因素和问题的客观因素的影响，很大概率会选择使用不同的语言短语集来表达自己的偏好信息，依照不同的语言短语集中的语言短语给出的评价信息为多粒度语言信息。因此，在进行决策时必须首先对多粒度的语言短语集进行统一，将不同粒度的语言短语信息转化为标准语言短语集中的语言短语表示。标准语言短语集通常选择粒度最大的语言短语集。元语义多粒度语言信息统一方法的思路是通过语言等级来描述多粒度语言短语集，不同粒度的语言短语集属于不同的等级，引入语言变量层次结构模型 $LH = \bigcup_{t=1}^{q} l(t, n(t))$ 对不同粒度的语言变量集合进行整合，将处于层级 t 的语言变量集合 S 扩展为 $S^{n(t)} = \{S_0^{n(t)}, S_1^{n(t)}, \cdots, S_{n(t)-1}^{n(t)}\}$，从而得到标准语言变量集，然后通过二元语义将处于不同层级的语言短语转化为标准语言变量集中语言短语的二元语义表示。其中，q 是处于不同层级的语言变量集合的数量，每个层级的语言变量表示为 $l(t, n(t))$，t 表示语言变量所处的层级，$n(t)$ 表示所处层级 t 的语言变量集合的粒度，$t \in 1,2,\cdots,q$。对于两个相邻的层级 t 和 $t+1$，其粒度值 $n(t+1) > n(t)$，即语言变量不确定性粒度越大，语言变量的表示越精确。定义一个语言变量转换函数 TF，可以实现不同层级之间的语言变量集合的映射，即 $TF_{t'}^{t}: l(t, n(t)) \rightarrow l(t', n(t'))$。转换函数保证了语言变量在各层级之间转换的过程中无信息丢失。结合二元语义，语言变量转换函数 $TF_{t'}^{t}$ 的具体形式如下：

$$TF_{t'}^{t}(s_i^{n(t)}, \alpha^{n(t)}) = \Delta\left(\frac{\Delta^{-1}(s_i^{n(t)}, \alpha^{n(t)})(n(t')-1)}{n(t)-1}\right) \tag{2-55}$$

二元语义决策方法基本步骤如下：

① 决策信息的转换：使用转换函数将决策者的语言评价信息转换成二元语义形式的评价信息，即将语言短语 s_i 转化为 $(s_i, 0)$。

② 评价信息的集结：将多粒度的二元语义形式的评价信息集结为语言信息统一后的综合评价信息。

③ 确定正理想方案和负理想方案：正理想方案和负理想方案中的数值分别为加权统一后的决策方案中的最好值和最坏值。

④ 计算备选方案与正负理想方案之间的距离：使用二元语义的距离计算式(2-51)和加权平均算子计算式(2-52)，确定每个备选方案相对于理想方案的

优劣程度。

⑤ 计算各备选方案与正（负）理想方案的贴近度。

⑥ 依据二元语义自身的性质对所有方案进行排序。

2.6.4　直觉模糊数多属性决策

由于社会经济环境越来越复杂、越来越不确定，人们在认知事物的过程中，常常存在着不同程度的犹豫，使得认知结果表现为肯定性、否定性或介于肯定性与否定性之间的犹豫性这三个方面。直觉模糊集（intuitionistic fuzzy sets，IFS）在仅考虑单一隶属度的传统模糊集的基础上增加了一个新的参数——非隶属度，进而可以描述"非此非彼"的"模糊概念"，因此，在处理不确定属性决策问题时比传统模糊集有更强的表达能力。

定义 2.25（直觉模糊数）：直觉模糊集表示为：

$$A = \{\langle x, u_A(x), v_A(x)\rangle \mid x \in X\} \tag{2-56}$$

式中，X 为非空集合；$u_A: X \to [0,1]$ 和 $v_A: X \to [0,1]$ 分别表示 x 属于 A 的隶属度以及 x 属于 A 的非隶属度，并且 $\sigma = u_A(x) + v_A(x) \subseteq [0,1]$，$x \in X$，将 $\pi_A(x) = 1 - \sigma$ 称为 x 属于 A 的犹豫度，为简化计算，将 $\alpha = \langle u, v\rangle = \langle u_A, v_A\rangle$ 称为直觉模糊数。

定义 2.26：对于直觉模糊数 $\alpha = (\mu, v)$，它的得分函数可表示为：

$$S = \mu - v \qquad -1 \leqslant S \leqslant 1 \tag{2-57}$$

定义 2.27（精确度函数）：对于直觉模糊数 $\alpha = \langle u, v\rangle$，它的精确度函数可以表示为：

$$G(\alpha) = \langle u, v\rangle \qquad G(\alpha) \in [0,1] \tag{2-58}$$

若得分函数值相同，精确度函数值越大，直觉模糊数越大。

定义 2.28（直觉模糊数海明距离）：给定直觉模糊数 $\alpha_1 = \langle u_1, v_1\rangle$ 和 $\alpha_2 = \langle u_2, v_2\rangle$，二者海明距离为：

$$d(\alpha_1, \alpha_2) = \frac{1}{2}(|(u_1 - u_2)| + |(v_1 - v_2)| + |(u_1 + v_1 - u_2 - v_2)|) \tag{2-59}$$

定义 2.29（直觉模糊数加权平均）：直觉模糊数加权平均值计算如下：

$$IFWA_\omega(\alpha_1, \alpha_2, \cdots, \alpha_n) = \langle 1 - \prod_{j=1}^{n}(1 - u_j)^{\omega_j}, \prod_{j=1}^{n}(v_j)^{\omega_j}\rangle \tag{2-60}$$

直觉模糊集在决策中面临一些问题，例如隶属度和非隶属度之和大于 1 的情况，为了解决这样的问题，毕达哥拉斯模糊集被提出，用于描述模糊集中的隶属度和非隶属度之间的关系。毕达哥斯拉模糊集已被广泛应用于多个领域，如

MADM 和多属性群决策。

定义 2.30（毕达哥拉斯模糊数）：毕达哥拉斯模糊集定义为：

$$P = \{\langle x, F(u(x), v(x)) \rangle \mid x \in X\} \tag{2-61}$$

式中，X 为非空论域；$u(x) \in [0,1]$ 是 x 属于 P 的隶属度；$v(x) \in [0,1]$ 为 x 属于 P 的非隶属度，并且隶属度与非隶属度满足 $0 \leqslant u^2(x) + v^2(x) \leqslant 1$。令 $\sigma(x) = u^2(x) + v^2(x)$，则 $\pi(x) = \sqrt{1 - \sigma(x)}$ 表示 x 属于 P 的犹豫度。

在解决 MADM 问题时，TOPSIS（technique for order preference by similarity to ideal solution）方法通过比较各个方案与理想解的接近程度来进行方案选择。在二维属性空间中，TOPSIS 方法能够有效可视化决策过程，帮助决策者确定最佳选择。然而，在传统的 TOPSIS 算法中，属性权重由专家主观给出，可能存在个人偏好导致的主观性问题。为了解决这个问题，Zhou 等[158] 提出了一种基于改进得分函数的属性权重确定方法。他们改进了现有的得分函数，提出了一个值域在 $[0,1]$ 之间的改进得分函数。该函数考虑了直觉模糊数的隶属度和非隶属度，同时考虑了犹豫度的影响，以弥补现有得分函数的不足之处。这种方法允许专家通过直觉模糊数而不是精确值来表达属性的重要性信息，增加了决策分配的灵活性。为了减少主观决策的影响，Wu 等[159] 将多准则决策分析扩展为多属性群决策，整合不同专家的意见，考虑了决策者的评价信息，并通过直觉模糊熵和 TOPSIS 方法来客观处理数据。

① 构造直觉模糊决策矩阵 $\boldsymbol{D} = (a_i^j)_{m \times n}$ 以及对应的属性权重向量 $\boldsymbol{\omega}$，设 $P = \{P_1, P_2, \cdots, P_m\}$ 是由 m 个方案构建成的集合，$Q = \{Q_1, Q_2, \cdots, Q_n\}$ 是由 n 个属性构建成的集合，则方案 P_i 在属性 Q_j 下的直觉模糊数可以表示为 $a_{ij} = (\mu_{ij}, v_{ij})$，$\boldsymbol{\omega} = (\omega_1, \omega_2, \cdots, \omega_n)^{\mathrm{T}}$，$\omega_j \in [0,1]$，$\sum\limits_{j=0}^{n} \omega_j = 1$。综上，决策矩阵表示为

$$\boldsymbol{D} = \begin{bmatrix} (\mu_{11}, v_{11}) & (\mu_{12}, v_{12}) & \cdots & (\mu_{1n}, v_{1n}) \\ (\mu_{21}, v_{21}) & (\mu_{22}, v_{22}) & \cdots & (\mu_{2n}, v_{2n}) \\ \vdots & \vdots & \ddots & \vdots \\ (\mu_{m1}, v_{m1}) & (\mu_{m2}, v_{m2}) & \cdots & (\mu_{mn}, v_{mn}) \end{bmatrix} \tag{2-62}$$

② 计算方案集合 P_i 的综合评价值：

$$IFWA_{\boldsymbol{\omega}, w}(\alpha_1, \alpha_2, \cdots, \alpha_n) = w_1 \dot{\alpha}_{\sigma(1)} \oplus w_2 \dot{\alpha}_{\sigma(2)} \oplus \cdots \oplus w_n \dot{\alpha}_{\sigma(n)} \tag{2-63}$$

式中，w 意为 IFWA 算子的加权向量；$\dot{\alpha}_j = n\omega_j \alpha_j$，$(\dot{\alpha}_{\sigma(1)}, \dot{\alpha}_{\sigma(2)}, \cdots, \dot{\alpha}_{\sigma(n)})$ 表示直觉模糊数组的置换；$\boldsymbol{\omega}$ 是 α_j 的指数权重向量。

③ 按照式(2-57)求解方案 P_i 的得分函数，并对其进行排序，选出合适的方案。

第二部分　制造系统集成篇

第3章

制造物联与信息物理生产系统

以计算机和互联网为代表的信息技术对制造业产生了革命性的影响，促进了制造业的资源配置向信息（知识）密集的方向发展，基于知识和信息的制造（如智能制造）已成为制造技术发展的重要方向。我国作为制造业大国，正面临资源和环境的制约，走向绿色制造和智能制造是我国制造业发展的必经之路。物联网（internet of things）/信息物理系统（cyber physical systems，CPS）等新一代信息技术的出现和发展，推动着以绿色、智能和可持续发展为特征的新一轮产业革命的来临，一种新型的智能制造模式——制造物联（internet of manufacturing things，IoMT）/信息物理生产系统（cyber-physical production system，CPPS）应运而生。相较于传统智能制造（IM），新一代智能制造呈现出"smart"的特性，多用英文"smart manufacturing（SM）"表示。本章在对现有制造模式分析的基础上，给出 SM 的定义与特征，探讨 SM 体系结构和关键技术，并展望 SM 未来发展前景。

3.1 制造物联

物联网（internet of things，IoT）[160] 概念于 1999 年由麻省理工学院自动标识中心（MIT Auto-ID Center）提出，旨在于把所有物品通过射频识别标签（radio frequency identification，RFID）等信息传感设备与互联网连接，实现物品的智能化识别和管理。随着技术和应用的不断发展，IoT 的内涵也不断地拓展，已不局限于 RFID 技术，泛指通过 RFID、红外感应器、全球定位系统、激光扫描器等信息传感设备，按约定的协议，把任何物品与互联网相连接，进行信息交换和通信，以实现对物品的智能化识别、定位、跟踪、监控和管理的一种网络。

IoT 被预言为继互联网之后全球信息产业的又一次科技与经济浪潮，受到各国政府、企业和学术界的重视，美国、欧盟、日本等甚至将其纳入国家和区域信息化战略。当前，IoMT 已成为制造业信息化前沿课题和研究热点。在我国，"'十二五'"制造业信息化科技工程规划"已将 IoMT 作为重点攻关课题；在美国，继将 IBM 提出的"智慧地球"上升为国家战略之后，美国又于 2011 年 7 月 24 日宣布实施 "Advanced Manufacturing Partnership plan"（《先进制造联盟计划》），同日美国智能制造领导联盟（Smart Manufacturing Leadership Coalition，SMLC）发表题为 "Implementing 21st Century Smart Manufacturing"（《实现 21 世纪智能制造》）的报告[161]，制定了智能制造（Smart Manufacturing，SM）的发展蓝图和行动方案，试图通过采用 21 世纪的数字信息和自动化技术加快对 20 世纪工厂的现代化改造过程，以改变以往的制造方式，借此获得经济、效率和竞争力方面的多重效益，除了节省时间和成本外，还可以优化能源使用效率、改善能耗以及促进环境的可持续发展，此外，还可以降低工厂维护成本和改善产品、人员和工厂安全，以及减少库存、提高产品定制能力和增强产品供货能力；在欧盟，特别是制造业强国的德国，提出 "smart factory（SF）"（智能工厂）概念，旨在利用物联网的技术和设备监控技术加强信息管理和服务，掌握产销流程、提高生产过程的可控性，减少生产线上人工的干预，即时正确地采集生产线数据以及合理地编排生产计划与生产进度，并利用智能技术构建一个高效节能的、绿色环保的、环境舒适的人性化工厂。随着普适计算（ubiquitous computing）被引入车间，产生了一个由网络化设备构成的动态网络——面向制造的物联网。从更广泛意义上来说，如果将 ubiquitous computing/pervasive computing/ambient intelligent 等普适计算统称为 U-计算，并将其引入到制造系统就形成所谓 U-制造或泛在制造[162]。与此概念相关的还有日本提出的 u-Japan 计划以及韩国提出的 u-Korea 计划等[163]。

　　2010 年，Chand 和 Davis 在著名杂志《时代》发表题为 "What is smart manufacturing" 的论文[164]，将 SM 目标分三个阶段：第一阶段是工厂和企业范围的集成，通过将不同车间工厂和企业的数据加以整合，实现数据共享，以更好地协调生产的各个环节和提高企业整体效率；第二阶段是通过计算机模拟和建模对数据加以处理，生成"制造智能"，使柔性制造、生产优化和更快的产品定制得以实现；第三阶段是由不断增长的制造智能激发工艺和产品的创新，引起市场变革，改变现有的商业模式和消费者购物行为。

　　由于 IoT 源于 RFID 技术，早期应用研究大多数也集中于 RFID 及其应用。随着 IoT 内涵和外延的拓展，人们将 RFID、智能嵌入式设备和传感器网络等统一在智能物件（smart objects）概念之下。在 SM 中，并不排除使用有线传感器，但无线传感器将起到主导的作用，为此提出无线制造（wireless manufacturing）等概念[165]。就技术应用而言，以 RFID 作为主要技术的 IoT 应用相对成熟，特别是在商品供应链或物流某些环节的应用；在制造业，利用 RFID 技术可实现生产过程的工人、工序、工件、工时的实时精确统计和计算，从而达到实时控制生产过程，便于质量管理和追溯的目的。现有的大多数 IoT 应用还属于 SM 的第一阶段目标。当 IoT 应用同时具有感知、互联、信息处理以及辅助决策等功能，以及具有网络化、智能化、能够感知和控制物理实体的特点时，也就进入 SM 的第二阶段目标。IoMT/SM 的最终目标在于实现更深层次应用——第三阶段目标：工艺和产品的创新以及市场变革。

目前 IoMT 还处于发展初期阶段，还没有形成一个技术体系，包括定义、特征、体系结构等基础问题需要深入研究，也还有不少疑问需要进一步理清，下面将对这些问题进行探讨。

3.1.1　定义及特征

目前，对 IoMT 还没有统一的定义，Zhang 等[68] 认为，IoMT 技术以嵌入式、RFID、商务智能、虚拟仿真与建模等技术为支撑，实现产品智能化、制造过程自动化、经营管理辅助决策等应用。《计算机集成制造系统》杂志在"制造物联与 RFID 技术"专栏征稿中，将其定义为"IoMT 是将网络、嵌入式、RFID、传感器等电子信息技术与制造技术相融合，实现对产品制造与服务过程及全生命周期中制造资源与信息资源的动态感知、智能处理与优化控制的一种新型制造模式。"

美国智能制造领导联盟 SMLC[161] 从工程角度出发，认为 SM 是高级智能系统的深入应用，即从原材料采购到成品市场交易等各个环节的广泛应用，为跨企业（公司）和整个供应链的产品、运作和业务系统创建一个知识丰富的环境，从而实现新产品的快速制造、产品需求的动态响应以及生产制造和供应链网络的实时优化。Davis 等 SMLC 会员进一步指出，SM 是一种新型的企业运作模式，是网络化信息技术在制造和供应链企业的普适（pervasive）而深入的应用。

另外，与 SM 相关的概念还有 SF、U-制造等。Lucke 等[166] 认为，SF 是帮助人和机器执行任务的情景感知工厂，在这种情景感知的制造环境下，利用分布信息和通信技术来处理生产的实时扰动，实现生产过程的优化管理。而 Tang 等[167] 认为，将 U-计算技术引入制造系统以此开展产品研发、采购、生产、销售、使用、维护、回收等一系列活动而形成的制造模式称为 U-制造。

虽然国内对 IoMT 的定义与国外的 SM 有所不同，但两者的目标又是一致的。IoMT 是一个"中国制造"的概念，而 smart manufacturing(SM) 为相应的外来概念[161]。SM 还没有一个统一的中文称呼，作为 SMLC 会员单位的罗克韦尔自动化公司将其译为"智能制造"[161]，也有译为"智慧制造"的。前者译法与现有的智能制造（intelligent manufacturing，IM）[5] 的中文名称相混淆，而后者译法是受到 IBM 提出的"智慧地球"（smarter planet）以及由它引申出来的"智慧城市"和"智慧企业/工厂"等概念的影响。实际上，smart factory（SF）起源于 2004 年，当时世界各地兴起了智能家居的研究，并以智能物件（包括机器、现场设备和产品）、基于 IP 标准联网通信和用户驱动为主要特征，从根本上改变企业生产经营方式[166]。

IoMT 与制造网格（manufacturing grid，MGrid）的命名形式类似，而 SM 与智能制造（intelligent manufacturing，IM）的命名形式类同，更加强调智能的应用。从研究内容来看，不管是 IoMT 还是 SM，都是 IoT 增强的智能制造，可简称为"物联智造"。与 IM 相比，SM 虽然具有更透彻的感知、更广泛的互联互通，但还没有达到"智慧"程度。要达到智慧的物联网（wisdom web of things，W2T），需要融合 Web 智能（web intelligence，WI）、脑信息学（brain informatics，BI）、普适智能（ubiquitous intelligence，UI）和虚拟人（cyber-individual，CI）[168]。因此，将英文的"smart/smarter"译为"智慧"不是很确切的。

综上，IoMT 与 SM 的内在理念是一致的，是同一制造理念的不同表达，"中式"的 IoMT 即是"西式"的 smart manufacturing，但不是"智慧制造"（wisdom manufacturing，WM）。在我国，采用"制造物联"称谓可以避免与 IM/SM/WM 的中文称呼相混淆。Zuehlke 等[169] 将"smart factory（SF）"称为"factory-of-things"（物联工厂），构造出类似于"internet-of-things"（物联网）术语来论述物联网与工厂的结合，认为 SF 由基于语义服务交互的智能物件（smart objects）组成，并自行组织完成任务。由此可见，IoMT/SM/SF 都是 IoT 增强的智能制造模式，也即是物联网与智能制造技术相融合的产物，它通过泛在的实时感知、全面的互联互通和智能信息处理，实现产品/服务全生命周期的优化管理与控制，以及工艺和产品的创新，具有以下特征：

① 泛在感知/情景感知：通过普适计算技术和工具随时随地对物体进行信息采集和获取。

② 全面的互联互通：通过 IoT、互联网和电信网等实现物-物相连。

③ 智能的行动和反应：通过规划、状态监测、响应和学习，对计划和非计划的情形作出判断和适当的行动，最大限度地提高性能、成本效率和利润。

④ 实时性：通过 IoT 的动态感知和信息处理来实现实时响应。

⑤ 敏捷性：快速响应用户的需求。

⑥ 协同性：通过全面的互联互通实现企业内部和企业间的业务协同化。

⑦ 自主性：可采集与理解外界及自身的信息，并以之分析判断及规划自身行为，是一种信息物理系统（cyber-physical system）。

⑧ 自组织性：依据工作任务，自行组织成最佳系统结构。

⑨ 绿色化：通过生产过程的全程实时监测和优化管理，最大限度地减少能源和材料使用的同时，使环境、健康、安全和经济竞争力最大化。

⑩ 产业边界模糊化：制造业和服务业深度融合。

⑪ 生产/决策分布化：根据现有数据、信息、知识、模型等，在正确的时间和地点做出正确的决策或动作响应。

⑫ 人及其知识集成：通过 IoT 实现人-物互动，训练有素的人力资源可以改善系统的性能。

⑬ 安全与预测：通过全面感知和信息融合，使得生产更加安全，并可利用历史的数据、信息、知识、模型进行预测。

3.1.2 参考体系架构

人们对 IoT 体系结构进行了广泛深入的研究，提出了多种具有不同样式的体系结构。其中，IoT 基本架构包含传感层（感知层）、传输层（网络层）和应用层[160]。感知层主要功能是识别物体、采集信息和自动控制，是 IoT 识别物体、采集信息的来源；网络层由互联网、电信网等组成，负责信息传递、路由和控制；应用层实现所感知信息的应用服务，包括信息处理、海量数据存储、数据挖掘与分析、人工智能等技术。但这种通用基本架构缺少具体的实现方法。而目前应用最广泛和最成熟的架构是如图 3-1 所示的基于 RFID 的 EPC 系统架构，它

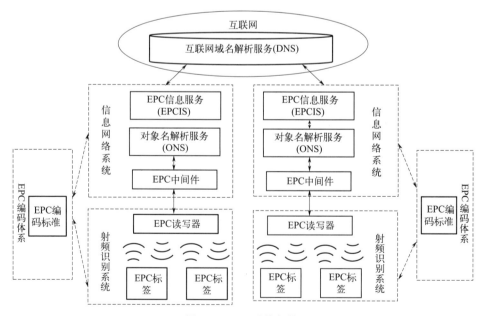

图 3-1 EPC 系统架构

由标签、读写器、电子物品编码（EPC）中间件、电子物品编码信息系统（EPCIS）、物品域名服务（ONS）以及企业的其他内部系统组成，主要用于物品的跟踪和管理。目前 IoT 应用多数沿用 EPC 体系结构。但这种应用广泛的 EPC 体系架构并不能满足 IoMT/SM 的需求。IoMT/SM 更强调智能技术在产品的全生命周期中的应用和业务的协同，需要根据制造业的特点和应用需求来研究 IoT 应用体系结构。SMLC 针对 SM 的需求，制定了实现 SM 的运行和技术路线图，并提出如图 3-2 所示的 SM 平台架构。

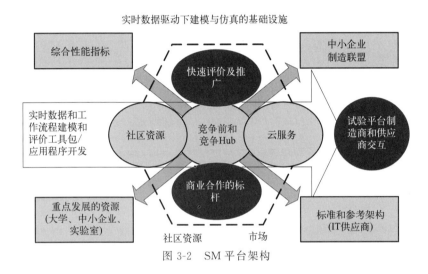

图 3-2　SM 平台架构

SF 外延比 SM 窄，多限于一个车间/工厂/企业内，而 SM 涉及供需链上的企业和产品，即广义制造与 IoT 的结合，但 SF 概念提出得要比 SM 早，它也是 SM 核心和基础。早在 2005 年 6 月，德国就启动了 SmartFactoryKL 项目[169]，并成为后述的工业 4.0 项目的重要组成部分。SF 应用系统由硬件系统和情景感知的应用程序（软件）组成，而硬件系统又包含嵌入式系统、无线通信技术、自动识别（Auto ID）技术和定位技术；应用程序（软件）包括联邦平台、情景识别和传感器融合。SF 体系结构如图 3-3 所示。

Lucke 等[166] 提出了一种包括业务环境层、信息交互层、信息处理层、智能服务层和系统支撑层在内的 U-制造参考体系架构；Yao 等[170] 结合 IoT、面向服务构架（service-oriented architecture，SOA）、事件驱动架构（event-driven architecture，EDA）和云计算等理念，提出了如图 3-4 所示的 IoT 事件驱动的面向云制造服务架构。

3.1.3　关键使能技术

SM 研究内容极其宽广，不是 IoT 在制造中的简单应用，如前所述，它具

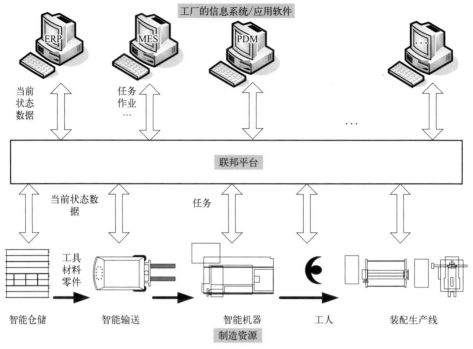

图 3-3　SF 体系结构

有深刻的内涵和鲜明的特征，以至引起一场新的工业革命。实现 SM 是一项长远目标，为此 SMLC 确定了十大优先行动目标，并提出需要优先发展的四个领域：

① 工业界用于 SM 的建模和仿真平台。SM 平台是 IoMT 系统中最关键的技术，是连接 IoMT 所有要素的中枢。SM 平台的重要特性如实时数据交互、信息处理、用户交流、应用插件的开发和使用等功能，都依赖于平台的开源性、智能性、实时性、与物理世界紧密连接等。SM 平台具有优于传统制造服务交流平台的特性。现阶段急需建立的是关于平台的各种标准，包括数据传输标准、应用开发标准等。

② 经济实惠的工业数据采集和管理系统。IoMT 是连接物理世界与虚拟世界的纽带，而联系的基础就是由传感器网络所采集的大量数据，这些数据经过有效地采集、解读和传输会变成有用的信息呈现在虚拟世界里。现有技术虽然已经可以大规模采集信息并进行分析和存储交流，但 IoMT 平台主要面向的中小企业，并没有能力承担如此大的基础设施建设开销，因此开发经济实惠的工业数据采集和管理系统是迫切的需求，甚至关系到 IoMT 实现的进程。

③ 企业级集成。其包括业务系统、生产商和供应商。大力发展供应链生产模式，吸引供应链上的核心企业加入 SM 平台，进而吸引上下游众多企业加入

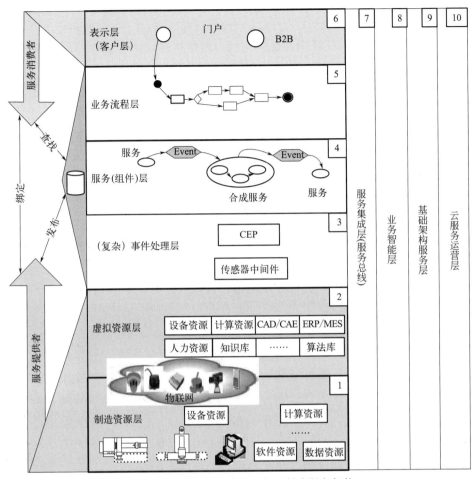

图 3-4　IoT 事件驱动的面向云制造服务架构

SM 平台，形成有规模的业务联系，IoMT 系统以企业为单位向集成在 SM 平台上面的各个对象提供不同服务。IoMT 是一种规模化的优化，它所发挥的作用是与规模正相关的，只有吸引到足够多的企业集成在这一平台上的时候，平台才是有意义的。

④ 智能制造设计、运行和维护所需的教育和工作培训技能。由于平台和应用的智能，IoMT 实际上已经降低了对操作者和日常维护者的要求，但平台的建设、智能应用的开发，则需要更多有更高水平的技术人员，并且为了保证所提供的服务与时俱进，更要对开发和升级人员进行更高级的培训。

IoMT 涉及的关键技术如下：

① 网络化传感器技术。利用传感器网络采集到的大量数据可以实现信息交流、自动控制、模型预测、系统优化和安全管理等功能。但要实现以上的功能，

必须有足够规模的传感器。因此，SM 广泛使用 RFID 和传感器，以便获得大量有意义的数据，为进一步的数据传输交换分析和智能应用做好铺垫。

② 数据互操作。当合作的企业利用这一网络系统的时候，可以对电子产品、过程、项目的数据进行无缝交换，进行设计、制造、维护和商业系统管理。当现实世界的物品通过识别或传感器网络被输入虚拟世界时，就已经完成了物品的虚拟化，然而单纯的物品虚拟化是没有意义的，只有通过现有网络设备连接实现虚拟物品信息的传递共享，才能达到制造物联的目的。SM 平台的数据互操作是依托于互联网进行的，因此保持网络通信的顺畅、采取通用的网络传输协议、应用开源的系统平台等都可以促进 SM 平台上数据的互操作的顺利进行。

③ 多尺度动态建模与仿真。多尺度建模使业务计划与实际操作完美地结合在了一起，也使得企业间合作和针对公司与供应链的大规模优化成为可能。多尺度动态建模与仿真相比于传统的产品模型具有许多优点，它更加接近于实际产品，因此在前期开发过程中节省了大量的人力、物力和财力，也促进了企业间合作，大规模提高设计效率。动态建模的过程依赖于流畅的数据互操作，基于 SM 平台的动态建模仿真可以由不止一个开发者合作完成，而开发者之间的信息交互通畅程度也决定了合作开发能否顺利进行。

④ 数据挖掘与知识管理。现有数字化企业中，普遍存在"数据爆炸但知识贫乏"的现象，而以物联网普适感知为重要特征的 SM，将产生大量的数据，这种现象更加突出，如何从这些海量的数据中提取有价值的知识并加以运用，就成为 SM 的关键问题之一，也是实现 SM 的技术基础。

⑤ 智能自动化。SM 应具有高度的智能化和学习能力，在一般状况下结合已有知识和情景感知可以自行作出判断决策，进行智能控制。这对于面向服务和事件驱动的服务架构是很重要的，对于资源的分析、服务流程的制定、生产过程的实时控制，不可能由人工来完成，也很难由人工全程监控，需要依赖于可靠的决策和生产管理系统，通过自身的学习功能和技术人员的改进等，为 IoMT 平台上的各个对象提供更快更准确的服务。因此发展智能自动化，对于平台的发展、生产过程的改进甚至保证整个供应链的顺利运行，都是非常必要的。智能应用是 SM 最为关键的技术，可以说达不到智能应用层面的 SM 并不是完整的 SM，智能自动化是 SM 高级阶段的必要选项。

⑥ 可伸缩的多层次信息安全系统。SM 是以现代的互联网为基础的，互联网的信息安全问题始终是人们关注的对象，那么 SM 系统中如此巨大的信息量，当中包括大量的企业商业机密甚至涉及国家安全，如果泄露后果不堪设想，但也是由于信息量巨大和信息种类繁多，当中的信息并不是所有的都需要特别保护，根据信息不同来制定不同的信息安全计划，是 SM 应该解决的关键问题之一。

⑦ IoT 复杂事件处理。IoT 中传感器产生大量的数据流事件，需要进行复杂事件处理（complex event processing，CEP）。IoT 复杂事件处理功能，是将数据转化为信息的重要途径，通过对传感器网络采集到的大量数据进行处理分析，从而得到能反映出一定问题的一系列数据，进而被提炼为有意义的复杂事件，同时去掉大部分的无用数据，为接下来的数据互操作、动态建模和流程制定等后续操作节省数据存储空间，提高存储和传输效率。

⑧ 事件驱动的面向 SM 服务架构。在 SM 中，事件和服务是同时存在的，面向服务与事件驱动是 SM 的重要需求，SM 体系结构必须满足这样的需求。平台作为 IoMT 系统的中枢，主要任务就是收集和处理相关信息，这些信息既包括来自服务提供方的可用设备信息，也包括来自服务需求方的服务要求和流程要求，而经过处理分析提炼的每一条有效信息都是作为一个事件进入平台，这就要求 SM 体系是面向服务与事件驱动的。

3.2　信息物理生产系统

3.2.1　概述

信息物理系统（cyber physical system，CPS）是在广泛的时空维度中，将信息空间与物理空间的实体进行网络化的深度融合，通常由传感-执行系统来采集和执行物理信息，通过信息网络系统进行信息的处理和传递，通过计算控制系统进行综合决策，实现物理系统到信息系统的映射和信息系统对物理系统的控制决策。美国自然科学基金会（National Science Foundation，NSF）最早定义 CPS 为：与网络部件密切协作的物理感知系统，可以实现 3C（computation，communication，control）功能，从而提供广泛的网络服务[171]。2016 年，美国国家标准与技术研究院（National Institute of Standards and Technology，NIST）发布了《信息物理系统框架 1.0 版本》，从研究内容和研究过程两方面架构了 CPS 理论研究框架，指出 CPS 的概念模型是能与人进行密切交互的系统（system of system，SoS）[172]。2015 年 7 月，欧盟发布《CyPhERS CPS 欧洲路线图和战略》，强调了 CPS 对欧洲社会各方面发展的战略意义[173]；德国将 CPS 作为实现工业 4.0 的支柱技术，在 2015 年发布的 CPS 研究报告中强调了 CPS 的潜力，分析了未来机遇与挑战[174]。

信息革命引发的"核反应"在物理系统中连续释放出惊人的能量。信息空间与物理空间的交互速度、交互范围、交互深度、交互密度急剧增加，借助大数据科学，信息物理系统向着知识密集型的万物智能互联方向发展；信息的激增使人际交互更加密切，信息物理系统的最终服务对象是人类社会，面向服务的架构更适应于竞争激烈的网络信息化市场，借助虚拟化技术和云、雾计算等架构，信息物理系统向着务联化的方向发展；随着智能移动设备人均保有量的迅速提高，信息的人均保有量、流通量、透明度增大，借助万物互联网络和面向服务的架构体系，人类的社会特性将逐渐渗透信息物理系统，使信息物理系统向着广义互联的社会化方向发展。

针对 IT 资源匮乏问题，人们把目光投向了虚拟化技术（virtualized machine，VM），结合面向服务的架构（service oriented architecture，SOA）模式，形成云（cloud）服务，实现硬件与应用的逻辑分离，从而有效提高 IT 资源的利用率。由于服务不能脱离人类社会，资源较集中的云计算架构已经不能满足信息物理系统的地理分散性、时效性、移动性、社会性、节能性和安全性等要求，因此需要将计算单元扩展到网络边缘。边缘计算（edge computing）、雾计算（fog computing）、移动计算（5G）可以提供高性能的务联网（internet of service，IoS）架构，有效平衡服务质量和服务体验感之间的矛盾，特别是随着信息透明度、共享性增强，安全性和信任等问题日渐严峻，区块链技术可以实现去中心化、去信任化、共享化和可编程智能化，由此提高信息网络空间的安全性和可靠性，成为分布式计算架构的核心支撑技术。

在 CPS 中，物理世界的智能体可以在网络空间进行广泛而密切的自组织交互作业，从而摒除了地理界限，缩小了物理延时和复杂随机环境的干扰，因此广泛应用于工业系统。在 2013 年的汉诺威工业博览会上，德国正式提出基于 CPS 的工业 4.0 概念，强调从水平价值网络、垂直制造系统和端对端工程价值链三个方面提高工业系统的集成度；2016 年，德国人工智能研究中心建立了全球第一个已投产的信息物理生产系统实验室；2015 年，我国提出了《中国制造 2025》战略计划，强调了 CPS 对制造系统的重要性。由此可见，工业系统的第四次升级需要以信息物理系统作为基础环境。智能制造的前身是计算机集成制造，计算机技术与制造设备的集成提升了制造过程的自动化水平，但由于早期大多采用开环控制，并且缺乏设备间的交互，因此通常存在及时性差、信息孤岛、设备主动性差等缺点，影响综合制造性能。基于 CPS 的生产系统，采用分布式传感器-执行器闭环控制，使设备具有自适应能力，通过网络空间的信息交互，使设备间实现自组织协同作业，提高制造系统整体性能。虽然 CPS 在工业系统中的应用已经取得了丰富的研究成果，但至今没有一个统一的架构和体系标准。信息物理生产系统（cyber physical production system，CPPS）是计算机科学、通信技术和自动化制造的有机结合，它将企业规划层、工厂管理层、过程控制层和部分设备控制层的金字塔式层级结构离散化，从而实现制造系统的自主分布式控制。将 CPS 应用于制造系统的 5C（connection、conversion、cyber、cognitive、configuration）架构，可由低到高分别实现环境感知、自我感知、同步感知、优化决策和弹性控制。

3.2.2　系统模型

信息物理生产系统由传感执行层、信息网络层和计算控制层组成。传感执行层负责生产系统的物理执行过程和信息感知过程；信息网络层负责物理数据的采集、数据的预处理、数据的网络传输和传感执行层与计算控制层之间的信息交互；计算控制层负责对来自生产系统的大数据进行挖掘和分析，结合人工智能技术将庞杂的数据转化为知识模型，并通过云技术形成云服务，共享于生产系统中，提高各个子系统的协同能力。制造系统的物理功能具体表现在传感执行层，但同时与信息网络层和计算控制层的参与密不可分。制造系统的物理功能分为企业内部和企业外部两部分，企业内部主要进行企业资源计划、生产执行管理和各部门之间的协调管理，企业外部主要进行客户关系管理（customer relationship management，CRM）和供应商关系管理（supplement relationship management，SRM）。信息物理生产系统的示意图如图 3-5 所示。

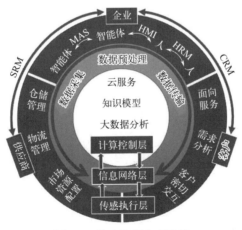

图 3-5　信息物理生产系统

制造企业内部由智能体和管理操作人员组成，智能体具有感知、推理、分析、通信和决策能力，多智能体间通过协同作业，形成生产系统内部的多智能体系统，可以实现生产系统的柔性自治。人与智能体的协同作业，可以充分结合人的鲁棒性和智能体的高效性。企业内部的人事管理（human relationship management，HRM）可以优化内部人际关系和组织机制，形成团队优势。

制造企业外部主要进行面向客户和供应商的市场资源优化，并据此调整企业内部的相关决策。随着客户需求多样性的不断提高，制造业逐渐呈现出长尾趋势，即制造系统将由大批量定制转换为大规模个性化生产。因此，要保持优良的客户关系，首先要及时了解市场需求和用户意见，其次要具有柔性程度较高的生产系统，可以根据市场反馈信息进行预测制造（predictive manufacturing，PM），通过收集特许客户的数据挖掘客户关系，并通过客户的需求和行为形成市场策略，利用开源部件和实时操作系统构建成熟的模块化网络嵌入式系统，并通过 CPS 将制造过程虚拟化，形成配置在云端的服务，从而增强与客户的互动，提高服务质量；针对产品的个性化制造，基于 CPS 为用户提供协同设计平台，提高产品的灵活性和用户参与度。企业与供应商之间的关系管理，需要从市场资源配置、仓储管理（storage management，SM）和物流管理（logistic manage-ment，LM）三个方面进行，这都离不开充分、可靠、及时的信息，因此信息网络系统的协同作用起到了至关重要的作用。工业 4.0 环境下的 CPPS 架构趋于扁平化，企业间可进行实时智能交互，从而实现实体资产和服务的高效共享。

3.2.3　实现技术

（1）嵌入式与智能体技术

CPS 是在嵌入式系统的基础上发展起来的，将计算控制单元嵌入执行单元，使设备具有即时响应能力。但简单的嵌入式系统专用性强，缺乏可重构柔性。针对大型复杂的嵌入式系统，现场可编程门阵列（field-programmable gate array，FPGA）嵌入式解决方案可实现嵌入式系统的可重构[175]。单纯的计算控制单元嵌入仅能实现开环控制，设备没有感知能力和误差反馈能力，控制性能差，因此需要将传感单元、控制单元和执行单元集成于一体，成为具有感知、决策和执行能力的闭环控制系统，即智能体。嵌入式系统针对的是特定智能体与特定环境间的闭环交互，而 CPS 强调多领域智能体间通过网络交互实现复杂的物理交互，实现全流程产品质量在线动态管控与优化。

（2）通信技术

随着智能移动通信设备量的激增，到 2020 年，物与物的通信量将是人与人通信量的 30 倍。面向未来网络通信的泛在互联，需要具有数据流量大、覆盖范围广、支持密集异构网络、支持高速移动、能耗低、时延小等优点的新一代网络通信技术，因此 5G 网络通信技术应运而生。其在信息传输方面，通过超密集异构网络技术（ultra-dense networks，UDN），部署更密集的基站从而提高网络流量和传输速率；通过大规模 MIMO 技术可使天线数增加至上百条，从而有效扩大网络通信用户容量。其在网络的组织架构方面，通过自组织网络技术（self-organized network，SON）使信息网络具有自布置和自维护的功能，结合网络功能虚拟化技术（network function virtualization，NFV）和软件定义网络技术（software define network，SDN）可以将逻辑功能从物理硬件中解耦出来，通过软件化调用实现网络设施的可编程控制；将内容分发网络技术（content distribution network，CDN）引入虚拟代理网络，可以实现信息的智能高效分发，实现信息高效获取。

（3）数字孪生

由于数据的丰富，信息空间与物理世界的模型匹配度增高、匹配范围增大，逐渐形成了数字孪生系统。美国国家航空航天局（National Aeronautics and Space Administration，NASA）在基于数字孪生的空军飞行器的发展研究中指出，数字孪生是多物理、多领域基于物理模型、传感更新和历史数据进行统计分析与仿真的系统；数字孪生由物理产品、虚拟产品和物理与虚拟空间的交互信息三部分组成，信息实体可以是物理实体在信息空间的映像，也可以是信息世界的虚拟实体。构建数字孪生生产系统可以提高制造系统的实时可观性和可控性，有利于提高 CPPS 的融合广度和深度。Alam 等[176] 提出了一种基于云的 CPS 数字孪生架构，用于不同程度的混合计算模式识别，利用贝叶斯信念网络构建了CPPS 的智能交互控制器，使系统具有较好的实时性和重构性。Tao 等[177] 基于数字孪生研究了车间数字孪生系统，讨论了物理车间、虚拟车间、车间服务系统和车间数字孪生数据四大成分的关键技术和集成策略，并进一步提出了一种基于数字孪生系统的全生命周期产品设计、制造、服务方案。Schroeder 等[178] 利用生产系统通用数字交换格式对有关数字孪生系统的属性进行建模，有助于混合数字孪生系统中的数字格式转换。然而，在信息空间建立物理世界的完整模型，形成完全的数字孪生系统是不切实际的。一方面，对庞大而复杂的系统进行准确建模和精确控制的难度非常大；另一方面，完全的数字孪生系统需要巨大的存储空间、强大的计算机处理能力和充足的网络带宽，特别在 IT 资源弥足珍贵的大数据时代，有选择地进行信息物理融合对于提高融合效率和经济性至关重要。

（4）人机协同

虽然多智能体系统具有一定自治性，但不能缺少人的监督、干预和管理，CPPS 是人、物和信息三者的有机融合。多智能体系统的高效性和人的柔性事务处理能力相结合，可以完成系统性更强、复杂度更高的任务，因此人机协同系统成为 CPS 的另一个研究热点。人机交互能力是人机协同系统的关键。Xu 等[179] 设计了一种基于注视的人机协同系统，通过实验证明，人机对视有助于提高语言和行为的一致性和同步性。Cherubini 等[180] 提出了一种多交互模式的通用控制架构，使控制模式在多交互模式间平稳转换，实现复杂环境下的人机交互可靠性。Frank 等[181] 针对多智能体在人机协同环境下的评估和控制挑战，对移动设备采用视觉和惯性的混合传感，从而提高系统执行力、灵活度和计算效率。除了传统的感官交互，为了与具有复杂情感的人类进行深度有效的交互，越来越多的研究倾向于人机情感交互。Hossain 等[182] 提出了一种基于视觉和声音的情感识别方法，采用多方位回归进行声音特征识别和采用多尺度集合分析变换进行人脸特征识别。目前主流的人机交互技术有虚拟现实、增强现实和混合现实等。虚拟现实技术通过将物理实体镜像映射于信息空间内，实现物理实体与信息实体在信息空间的沉浸式虚拟交互，从而提升感官体验感。Brizzi 等[183] 针对虚拟环境下的信号失真问题，提出了一种基于增强现实的远程工业装配方案，实验证明，AR 解决方案提高了任务执行的准确性和效率，同时降低了操作技术要求。混合现实技术（mixed reality，MR）结合多种交互方式和交互技术，实现 CPS 的多方位深度融合。Soete 等[184] 通过混合现实技术实现视觉应用和数字采集监控应用的协同，并将其运用于计算机集成制造系统的自动化物流过程中。Wang 等[185] 研究了人机协同系统用于工业装配的分类和现状，并探究了基于 CPPS 和云计算的人机共融系统用于装配的特性、关键技术及应用。虽然目前已有较为成熟的理论基础和技术支持，但复杂工业系统人机协同的实时性、可靠性、安全性、经济性依然是未来发展的挑战。

(5) 物联网

美国 MIT 提出的 Auto-ID 架构，基于无线射频识别（RFID）技术实现物体的网络物联，是最早的物联网形式。国际电信联盟（ITU）于 2005 年首次提出物联网（IoT）的概念，指出 IoT 是实现物与物在任意空间进行实时泛在互联的技术。欧盟于 2009 年发布的《物联网的战略研究路线图》将 IoT 定义为动态的基于标准和可进行互操作的通信协议且具有自配置能力的全球化网络基础架构。我国 2010 年 3 月的政府工作报告指出，物联网是通过信息传感设备，按照约定的协议，把任何物品与互联网连接起来，进行信息交换和通信，以实现智能化识别、定位、跟踪、监控和管理的一种网络。由此可见，IoT 的内涵与 CPS 有较大程度的交叠，都需要建立物理空间与信息空间的映射关系，都需要具有物理感知、网络通信、监测控制、决策执行等能力，通过物体在信息空间的交互操作，在物理空间产生实际效益。IoT 与 CPS 也有不同之处，IoT 着重于物理实体的识别与信息的网络层交互；CPS 则强调面向服务的物联网架构，其实质是物联网（IoT）与务联网（IoS）的有机融合体，不仅需要进行物理信息的网络交互还要对复杂的信息事务进行及时的物理反馈与执行。另外，物联网的研究重点在于如何使物与物在信息空间形成彼此互联的网络；而 CPS 的本质属性是多个子系统的集成，重点研究如何使属于不同系统的物体实现可靠的网络连接，并实现高效的物理交互作业。

(6) 虚拟化技术与云架构

针对大数据时代，IT 资源日趋紧张的问题，目前最行之有效的解决方法是利用虚拟化技术打破物理计算资源和网络数据资源的固态壁垒，使硬件、软件以及数据资源可以在网络间动态迁移、弹性部署，充分提高 IT 资源的利用率，实现信息与物理的动态融合，有助于缓解数据激增与计算资源稀缺之间的矛盾。Ahmad 等[186] 指出，虚拟机的迁移技术对于动态虚拟资源负荷重布置至关重要，并从带宽优化、服务合并、能源和内存优化等方面对现有的虚拟机迁移技术进行了综合评述；虚拟化技术是云计算的基础，通过位于物理设备和操作系统之间的虚拟机监控器来进行物理资源配置，构建独立虚拟环境。云计算基于虚拟化技术和面向服务的架构技术，充分展现了共享-分布的哲学思想，IT 资源的共享不但缩减了数据冗余，更为用户提供便利的服务；分布式的计算存储能力提高了事务的并行处理能力，保证了运行可靠性。基于云的共享性和分布性，结合大数据科学，可以充分利用广泛时空维度的网络资源，提供丰富、经济且便利的服务，更符合面向服务的价值理念，因此具有广阔的应用前景。Shu 等[187] 提出了一种云集成的 CPS 架构（CCPSA），为复杂工业应用中面临的虚拟资源管理、云资源调度和生命周期管理等挑战给出了解决方案。Li 等[188] 构建了一个资源-云交互和用户-云交互的双闭环的智能工厂架构，基于云中反馈的大数据进行综合分析，从而实现系统均载控制。Mourtzis 等[189] 基于云计算，结合物联网、大数据分析提出了一种云信息物理融合系统（CBCPS），并介绍了在制造系统中的设计方法。Colombo 等[190] 详细介绍了基于云的 CPS 在面向服务架构的制造系统中的架构、关键技术和应用。

（7）移动边缘计算架构

由于智能设备的发展趋于便携轻量化，更多的智能设备具有了移动属性，采用云架构进行移动计算会造成数据迁移过于频繁，从而引起网络资源不足、及时性差、能耗高、用户服务质量下降等问题；另外，由于云计算的资源共享特性会引起网络安全方面的威胁，因此需要将资源集中于共享的云架构转换为资源可以动态迁移的云雾架构，采用云雾结合的计算架构更有助于满足 CPS 融合的移动性、及时性、经济性和安全性。边缘计算架构可以将网络计算单元延伸到智能手机、传感节点、穿戴设备等移动的计算节点，由于未来控制环境的离散化程度逐渐增高，边缘计算可以实现更节能高效的信息物理融合，必将成为未来 CPS 的主流趋势。Osanaiye 等[191] 面向资源和服务效益，提出一个雾计算架构，并针对虚拟资源迁移安全性问题，提出了一种预拷贝在线迁移方法，从而有效缩短宕机时间和资源迁移时间，提高服务质量。Wu 等[192] 构建了一个用于信息制造系统设备诊断和检测的雾计算架构，它有很高的计算扩展能力，可以实现远距离实时传感和监测。Georgakopoulos 等[193] 指出未来的 CPPS 需要将云计算与边缘计算相结合，从而提高制造系统的组织能力。随着移动设备和可穿戴设备的普及，高速移动通信 5G 时代已经到来，利用云雾结合的计算架构将更有利于大规模移动 CPS 的网络化融合。Vilalta 等[194] 提出了一个高度离散化的雾计算架构（TelcoFog），可以布置在网络边缘提供标准化的经济的 5G 服务。Yang 等[195]

针对提高服务质量、优化网络资源，提出了一种软件定义网络的云雾结合计算架构。

(8) 区块链技术

区块链技术是一种去中心化、去信任化、基于数据共享和共识更新的分布式组织方式，最初作为比特币数字加密的核心技术，它通过加密的链式结构来存储和验证数据，保证了数据的可靠性和安全性；基于共识算法来实现分布式节点对数据的共识更新，增强系统高效性和共享性的同时，提高了篡改系统的成本；利用可编程特性对系统进行柔性智能操作，增强了系统的实用性和灵活性。区块链的分布性、共享性、安全性、可编程性等特点符合现代社会 CPS 的发展趋势，因此越来越广地应用于金融、政府管理、能源、医疗、工业等多个社会系统中。Lu 等[196] 对区块链的研究现状和核心技术进行了详细综述，提出了区块链系统的六层基础架构（数据、网络、共识、激励、合约、应用），并指出了区块链的平行社会发展趋势。Petersen 等[197] 强调了区块链技术在制造系统与物流系统中的应用。Preuveneers 等[198] 针对以客户为中心的、数据驱动的网络生产系统中存在的安全和信任问题，提出了基于区块链技术的制造企业信任交互的离散认证和关系管理方法。Huckle 等[199] 从自由意志和社会哲学的角度探讨了区块链技术的应用，指出区块链是自由意志表达的有效工具，有助于实现社会主义。

第**4**章

大数据驱动的主动制造系统

新一轮工业革命将对制造业产生根本性影响，由此而形成的基于社会信息物理系统的制造模式，将产生具有结构性、半结构性和非结构性的大数据。为了应对如此制造大数据的挑战，引入大数据分析技术与主动计算，尤其是事件驱动的主动计算，形成一种大数据驱动的新型制造模式——主动制造。本章构建了将组织符号学和"观察—定向—决策—行动"循环模型融合于一体的大数据驱动通用体系架构，并同时结合社会信息物理生产系统给出大数据驱动的主动制造体系架构；从数据价值利用的深度与广度分析了主动制造与现有制造模式的异同。

4.1 引言

随着云计算、物联网（internet of things，IoT）等新一代信息技术与制造技术融合发展，形成云制造（cloud manufacturing things，CMfg）[200]、制造物联（internet of manufacturing things，IoMT）[68] 或智能制造（smart manufacturing，SM）[161]。这些新型智能制造模式已成为制造业发展的主攻方向。我国已将 CMfg、IoMT 列入国家科技计划，而智能制造更是我国实施"中国制造2025"的重点关注领域。在德国，SM 被认为是新一轮工业革命——工业 4.0（第四次工业革命）的主导生产模式，其关键基础技术是物联网和信息物理系统（cyber-physical system，CPS）[6]。工业 4.0 已上升为德国国家战略，它包括"智能工厂（smart factory）"和"智能生产（smart production）"两大主题：前者研究智能化生产系统及过程和网络化分布式生产设施的实现，后者涉及整个企业的生产物流管理、人机互动以及 3D 技术在工业生产过程中的应用等。而美国作为 CPS 概念和增材制造（3D 打印）的起源国，于 2010 年和 2011 年先后成立了增材制造联盟和智能制造领导联盟[161]，以期通过诸如此类的先进制造技术来复兴美国制造业[201]。

需要指出的是，虽然物联网与 CPS 提出的背景和着重点有所不同[202]，但两者具有类似的能力和应用体系构架——感知层、网络层和应用层的构架，并且都致力于信息系统与物理系统的融合，因此物联网与 CPS 可以看作同义词来使用。

在廉价、无所不在的传感器和无线网络驱使下，以无线射频识别（radio frequency identification，RFID）为代表的物联网传感技术在生产中获得应用，满足制造车间的实时信息采集、物品跟踪和生产监控等方面需求[167]。随着制造自动化水平日益提高和生产过程监测手段的不断增强，制造过程以前所未有的速度产生着海量的工艺设备、生产过程和运行管理数据，形成制造大数据或工业大数据概念[203]。

无论是工业 4.0，还是云制造/制造物联/SM，其主要特征都是智能和互联，都旨在通过充分利用新一代信息技术，把产品、机器、资源有机结合在一起，推动制造业向基于大数据分析与应用基础上的智能化转型。而要实现智能化转型，面临的最大挑战在于如何从大数据中挖掘有用的信息/知识，并加以有效利用。

互联网发展以及新工业革命的推进对制造业将产生根本性影响[201]，与此同时，出现了将云制造、制造物联、语义网络化制造和企业 2.0 等思想和理念融合于一体的智慧制造（wisdom manufacturing，WM）愿景[204]，这种新型模式无疑会产生规模更大、种类更繁杂的数据集，这也给企业带来所谓 4V 特点——Volume（大量）、Velocity（高速）、Variety（多样）、Value（价值）的"大数据"挑战问题。

实际上，以大数据为代表的数据密集型计算已成为继第一范式、第二范式和第三范式——实验、理论和仿真之后的第四种科学研究范式[205]。最初，科学研究以实验为主进行描述自然现象。数百年前，科学出现了理论研究分支。20 世纪中期，随着计算机发展，科学出现了计算分支，以对复杂现象进行仿真研究。而大数据的出现催生了一种新的科研范式：通过实验仪器收集或模拟仿真方法产生数据，然后用软件处理，并将所形成的具有意义的信息和知识存储于计算机之中，以供科研人员研究之用，从而将实验、理论和仿真三种科学研究范式有机地统一起来。由此可见，不管是从制造企业本身发展需求还是从制造学科发展需求角度出发，都需要从大数据视角来探讨制造问题。实际上，人们已意识到大数据在制造中的作用，已在诸如设备维修[206]、生产故障检测和分类[207]、故障预测以及预测制造[208]等相关方面进行了初步尝试探索。诚然，这些研究处于起步的初始阶段，对数据驱动的制造研究不管在深度上还是在广度上都需要加以深入拓展，尤其是将工作重点从早期预警转化为业务优化，通过大数据分析技术充分挖掘数据的核心价值，不断优化业务流程，为企业的持续创新与发展提供支持。与此同时，在可持续发展的大背景下，制造业面临日益突出的环境问题，这就更需要从全球大数据角度来探讨制造可持续性问题。

要让数据驱动业务，就需要将数据作为制造系统的输入，把数据分析挖掘得到的有意义的信息/知识，实时、主动地反馈给业务决策者，从而实现数据实时反馈、生产全方位监控、模拟预测以及业务流程优化。回过头来看，虽然通过物联网或 CPS 可有效利用车间实时状态信息[163]，但是大多研究采用事后的被动性或反应性（reactive）策略[209]，缺少事前的主动性，未能充分发挥大数据在业务中的作用。此外，制造系统作为社会技术系统，需要从社会和技术的角度出发，将人文、社会科学与自然科学相结合，加以探讨和发展制造理论与技术问题，而现有大多数研究还缺少这样的结合研究。实际上，社会性网络和移动互联网已成为企业大数据的重要来源，从某种程度上来说，新一轮工业革命就是由社会因素引起的产业革命，大数据已影响到人类社会工作、生活和思维方式，关系到制造企业未来的生存和发展。

为此，本章基于主动计算[210] 和大数据分析等相关技术，探讨一种称为"主动制造"的大数据驱动的新型制造模式。

4.2　制造中的大数据问题

主动计算（proactive computing）[210] 最初是由 Tennenhouse 于 2000 年在《美国计算机学会通讯》杂志上发表的一篇同题论文提出来的。随着微电子化嵌入式设备仪器不断增长，并超过办公用的计算机，这些无处不在的信息感知和采集终端，不再与人类直接接触，而是与环境直接联系——监测和改造周围的物理世界。与传统的人在回路的交互式计算相比，主动计算将人类置于计算回路外（而不是在回路中），并应用于现场（而不是办公自动化），如图 4-1 所示。从这个意义上来说，主动计算也属于普适计算（pervasive computing），并与随后提出的自主计算（autonomic computing）有所重叠[211]。

从词源上，"proactive"一词是由希腊语的前缀"pro-"（意思是"before"）和拉丁文的词根"active"结合而成，与"reactive"成为反义词。在组织行为学和工业/组织心理学中，主动性（proactivity）或主动行为是指人在某种处境（特别是工作场所）下预期、面向变化和自发的行为。主动行为在事前采取行动，而不是在事后被动（reactive）响应，这意味着主动采取措施使事情发生，而不是等待事件发生后再响应。Engel 等将"主动性"含义加到主动计算概念上，并拓展成为事件驱动的主动计算（proactive event-driven computing）[212]。

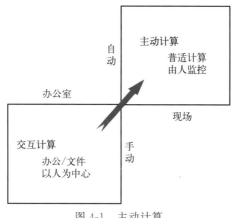

图 4-1　主动计算

虽然大数据还未有一个统一的定义，但其 4V 特性却被广泛接受。在互联网以及普适计算环境下，制造企业在各个环节都可能产生海量的数据，引发数据的爆炸式增长，呈现出大数据的 4V 特性：

• 数据体量巨大（Volume）：制造企业的各种终端设备和传感器产生大量的数据，尤其是引入物联网和社交网络的企业中，将产生海量的大数据，PB 级规模数据集将成为未来企业数据的常态。

• 数据类型繁多（Variety）：在制造系统中，务联网、物联网、社会性网络会产生大量的结构化数据、半结构化数据和非结构化数据。传统企业的数据一般来源于信息管理软件（如 ERP/CRM 等）生成的结构化数据。而当今制造企业数据类型多样化，半结构化数据（如 XML 模式数据）和非结构化数据（包括网日志、标签、微博、博客、图片、音频、视频、电子邮件、地理位置等）呈现爆发式增长，且增长速度远远超过结构化数据。特别是社会网络生成的海量网络数据中，实体类型越来越多，力度越来越细，关系越来越繁杂。

• 处理速度快（Velocity）：与传统数据库相比，在基于 CPS/物联网监控的生产系统中，对数据要求处理速度更快、实时性更高，要求实时采集生产中的数据，加以实时分析和监控，并将分析结果反馈至有关人员，辅助企业做出科学的决策和判断。

• 价值密度低（Value）：数据的核心是发现价值，如何在海量数据中挖掘有价值的信息是重中之重。比如，随着物联网的广泛应用，信息感知无处不在，在连续不间断的生产监控中，有用数据极为有限（可能仅有数秒），需要在海量的复杂数据中快速完成数据价值的"去噪"和"提纯"。

当今，企业所面临的环境与过去有根本不同，由于价格低廉的移动设备、摄像头、麦克风、条形码与无线射频识别（RFID）阅读器和无线传感器网络广泛使用，数据爆炸性地增长。过去的资料大部分是人工手记下来的交易记录，随着数字技术和数据库系统的广泛使用，许多企业管理系统产生了诸如物品购买交易等数据（transactions）；随着电子商务发展，产生企业间的互动数据（interactions）；随着物联网、社交网络和移动互联网的出现，机器自动生成了观察数据（observations），例如企业生产时记录下来的监控数据等。随着社会媒体（人际网）和无所不在的计算的涌现，持续增长的用户和智能终端数据在规模和复杂性上都有着指数式的攀升，导致大数据出现，即"Big Data＝Transactions＋Interactions＋Observations"[213]。这个公式简洁地表示为由交易、互动、观察所组成的数据形态，如图 4-2 所示。

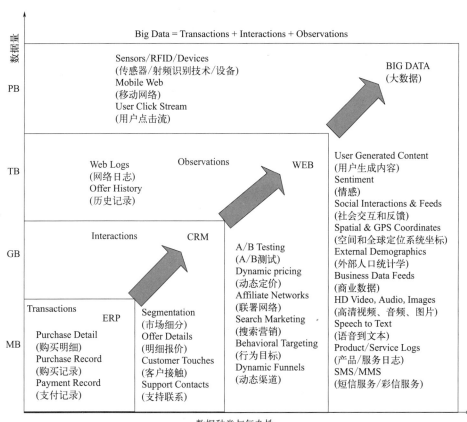

图 4-2　企业大数据演化

制造企业之所以出现大数据，主要归因于互联网发展及其在各个行业的不断渗透，并与制造业本身日益增强的数字化和信息化密切有关。诚然，互联网不是目前才出现，早在 20 世纪 80 年代初，就诞生了以 TCP/IP(transfer control protocol/internet protocol)（IPv4）为体系结构的互联网。后来 IPv4 地址即将耗尽和路由表的不断膨胀，成为 20 世纪 90 年代以来互联网面向"未来"的核心问题，业界认为互联网的"未来"在于用 IPv6 来替代 IPv4。但随着互联网应用的不断发展，尤其是应用目的从教育科研的"公益"转向营利为目的的"商业"，用户群体从科研人员转向普通大众，应用环境从数据为主走向语音和视频，接入方式从固定走向移动，终端从计算机转向手机，从人际通信转向物联网等，那种试图用 IPv6 解决 IPv4 体系构架问题的愿望并未能实现。为了区别于以 IPv6 为代表的"下一代互联网"的说法，2005 年前后人们开始致力于"未来互联网"研究[214]。

为了抢占未来信息技术的制高点，美、欧、中、日、韩等国家和地区都纷纷开展了对未来互联网的研究。欧盟在其计划中资助了众多未来互联网方面的研究项目，其中第七框架（FP7）研究认为，务联网（internet of services，IoS）、内容/知识网（internet of contents and knowledge，IoCK）、物联网（internet of things，IoT）和人际网（internet by and for people，IbfP）是构成未来互联网乃至未来人类社会的四大支柱技术[6]。而将此"四网"与制造技术融合而成的智慧制造（WM）[204]，是一种基于社会信息物理系统（socio-cyber-physical sys-tem，SCPS）的制造模式[215]，它进一步结合了社会系统，拓展了基于信息物理系统（CPS）的生产模式。

在"四网"高度融合的制造系统中，正是因为引入了人际网、物联网和务联网，系统产生了海量的各种结构类型的数据。比如，社交网络和移动互联网（人际网）等产生的大量非结构化数据；在企业实施信息化过程中，产品设计与开发已进入数字化与虚拟化（务联网），出现了 CAD/CAM/CAE/PDM/ERP/虚拟制造等工具软件，使制造从技艺走向了科学，并形成了新的交叉学科——计算制造和制造信息学，从而在产品设计、模拟与仿真中都会产生大量的数据；与此同时，在基于物联网的生产监控中，传感器和智能物件也连续不间断地产生数据流。

在基于 SCPS 的制造系统中，底层的设备感知与控制主要由物联网来完成；数据收集与管理、事件处理、数据挖掘与主动调度等由知识网和务联网来实现（知识网与务联网构成信息系统）；而机器还不能实现的重要的决策问题则由人际网（或称为社会系统）中的人来完成。实际上，制造系统问题离不开人的参与，如目标函数选择、调度方案取舍等，都需要人参与到其中来。而知识网对物理世界（物联网）、信息世界（务联网）、社会世界（人际网）产生的大量的结构化、半结构化、非结构化数据进行整理和分析，挖掘出有价值的信息和知识，以便及时作出决策或对未来作出预测，为产品的全生命周期管理提供智能支持，如图 4-3 所示。

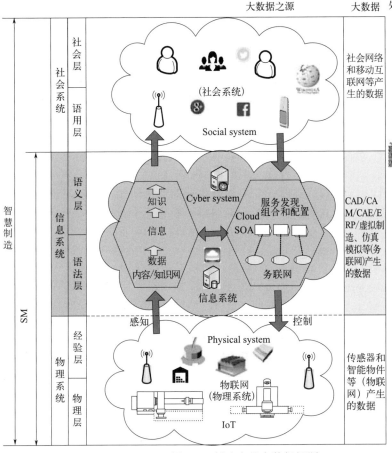

图 4-3　制造中的大数据问题

4.3　主动制造的内涵

大数据虽然孕育于信息通信技术的日渐普遍和成熟，但它所产生的影响绝不限于互联网企业和技术层面。大数据已成为一种新的科学研究范式，更本质上，它是为我们提供了一种全新的看待世界的方法，即决策行为将日益基于数据分析作出，而不是像过去那样凭借经验和直觉作出。事实上，大数据已渗透到传统产业，比如在零售业中，数据分析的技术与手段得到广泛的应用，传统企业如沃尔玛通过数据挖掘重塑并优化供应链；新崛起的电商如淘宝等则通过对海量数据的掌握和分析，为用户提供更加专业化和个性化的服务；而 eBay 每天对高达100PB 的数据进行处理，以分析用户的购物行为，对顾客的行为进行跟踪分析。

大数据给制造业带来的巨大价值正渐渐被人们认可，它贯穿整个制造价值链[216]。数据又被比喻为新的石油和新的生产要素，海量数据的运用将成为企业未来竞争和增长的基础。结合主动计算、主动行为、数据分析和制造技术以及相关研究成果，本节对主动制造的概念定义如下：

主动制造是一种基于数据全面感知、收集、分析、共享的人机物协同制造模式，它利用无所不在的感知收集各种各类的相关数据，通过对所收集的（大）数据进行分析与建模，挖掘出有价值的信息和知识，实时、自动地反馈给业务决策者（包括企业人员、客户和合作企业等），对用户需求和生产资源需求作出预测，并根据生产设备健康状态以及当前和过去信息，主动配置和优化制造资源，在制造全生命周期过程中为用户提供个性化的产品/服务。

从大数据运用的深度和广度而言，与现有相关制造模式相比较，主动制造深度融合了大数据的理念和方法论，它充分利用情景感知和大数据价值，并进一步融入了包括社交网络数据（信息/知识）在内的更大范围数据，如图4-4所示。

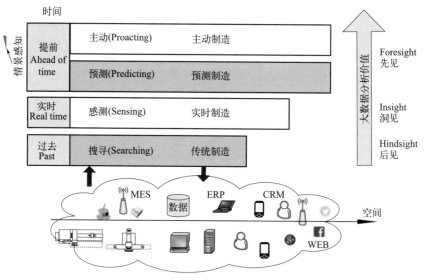

图 4-4　主动制造与相关制造模式比较

传统制造（反应型制造）主要搜索过去的历史数据，只是利用了数据的浅层价值，而且涉及的数据量和种类以及范围也相对较小。虽然随物联网、普适计算等发展而兴起的实时制造，可有效地利用生产实时数据（信息），但仍与传统制造模式类似，大多采用事后的被动策略。与传统制造或实时制造相比，预测制造可较好地利用实时数据和历史数据，比如实现对生产中的设备故障与健康状态进行预测，但按照 OODA（observe-orient-decide-act，观察-定向-决策-行动）循环模型，还缺少"决策"和"行动"环节，还没有充分利用大数据深层价值。

OODA 循环模型被公认为大数据供应链的主要模型之一[217]。而 Gartner 将数据分析分为描述性（descriptive）、诊断性（diagnostic）、预测性（predictive）和指引性（prescriptive）等 4 个层次，企业需要从传统业务智能（business intelligence，BI）的描述性分析转移到高级分析，如图 4-5 所示。由此可见，预测型分析对决策和行动的支持还不充分。

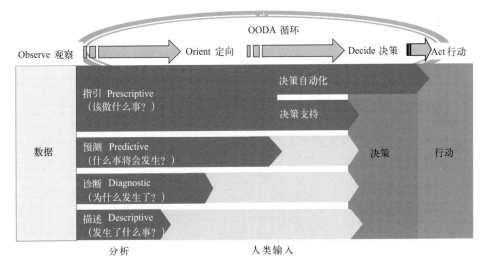

图 4-5　大数据分析能力的类型

4.4　主动制造系统体系结构

Chen 等[218] 将大数据系统分为数据生成、数据获取、数据存储和数据分析等 4 个阶段，局限于虚拟空间（数据空间），而在制造系统中，大数据应用需进一步与物理世界和社会世界融合。为此，结合组织符号学[219] 和 OODA 模型[217]，本节提出如图 4-6 所示的大数据驱动应用的通用体系架构，包括层次有：资源层、感知层、数据层、预测层、决策层、应用层，分别对应组织符号学的物理层、经验层、语法层、语义层、语用层和社会层。

在图 4-6 所示的大数据驱动的通用体系架构基础上，根据现代制造（特别是基于 SCPS 制造）理念，本节提出如图 4-7 所示的大数据驱动的制造系统体系架构：

① 制造资源层：包括各种制造资源（模型资源、软件资源、计算资源、存储资源、知识资源、制造设备等）和制造能力；

② 虚拟资源层（或感知层）：通过虚拟化工具将各类制造资源虚拟化，使制造资源的集中管理和使用成为可能，并将 SOA/云计算的计算资源延伸和拓展到非常广泛的制造资源；

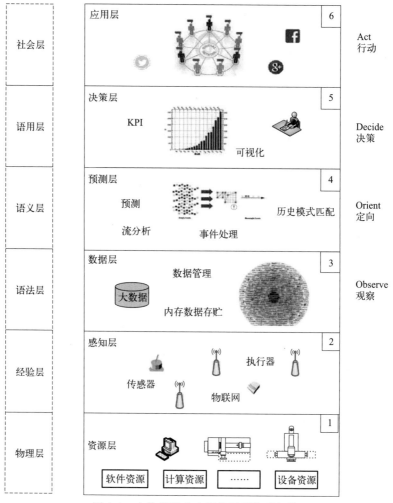

图 4-6　大数据驱动应用的通用体系架构

③ 数据层：对制造资源监控和收集得到的各种结构化、半结构化、非结构化的数据；

④ 服务层：以"一切皆为服务"理念，将数据、信息、知识、软件、设备、设计、决策、制造等服务化；

⑤ 事件驱动业务层：通过事件驱动的主动计算，将服务组合成一个流程；

⑥ 服务集成（服务总线）层：提供从服务请求者到正确的服务提供者的中介、路由和传输的功能；

⑦ 基础架构服务层：提供服务监控以及诸如安全、性能和可用性等服务质量的能力；

⑧ 云服务运营层：把虚拟化和服务化后的制造资源管理起来，对服务发布、查找与绑定、调度与部署等提供支持，为用户提供按需服务；

⑨ 事件处理层：对实时数据流进行复杂事件处理；

⑩ 业务智能层：对数据进行挖掘，形成有意义的信息和知识，为决策提供支持；

⑪ 语义 Web 层：将数据提升到信息、知识或智慧；

⑫ 决策层：根据从数据挖掘中所获得的信息/知识和关键绩效指标（key performance indicator，KPI），由人进行高层次的决策；

⑬ 应用层：通过社会性软件，将企业与合作者、客户，以及企业职员都纳入到一个网络之中，可分享知识、访问和使用云制造系统的各类云服务，包括注册、验证，以及任务需求描述、创建等。

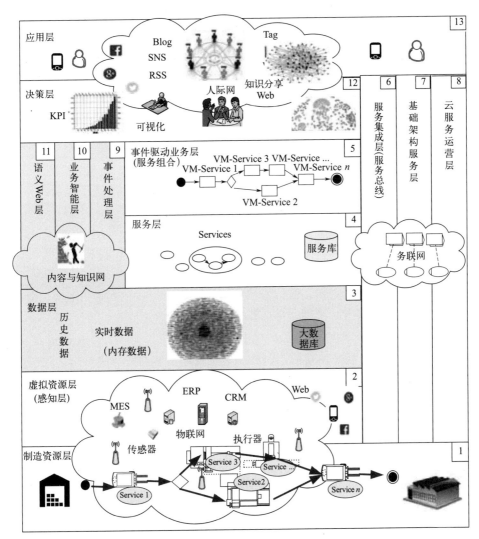

图 4-7　大数据驱动的制造系统体系架构

图 4-7 所示的大数据驱动的制造系统体系架构的水平层次与图 4-6 所示的大数据驱动的通用应用体系架构层次基本一致，但前者融合了物联网、务联网、知识网和人际网理念，同时由于主动制造还有服务化和事件驱动架构等方面的特定需求，因此还包括服务层和事件驱动的业务层以及跨越多个水平层次的垂直层次。联结第 1 层的物理资源和第 2 层虚拟资源的物联网，实现制造中的物与物之间的互联互通和资源感知；联结第 4~8 层的务联网（SOA 与云计算），实现事件驱动的云制造功能；联结第 9~11 层的知识网（含复杂事件处理、业务智能、语义 Web 等），将第 3 层的数据提升为有意义的信息/知识或复杂事件，为第 5 层的主动事件驱动的业务流程以及第 12 层的人决策提供信息/知识/智慧的支持；联结第 12 和 13 层的人际网，为人决策与知识共享提供支持。

从上述分析可知，大数据驱动的主动制造嵌入了 OODA 和事件驱动的主动计算理念，同时充分利用大数据的深层价值：通过感知获得数据，并从数据中挖掘出其所蕴含的信息、知识甚至智慧，或获得有意义的事件，并根据系统内外环境的变化自主决策（事件驱动主动决策），或进行初步决策再推送给相关人员作进一步决策或确认，进而通过物联网实现对制造资源的控制，最终形成一个人机物相结合的系统，从而达到充分利用大数据价值的目的。这种理念与智慧制造[204] 极为相似，可将主动制造看作智慧制造的一种实现方式。

在数据-信息-知识-智慧（data-information-knowledge-wisdom）所形成的 DIKW 阶层模型中，低层次是高层次的基础和前提，其中数据是这个模型最基础的一个概念，它表示未经组织的数字、文本、声音和图像等，从数量上反映现实世界，是形成信息、知识和智慧的源泉；信息是原始数据经过加工处理，形成有前后文联系、有意义的数字、事实、图像等；知识是信息经过加工提炼后，体现出的信息的本质、原则和经验；智慧是知识的正确运用，表现为收集、加工、应用、传播信息和知识的能力以及对事物发展的前瞻性看法。

由于不同研究对数据、信息、知识或智慧的关注点不同，DIKW 模型又被称为数据阶层模型、信息阶层模型、知识阶层模型或智慧阶层模型[220]。尽管这些称谓不尽相同，但在应用上都致力于实现底层的数据向信息、知识和智慧转化。在利用大数据价值上，大数据驱动的主动制造与智慧制造类似（如图 4-8 所示），前者从底部的数据层（D 层）开始，经过 IKW 层再循环回到 D 层，而后者从顶端的智慧层（W 层）开始，经 DIK 再循环回到 W 层。因此，从 DIKW 模型和充分利用数据的深层价值上来说，两者的目标是类同的，只是出发点不同而已，但它们与数字制造或传统制造模式却有很大的不同，数字制造只是利用数据的浅层价值。

由此可见，如何实现数据向信息、知识和智慧转化是主动制造和智慧制造的共性关键技术，而知识网就是实现这种转化的手段与工具，具体包括数据挖掘/

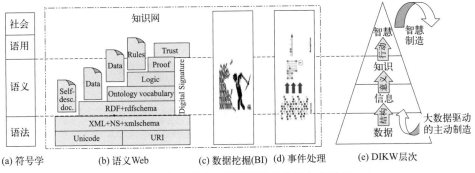

图 4-8 主动制造与智慧制造的出发角度对比

业务智能（BI）、语义 Web 和数据流处理（复杂事件处理）等。语义 Web[221]
从符号学角度出发，探讨如何将语法型的数据转化为具有意义的数据（即信息或
知识），由于符号学的语法、语义和语用/社会层次分别对应着 DIKW 模型中的
数据、信息/知识和智慧层次（如图 4-8 所示），因此也提供一条从数据到信息、
知识、智慧的途径。然而，语义 Web 主要是针对半结构化数据（如以 XML 表
示的数据），而且其设想也只是部分实现，其中的逻辑层、证明层和信任层目前
还没有实现，当前研究主要利用（语义 Web 的）本体来表示知识。数据挖掘或
业务智能（BI）技术是实现结构化数据向知识转化的传统工具与手段，目前面临
半结构化和非结构化的大数据挑战，需要引入云计算等技术来加以拓展和延伸。
云计算技术虽然能很好地支持大数据存储和处理需求，但其本质上来讲是一个基
于批处理（离线处理）的框架，不适宜用于实时数据流处理，而且是针对云计算
资源特点需求提出来，未考虑制造资源特殊性和复杂性以及主动生产问题。然
而，在基于物联网/CPS/SCPS 的制造系统中，不仅包括海量的历史数据，而且
包括大量的实时数据流。面对实时（在线）数据流处理，目前比较有效的方式是
采用复杂事件处理（complex event processing，CEP），以便将简单事件进一步
聚合成有意义的复杂事件。

　　诚然，实现智能/智慧的方式不只有数据驱动一种。但数据驱动方式为我们
提供了一种新的思维方式来思考制造系统问题。比如，数据驱动的故障诊断与预
测（diagnostics and prognostics），已从事后维修、实时诊断发展到预测性维修，
正向故障预测和健康管理（prognostics and health management，PHM）[222] 方
向发展，如图 4-9 所示。这就给我们提供了有益的启示：制造模式会沿着类似途
径，从被动（reactive）制造，经实时制造和预测制造，走向主动（proactive）
制造。

　　实际上，故障预测或 PHM 将成为预测制造的重要组成部分，也必将成为主
动制造的重要支撑技术之一。近些年来，基于状态的监测、预测或维修技术越来

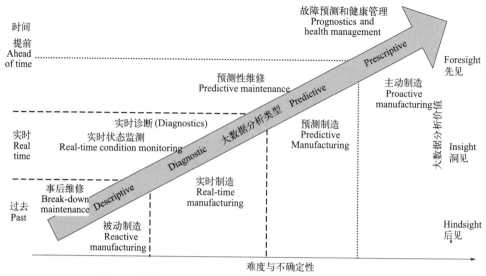

图 4-9 数据驱动的主动制造与故障诊断/预测的演化对比

越受到关注。这种以状态为依据进行的监测或维修，是在机器运行时，对它的主要（或需要）部位进行连续的状态监测和故障诊断，判定设备所处的状态，预测设备状态未来的发展趋势，依据设备的状态发展趋势和可能的故障模式，预先制定预测性维修计划，确定机器应该修理的时间、内容、方式和必需的技术和物资支持。尤其是对于系统状态异常（anomaly），检测非常重要，可以为制造系统的预测维修提供决策参考。

4.5 案例分析

图 4-10 给出了主动制造示意图，数据流通过网络在物理系统、信息系统和社会系统之间传递，由人机物协同进行分析、判断、决策、调整、控制而开展主动生产。在互联网及大数据技术支持下，生产者和消费者紧密联系在一起，消费者的需求数据（信息）可以迅速地传递给生产者，从而为市场预测和生产管理等服务，使得生产方式由传统的大规模推式生产向客户化/个性化的拉式生产转变，同时也催生了开放式创新、协同创新和众包等理念。

主动制造通过大数据分析感知用户的情景信息，分析和获取用户的个性化需求，或者用户通过社会性网络将自身需求显性化描述出来，通过与业务系统集成，借助语义搜索和智能 Web 等技术，系统针对客户个性化需求进行参数配置、优化和建模，从而精准地向用户提供制造服务的主动推荐、检查和建议，实现数据驱动和用户需求为中心的主动制造。主动制造能够挖掘系统的显性知识和实现用户隐性知识的集成，如在征集创意产品/服务阶段，基于社会性网络大数据分

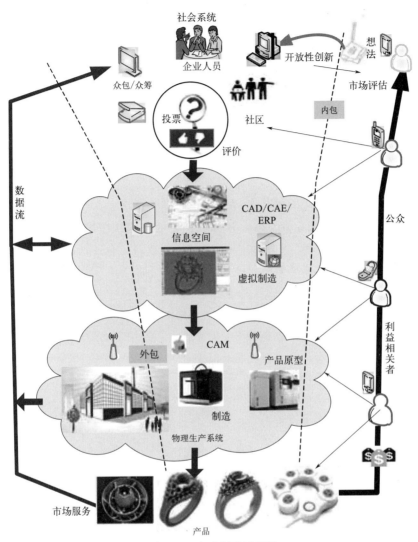

图 4-10　主动制造示意图

析计算出广大用户的参与度和贡献度并分配相应的收益，鼓励用户参与产品研发设计的积极性，形成主动有序化的知识创新文化氛围，从而依靠用户集体智慧提高产品/服务能力；用户在进行个性化的三维模型结构设计时，通过分析产品三维图形和工艺文档等大数据，主动推送情景相关的零部件模型、材料数据信息和相关知识服务等。在进行零件加工时，基于传感器/机器运行实时数据及历史数据分析建模，能智能地预测可能出现的故障，主动地将制造任务转移到其他可用的机器上，并对故障进行预修复。如此一来，从感知的角度来看，基于大数据分析，不仅可以方便地感知到物理层制造资源实时动态信息，从而辅助制造系统作出智能决策，而且能够感知到社会层客户的个性化需求，减少盲目制造与需求的不匹配造成的资源浪费；从智能化的角度来看，通过对社会性网络和物联网相关大数据进行信息和知识的挖掘，制造企业能够获得更智慧的洞察，通过集思广益、大众协同和集体智慧提高系统智能化程度，同时人机物协同程度更深更广，此外引入智能 Web 和语义推理，可以从用户不完整的需求上推理出完整的需求，从被动的制造任务承接模式转变为主动的制造任务发现模式，能够基于业务情景，精准地向需求用户推送产品服务和知识，从而提高制造服务的主动化程度。

大数据为企业提供巨大的商业价值，企业利用数据挖掘来发现数据间的相关关系、大众喜好、市场规则等；运用大数据模式可发掘新的需求和提高投入的回报率，进行商业模式、产品和服务的创新等；分析具有代表性的客户群体，可采取有针对性的营销策略，对群体进行细分并量体裁衣般地采取独特的行动。另一方面，客户/用户可利用企业论坛、Blog、社交网站等社会化渠道发表、分享和传播信息或获取相关信息（如产品/服务的好评/差评、企业情况等），与利益相关者（如员工、顾客、股东和营运者等）沟通和协商，参与到产品全生命周期活动之中，形成客户化/个性化的产品需求。

在虚拟空间里，制造企业和客户可以利用 CAD/CAM/PDM/CAE 对产品进行模拟仿真验证，乃至虚拟制造或 3D 快速成型；利用 ERP/智能化/服务化等技术手段，按照合约和产品需求进行面向服务的业务流程的创建与协同，并通过物联网等调用和监控相应的物理设备资源，最终得以在物理系统中实现产品的生产。与此同时，在产品生产乃至使用过程中的实时数据（信息），经知识网处理后，主动地返回给企业人员，以供优化业务和决策之用。

因此，在大数据的支持下，企业不仅能够预测制造设备的健康状况、生产任务的完成时间，还能够预测市场的需求，主动配置和优化制造资源，从而实现主动生产，为用户提供个性化的产品/服务。

第**5**章

人本智能制造系统

新一轮科技与产业革命正推动制造业向更高层次发展，促进新一代信息技术与先进制造技术深度融合，也促进智能制造向自主智能方向发展，但生产的目的是更好地满足人类的需求，还需要考虑生产对社会的作用和贡献，因而以人为本的智能制造日益受到关注和重视。人仍然是一个制造系统最为重要的生产要素，需要以人为中心探讨智能制造问题。本章首先从工业革命进程中人机交互与企业创新的演进发展、生产模式与人类需求的递进关联关系两个方面论述智能制造面临的人本问题，阐明在智能制造中引入"以人为本"理念的必要性；接着从首次工业革命的机械化大规模生产到当今包容性长尾制造的制造业发展历史长河之中，归纳总结出人本制造演进脉络，并以智能包容性长尾制造为例说明人本智能制造理念实现，最后对人本智能制造的未来发展趋势作出展望。

5.1 引言

工业是推动社会、人文及经济进步繁荣的巨大引擎，不仅为国民经济的各部门供应源源不断的原材料和发展动力，而且可以满足人们日益增长的物质文化需求，它还是国家重要的财政收入来源，是实现国家经济自主、主权独立、领土完整和建设现代化国防的根本保证。从 18 世纪末至今，人类业已经历了四次工业化革命，分别是由蒸汽和水（蒸汽机）驱动的第一次工业革命（机械化）、电力驱动的第二次工业革命（电气化）、计算机及自动化设备驱动的第三次工业革命（自动化）、新一代信息通信技术（ICT）及人工智能（artificial intelligence，AI）驱动的第四次工业革命（智能化），每一次工业革命都深刻地改变了人们的日常生产生活方式，推动了社会的快速发展和人类文明的进步。

具体来讲，第一次工业革命提高了钢铁和纺织业的生产力，其代表事件为诞生了"第一台机械式织布机",其影响之一便是前所未有的人口增长;第二次工业革命发生在第一次世界大战之前,通过使用电力来创造大规模生产,流水线的引入极大地提高了生产效率,其代表事件为 1913 年福特公司在 T 型汽车组装过程引入流水线式生产,使该型汽车的生产效率提高了 8 倍。随着 20 世纪 80 年代个人计算机和互联网的飞速发展,第三次工业革命提高了制造过程中的柔性化及自动化水平,并改变了世界经济格局,其典型事件为出现了第一个可编程逻辑控制器(PLC)。第四次工业革命源于德国政府一个"计算机制造"相关的项目,并由德国政府于 2011 年首次在汉诺威工业博览会上提出。

工业 4.0 是一种基于数字化、网络化、自动化的智能生产模式,其核心技术为信息物理系统(cyber physical system,CPS),涉及的其他技术还包括增材制造(additive manufacturing,AM)、先进机器人技术、AI、自动驾驶汽车、区块链(blockchain)、无人机及物联网(internet of things,IoT)等[223]。工业 4.0 时代,机器设备和产品等呈现出"智能化"的特征,一般被称为技术驱动/推动(technology-driven/push)型的工业模式[224]。

目前工业 4.0 正在如火如荼地进行,已深入应用到各行各业,学术界和商业界对工业 4.0 的未来发展形势总体上持乐观态度。但是也有部分研究者及从业人员逐渐发现工业 4.0 在发展过程中过于侧重生产制造流程的优化和设备的自动化水平的提升,而忽视了制造过程中最重要的参与者"人"这一主体。而未来的社会,工业(产业)端的创新和用户端的个性化需求将变得越来越急切和重要,而需要创新和个性化定制时,人是关键因素,目前可行的解决方案有人机智能协作和产消协同创新。此外,制造业带来的污染也引起了人们对生态环境恶化的担忧,如何实现可持续发展是一个重要议题。还有全球供应链在新冠疫情面前暴露出的脆弱性引起了人们对全球供应链稳健性的担忧,再加之地缘政治变化和自然灾害等频发,人们越来越渴望具有弹性、稳健性高的工业系统(模式),弹性一般指抵御社会地缘政治变化和自然灾害等重大变故的能力,确保在危机时期仍能提供和支持关键的基础性设施或服务。

因此,有部分先行者开始关注下一代以人为中心的工业革命——工业 5.0(Industry5.0)[225],一种以人为中心、更有人情味和更具人性化的生态友好(可持续发展)型弹性生产模式。从工业 1.0 到工业 5.0 的演化进程如图 5-1 所示。

在工业化演进过程中,诞生了许多先进的生产制造模式,如面向提高生产效率、避免出现"信息化孤岛"的计算机集成制造(computer integrated manufacturing,CIM),投入产出比高的精益生产(lean manufacturing,LM)等互联网制造模式和面向服务的制造网格(manufacturing grid,MG)、敏捷制造(agile manufacturing,AM)、云制造(cloud manufacturing,CM)等网络化/智能化制造模式[226]。这些制造模式的相继提出极大地改变了人们对制造的观念,在资

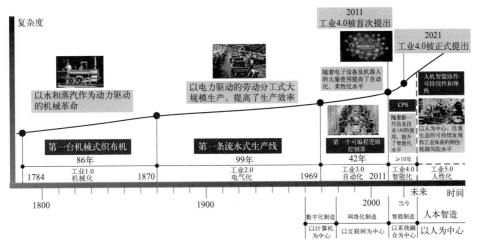

图 5-1　工业革命及制造模式演化

源配置、生产调度协同、加工过程监控及经营管理等方面取得了一定的成果，提高了企业的生产效率和数字化水平，但需要进一步推广扩大应用，从而取得显著的社会经济成果并满足社会日益增长的个性化需求。目前的制造模式还存在以下不足：

- 对"人"这一主体关注度不够。目前较多学者关注的是人与 CPS/CPPS 等系统的融合或交互等问题，如 Zhou 等[227] 提出的"HCPSs"，侧重人与 CPS 的融合问题。姚锡凡等提出的社会信息物理生产系统（social-cyber-physical production system，SCPPS）[6]，是一种面向未来互联网人机物协同的新型制造模式——智慧制造（wisdom manufacturing，WM）[204]，侧重社会与 CPPS 的融合问题。还有王柏村等[228] 于 2020 年对人本智造基本内涵、技术体系、应用实践等方面进行了分析探讨，这些先进的制造模式过多地关注人/社会与 CPS 等系统融合或交互的问题，而对"人"（主要是生产者或消费者）这一主体的根本需求（自我价值实现的愿望和个性化需求）关注度和研究深度远远不够。

- 将人、生态环境及工业融合起来研究案例还太少。目前也有出现譬如绿色制造（green manufacturing）[229]、可持续制造和清洁生产等生产模式或理念，但是其更多探讨的是环境与经济成本（循环经济）、质量及效率等之间的关系，缺乏对"人"这一主体"三位一体"式的系统性集成研究。

- 以人为本的人机共生关系研究不够。人机和谐共生是未来工业和社会繁荣的重要保障，目前的人机共生更多是从技术层面研究人机协作问题，对人机协作背后的驱动力、价值观、社会伦理和道德等方面的研究还太少或者深度不够。

5.2 工业 5.0

第一次工业革命前，人类主要为手工作坊式生产，基本上由手工作坊主独自完成相关工艺生产品，可用的辅助装置较少。随着第一次工业革命中机械设备的引入，人类由此进入了机械时代，此时与人交互的主要设备为自动化水平极低的机器——由工人手工完成操作机械；进入第二次工业革命后，人类进入了电气时代，此时主要通过电气化设备提高了生产效率，自动化水平有了较小的提升；当进入第三次工业革命后，人类进入了自动化时代，各种柔性化、智能化机器人和高端机床等设备的大范围应用，极大地提高了人类生产制造过程中的自动化水平；2011 年左右，随着工业 4.0 概念的引入，人类进入了以 AI 引导的智能时代，自动化水平进一步提高。从工业 1.0 演化为目前正在兴起的工业 5.0 后，社会对工业模式的关注不再局限于制造本身，而是回归到"人"这一最重要的主体。

5.2.1 特征及定义

欧盟委员会（European commission）提出工业 5.0 的三个核心要素分别为：以人为中心（human-centric）、可持续（sustainability）以及弹性/恢复力（resilience），如图 5-2 所示。欧盟委员会指出工业 5.0 关注的重点从单纯的股东价值转移到利益相关者的价值，为所有相关者服务；工业 5.0 的成功与否取决于所有利益相关者尽可能广泛地参与和行动。欧盟委员会认为工业要成为社会真正繁荣的提供者，其真正的定义必须包括人、环境和社会相关方面的考虑[230]。工业 5.0 现在还处于初步探讨阶段，概念定义等还很不完善，很难有一个所有人都认

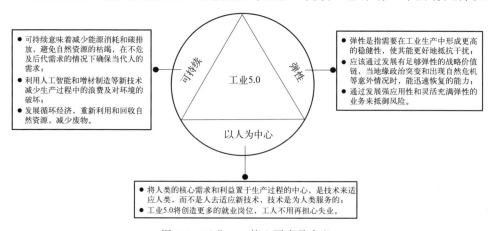

图 5-2　工业 5.0 核心要素及含义

同的定义，因为不同行业参与认知工业 5.0 的方向、侧重点不一样。但为了避免出现管中窥豹，基于对工业 5.0 有一个更好的认识的出发点，对目前的几种定义进行归纳整理，结果如表 5-1 所示，表格中引用的文献为目前关于工业 5.0 较新的或者被引用量较高的部分文献，希望通过这些定义能形成对工业 5.0 的共性认知。此外，综合已有文献对工业 5.0 的定义，探索性地给出工业 5.0 的一种参考定义，希望对后续研究者能有一些启发性作用。

工业 5.0 定义：工业 5.0 是工业 4.0 的延续和补充，是建立在工业 4.0 概念和基础上的一种进化的、渐近的但非常有必要的价值驱动型新工业模式，除了关注生产流程优化和自动化水平提升等技术层面外，还应重点关注包括人、环境、工业弹性等社会价值层面，人类与机器和谐共处，而不必担心工作不安全或失业，从而产生增值服务并使人性回归到制造业。

表 5-1　部分文献中关于工业 5.0 的参考定义

文献	定义
庄存波等[231]	工业 5.0 通过使生产尊重地球的边界，以及人、机、物、环在知识层面的交互、协同与融合，将工业劳动者及其利益置于生产过程的核心，从而实现包括经济增长在内的多种社会目标,稳健地、可持续地提供繁荣的一种工业生产模式
欧盟委员会[232]	工业 5.0 认识到工业有能力实现超越就业和经济增长外的社会目标,成为繁荣的富有弹性的提供者,使生产尊重地球的边界,将工人的福祉置于生产过程的中心
Özdemir 等[233]	工业 5.0 是指在不影响创新生态系统及其成员的长期安全和可持续性的情况下,建立复杂的、超级链接的数字网络
Nahavandi 等[234]	工业 5.0 把人和机器结合起来,进一步利用人类的脑力和创造力,通过将工作流程与智能系统结合起来,提高生产流程的效率,机器人与人之间的关系是合作者而不是竞争者
Demir 等[235]	给出工业 5.0 两个版本的定义,其中一个是致力于人-机协作和创造智能社会,另一个是专注于生物经济以实现更大的可持续性,并将两个版本的定义与工业 4.0 的定义进行了对比
Reddy 等[236]	认为工业 5.0 尚未充分发展,各行各业的从业者和研究人员提供了各种定义,总结了 7 种关于工业 5.0 的定义,在此不再赘述

如果说工业 1.0 到工业 4.0 是围绕"技术"进步展开的，那么工业 5.0 则是围绕"人"的核心需求展开的，包括解决工人的失业担忧和保证生产过程的安全，提高工人工作的幸福感、成就感和获得感。因此，在这样的时代背景下提出的工业 5.0 是十分有必要的，这是以人为本的"人本智造"（人性化）的回归。伴随着工业革命的演化，也诞生了典型的制造模式，如数字化制造、网络化制造、智能制造，还有重点探讨的人本智造。工业 4.0 催生了智能制造模式，工业 5.0 是工业 4.0 的延伸和拓展，侧重人本智造，其关系示意如图 5-3 所示。

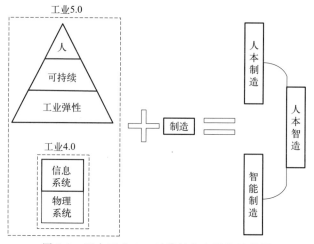

图 5-3　面向工业 5.0 时代的人本智造示意图

　　工业 5.0 的概念和其自身一样，尚处于一个不断进化、渐近完善的过程，相信随着越来越多的研究者和从业者陆续加入工业 5.0 的研究和应用中后，其概念、内涵和应用将越来越趋于完善、丰富，届时的工业 5.0 或许是另一番景象，也未可知。下面从人机交互方式、人机共生关系和人机协作应用案例三个方面探讨工业 5.0 背景下的人本智造。

5.2.2　人机交互方式演化

　　工业革命的历次变革，持续将工业发展推向新的高度，制造装备（系统）具备越来越强大的感知与学习能力，人作为制造装备（系统）创造者和操作者的能力将极大提升，人机交互方式不断革新，伴随着多种操作员形态的出现，逐渐使人类从繁重体力劳动和大量脑力劳动中解放出来，从事更有价值的创新性工作。另一方面，社会需求逐渐趋于多元化和个性化，消费者的个性化需求不断提升，促使企业的产品创新模式转型升级，越来越多的消费者参与到产品设计、生产、销售、服务等全生命周期中。如果说工业 1.0 到工业 3.0 解放了工人（此时主要为"蓝领"）的体力劳动，那么随着工业 4.0 的引入，此时不仅解放了工人的体力，还将逐步解放工人的脑力，此时的工人包括蓝领和白领。值得一提的是，在工业 5.0 时代，工人已不再区分蓝领、白领，因为此时的工人主要从事的是具有创新性和更有意义的工作，繁复枯燥的工作已被机器取代，甚至部分需要智能的工作也交由机器协作完成。

　　计算机出现之前，人类主要通过"手工作业"的方式操作机器（二进制代码），借助打字机完成数据的输入和输出，实现简单的交互，这阶段对工人的专业要求较高，具备较高的操作难度，称为"手工作业交互"。20 世纪 60 年代左右，随着第一台电子计算机的出现，人类的生产生活便与计算机有着千丝万缕的联系，人机交互方式随着计算机的发展而不断变化，此时采用交互命令语言的方式与计算机交互，专业要求较高，此阶段称为"命令交互"。20 世纪 80 年代，随着 Three Rivers 公司推出"Perq"图形工作站，图形用户界面（GUI）开始进入公众视野中，由此人机交互方式主要通过视窗、图标、按钮和菜单栏等与计算机实现交互，这种交互方式降低了人机交互难度，扩大了使用人群。20 世纪 90 年代开始，网络浏览器是用户界面的代表，进一步完善和丰富了交互方式，此阶段称为"Web 界面交互"。

进入新世纪后，随着 AI 复兴和新一代信息通信技术的出现，交互方式变为"多通道交互"，通过触觉、语音、面部表情、体感等实现人与机器的安全交互，人与机器的交互方式越来越像人与人交互一样。面向工业 5.0 时代的人机交互依然是以"多通道交互"为主，但是随着 AI、机器学习、认知系统和计算机视觉等先进技术逐渐应用于协作机器人后，人类将与协作机器人智能协作生产，而不必担心失业，从而产生增值服务。

随着元宇宙相关使能技术不断取得新突破，未来的人机交互将会是更具体验感的"三维沉浸式交互"，届时人将通过"化身（avatar）"在三维虚拟空间（另一个与现实平行的"宇宙"）中与机器、人、社会等交互，现实与虚拟之间将没有明显的界限，两者相互连通、相互作用，实现真正意义上的虚拟与现实的"互操作"及互联互通，图 5-4 所示为人机交互方式演化示意图。从人机交互方式的演化过程来看，人机交互的难度越来越趋于简单，对专业性的要求也越来越低，未来的交互设备和方式将根据人的需求设计制造，将进一步增强人类通过人机交互获得的满足感和体验感，这与所探讨的人本智造理念是相符的，体现着以人为本的交互方式将是未来的主要发展方向。

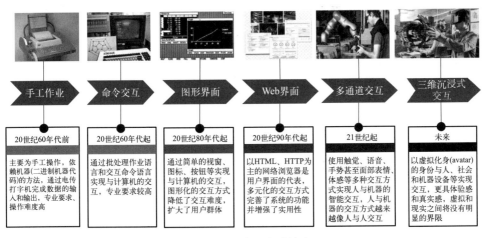

图 5-4　人机交互方式演变

工业1.0诞生了以蒸汽机为动力的机器，出现了操作员1.0，使工人得以利用躯体（主要是双手）操作机器进行生产，人的体力劳动因此得到了极大的解放、延伸和放大，并且伴随后继的工业革命递进得以进一步加强。工业2.0诞生了以电动机为动力的机器，出现了模拟电子仪器仪表和经典自动控制理论，特别在工业2.0后期和工业3.0初期，数字电子计算机的诞生和发展，使工人得以使用计算机辅助技术（computer aided x，CAx）进行机器作业，诞生了操作员2.0。前两次工业革命是机器动力的革命，以机器大生产代替手工作坊，大规模生产出批量标准化产品，企业采用创新1.0（封闭式创新）模式，完全依赖于企业内部员工的创新思想实施产品创新，消费者只能适应企业生产的标准化产品。

工业3.0开始出现大规模定制生产，企业为满足消费者不同的产品需求，大量定制消费者需求大的产品，前期仍然是采用封闭式创新（创新1.0），以产品设计为中心，消费者被动选择产品，后期伴随互联网等信息技术的发展，企业外部研究机构、消费者的创新思想渗透进企业内部，内部和外部资源结合形成了开放式创新（创新2.0），通过创新2.0实施产品设计并生产出附属产品，进入新的市场，并且此时出现了操作员3.0，使工人得以与机器/机器人/计算机协同工作，人的脑力劳动也因此得到了部分解放。特别是到智能化的工业4.0，随着新一代人工智能、语义网（Web 3.0）等的不断发展，企业外部消费者、创新者、研究者等的群体知识嵌入到企业内部，形成嵌入式创新（创新3.0）模式，产品利益相关者均参与到产品整个全生命周期中，此时在人-信息物理系统（H-CPS）的帮助下工作，出现了操作员4.0，人的脑力劳动将得到极大的解放、延伸和放大。在无处不在的物联网支撑下，特别是伴随普适外联网（outernet）的发展，将形成全球式创新（创新4.0）模式，从而聚集全球相似企业、每一位消费者的创新思想，企业创新模式将发生革命性变化。人机交互、企业创新随着工业革命演化如图5-5所示。

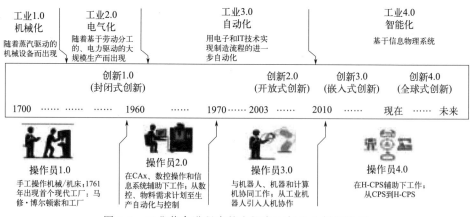

图5-5　工业革命进程中的人机交互与企业创新发展

5.2.3 "人-社会-自然-技术"视角下的工业 4.0/5.0

在与工业 4.0 比较前，有必要先弄清目前的一个热点比较问题（社会 5.0、工业 5.0），这有益于探讨工业 5.0 与工业 4.0 的异同和联系。社会 5.0（Society 5.0）是日本政府于 2016 年提出的一种社会发展战略，旨在构建一个生活舒适、充满活力的"超智能社会（super smart society）"[6]。从本质上讲，社会 5.0 试图提供一个基于高级服务平台的共同社会基础设施，以促进社会繁荣。工业 4.0 在一定程度上遵循社会 5.0，但工业 4.0 侧重于生产，而社会 5.0 旨在将人类置于创新的中心，利用技术的影响力和工业 4.0 的成果，在提高生活质量、社会责任和可持续性方面深化技术整合。因此，社会 5.0 聚焦解决社会问题，如老龄化、环境恶化和能源紧张等。与工业 4.0 相比，社会 5.0 借助物理和虚拟世界的融合来解决社会问题，因此社会 5.0 范围更广泛。社会 5.0 试图平衡经济发展和解决社会及环境问题，不仅仅局限于制造业，其目的除了提高工业生产力之外，更重要的是提高人们生活的便利性。而工业 5.0 概念的引入，主要围绕的是工业系统中的人、工业造成的相关问题（如环境污染和资源利用方面）和工业弹性（稳健性）等方面。因此，工业 5.0 和社会 5.0 的侧重点、出发点不一样，但其本质基本一样，都是以"人"为中心、服务于"人"，促进人类生活生产的便利性，并实现社会的共同繁荣。其细微区别仅为工业 5.0 更关注的是工业系统中相关"人"的福祉，而社会 5.0 则通过技术促进社会中"人"的便利性。因此，两者关注的对象有细微的区别。

工业 4.0 虽然通过新技术的使用降低了制造成本并提高了生产过程的自动化水平，但它忽略了通过流程优化导致的人力成本提升，工业 5.0 涉及 AI 在人类共同生活中的渗透，它们的合作旨在提高人类的能力，并使人类回到"宇宙的中心（centre of the universe）"[237]。此外，一般认为工业 4.0 是技术驱动（technology-driven）型，而工业 5.0 为价值驱动（value-driven）型[238]。工业 4.0 从技术出发（技术驱动），通过"技术-自然-社会-人"的路径，先考虑的是技术的进步获得更高的自动化水平和流程优化带来的效率提升，起始点（出发点）为"技术"。而工业 5.0 从"人"出发，优先考虑人的各项需求（自我价值实现和个性化需求等），通过"人-社会-自然-技术"的路径，以人、自然、社会的需求驱动技术的革新（价值驱动），并且技术需要主动去适应、观察和学习人类，起始点（出发点）为"人"。

文明的进步一般伴随着人类生活质量、生产水平的提高，此外，还需要具备良好的创新交流共享氛围和稳定的社会发展环境。图 5-6 从"人-社会-自然-技术"的维度探讨了工业 5.0 和工业 4.0 的区别及关联。工业 4.0 和工业 5.0 都是工业化进程中重要的工业模式，因此"工业化"为两者之间的连接"桥梁"，将两者联系起来。随着"四化"（市场化、城镇化、全球化、工业化）水平的不断提高，人类的文明将进入一个更高的维度（也即是第三部分探讨的元宇宙时代）。工业 4.0 与工业 5.0 的主要区别如表 5-2 所示。

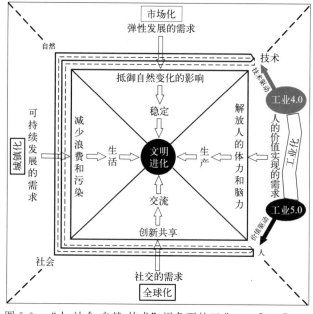

图 5-6　"人-社会-自然-技术"视角下的工业 4.0 和工业 5.0

表 5-2　工业 4.0 和工业 5.0 主要区别对比

对比项	工业 4.0（Industry4.0）	工业 5.0（Industry5.0）
提出时间	2011 年	2021 年
主要提出者	德国政府	欧盟
类型	技术驱动型	价值驱动型
模式特点	智能化（更智能）	人性化（更具人情味）
AI 构成	以机器智能为主	以人为中心的 AI
生产模式	大规模定制为主	个性化生产为主（超级定制）
目标	提高生产效率和生产力	人类价值实现和社会可持续发展，工业富有弹性
出发点	技术	人
核心	CPS	人机协作、生物经济
工作环境	人机分隔（有围栏）	人机融合（无围栏）
就业岗位	劳动力远离工厂	劳动力回归工厂
主要使能技术	IoT、AI、机器人、大数据、云计算	机器人和 AI，智能人机交互技术、生物技术、仿生技术和智能材料、可再生资源技术

此外，还有很重要的一点值得探讨。那些受雇于工业 4.0 环境的部分工人仍在做着智力水平要求较低甚至单调重复的工作，这较大地浪费了人类解决问题的主观创造能力，造成人类创造力的减值。最重要的是，由工业 4.0 促成的大规模定制是远远不够的，因为消费者想要更多更好的服务和体验，更高级个性化（hyper-personalized）定制，或者称之为超级定制（hyper customization）——一种个性化的营销策略，它将 AI、机器学习、认知系统和计算机视觉等先进技术应用于实时数据，以便向每个客户提供更具体的产品、服务和内容[236]。整个制造过程中的超级定制将确保通过 AI 和认知化制造过程为每个客户提供个性化的制造解决方案。

消费者需要的是类似于奢侈品似的"上帝式"服务和体验，这种对超级定制的渴望构成了工业 5.0 背后的心理和文化驱动力——它涉及利用技术将人类的附加值（创新、创造及艺术）回归到制造业。在工业 4.0 环境下，这是很难想象和实现的。这种情况只有在人性化回归制造业时才能实现，这就是探讨工业 5.0 背景下人本智造的真正原因，期望更具人性化和人情味的制造价值观能回归到制造业，工人不用担心机器取代自己（失业），没有安全感可言，这与制造服务于人的初心相反。

工业 5.0 将真正地把人类重新置于工业的中心，单调重复、不符合人机工程学和智力水平要求低的工作将全部由机器完成，智力水平要求较高的工作将由人机协作共同完成，人类将从事更具创造性、艺术性的工作。在协作机器人等智能工具的帮助下，工业 5.0 不仅为消费者提供他们所需要的个性化产品，而且也为工人提供更多更有意义的工作机会[236]，届时工人不再被视为"成本"，而是具有投资增值价值的"人"。

5.3　走向人机共生的人本智造

新一轮科技与产业革命在促进生产力发展的同时，又带来生产关系变革。随着生产力水平、信息发展程度、人民生活质量的不断提高，产品生产已从由生产者主导逐步转向为生产者与消费者协同融合发展，逐步形成技术共享、智慧共享、协同创新的社会环境，产品全生命周期的各个环节可通过多元化、多粒度的社会制造单元协同完成，不但满足了社会各个阶层对产品多样化的需求，而且增强了对社会各个阶层的参与度，进而诞生了以人为本的制造。以人为中心（human-centric/centered）的制造，又称以人为本的制造，简称人本制造，研究主要涉及两个主体——人与机器，以及两者关系——人机关系。物联网、云计算、信息物理系统（cyber-physical system，CPS）、大数据、深度学习等新一代信息通信（ICT）/人工智能（AI）技术的出现和发展，推动以智能制造为主要生产方式的工业4.0到来。而人机关系（特别是人机交互），已从最初的单人-单机物理直接交互发展到人机物虚实融合的系统协同，人不再局限于物理回路里（human-in-the-loop，HiL），出现了人在回路上（human-on-the-loop，HoL）和人在回路外（human-out-of-the-loop，HofL）等概念。

5.3.1 人机共生关系

工业5.0时代下的人本智造，人机协作是重点，协作机器人在其中扮演着重要角色。值得注意的是，人机协作不仅包括人-机器人协作，还包括人-机床/计算机/生产系统等协作。本小节重点探讨以协作机器人为交互对象的人机关系，其他交互对象类同。协作机器人由机器人演化而来，是机器人的一种细分，代表了一种突破性的技术，旨在实现工人和机器之间的高层次（如协作）互动，并具有在制造等行业灵活部署的能力[239]。其典型特征是直接与操作员实现精准合作，除了可以减轻操作员的负担外，还可以承担繁重单调且不符合人机工程学的工作。因此，协作机器人可看作操作员的一个更具人情味的"同事"。协作机器人最显著的特征是大部分时间都需要与人协作，但不局限于一定要在同一工作空间，远程协同工作也有可能，进而共同完成任务，而不是像传统机器人一样大部分时间都在"独自"工作，把工人丢一边，进而抢夺部分工人的就业机会。此外，协作机器人一般还具备小巧、灵活、柔性、智能、便捷易上手、"亲密"等特点，人与协作机器人之间将没有明显的"围栏"，图5-7为两者示意图。图5-7（a）所示为传统意义上的机器人，人与机器人之间有明显的围栏或者安全警示距离，图5-7（b）所示为工业协作机器人。

(a) 西班牙AtlasRobots公司码垛机器人

(b) 丹麦UniversalRobots公司UR16e工业协作机器人

图5-7　传统机器人与协作机器人

ROMERO等提出面向工业4.0的"操作员4.0（Operator 4.0）"类型，将操作员细分为8类，即超强操作员（super-strength operator）、增强操作员（augmented operator）、虚拟操作员（virtual operator）、健康操作员（healthy operator）、智慧操作员（smarter operator）、协作操作员（collaborative operator）、社交操作员

(social operator)、分析操作员（analytical operator）[240]。操作员 4.0 的目的是用创新的技术手段扩大操作员的能力并重新定义工人的角色以包容不同工人的特点和偏好，进而促进工作场所的包容性，而不是用机器人来取代工人[14]。操作员 4.0 定义的 8 种不同类型的操作员都是与"机器人"合作，只是分工不同。需要注意的是，工业 5.0 植根于工业 4.0 的理念，因此，工业 5.0 将向下兼容工业 4.0 的大部分使能技术，两者不是决然对立的，而是有交集式的存在。

起初机器人主要用在汽车行业，随着技术的成熟，机器人开始在各行各业得到广泛应用。在 2006 年，汽车行业以外的机器人使用量首次超过了汽车行业。刚开始机器人主要用来减少或消除"3D（dull、dangerous、dirty）工作"，即枯燥、危险和肮脏的工作，发展到今天，机器人不仅被用于大型复杂产品的制造和基础物流设施，而且随着更小、更智能、更容易使用、与人类友好的协作机器人的出现，将在广大企业中得到更广泛的应用[240]。

工业 5.0 将是人类与协作机器人协同工作，将彻底改变"机器人"这个词的定义，机器人不仅仅是一个可以执行重复性工作的可编程机器，还将在某些情况下转变为人类的理想伴侣。协作机器人除了可以完成重复性的任务外，还具备学习理解能力，就像学徒一样，机器人将观察和学习人类如何执行任务，一旦他们学会了，机器人就会像人类操作员那样执行所需的任务，值得注意的是，人与机器人不再是激烈的竞争关系，而是相互协作，人类操作机器不再是冷冰冰地操作，而是更具人情味式的交流协作。

人类与机器人一起工作，不仅没有恐惧，而且心态平和，因为知道他们的机器人同事充分理解他们，并且可以与之开展有效的合作[234]。在协作过程中，协作机器人观察人类的表情、行为、动作并结合周围环境的动态变化，利用深度学习驱动的 AI 技术分析推断出操作者下一步将做什么，提前预测并做出合理的响应，做到人机心有灵犀，因此工业 5.0 将给人机交互领域带来前所未有的挑战和机遇。因为它将使机器非常接近人类的日常生活，工业 5.0 将在人机交互和计算认知、分析人类意图方面创造更多的就业机会。工业 5.0 下的人本智造，操作员不仅不用担心失业，而且将在协作机器人的辅助下从事更多富有创造性和艺术性的工作。通过人机智能化协作，工业 5.0 除了可以提高生产力和运营效率外，还将使环境友好、工伤事故较少，并缩短生产周期。这些协作机器人由先进的智能材料组成，在开发和发明新品种的协作机器人方面，将创造大量的就业机会。

因此，与一般人的直觉相反，工业 5.0 创造的就业机会将远多于它所剥夺的。然而，由于还是发展初期阶段，工业 5.0 目前对如何进行人机协作还没有达成统一的共识，相关法律、法规及伦理道德约束等还远没有完善。相关产业政策应该为人机协作的蓬勃发展提供良好的创新条件，并为其指明方向，以便使我们的社会受益，没有人被落下，并且工业界也需要重新思考其（人机协作）在社会中的地位和作用。

5.3.2 生产模式演化与人类需求多样化

美国著名心理学家亚伯拉罕·马斯洛于 1943 年在《心理学评论》发表的论文 "A Theory of Human Motivation" 中提出了著名的"需求层次理论"（Maslow's hierarchy of needs）得到了社会各界的广泛关注，文中将人的需求分为五个层次，并指出人的最高需求层次为"自我实现的需求"。工业 4.0 背景下的消费者已不再局限于产品本身及其相关服务的受用者，而是逐渐参与到产品的制造甚至设计等环节，从而满足于"自我实现的需求"，获得较高层次的精神满足，不仅是个人，人类社会的制造需求伴随着工业革命的演进历经数次变化。总体而言，生产从基本上满足人类的需求，演进到更加关注社会的多层次、多样化需求。

工业 1.0 和工业 2.0 实现了机械化和电气化的大规模生产，而大规模生产以低廉价格的产品尽可能满足大众需求。随着工业化和城镇化深入，人们生活水平也得到相应提高，先富裕起来的部分民众对产品有更高层次的需求，而随以计算机和信息技术为驱动的工业 3.0 而出现的大规模定制生产，特别是随工业 4.0 而兴起的新一代智能制造为大规模个性化生产提供了使能技术，形成了"产消者"——生产者与消费者的混合体。不管采用何种生产方式生产出来的产品或"产品＋服务"，其终极价值还是"服务于人"。

不同的生产模式衍生出了不同的商业模式，从工业 1.0/2.0 时代的推式生产到目前正在兴起的拉式生产，商业模式的转变体现着以人为本的制造理念正在落地应用，市场更关注多样化的个性化需求。然而，即使是个性化产品（尤其是复杂产品），也由大规模生产、大规模定制生产、个性化生产的模块构成。实际上由大规模生产、大规模定制、个性化生产所组成的长尾制造，能更好地满足人类社会对多层次、多样化产品的需求，如图 5-8 所示。

工业 4.0 主要从技术角度出发，将效率和生产力提升作为主要目标。后来，欧盟提出工业 5.0 以弥补工业 4.0 不足，加强了工业对社会的作用和贡献，将工人的福祉置于生产过程的中心，并使用新技术提供超越就业和经济增长的繁荣，将关注的焦点从单纯的股东价值切换到了利益相关方价值，同时考虑地球的生产极限并强调创新是实现以人为本的工业转型的重要驱动力。工业 5.0 的引入是基于这样的观察或假设：工业 4.0 不太注重社会公平和可持续性，而是更注重数字

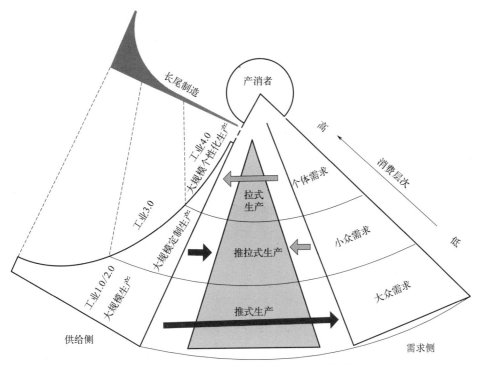

图 5-8 生产模式与人类需求递进关联分析

化和 AI 驱动的技术，以提高产品的效率和灵活性。为此，工业 5.0 将劳动力回归工厂、分布式生产、智能供应链和高度定制作为其主要特征，形成以人为中心、弹性和可持续性三个核心价值观（要素）。

综上所述，人本智能制造与工业 5.0 理念不谋而合。人本智能制造将成为工业 5.0 理念下的理想生产模式，也是工业 4.0 智能制造向工业 5.0 以人为中心的理念拓展的结果。工业 4.0 是由 CPS 驱动的，具体关键使能技术包括物联网、云计算、大数据、人工智能、横向和纵向以及端到端的集成等，强调生产系统的自主智能问题。虽然自主智能制造系统把操作工从生产线中解放出来，体现出了人本制造的一个侧面，但没能很好地满足生产者与消费者的融合以及企业创新的外部利益相关者介入生产之需求。随着可持续制造发展，特别是包容性制造的需求，我们不仅要考虑碳排放等环境问题，还要考虑人类的福祉问题，不仅需要将生产者与消费者集成到产品的全生命周期管理、全制造价值链中，而且要使包括其他利益相关者在内所有人都可以参与其中，才能实现真正意义上的人本智能制造。

与股东中心理论仅关注股东利益不同，利益相关者理论注重包括股东在内所有利益相关者的利益诉求，体现了人本主义管理思想。Freeman 等人从所有权、经济依赖性和社会利益角度将企业利益相关者分为三类：①所有权的利益相关者——持有公司股票者，如董事会成员、经理人员等；②经济依赖性利益相关者——对企业有经济依赖性的利益相关者，如经理人员、债权人、雇员、消费者、供应商、竞争者、地方社区等；③社会利益相关者——与企业在社会利益上有关系的利益相关者，如政府机关、媒体和特殊群体等。从产品生命周期视角来看，制造企业利益相关者包括由原料采集、原料制备、产品设计、制造和加工、包装、运输、分销，产品使用、回收和维修，最终再循环或作为废物处理等环节组成的整个价值网络中的各利益相关者，因此除了生产者（即企业雇员，包括经营管理者、设计师、工程师、工人等）和消费者两个利益相关者主体外，还包括股东、债权人、材料供应商、销售商、运输商、安装员、广告商、媒体网站、维修人员、再制造商、回收商、保险商、竞争者等，以及自然环境、人类等受到企业经营活动直接或间接影响的客体，涉及政府部门、环保部门、本地社区、本地居民等。

以互联网/物联网/大数据/云计算/人工智能等为代表的新一代信息通信/人工智能技术与先进制造技术深度融合，形成多主体、跨领域、网络化的人机物协同制造，不仅使全体利益相关者参与产品生命周期各个环节成为可能，而且使全球范围收集的产品生命周期的大数据分析成为可能，进而可分析企业经营活动直接或间接对环境和社会的影响，支持利益相关者对产品进行全生命周期管理。

5.3.3 人机协作应用案例

人机协作在许多行业已经得到了广泛应用，如医疗、制造、培训教育、灾难预防及管理等方面，并且还在以较快的速度普及开来，图5-9所示为人机协同工作在制造领域的两个典型应用场景，在人机协作环境中，协作机器人与人之间没有明显的围栏，而是通过其自身的多传感器、机器视觉等先进技术实现与人的智能安全协作，从而完成零部件的智能组装、检测等复杂工作。在这种人机协作的环境中，将较大地促进工人解决问题的能力，而协作机器人则在执行任务时提供力量、耐力和精度，实现人机智能协同。

协作机器人当前阶段的主要目标依然是安全、快速、高可靠性和高精度地执行重复性任务，随着以深度学习驱动的AI技术的发展和工业5.0的加快落地应用，协作机器人将具备强大的观察、学习人类的能力，通过分析获得人类的下一步意图并提前作出响应，从而获得更高的效率和降低成本，在更短的时间内提高产量和获得高品质产品。

(a) 人机协同装配应用场景(一)　　　　　　(b) 人机协同装配应用场景(二)

图 5-9　协作机器人应用场景

5.4　人本智能制造演化

　　物质、能量、信息是构成现实世界的三大基本要素。制造本质上是在信息交流传递的作用下，利用能量将物质转化为最终产品，供消费者使用以迎合新需求的艺术和科学。物质是被加工的主要对象，能量是将物质加工为产品的原动力，信息则起着沟通联系制造各方的作用。制造过程中信息化程度的提升推动着制造业智能化水平的不断攀升，信息与制造业生产经营管理结合得越紧密，则生产和管理过程越智能化，从制造到智造的过程就是制造业信息化程度不断提高的过程。

　　19 世纪中叶，生产主要以手工作坊式为主，该阶段的智能化水平高低主要由负责加工生产的作坊主决定，可称之为"个体智能"。自 20 世纪 50 年代左右出现第一台电子计算机开始，制造业便与信息有着盘根错节的关系，彼此交织辉映，计算机登上了制造业的舞台，自此，制造的智能化水平以较快的速度迅速提升，20 世纪 70 年代左右随着首个计算机网络的成功研制，有效避免了产品设计制造过程中的"信息化孤岛"，诞生了"数字化制造（计算机＋）"模式，其典型制造模式为计算机集成制造（computer integrated manufacturing，CIM）。20 世纪 80 年代初，随着 Web 技术的飞速发展，生产需求转为大批量定制，诞生了"网络制造（互联网＋）"模式，其典型制造模式为敏捷制造（agile manufac-turing）。这些制造模式的诞生及应用较大地推动了企业的数字化、网络化水平提升，该阶段已经有机器参与的智能，以符号推理为主的 AI 智能，尤其是专家系统的应用推动了制造业的智能化水平，可称之为以专家系统为主的"符号智能"，也即形成了传统智能制造（intelligent manufacturing，IM）。进入 21 世纪后，伴随着信息技术的飞速发展，催生了物联网、大数据、云服务等新技术，智能制造成为各个国家争相发展的主要技术，尤其是以深度学习为主的 AI 技术的快速发展，进一步推动制造业的智能化水平提升，可称之为"计算智能"，该阶段的典型制造模式为新一代智能制造，也即欧美国家称为 smart manufacturing (SM) 的智能制造。有关 IM 和 SM 的联系与区别详见参考文献。

根据马斯洛需求理论，人的最高需求为自我价值的实现，未来的智能制造水平将进一步提高，走向一种"大众化自我实现个性化"的生产模式，普通大众将参与到产品的创新设计过程中来，这一阶段可称为"认知智能"，也有学者称之为自我认知制造网络（self-X cognitive manufacturing network）。制造过程中的智能化水平进一步提高，群体智能/混合智能成为这一阶段的主要创新来源，该阶段的典型制造模式为"智慧制造（wisdom manufacturing）"——社会信息物理生产系统（SCPPS）或 HCPS 和人本智造。智慧制造是一种将"四网"（物联网、务联网、人际网、内容/知识网）与先进制造技术融合于一体的人机物协同社会信息物理生产系统，其与智能制造的区别与联系详见参考文献。

通过以上分析不难看出，制造业与信息业结合得越来越紧密，推动着制造业智能化水平不断提升，企业创新模式从封闭式到开放式再到嵌入式和全球式（图 5-5）。而从机械化大批量制造到智能（智慧）制造的演化路线图（图 5-10）来看，制造过程演化由"人＋裸机"走向人机物混合智能，从机械化大批量生产到网络化大批量定制再到网络化大批量个性化生产，未来将走向产消融合的自我实现的个性化生产——更高阶的自主智能制造模式。

人类生产发展进程，可以看作一个不断走向以人为本的生产递进过程，或者说是一个不断把人从繁重的体力和智力的生产劳动中解放出来，并不断满足人类对美好生活追求的过程。在工业 1.0 阶段，动力不再局限于自然力（如人力、畜力、风力、水力等），人只需较小力量就可操控人造蒸汽机为动力的机器，机械化使得大批量生产有了革命性的发展。虽然工业 1.0 把人从繁重的体力劳动中初步解放出来，但是人还得通过自身的感觉器官感知环境，并通过手脚直接操作机器（如机床），对操作人员有很高的专业性要求，还没有能够将人从脑力生产劳动中解放出来，操作人员不仅精神高度紧张，而且还会发生机器伤害人体事件，同时以燃煤为主的蒸汽动力驱动的机械化生产车间，工作环境恶劣。

进入电气化的工业 2.0 阶段，生产车间工作环境得到改善，并且出现了刚性大规模流水生产线，生产效率得到更大提高，企业为保证对技术的独享和获取垄断利润，大多采用封闭式创新模式，依靠自己的创意和内部市场，强力控制着产品创新，当时居于行业领导地位的企业，也获得了巨大经济效益。电气化生产设备的大量使用，使得在（生产）回路里（HiL）人数减少，特别是在工业 2.0 后期和工业 3.0 初期，操作人可以通过计算机命令交互，特别是图形（用户）界面的出现，不仅降低了操控机器的难度，也开始出现线上的监管人员——人在（生产）回路上（HoL）。随着信息技术、互联网的发展，知识和技术溢出速度加快，企业利用技术壁垒获利的能力减弱，此时企业采用开放式创新模式，吸纳外

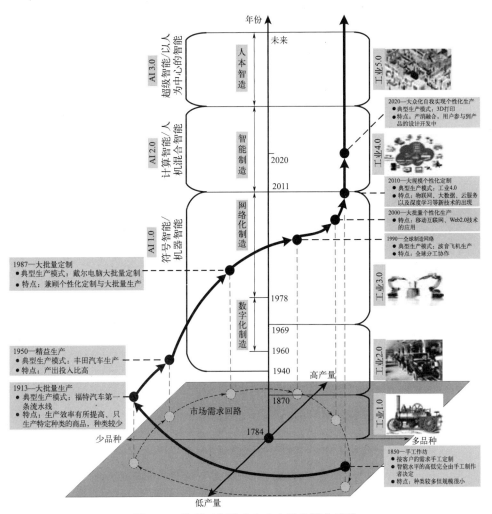

图 5-10　从手工制造走向人本智造演化路线

部技术人员或消费者的创意，以最小成本和最快速度实现创新成果转化，获得最
大利润，同时满足了消费者需求。随着工业 4.0 智能制造发展，操作工不断从产
线回路中解放出来，越来越多地进入虚拟空间和社会空间（社群空间），而需求
者则相反，特别是企业嵌入式创新发展促使利益相关者，从回路外（HofL），进
入 HoL 乃至 HiL（图 5-11），企业外部消费者、研究者等的外部群体知识嵌入企
业内部，加速个性化产品的创新；甚至企业未来将采用全球式创新模式，确保让
全球每位消费者都能参与产品创新，自我实现对产品的个性化需求。然而，人本
智造是一个大系统，需要从产品、生产、模式、基础设施等维度全盘考量，其理
念真正实现还有赖于以人为中心（human-centric）、可持续和弹性的工业 5.0
发展。

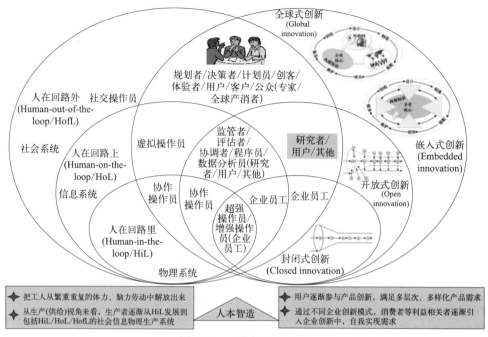

图 5-11　人本智造示意图

5.5　人本智造示例

纵观人类社会制造业发展历程，不同的社会分工导致不同的制造角色，人本智造绝不仅仅满足产消双方的需求，而是满足制造全价值链上所有参与人员的整体需求。制造业在满足人类生活需求的同时，也是环境污染重要来源之一。近些年来，由于人们对环境不断恶化的担忧和来自利益相关者的压力，可持续制造受到越来越多人的关注，旨在制造的同时最大程度地减少对环境的负面影响以及能源和自然资源的消耗，在发展可持续制造时还应具有高度的社会责任感和经济可行性，以满足大众日益增长的物质文化需求。智慧制造作为基于社会信息物理系统（social CPS，SCPS）的生产模式，它融合了社会系统来拓展工业 4.0 理念下基于 CPS 的智能制造。这种通过物联网、务联网、内容知识网和人际网将人（社会）、（计算）机（信息空间）和物（环境）融合于一体的智慧制造，自然而然地考虑了社会和环境问题。

人本智造发展，需要把生产侧操作者从"环内"逐渐往"环上"和"环外"转移，使人得以从重复繁重的体力、脑力劳动中解放出来（类似于劳动力从第一产业向第二、三产业转移），将那些繁重、枯燥、危险、重复且不符合人机工程学的工作交由机器人独自完成，而那些更具创造性、艺术性的工作则由人与协作机器人协同完成。在此过程中，因为协作机器人的引入，仍需要人在生产回路上与协作机器人协同工作，实现"劳动力回归工厂"理念。同时借助虚实融合，在"环上"和"环外"对物理生产系统实施智能管控。另一方面，人本智造需要满足消费者自我价值实现的更高层次需求，消费者不再仅满足于产品及其附带的售后等服务，而是往"环内"方向发展，参与产品设计、制造等全生命周期的各个环节。而企业创新模式发展在促进产消融合和驱动社会经济增长的同时，更好地满足人类对多层次、多样化产品的需求。相对于生产模式及企业创新的发展，机器则从工业 1.0 时代分立的被动"裸机"变为具有主动感知互联的工业 4.0 自主智能机器（图 5-12），此时不管是大规模生产，还是大规模定制抑或是个性化生产都变为智能制造，三者构成了智慧长尾制造。后续工业革命出现的生产模式（如个性化生产），并不是简单代替前一次工业革命产生的生产模式（如大规模定制），实际上由三者构成的长尾制造在当前和今后相当长时间里是并存的。长尾制造侧重于大规模个性化定制和大规模定制构成的"尾部"产品，这与越来越关注个体的需求与以人为中心的人本智造不谋而合。

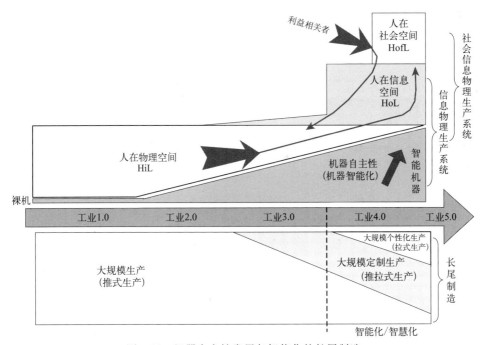

图 5-12　机器自主性发展与智能化的长尾制造

　　伴随着工业 4.0/5.0 以及以人为中心的（human-centered）社会 5.0 而来的新兴技术和新型生产模式，对社会生产、分配、交换、消费产生了前所未有的变革性影响，因此如何在实现制造业可持续的同时，满足社会包容性发展理念就成为新时代亟须解决的问题，为此姚锡凡等将长尾制造与可持续制造（再制造）理念与 SCPS、大数据和区块链等新兴 ICT/AI 技术深度融合，构建了如图 5-13 所示的以人为本的包容性制造体系架构——社会经济技术生产系统，并可通过信息流（数据流）、能量流、物料流进行系统全局优化。

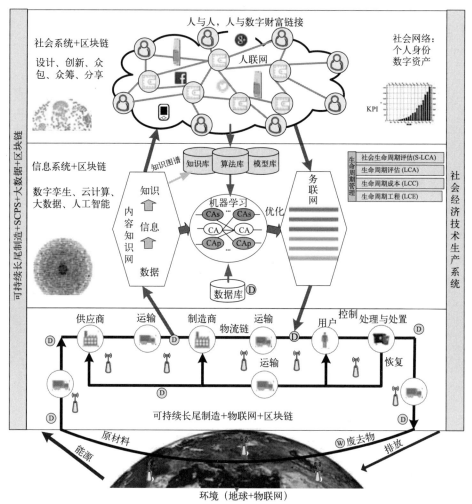

图 5-13　人本制造体系架构

第6章

自主智能制造系统

自主智能制造意味着生产线上鲜有操作员工乃至无操作员工，即所谓"无人工厂"或"黑灯工厂"。在未来智能制造中，人将起到何种作用是人们普遍关注且必须面对的基本问题。传统上，人们主要从物理空间人机交互的视角来探讨人在系统中的角色和作用，忽视了从系统科学视角系统深入地探讨智能制造系统的自主性问题，特别是在以智慧制造为代表的社会信息物理生产系统（social-cyber-physical-production system，SCPPS）出现的同时，所诞生的面向工业 4.0 未来社会可持续发展的新型操作者，更凸显了这种系统性探索的必要性。我国发布的《新一代人工智能发展规划》则将自主智能系统作为主攻方向之一。

本章从社会信息物理系统（social CPS，SCPS）的角度出发，探讨新一代智能制造系统的自主性、人机物交互、参考体系架构及其运作机制和示例：一方面在社会-信息-物理融合空间探讨多维度人机交互及其融合问题；另一方面通过"自上而下"的知识驱动和"自下而上"的大数据驱动相结合的混合人工智能方法探讨自主智能制造运作机制。为此，以人们熟知的自动驾驶案例为先导，对比分析人机物协同的智能制造系统在自主性层次上的问题，说明机器/系统如何从手工操作转变为自主运行，然后探讨自主智能制造系统中的人机物交互以及人在其中所担当的角色和作用，接着阐述实现跨层、跨域的人机物协同自主智能制造参考体系架构和运作机制，最后给出混合人工智能方法驱动的人机物协同自主智能制造应用示例。

6.1 从人机交互到自主智能

汽车驾驶是人机交互的典型例子，通常需要操作者（驾驶员）对汽车进行控制，而自动驾驶的最终目标是实现无人驾驶。美国国家公路交通安全管理局（National Highway Traffic Safety Administration，NHTSA）将自动驾驶分为 5

个等级；德国联邦公路研究所也提出了类似的自动驾驶等级；美国汽车工程师学会（Society of Automotive Engineers，SAE）发布了类似于 NHTSA 的自动驾驶分级，并进一步细化为 6 个级别，如图 6-1 所示。现有的自动驾驶车辆大多处于 L2 或 L3 级别，这种级别下需要驾驶员对车辆进行操作或对周边环境进行观察，可见人依然是驾驶过程中不可或缺的角色。然而无人自主驾驶无疑是未来交通出行的必然方向，其实现只是时间问题，无人自主智能工厂发展也是如此。

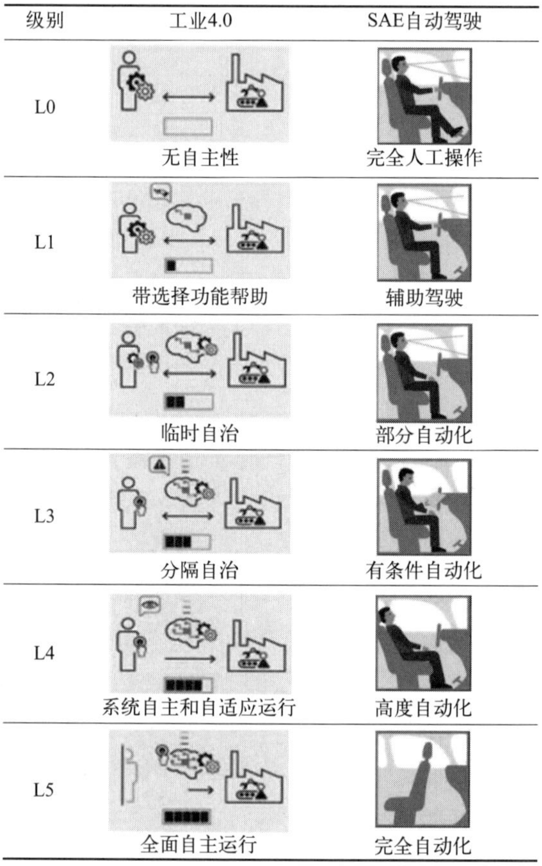

级别	工业4.0	SAE自动驾驶
L0	无自主性	完全人工操作
L1	带选择功能帮助	辅助驾驶
L2	临时自治	部分自动化
L3	分隔自治	有条件自动化
L4	系统自主和自适应运行	高度自动化
L5	全面自主运行	完全自动化

图 6-1　工业 4.0 自主性与 SAE 自动驾驶对比

自动驾驶是生活中常见的人机交互案例，也是新一代 ICT/AI 应用成果的重要体现，终将对生活方式乃至生产方式产生重大影响（即使不开车，也要坐车），其广泛应用于企业生产的物料自主运输，由自动驾驶案例可以窥见智能制造未来的发展趋势。实际上，与 SAE 自动驾驶 6 个级别类似，德国也将工业 4.0（智能制造）的自主性分为 6 个级别，描述了从手工生产到全面自主生产 6 种情形。工业 4.0 自主性与 SAE 自动驾驶对比如图 6-1 所示，从完全人工操作（L0）到完全自主（L5）的自动驾驶发展过程的实质，是人对车辆干预不断减少而车辆自主性不断上升的过程，最终车辆接管人实现自主行驶。人机界面（human machine interface，HMI）是其中重要的交互载体，并随新技术应用和自动驾驶需求发生重大改变，从最初仅为驾驶员提供车辆状态信息变得更加多样化，尤其是在高级别自动驾驶时需要为车内乘客和周围道路使用者提供信息交互支持。

直接沿用自动驾驶等级划分自主智能制造，虽然利用现有的人机交互研究成果，但是无法满足虚实融合为主要特性的新一代智能系统人机交互需求。纵观人机交互发展历程，其外延不断拓展，从最初"人-机/（human-machine/robot/computer）"的单机交互发展到"人-系统（human-system，HS）"乃至"人-CPS（human-CPS，H-CPS）"的交互，其内涵从物理空间的人机交互发展到虚拟空间和虚实融合的多形态交互。如果将智能制造分为低级（L0～L2）和高级（L3～L5）两个阶段，则高级阶段智能制造即为自主智能制造（简称自主制造），其重要特征在于实现了环境监控并逐渐将人从物理交互中解放出来，类似于自动驾驶高级阶段（L3～L5）实现了行车环境的系统监控并将人从物理操作中解放（或基本解放）出来。很明显，对于基于 CPS/SCPS 的新一代智能制造系统自主性问题的研究，不能局限于物理系统层次，还需要在信息物理空间乃至社会信息物理空间进行系统性研究。

6.2　自主智能制造系统的人机物交互

以物联网、云计算、CPS、大数据和深度学习为代表的新一代 ICT/AI 对制造业产生了革命性影响，形成了新一代智能制造模式——信息物理生产系统（cyber-physical-production system，CPPS）乃至 SCPPS，或称为人-信息-物理系统（HCPS）。新一轮科技与产业革命对人机交互的影响超过以往任何时期。如图 5-5 下半部分所示，工业 1.0 时期，工人手工操作机器，出现操作员 1.0（O1.0）；在工业 2.0 后期和工业 3.0 初期，操作员 2.0（O2.0）使用计算机辅助技术和数控机床进行工作；到了工业 3.0 后期，电子和 IT 技术使生产流程进一步自动化，操作员 3.0（O3.0）与机器/机器人/计算机协同工作；如今发展到工业 4.0，操作员 4.0（O4.0）在 H-CPS 的帮助下工作。

伴随工业 4.0 而诞生的多种形态操作员 4.0（图 6-2），反映了人类的体力和脑力工作不断被机器替代，也意味着生产线上直接从事作业加工的操作工（蓝领）减少，操作工从"环内"转移到"环上"乃至"环外"，变为监管者/评估者/协调者/程序员/虚拟操作员/数据分析员/规划者/决策者/计划员/创客/体验者（白领），即使此时仍然存在一线作业工人，但是也在可穿戴设备、平板电脑和协作机器人等"机"的协助下成为超强操作员/增强操作员/智慧操作员/协作操作员。在这种情况下，不但操作员的劳动强度得以大幅降低，而且整个产品的生产过程得到了更好的监督、分析与决策策略上的优化。例如，健康操作员可携带健康监管器等可穿戴器具收集个人健康数据并与他人健康信息交互，对得到的数据进行分析，用于优化策略或预测潜在的问题，进而提高生产率；社交操作员可以通过实时移动通信设备连接其他智能操作员、监管智能工厂的资源、使用企业积累的知识来进行管理与创新。实际上，这种作业人员在"环"的位置上的转移，与人类历史上劳动力从第一产业转移到第二产业和第三产业颇为相似。

| Super-Strength Operator 超强操作员 | Augmented Operator 增强操作员 | Virtual Operator 虚拟操作员 | Healthy Operator 健康操作员 | Smarter Operator 智慧操作员 | Collaborative Operator 协作操作员 | Social Operator 社交操作员 | Analytical Operator 数据分析员 |

图 6-2　操作员 4.0 类型

智慧制造将制造系统视为由社会系统、信息系统和物理系统 3 个相互联系、相互作用的子系统构成的一个人机物协同 SCPPS，其将未来互联网四大支柱技术（物联网、内容知识网、务联网和人际网）与制造技术深度融合于一体，以数据为纽带联通社会系统、信息系统和物理系统，形成一种人机物协同的智能制造新模式。这种人机物协同的智慧制造是人〔社会系统（social system，SS）〕、（计算）机〔广义的信息系统（cyber system，CS）〕、物〔机器和其他资源构成的物理系统（Physical System，PS）〕三者的有机融合，当机器设备（物）在物联网边缘计算和人工智能作用下形成具备自主性的智能体时，人机物交互是成为系统协同的关键，其各元素之间的交互如图 6-3 所示，此时人既可作为社会人，又可作为物理人在生产车间进行作业（随着智能制造发展，作为操作工的人越来越少，甚至出现无人车间，人更多地从事设计等创新性工作），此外还可作为虚拟人存在于系统中。

智慧制造/SCPPS 中的人机物交互包括 SS、PS、CS 三个子系统（空间）内部元素之间的交互以及子系统之间元素的交互，其中：SS 包括基于人联网（人际网）的人-人交互与协同集成；PS 包括基于物联网的机（器）-机（器）、物（料）-物（品）/机、人-机/物的交互与协同；CS 包括基于务联网的服务-服务的交互与协同，以及基于内容知识网的数据/信息/知识在系统中的传递和耦合，尤其是子系统（空间）之间的人-机/（H-CS）、人-物/（H-PS）、机-物/（C-PS）、人机物/（H-CPS）的交互与协同。需要指出的是，所谓"人机物"，既可以指物理空间里的人-机（器）-物（料），又可以指整个智慧制造系统的人（社会系统）-信息系统（计算机及其网络系统）-物理系统，即 HCPS 或 SCPPS，因此需要根据具体语境（场景）确定其含义。例如，"机"在物理空间指机器（如机床、机器人），在整个系统空间又指信息系统；"物"在物理空间指物料或机器，在整个系统中又指物理系统；"人"实际上可以同时位于智能制造空间的装备执行层（物理层）、制造执行层和决策层，即位于智慧制造（SCPPS）中对应的物理空间、信息空间和社会空间。

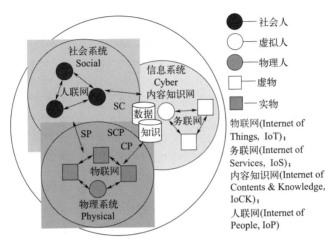

图 6-3　人机物协同智能制造系统的基本构成及其元素交互

6.3　自主智能制造系统中人的角色

如图 6-4 所示，工业 4.0 下的智能制造系统实际上存在 3 条回路，即机器设备构成的物理系统回路、监控物理系统的虚拟回路和监管 CPPS 的组织回路，分别对应智慧制造洋葱模型的物理系统、信息系统和社会系统。这里所说的"人在回路里（human in the loop，HiL）"指物理系统里是否有人作业，若无人即为所谓的"无人工厂"。

HiL 当初指一个控制系统是否包括执行动作的人，若有则称人在控制回路里；人在回路上［human（man）on the loop，HoL］指人间接监管系统而不是直接操控系统；与 HoL 类似的另一个概念是人在网格（human in the mesh，HiM）。由于新型操作者 4.0 的诞生，无人工厂虽然不存在 HiL，但是存在 HoL/HiM（即在信息系统里）和人在回路外（human out of the loop，HofL）（即在社会系统里）的情形。

实际上，人们已经意识到自主系统仍然不能缺少人的参与，需要以人为中心来设计 CPP/CPPS/智能制造。纵观 CPS/CPPS 与人的融合研究，绝大多数局限于 HiL-CPS 问题，少数涉及 HoL-CPS 问题，几乎没有涉及 HofL-CPS 问题，更

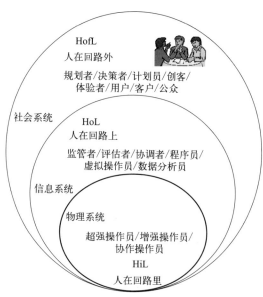

图 6-4　人在智慧制造洋葱模型中的示例

加缺少三者（HiL/HoL/HofL）与 CPS 的集成研究，然而伴随着新一轮工业革命，诞生了操作员 4.0 和长尾生产需求，这种集成又必不可少。本研究将 HiL、HoL、HofL 分别融入 SCPPS（智慧制造）洋葱模型的物理、信息和社会子系统中，形成一个有机的整体，更有利于理解和把握三者之间的关系并认识人在自主智能制造系统中的作用和角色。

6.4　自主智能制造参考体系架构

借鉴德国工业 4.0 参考体系架构模型（reference architecture model industrie 4.0，RAMI 4.0），本节在（主动）智慧制造集成框架基础上，提出如图 6-5 所示的自主智能制造参考体系架构模型（reference architecture model for autonomous smart manufacturing，RAM4ASM），其中：系统层次从空间跨度维度刻画，包括工件/产品、设备、单元、生产线、企业、互联世界；时间跨度从生命周期维度刻画，包括设计、生产、使用/维护和回收等阶段；功能层次（类别）维度代表系统的核心功能，包括资产（物理资源）、感控、数据、功能、业务、社群/用户 6 个层次。业务功能代表产品全生命周期的所有业务功能，包括产品设计、仿真分析、车间状态感知、数据处理、资源配置、机器学习、故障诊断与预测、设备控制、生产过程监控等。所提出的 RAM4ASM 功能层次与组织符号学的物理、感控、语法、语义、语用、社会 6 个层次相对应，一脉相承，并支持现代集成制造从工业 3.0 下的计算机集成走向工业 4.0 下人机物协同的全面集成。工业 4.0 集成包括横向、纵向、端到端 3 项集成，其中：横向集成在于实现企业间的集成，使互联的企业在产品生命周期的生态系统支持下创造价值链；纵向集成旨在实现企业内部不同层次之间的信息集成；端到端集成则在前两者（纵向和横向）集成的基础上，通过产品生命周期理念来弥合产品设计、制造与客户之间的鸿沟。纵横集成又称为跨层、跨域集成。由此可见，新一代智能制造中的人机物协同是多维度和多层次的。

在物理系统、信息系统和社会系统日趋融合的复杂大环境下，要实现如此复杂的多层次、多维度人机物协同自主智能制造的设计、管理与运行，无疑需要一个虚实融合的人机物协同 SCPS 体系架构，而如图 6-5 所示的"四网"融合的 RAM4ASM 正是这样的参考体系架构，其实现了从物理层到社会层的跨层（纵向）集成、从单个企业到互联世界多个企业的跨域（横向）集成，以及面向产品生命周期价值链的设计、制造和使用服务的端到端集成。

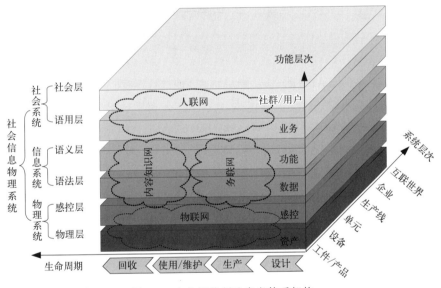

图 6-5　自主智能制造参考体系架构

如前所述，在虚实融合的智慧制造系统/SCPPS 中，人存在于物理空间、信息空间和社会空间。如果将物理空间的人/机器/工件等物体（称为 PA）和社会空间的人（称为 SA）分别映射为相应的虚拟智能体 CAp(cyber agent for physical things) 和 CAs(cyber agent for social beings)，则有 f1：PA CAp 和 f2：SA CAs，进一步结合虚拟空间的赛博原住民——赛博智能体 CA(cyber agent)，再通过务联网连接所需的 CAp、CAs、CA 节点，则建立自主（智慧）制造复杂网络模型，如图 6-6 所示。

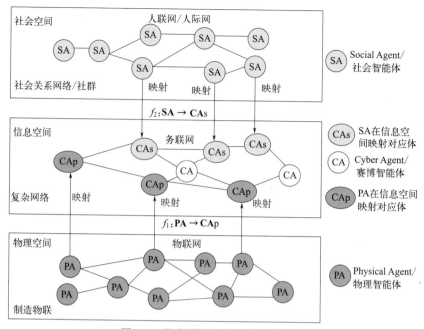

图 6-6　自主制造复杂网络建模示意

　　如图 6-7 所示的 RAM4ASM 功能层次体系架构，与图 6-3、图 6-5 一样包括物理、信息和社会 3 个子系统，操作员 4.0 同样存在于 3 个子系统中，分别对应 HiL（物理空间）、HoL（信息空间）和 HofL（社会空间）。底部的物理系统通过物联网实现物理制造资源集成、感知以及物-物和人-物互联，形成包括人在内的物理回路；中间的信息系统，通过内容知识网和务联网实现虚拟的人机物集成，包括数据/信息/知识的处理及其之间的相互转化，以及虚拟服务化资源管理调度和物理系统监控等；顶层的社会系统（社群）除了社交操作员等 O4.0 外，还包括企业经营决策者/用户/客户/公众等利益相关者。企业经营者根据市场动态、经营策略和企业文化等各种因素确定制造系统整体的经营目标和功能定位，增强企业文化建设以及与上下游企业和用户的联动等。

　　需要指出的是，现实生产场景不同于特定规则限定的自动驾驶场景，由于当今社会对产品的需求具有多层次和多样性特点，生产场景变得多样化和复杂化，简单的生产场景已经实现无人自主工厂，而复杂生产场景仍需要人的现场参与。特别是随着工业 4.0 的发展，现场作业人数虽然大幅度减少，但却又诞生了以前不存在的如 O4.0 的新兴操作人员。

　　图 6-7 所示的 RAM4ASM，既包容"自上而下"的基于符号学的智慧制造，又包容"自下而上"的大数据驱动的主动（智慧）制造，因此其既支持通过社会化（socialization）、外化（externalization）、融合（combination）和内化

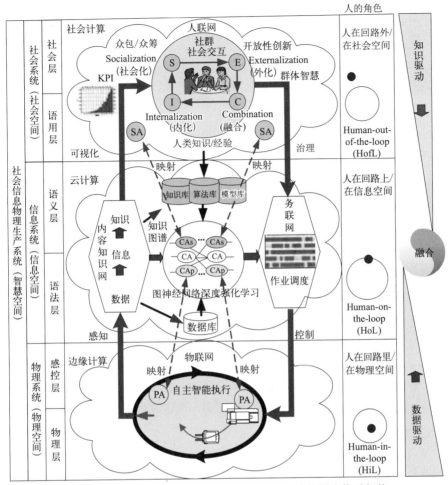

图 6-7　数据与知识混合驱动的 RAM4ASM 功能层次体系架构

（internalization）实现人的隐性知识在社区群体之间转化，又支持大数据到知识图谱的转化和大数据深度学习，为知识（模型）驱动和数据驱动融于一体提供框架支持，进而将知识驱动和数据驱动理念有机地融合在一起。一方面可利用"自下而上"的数据驱动方法，使以大数据深度学习为代表的新一代人工智能在实际生产中得以落地；另一方面，利用"自上而下"的知识驱动方法，使企业在制造领域前期积累的先验知识、经验和模型（如智能体、数字孪生模型和知识图谱）发挥作用，弥补单一数据驱动方法对数据需求量大和难以利用先验知识（模型）的缺点。

　　实际上，数据驱动和知识驱动是实现 AI 智能系统的两大主流方法，尽管历史上经历过此消彼长，但是两者本质上具有互补性。目前兴起的新一代人工智能热潮源于深度学习，而深度学习源于人工神经网络的研究，以大数据深度学习为代表的数据驱动方法已在机器视觉、自然语言处理等领域获得巨大进展和落地应用,特别是在非结构化大数据处理和关联计算方面表现突出,但缺乏逻辑推理和因果关系的表达能力,存在可解释性差等问题,而以符号表示和逻辑推理为代表的知识驱动方法则具有逻辑推理解释和对因果关系的表达能力,存在知识获得困难和知识边界易于突破等瓶颈问题,难以适应非结构数据为主的大数据时代需求。庆幸的是,随着大数据兴起的知识图谱为知识获取和人工智能可解释问题提供了一条新途径。因此,如何将符号化知识与数据驱动的人工智能方法有机融合是当前人工智能的重大问题,特别对需要特定领域知识支持的智能制造更是如此。

诚然,数据与知识融合驱动的形式多样复杂。李峰等[292] 针对电力系统应用需求,提出并行、串行、引导和反馈 4 种数据与知识联合驱动模式。蒲志强等[293] 将群体智能决策协同分为架构级和算法级,算法级协同又包括神经网络树、遗传模糊树、分层强化学习等层次化协同方法,以及知识增强的数据驱动、数据调优的知识驱动、知识与数据的互补结合等组件化协同方法。

本节针对图 6-7 所示的多智能体构成复杂网络需求,将加工作业流程用一个三元组图表示为 $G=(V,E,u)$,其中 $V=\{v_i\}_{i=1}^{N^v}$,v_i 为加工时间等机器属性,N^v 为节点数目;$E=\{e_k,r_k,s_k\}_{k=1}^{N^e}$ 为节点连边的集合,e_k 为工件运输时间/距离等移动机器人属性,N^e 为边或弧的数目,r_k 为接收节点,s_k 为发送节点;u 为最大完工时间等整体属性。用图神经网络深度强化学习求解 $G=(V,E,u)$,如图 6-8 所示。

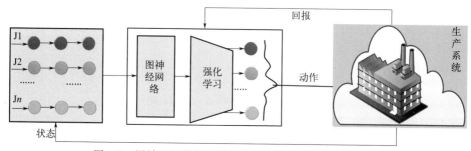

图 6-8 图神经网络深度强化学习求解生产作业调度问题

上述人工智能方法融合应用求解,实质上是将符号主义(知识驱动方法)、联结主义(数据驱动方法)和行为主义(强化学习方法)3 种人工智能学派(方法)有机融合在一起,进而实现融入实体知识描述的复杂网络深度强化学习,使得复杂网络(类似于知识图谱)先验知识能够成为深度学习的输入并作为深度学习优化目标的约束,形成一种知识引导、数据驱动和行为探索相结合的人工智能求解方法。

6.5　应用实例

下面以按订单生产模式为例进行说明：

① 生产企业通过社会化网络大数据分析向需求用户推送产品服务和知识，一旦接到用户需求订单，就邀请用户参与产品设计和生产计划的制订，在人联网和 CPS 支持下可实现所定制产品的模拟仿真乃至虚拟制造。

② 信息系统接收社会系统下达的生产计划，根据车间生产信息和设备状态信息生成调度方案，并分发到物理系统进行加工作业。

③ 物理系统执行信息系统发来的控制指令，完成具体的作业加工任务，同时将车间的工作状态反馈给信息系统。

④ 信息系统分析来自物理生产系统的状态数据/信息，监控加工作业是否按预定的作业调度方案进行，判断是否需要对调度方案进行动态调整。

⑤ 社会系统接收来自车间的状态信息或信息系统动态调度结果及其他相关信息，判断生产是否按计划进行，如果发生用户订单更改等突发事件，则需重新制订生产计划。

从上述订单实现流程可知，顶层社会系统主要通过人联网，利用人类的经验、知识和群体智慧解决经营决策、生产计划、创意与产品设计、问题解决方案等；底层物理系统主要通过物联网，利用传感数据完成具体的作业加工任务；中间的信息系统处于顶层社会系统的人类知识（模型）和底层物理系统的感知数据的交汇之处，其利用物联网感知数据实现对生产过程的监控，并从数据中挖掘出有意义的信息/知识/事件推送到社会系统，为企业的业务决策提供支持。

本质上来说，产品设计开发及其生产流程制订由人完成，是人类在社会实践与生产实践中的群体智慧结晶；底层物理生产系统仅执行人类意志（命令），只是因融合了当今新一代信息/智能技术而具备了自主智能执行能力；中间的信息系统起关键作用，即承上启下地融合人类的经验知识（包括符号推理智能）和大数据智能（计算智能）。

以边缘计算、智能体、云计算、大数据和深度学习为代表的新一代 ICT/AI，有力地促进了底层物理生产系统的自主性和信息系统的大数据智能分析能力。例如，大数据深度感知事件驱动的车间作业调度方法，能够根据加工过程的实时数据和历史数据预测刀具磨损程度，生成刀具剩余寿命预测事件驱动的主动调度方案，在避免发生刀具磨损事故并确保系统正常运作的同时提高了生产率。虽然这种大数据驱动的主动制造较好地利用了大数据的深层价值，但是仍然不能有效利用人类所积累的经验知识（包括机理模型和数字孪生模型等），因此需要将数据驱动与知识驱动加以融合。

下面以若干个企业（车间）组成的齿轮制造为具体案例进行说明。企业6为齿轮制造核心成员，拥有4台机床，能完成插齿、滚齿和磨齿等加工任务，但是需要将其他加工任务外包给其他企业，原材料供应商和其他加工企业生产能力如表6-1所示。齿轮制造案例的运作过程如图6-9所示，具体步骤如下：

① 第1步，需求方在社会交互网络服务平台（中心）上提交订单——渗碳喷丸大齿轮生产需求；

② 第2步，企业6投标获得订单后，进一步设计其详细的加工流程和加工要求，同时将自身不能完成的任务以外包的形式在平台上抛出齿轮加工订单；

③ 企业6和需求方确定外包企业为1、3、5、7，形成第4~8步的产品生产链，各企业依次根据外包制造和产品设计的要求进行生产，并实时将相关的加工数据反馈至平台中心，完成各自加工任务后将完工工件运输到下一个企业进行下一步加工；

④ 第9步，完成加工后，产品集中到企业6进行检查和装配；

⑤ 第10步，通过平台将产品发送给需求方。

在该过程中，企业之间的信息交互工作由社交操作员完成，社交操作员收集和整理平台数据后打包发送给企业的管理层进行决策，并将决策结果发布在平台，以实现信息的交互与共享。

表6-1　齿轮制造相关企业的加工能力

企业	主营业务	加工能力
1	锻造毛坯	
2	铸造毛坯	
3	车削加工	5台车床可完成粗车、精车、轻车等各种车削任务
4	车削加工	4台车床可完成粗车、精车等各种车削任务
5	钻孔、键槽加工	3台钻削机床和1台铣床,可完成钻孔、镗孔、插齿等加工任务
6	齿加工	核心企业,拥有4机床可完成插齿、滚齿和磨齿等加工任务
7	热处理	拥有4台热处理机器(可完成正火、淬火),1台渗碳机器和1台喷丸机器
8	热处理	拥有4台热处理机器(可进行正火、淬火)和1台调质机器

下面以企业3的车削加工为例进一步分析车间作业过程，即用所拥有的5台车床分别对锻件（称为工件0）的齿顶圆、内孔、左端面、右端面和倒角进行粗加工。加工作业流程可以看作虚拟空间多个智能体与车间动态环境之间交互的最优调控过程与现实世界实际加工调度过程的结合。复杂网络结构由节点集合和连边集合构成，节点对应实际中的个体，边为将节点连接在一起的某种关系。一个加工作业流程所需的节点，既包括物理节点（如生产线上的机器、工人、协作机器人、运输等），也包括虚拟空间的机器或人或软件/流程/知识/算法（统称为服

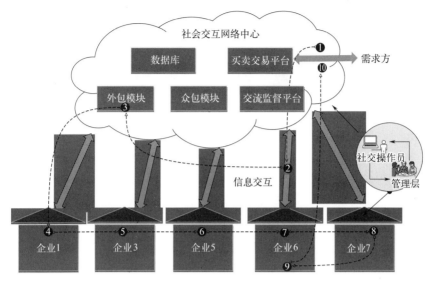

图 6-9　生产订单交互案例

务）和社会空间的人。经过如此抽象处理之后的加工作业流程，可用深度神经网络（deep neural network，DNN）和强化学习结合而成的深度强化学习方法来实现加工作业的自适应优化。

以如图 6-10 所示的机器（含人机协作机器人）与移动机器人（AGV）构成的企业 3 的柔性制造系统为例，将节点表示机器、连边表示物料运输（如 AGV 运输）的加工作业复杂网络模型嵌入深度神经网络，并与强化学习相结合，形成图神经网络的深度强化学习模型，分散位于物理空间的自动导引小车（automated guided vehicle，AGV）和机器，通过边缘计算进行自主决策，并将加工状态传至虚拟空间，而位于虚拟空间的"网络嵌入的 DNN＋强化学习"用于求解机器与 AGV 的协同作业问题，并将求解结果传输给机器和 AGV 进行实际加工。这种虚实结合的方法表示加工作业流程可以引入先验知识（如虚拟模型），而且深度强化学习网络可以先在虚拟空间进行仿真训练，即构建虚拟的车间调度环境并将智能体与虚拟环境进行交互，以实现作业调度优化学习，然后再迁移到实际生产场景。

企业 3 需要加工的工件如表 6-2 和表 6-3 所示，其中工件 0 为接受外包的齿轮粗加工工件，其他工件为常规生产工件。通过深度强化学习的方法求出其调度结果，如图 6-11 所示（因 AGV 运输时间短，为了便于学习求解，忽略工位之间的运输时间）。图 6-11 为根据排产顺序绘制的加工过程甘特图，横轴表示这批工件加工开始后的时间；纵轴分为 5 个机器编号，编号右边的每一个方块表示一道工序，从左到右即该编号对应机器的加工顺序，方块的长度反映工序的加工时

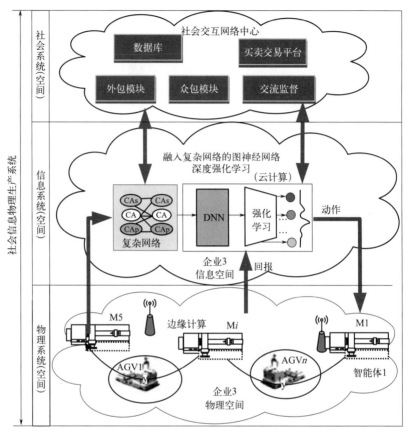

图 6-10　企业 3 作业车间自适应加工示意图

间，方块内的数字表示工件序号。显然，短小的方块位置比宽大的方块更多地靠近左边，即耗时较短的工序倾向于更早地加工，这是因为耗时短的工序加工起来更加灵活，在机器加工的间隙能够轻松地插入加工，使加工过程更加紧密，总加工时间更少，加工效率更高。最后，工厂通过虚实融合的 CPS 进行加工过程的实时状态监控和作业安排。

表 6-2　加工顺序表

工件	机器编号 M_i				
J_0	0	3	1	4	2
J_1	4	2	0	1	3
J_2	1	2	4	0	3
J_3	2	1	4	0	3
J_4	4	0	3	2	1
J_5	1	0	4	3	2

续表

工件	机器编号 M_i				
J_6	4	1	3	0	2
J_7	1	0	2	3	4
J_8	4	0	2	1	3
J_9	4	2	1	3	0

表 6-3　加工时间表

工件	M_0	M_1	M_2	M_3	M_4
J_0	20	31	17	87	76
J_1	24	18	32	81	25
J_2	58	72	23	99	28
J_3	45	76	86	90	97
J_4	42	46	17	48	27
J_5	98	67	62	27	48
J_6	80	12	50	19	28
J_7	94	63	98	50	80
J_8	75	41	50	55	14
J_9	61	37	18	79	72

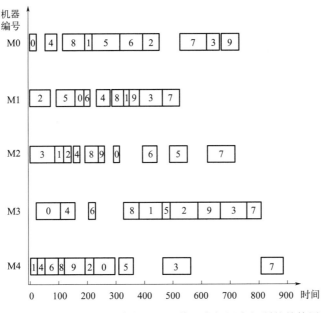

图 6-11　深度强化学习求解企业 3 作业车间调度问题的甘特图

　　本节从系统科学视角用混合驱动的人工智能方法对高级智能制造——自主智能制造中的人机物交互、人因、参考体系架构和运作机制展开研究，形成物理空间、信息空间和社会空间三位一体的人机物协同 SCPPS。研究表明，即使是全面自主智能制造，也仍需要人的参与，而且这种参与突破了传统人机交互在物理空间上的限制，渗透到虚拟空间和社会空间。从知识-数据混合驱动视角探讨人机物协同的自主智能制造，一方面可以通过"自上而下"的知识驱动方法，利用人类在制造领域积累的先验知识、经验以及模型的强解释性和易迁移性解决数据驱动的联结主义黑箱问题，另一方面可以利用"自下而上"的大数据驱动方法对于事物、数据之间相关性分析的深入与广泛性，解决知识驱动方法对领域专家的依赖以及知识获取困难等问题，加上通过感知-动作的行为探索实现环境自适应强化学习，将符号主义、联结主义和行为主义三种主流人工智能学派有机融合在一起。

　　从广义上来说，智能制造系统包括智能生产、智能产品和智能服务，即便拥有无人自主智能生产线（物理生产系统），生产出来的产品终究是为了满足人的需求、服务于人的，同时在产品设计、服务和使用过程中无疑不能缺少人的参与。本节旨在从宏观视角探讨自主（智能）制造的基本概念及其参考体系架构和运作机理，为理解和认识高级智能制造系统运作机制以及人在其中的作用和角色提供支持，未来需要结合具体生产场景进行进一步研究。诚然，在复杂制造场景中实现自主智能制造还有很长的路要走。

第**7**章

可持续包容性制造

全球人口及其对产品需求的日益增长导致了环境问题与日俱增，与此同时伴随着工业 4.0 而来的新兴技术和新型工业模式对社会生产、分配、交换、消费产生着前所未有的巨大影响，因此如何在实现可持续制造的同时，又满足社会包容性发展理念就成为新工业革命时代亟须解决的问题。为此首先从产品、生产过程和系统层面分析可持续制造面临的机遇和挑战，然后阐述包容性制造的诞生背景及其在新一轮科技与产业革命下的发展动态，接着论述从可持续制造走向包容性制造的技术路线，并在集成长尾制造与可持续制造（再制造）的基础上融合社会信息物理系统、大数据和区块链技术，构建了以人为本的包容性制造体系架构——社会经济技术生产系统，最后对比分析包容性制造和可持续制造的异同，并从螺旋动力学视角阐述从面向环境的可持续制造走向以人为本的包容性制造的必然性。

7.1 引言

世界在面临严峻环境挑战的同时，又承担着促进经济发展和满足日益增长的人口的物质文化需求的责任，因此迫切需要将可持续发展战略纳入制造生产之中，可持续制造应运而生。与此同时，近些年来以智能制造为主要特征的第四次工业革命正以前所未有的深度、广度和速度影响世界经济，有可能进一步加深不同国家、地区或阶层已有的发展鸿沟，同时也引起人们对"机器换人"导致的失业问题和即将到来的人工智能"奇点"的担忧，另外逆全球化和单边主义思潮近来有所抬头，因此如何建立一个公平公正、互利共赢的世界经济新秩序，实现包容性增长成为急迫的问题。在新一轮科技与产业革命大背景以及包容性增长得到国际普遍认同的情况下，人们重新审视以往制造价值观而提出了新一代可持续制造——包容性制造。包容性制造的提出和实施，不仅使包容性发展概念成为新工业革命的重要内涵，而且推动可持续制造从理念性倡导走向行动性落实，将经济发展的成果惠及普通民众，特别是弱势群体，进而提升了可持续制造的境界与意义。

可持续制造是可持续发展理念在制造领域实施的结果。对可持续制造研究可追溯到 1992 年提出的可持续生产概念，国内从 20 世纪 90 年代末也开始可持续制造研究。目前还没有一致认可的可持续制造定义，其中美国商务部认为"可持续制造是使环境负面影响最小化的生产过程，节约能源和自然资源，对员工、社区和消费者是安全的以及经济上可行的"。另外，可持续产品的制造也包含在可持续制造概念之中。

对可持续制造进行研究，需要建立产品、生产过程和系统等不同层面上的可持续性评价模型或评价指标以及相关优化技术。其中，针对产品的可持续性问题，先后建立了各种可持续性评价指标或影响因素，比如生命周期评估（life cycle assessment，LCA）、生态足迹（ecological footprint，EF）和环境质量指数（environment quality index，EQI）等。以使用最为广泛的 LCA 为例，尽管它考虑产品生命周期的所有阶段，包括从原材料的开采到产品报废过程对环境的影响，但主要强调可持续性的环境方面。虽然近些年来人们致力于考虑制造对环境、社会和经济的影响，如 Jaafar 等通过计算环境、经济、社会领域各指标权重及影响程度进行加权求和得到产品可持续性指数，包括制造前、制造、使用、使用后产品生命周期各个阶段，但所涉及的社会因素局限于企业内的员工健康、工作安全等。虽然后来提出的社会生命周期评估法（social life cycle assessment，S-LCA）将企业外围社会因素也同时考虑进来，弥补了先前的 LCA 的不足，但现有研究对社会指标考虑仍有所不足。

在生产层面，人们对生产过程的可持续性也做过类似于产品的研究。比如，Hegab 等用能源消耗、加工成本、废物管理、环境影响以及个人健康和安全来评价加工过程的可持续性，而 Granados 等则考虑如下 6 个方面：①提升环境友好；②减小成本；③减少能源消耗；④减少废弃物；⑤提升操作安全；⑥提升员工健康水平。

由于产品生命周期跨越整个供应链，因此必须在系统层面来解决可持续发展问题，也即解决供应链的可持续性问题，这也意味着需要在整个生命周期所涉及的资源规划与管理、采购、转换（制造）和物流活动中，采用闭环系统方法考虑对环境和社会的直接影响，而不仅仅是经济效益问题，然而系统层面研究工作是极其有限的。

综上，要在产品、生产过程，特别是系统层面上实现可持续制造理念还存在许多挑战问题。在产品层面，可持续制造需要超越传统绿色制造的 3R（Reduce—减少、Reuse—再利用、Recycle—再循环）概念，转移到还包括（Recover—恢复、

Redesign—再设计、Remanufacturing—再制造）的 6R 概念上来。在生产层面，需要进行技术改进和工艺规划优化，以减少能源和资源消耗、有毒废物、职业危害等，以及通过表面改性技术来提高产品寿命。从图 7-1 所示的相关制造模式比较中可以看出，可持续制造致力实现 6R，传统制造、精益生产和绿色生产只是解决其中部分的 "R" 问题。在系统层面，需要考虑整个供应链的各个环节，同时也需要将供应链整合到企业业务模型、资源和创新战略之中，但现有工作缺少这样系统层面的全局集成研究，也缺乏有效的工具来度量和管理上游或下游企业的影响。此外，随着市场朝着需求驱动的供应链转变，不仅要考虑消费者与产品设计和零售的关联，而且还考虑顾客选择的影响。

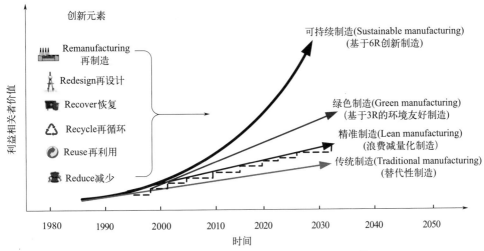

图 7-1　可持续制造与相关制造在实现 6R 上比较

随着可持续产品不断深入人们生活中，对工程技术实现提出新挑战，比如产品小型化和智能化制造技术具有减少废料、浪费和废品的潜力，需要采用效率更高、对环境影响更小的产品及工艺设计方法。虽然人们认识到工程技术对可持续发展起到支撑作用（见图 7-2），但是传统可持续制造研究大多数局限于可持续

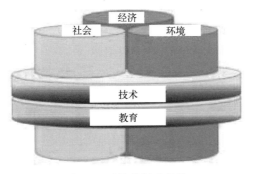

图 7-2　可持续制造架构

制造理论框架以及使用可持续指标来衡量或比较产品的可持续性，涉及系统层次的具体实施论证工作研究还很少。

当今，物联网、云计算、大数据、数字孪生、信息物理系统（cyber-physical system，CPS）等新一代信息技术（尤其是工业 4.0）发展为可持续制造实现提供了巨大的机遇；与此同时，伴随而生的包容性发展理念得到越来越多国家和民间组织的认可，在此背景下诞生了新一代可持续制造——包容性制造。

7.2　包容性制造的内涵

虽然包容性发展概念正式提出到现在已有十来年，而作为包容性发展理念落地的包容性制造只是近年来才提出来的。2017 年 4 月，第一届包容性制造论坛（Inclusive Manufacturing Forum，IMF）在印度举办，随后制造领域著名国际 SCI 期刊 *Journal of Intelligent Manufacturing*（JIM）和 *International Journal of Computer Integrated Manufacturing*（IJCIM）分别征集并各自出版了包容性制造专刊，正式诞生了包容性制造这一概念。

IMF 将包容性制造定义为社会各阶层的人都可参与到其中的一种新型制造范式，以促进可持续发展和人人享有尊严的福祉，并强调：①社会各阶层的人都可参与到制造中来，尤其是那些已经被边缘化的人和弱势群体；②使用包括高科技在内的环境友好和高效的各种适当技术，在减少劳力的同时创造新的工作/收入；③可访问技术生命周期/产品生命周期/解决方案生命周期的各个部分。简言之，包容性制造包括社会所有人、环境与技术三个方面，这也正好体现了包容性增长（发展）的理念。

包容性制造还处于起步阶段，用"Inclusive Manufacturing"作为主题词在"Web of Science"和"Engineering Village"数据库查找，只查找到 2 篇论文，国内还未见这方面的研究报道。其中一篇是 IJCIM 包容性制造专刊的评论，它介绍从面向人的创新、面向环境的创新和面向技术三个维度征稿情况，并将所收录的 7 篇论文也分列于这三个维度之中。另一篇论文则探讨如何确定包容性制造产品质量的影响因素：首先从历史文献中查找出与包容性制造的自动化技术、劳动力和环境三个维度有关的变量，然后根据领域专家的意见进行裁减，再通过贝叶斯网络对变量间的因果关系进行建模，最终找到那些影响包容性制造产品质量的变量（因素）。包容性工厂是与包容性制造相类似的概念，Villani 等探讨在此类包容性工厂中，用于工业机器和机器人的"以人为中心"的自适应人机界面设计方法。

由此可见，作为可持续制造的新发展，包容性制造是在新一轮科技与产业革命大背景下诞生的。但在此大背景下诞生的还有制造物联、智能工厂、云制造、社会制造、信息物理生产系统等新兴智能制造（smart manufacturing，SM）模式。这些新兴智能制造模式也是为了解决现有制造模式存在的社会、环境或效率等问题而提出来的。比如，制造物联通过实时收集、随时随地访问生产状况，可优化能源使用，减少碳排放，节约成本和时间；云制造通过智能算法可实现能源消耗最小化和服务质量最大化；信息物理生产系统有利于改进制造、工程、材料使用、供应链和生命周期管理等方面的能力。实际上，JIM 专刊除了可持续制造相关栏目外，还包括社区制造、增材制造、信息物理系统、智能制造（SM）等主题，这表明随新一代信息（人工智能）技术而兴起的先进制造已成为包容性制造的重要研究内容。

由此可见，包容性制造理念可以追溯到更早的相关研究。实际上，欧盟于 2013 年就以 "Transforming Manufacturing——A path to a Smart, Sustainable and Inclusive growth in Europe" 为题，结合智能、可持续和包容性增长探讨了欧洲制造业变革途径，尽管当时没有明确提出 "Inclusive manufacturing" 概念，但已将智能技术与可持续发展/包容性增长加以融合研究。虽然新兴智能制造（SM）此前还没有被归类到包容性制造之中，但已被统一于智慧制造框架体系之下，而智慧制造已于 2015 年被视作一种可持续制造模式加以探讨，后来被进一步完善为 9 组元的社会信息物理生产系统（social-cyber-physical production system，SCPPS），发表于 JIM 期刊出版的包容性制造专刊之中。

历史上，制造业领先地位依靠先进的新技术模式及其与新工艺流程和业务模型的相互结合。在英国诞生的第一次工业革命建立在蒸汽机及珍妮纺织机的基础之上，工业革命引领人类从农业社会步入工业机械化生产时代，同时使手工生产逐渐衰落；美国 19 世纪的领先地位依靠机械零件的可互换性和大批量生产能力取得，大规模生产在工业 2.0 电气化时代达到了顶峰；随着计算机和 PLC 发展，工业进入了 3.0 自动化大规模定制生产时代。在继机械化、电气化和自动化之后，制造业正经历一场以智能化（智慧化）为主导的新工业革命——工业 4.0，大规模个性化生产（包括 3D 打印）随之兴起，如图 7-3 所示。

新工业革命与前三次工业革命有根本性的不同，它实质上是一场社会技术革命，除了延伸以往工业革命的技术维度外，还新增一个社会维度，并以智慧长尾生产方式来满足社会对多层次、多样化的产品与服务的需求，如图 7-3(c) 所示。以往工业革命致力于解决 "头部" 的单品种大批量产品生产，为社会大众提供低成本的产品和服务；而新工业革命则关注由大规模定制和大规模个性化生产所组成 "尾部" 生产，为客户提供定制化/个性化的产品和服务，但并不是以消灭大规模生产为目的，大规模生产在未来相当长的时间仍然存在。虽然手工生产已衰落，但新兴的 3D 打印，在某种程度上来说，以 CPS 形式代替了手工生产，并使单件个性化产品低成本生产成为可能。

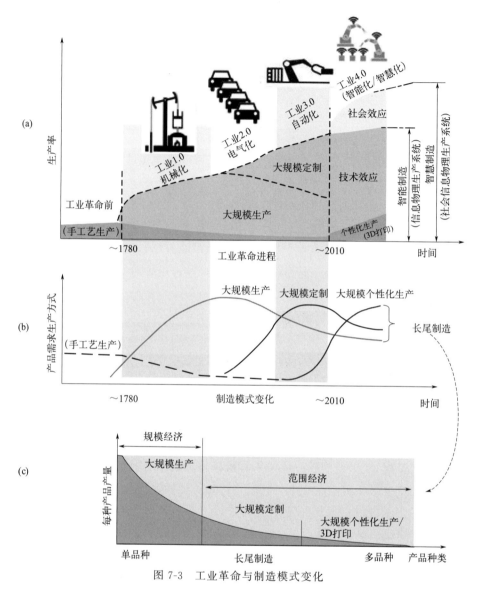

图 7-3 工业革命与制造模式变化

　　大规模个性化制造通过大幅降低能源、资源消耗和减少没有市场前景的产品生产给可持续发展带来了优势，通过整合客户及新产品和新服务的开发过程，企业可以节省资金，满足最终客户的需求，尤其是满足顾客对绿色产品的需求，特别是增材制造（3D打印）这种新型个性化制造具有减少材料和能源消耗的潜力，尤其适合低成本单件/小批量产品的生产，使个性化产品与服务惠及普通群众，定制化/个性化的产品再也不仅仅是富裕阶层或特定人群的专利，因此个性化制造促进了包容性增长理念的实现。

因此，结合了社会系统的智慧（智能）长尾制造将能以合理价格生产任意数量的产品来满足多层次的客户需求，人人都可根据自己爱好需求和消费能力来定制自己的产品和服务，并且可使人际网/人联网和移动互联网等参与到产品的设计/生产和服务中来。虽然大批量生产问题在以往工业革命中已得到解决，但在智能化时代仍有很大的提升空间。在工业 4.0 中，不管采用大规模生产还是大规模定制亦或大规模个性化生产，都通过新一代信息技术和人工智能来增加产品附加值，提高生产效率，减少资源消耗和环境污染，改善工作环境。然而，由大规模生产、大规模定制和个性化生产所组成的长尾制造，不仅兼顾了规模经济和范围经济的优点，还兼顾社会各阶层对多样化、差异化产品的需求以及环境保护，因而更能体现包容性发展的理念，因为包容性概念除了包容社会各阶层的人外，还包容各种技术和生产模式。

7.3　包容性制造技术路线

在制造中融入包容性发展理念，将 6R 理念融合于社会信息物理生产系统之中，同时结合互联网、大数据、人工智能和区块链等新一代信息/人工智能技术，实现包容性制造的参考技术路线如图 7-4 所示。

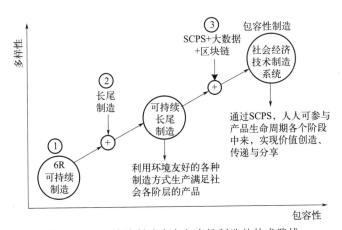

图 7-4　从可持续制造走向包容性制造的技术路线

（1）6R 可持续制造理念

如图 7-5 所示，6R 是企图通过产品多生命周期循环使用来实现对环境影响最小的一种理念，产品经过第一次生命周期（即通常所说的产品生命周期）之后，进入第二次生命周期，如此类推，形成了"从摇篮到摇篮"的闭环系统。而在传统"从摇篮到坟墓"的开环系统中，产品在其服役结束后被丢弃，此时物质资源、废弃物、能源用量和排放量等都主要由消费者需求决定。

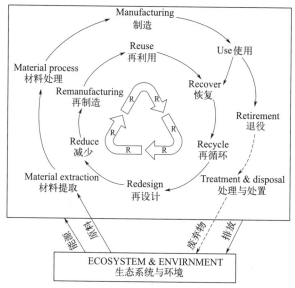

图 7-5   6R 可持续发展理念

图 7-6 所示的外环（产品第一次生命周期）即是通常所讲的制造（实际上是大制造或广义制造，除了生产制造环节外，还包括产品设计、使用乃至回收处理等环节），也即原始制造；而内环即是再制造。再制造可看作产品经历过服役之后再次进行设计、制造等相关活动的总称。显然，产品经过再制造后继续服役可以减少资源、能源消耗和降低环境影响，但需要把握产品进入再制造的时机，既不能过早也不能过迟，否则得不偿失，二次污染可能比原始制造污染更大。虽然可通过对产品服役规律分析来设定再制造时机，但与实际情况仍然存在一定差距，更为合理可靠的手段是采用大数据监测方法。

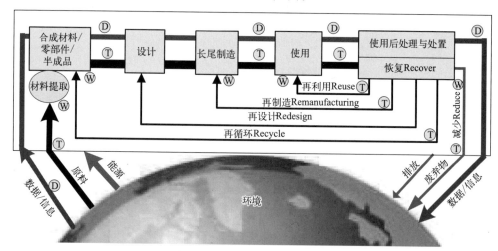

图 7-6   可持续长尾制造理念

T—运输（Transportation）；W—废物（Waste）处理；D—数据/信息传递

（2）6R＋长尾制造

如前所述，长尾制造包容多种生产模式，能更好地满足社会对多层次、多样化的产品与服务的需求，从而更好地体现了包容性发展的理念，而将 6R 可持续制造理念（再制造）与长尾制造（原始制造）相融合，则得到如图 7-6 所示的可持续长尾制造。这实质上是一个包含多条反馈回路的闭环生产系统，使得原始制造的产品服役后，经恢复（Recover）重新回到供应链，进行再循环（Recycle）、再设计（Redesign）、再制造（Remanufacturing）、再使用（Reuse），而从图 7-1 左下角的 Reduce 来看，不管是原始制造还是可持续制造（再制造），材料/能源/废物减量化是最基本要求，从而实现 6R 可持续制造理念与原始制造相结合。

（3）可持续长尾制造＋SCPS＋大数据＋区块链

包容性制造是以人为中心的，而人的组织化形式就是社会。将前述的可持续长尾制造进一步与社会信息物理系统（social-cyber-physical system，SCPS）、大数据和区块链相融合，得到如图 7-7 所示的包容性制造——社会经济技术生产系统架构，它包括三个子系统：社会系统（在人际网、区块链等技术支持下实际上变为社会经济系统）、信息系统和可持续长尾制造系统。

CPS 被认为是实现工业 4.0/智能制造的关键核心技术，而 SCPS 是将社会系统融合到 CPS 的结果，它与制造系统相结合形成所谓社会信息物理生产系统（SCPPS）。与 CPS 相似，SCPS 是集成了传感器、物联网、务联网、云计算、人工智能等多种技术于一体的综合性技术，此外还包括社会计算、人联网等技术。为方便起见，这里用 SCPS 代表这些技术的集合。

区块链被认为是继蒸汽机、电力、互联网之后的又一次重大创新，对未来经济和商业模式会产生颠覆性影响。它不仅改变了传统的经济交易、支付结算和资产转移方式，而且解决了交易信任和交易秩序的问题，为经济共享提供了技术支撑。

互联网的出现使得信息在全球范围传递的成本可以忽略不计，而区块链的出现则进一步实现了信用和价值的低成本传递，降低了相互交易的互信成本，使得人人可以在低成本（乃至零成本）可信的互联网上参与经济活动，通过网上相互交流、竞合、分享信息、知识、资源、风险，共同应对商业机遇。由于社会经济和商业活动介入，SCPPS 变为社会经济技术生产系统。区块链具有开放透明、去中心化、不可篡改、可追溯等特性，可确保社会经济技术生产系统安全可靠运行。通过构建包含供应商、制造商、用户等利益相关者在内的开放透明的信息与经济共享平台，并将物流、信息流、资金流都记录在区块链上，在底层与物联网相结合，实现生产过程、产品全生命周期乃至包括环境在内的全球范围大数据采集和产品追踪，并借助大数据分析，一方面实现生产过程的资源和能源最优化配置，无故障高效生产，从而最小化对环境和人类的危害性，另一方面按照生命周

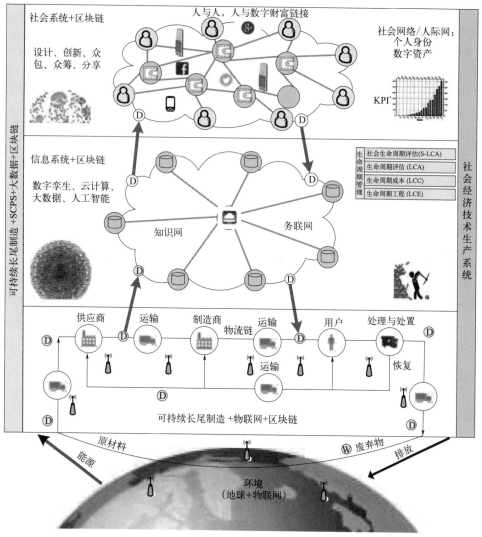

图 7-7　包容性制造的体系架构

期管理方法，通过 LCA、S-LCA、生命周期成本（life cycle cost，LCC）、生命周期工程（life cycle engineering，LCE）来分析产品生命周期大数据对环境和社会的影响，为 6R 可持续制造提供支持，并与云计算（务联网）的"一切皆服务"理念相结合，把包括设备、信息、知识、软件、区块链在内的各种资源作为服务提供给用户使用，同时将大数据分析结果返回给社会系统中的利益相关者，为决策问题提供事实依据。

综上，在物联网、大数据、云计算、区块链、SCPS 等新一代信息技术支持下，可持续制造理念不仅得以实现，并且形成一个包括雇员、合作伙伴、供应商和客户等利益相关者在内的社会经济技术生产系统，人人都可参与到产品的全生命周期中来，群体智慧在制造业中得以实现，从而实现价值的创造、传递和分享，进而实现包容性制造理念。

7.4　应用案例

产品制造的智能化变革绝不仅仅是优化现有的制造业，而且是将制造延伸至范围更广的生产人群当中——既有现存的制造商，又有正成为创业者的普通民众。随着社会化网络的发展，通过充分开发大众的智慧、力量和资源，以"用户创造内容"（user generated content）为代表的社会化生产模式更能够形成突破性创新，彰显出巨大的能量和商业价值。以思科（Cisco）为例，2007 年秋，思科借助 Brightidea 公司的创意网络平台，为其一个十亿美元的新业务寻找创意，通过征集创意—进行筛选—提炼创意三个阶段，最后从 104 个国家的 2500 多名参与者提交的约 1200 个创意中，成功筛选出最佳创意。再如美国越野赛车 Local Motors 公司通过社会化生产方式，将越野赛车的个性化设计与制造分包给不同的社区，在社区内的微型工厂里实现了快速小批量设计与生产。波音公司联合全球 40 多个国家和地区的企业，通过网络协同和制造服务外包的形式协同研发制造了波音 787，将研发周期缩短至原来的 30%，成本也减少了 50%。如此一来，创意新阶层得以进入生产领域，将自己的设计产品模型转变成产品，却无需自行建立工厂或公司，制造变成了另外一种可由网络浏览器获取的"云服务"，实现了低成本的高技术，保持了小型化与全球化并存的能力。借助物联网、云服务、大数据等技术，用户参与不再局限于创意征集阶段，会向设计研发、制造、实验、检测、营销等纵深发展，向产品全生命周期拓展。这些生产方式将为开发出成功的产品、降低生产成本、提高生产效率做出巨大的贡献。

以大数据（big data）、物联网（internet of things）/信息物理系统（cyber physics system）、云计算（cloud computing）等新一代信息技术为基础的先进制造技术将促进制造系统向"服务化、智慧化、个性化、社会化"的方向发展，智慧制造应运而生。智慧制造将制造系统分为社会系统、信息系统和物理系统三个子系统，其中社会系统强调群体智慧和人的主观能动性，尤其是人及其隐性知识的集成，是基于人际网（internet of people）所形成的社会化网络，注重客户参与的互动性、个性化和创新性；物理系统通过物联网实现物理实体的互联互通，利用 RFID、嵌入在资源或产品内的感知器等获得资源状态和环境的数据信息；信息系统通过大数据技术对业务对象的属性、位置和状态等信息进行整合，从海量数据中抽取出所需的信息、知识、智慧，为需求分析、设计、生产、营销、回收等制造全生命周期过程提供知识支持；物联网获取的数据与知识的价值是通过服务的形式来体现的，通过云计算和"一切皆为服务"的理念，为用户提供按需即取的服务方式，将服务资源延伸到物理世界，最终得以在物理系统中实现产品的生产。

新工业革命将促进社会制造/智慧制造理念的实现。社会制造将使得传统的企业转变为能够主动感知并且响应客户大规模个性化定制需求的智慧型企业，其核心就是主动、实时地将社会需求与社会制造能力有机地结合起来，从而高效、实时动态地满足客户需求。

Shapeways 公司就是一个典型的例子，该公司于 2007 年创立于荷兰，后将总部移至美国曼哈顿，是一家利用 3D 打印技术为客户定制各种产品及服务的公司，至今已获得数千万美元的风险投资支持，截止到 2012 年 6 月 20 日，生产产品已经超过 100 万款，产量超过 60 亿件。2012 年 10 月 19 日，该公司位于纽约皇后区的"未来工厂"正式投入运营。该工厂占地 2.5 万平方米，可以容纳 50 台工业打印机，每年可按照消费者需求生产上千万件产品。Shapeways 的市场运营模式是这样的：通过 Facebook 和 Twitter 等社会媒体，接收客户的各种产品的三维设计方案，顾客的需求会发送给 Shapeways 工厂，工作人员会确定是否可行，评估并制订方案，并在数天内完成产品的打印生产，然后寄送给客户。同时，该公司还为商家和设计者设立平台，使他们可以利用公司的 3D 打印机生产并销售自己设计或收集的产品，用户提交他们的产品创意，如果有足够多的人喜欢它（如通过 Twitter、Facebook 等独特社区），产品开发团队就制作产品原型；用户可在线对其进行投票、评分与提意见或建议，参与产品的设计开发、改进、预售和营销等，即通过聚集大众智慧的方式，让社区参与产品开发的整个过程。如果产品获得预期成功，发明者和其他协作者可分享一定的产品销售收入。在 2014 年度，其月均订单已赶超 18.1 万件，成为全球第一的在线 3D 打印社区。

该案例成功地利用社会性网络、群体智慧和 3D 打印等技术实现了个性化产品的生产，涉及社会系统、信息系统及物理系统的各个层次，大批 3D 打印机形成制造网络，并与互联网、物联网、务联网和人际网（社会性网络）无缝连接，形成复杂的社会制造网络系统，将社会需求、虚拟设计与实物制造有机地衔接起来，在一定程度上为智慧制造/社会制造提供了例证。

第三部分 制造系统优化篇

第 8 章

高维多目标制造云服务组合优化方法

高维多目标优化问题广泛存在于实际应用之中。在这类问题中，往往需同时考虑三个以上优化目标。研究高维多目标优化问题的有效解法是当前演化多目标研究领域的前沿和热点关注领域。基于分解的多目标进化算法（multiobjective evolutionary algorithm based on decomposition，MOEA/D）是目前求解高维多目标优化问题最有前景的技术之一，然而它在方法和应用层面均存在着缺陷和不足。本章围绕该类方法，着眼于"如何在目标空间中平衡收敛性和多样性"以及"如何在决策空间中平衡探索与开发"这两个科学问题，展开系统性的研究，提出若干简单有效的高维多目标优化算法，在大量基准测试问题上验证与比较新提出的算法与其他主流算法的性能，并以云制造服务组合优选为实际应用场景，采用新提出的算法框架，快速且有效地求解高维多目标云服务选择问题，旨在进一步完善其理论框架并推广其在具体问题上的应用。

在针对高维复杂云服务协同优化问题求解和算法性能提升方面，采用并行化的架构，通过多种群协同搜索与信息交互来增强算法的搜索能力；针对解集多样性和收敛性难以兼顾的问题，设计目标空间分解、多阶段搜索和参考向量自适应调整机制平衡算法全局与局部搜索，引导其高效寻优；针对群体智能算法搜索依赖于随机过程，经验法、试凑法的调参效果难以保证，存在参数敏感的问题，采用强化学习动态调整群体智能算法参数，揭示算法搜索状态与最优参数间的内在关系。考虑不同搜索区域寻优难度差异，提出最优计算资源分配量策略，采用带延迟更新机制的强化学习构建计算资源分配模型，在总计算资源有限的情况下，通过合理分配不同搜索区域的计算资源，最大化计算资源的利用率，在消耗相同计算代价的情况下，输出质量更好的解。

8.1　引言

云计算模式和物联网技术的兴起为社会化制造资源和能力的动态共享与协同提供了新的思路，可以较好地解决现有制造模式存在的问题。云计算、物联网、大数据和先进制造与管理技术的交叉融合推动了一种新的制造模式——"智慧云制造"（smart cloud manufacturing，SCMfg）的发展。SCMfg 以制造资源及能力的按需使用为核心，以物联网为支撑，基于云计算模式搭建支持海量资源统一管理及具有弹性架构的云平台，通过大数据挖掘等新兴智能信息处理技术实现分布式制造资源、能力、知识的全面共享和协同，以便响应用户复杂多变的任务需求。

SCMfg 涉及将制造资源和制造能力进行虚拟化和服务化封装，转换为云服务储存在云资源池中，并进行集中化的管理和经营，通过网络为用户提供按需即取的云服务。SCMfg 是一个面向服务、以用户为中心、需求驱动的新型制造模式，包括一个核心支撑（知识）、两种过程流（输入和输出）、三种用户角色（服务提供商、平台运营者和服务使用者），其运行原理如图 8-1 所示：①服务提供者将资源信息输入云平台，由平台进行统一管理和配置；②服务请求者将制造任务需求发送到平台，由平台提供服务请求解决方案；③云平台进行制造任务与制造服务的供需匹配，包括制造服务发现、匹配、优选、组合和调度等一系列流程操作。物联网、虚拟化、云计算、大数据等智能科学技术为构建基于知识的高效、智能化制造云平台提供了使能技术。

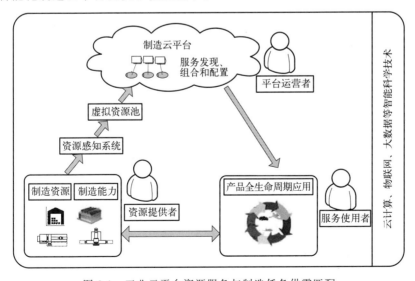

图 8-1　工业云平台资源服务与制造任务供需匹配

从系统工程的角度来分析，SCMfg 是通过汇聚各种资源要素为用户提供按需制造服务的制造系统，包含系统输入/输出、系统结构和系统运行。

（1）系统输入/输出

SCMfg 系统的基本输入为制造资源和制造能力。制造资源指产品全生命周期所涉及的资源要素总和，根据其存在形式可划分为硬制造资源（制造设备、物料等）和软件资源（专业软件、领域知识、数据等）。制造能力是整合制造资源要素所表现出的一种无形的、动态的资源存在形式，如设计能力、生产加工能力等。不同的制造资源可具有相同的制造能力，同一制造资源可提供多种制造能力。SCMfg 系统的基本输出为云服务，如图 8-2 所示：首先，通过感知与接入技术将制造资源和制造能力原始数据（属性、状态特征、负载等）传送到虚拟层；其次，基于资源描述规范将资源与能力特征转换为计算机可理解的信息，并完成从原始资源到虚拟资源的映射；最后，将异构的虚拟资源封装为同构的云服务输出。云服务可以通过云平台被检索、聚合、调用等，为用户提供制造全生命周期活动支持。

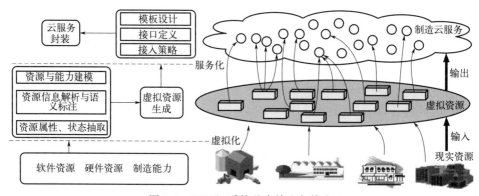

图 8-2　SCMfg 系统基本输入与输出

（2）系统结构

SCMfg 系统构建层次及技术组成如图 8-3 所示，该图主要描述了制造云的形成过程，以及在制造云形成过程中所涉及的核心关键技术。SCMfg 体系结构主要包括：

① 资源层：包括硬件资源、软件资源及制造能力；

② 感知层：通过物联网/虚拟化技术将底层的制造资源虚拟化，支持制造资源实时感知与监控；

③ 数据分析层：通过相关数据分析，获取资源间耦合作用机理等关联信息，并构建数据内在规律模型，对生产相关过程的变化规律进行挖掘提取，并整合为可用于制造服务应用的标准化信息；

④ 中间件层：实现不同服务之间的通信和集成，提供诸如安全、时间、价格、可靠性和可用性等服务质量以及服务监控等能力；

⑤ 业务应用层：按云服务理念为用户提供按需制造服务，形成有意义的信息和知识，为决策提供支持；

⑥ 云端服务层：通过人际网，将利益相关者纳入一个社会化网络（社区）之中，分享信息/知识，访问和使用其中的各类服务，协同创新，满足客户的个性化需求。

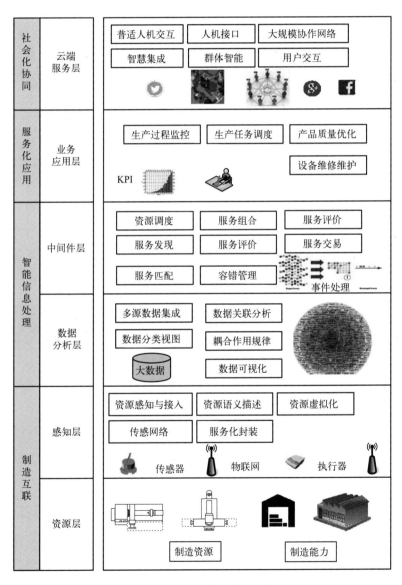

图 8-3　SCMfg 系统构建层次及技术组成

SCMfg 的目标之一是把分散的制造资源、制造能力、知识等虚拟化和服务化，形成容易查找和调用的制造云服务，存储到一个共享的、可配置的共享资源池，用户进而可以通过云平台检索、聚集和组合云服务开展各类制造活动，而实现各种社会制造资源的高效动态聚集和组合的关键技术就是制造云服务组合（manufacturing cloud service composition，MCSC）与优化配置。

当用户提交的制造任务需求是复杂制造任务时，依靠结构简单、功能单一的制造云服务难以完成复杂制造任务。针对复杂制造任务，必须依据功能结构将其按一定规则分解为多个子任务，为每一个子任务匹配候选云服务集，在此基础上从每一个候选云服务集中选择一个合适的云服务进行组合以完成复杂制造任务。在以云计算、大数据等为代表的新兴信息技术对分散资源进行大规模整合的情况下，服务的规模和种类日趋复杂。复杂制造任务分解为相对简单的子任务之后，每个子任务可供选择的候选云服务众多，而且各个云服务的服务时间、服务成本、可信度和可靠性等非功能属性（quality of service，QoS）都不尽相同，导致获取最佳的 MCSC 有一定的难度。与传统以 ASP 为主的小规模分散的服务组合相比，云环境下的面向制造领域的服务组合具有以下特征：

① 多用户参与。传统的面向服务的制造模式（如制造网格）侧重于分散制造资源的聚集，即进行多个资源的协同以完成单个复杂制造任务，体现的是一种"分散资源集中使用"的思想。而云制造是一个开放的系统，面临着实时响应多用户、多任务请求，在"分散资源集中使用"的基础上，更加强调制造资源的分散共享，即"集中资源分散服务"，要求制造云资源配置具有较好的灵活性、伸缩性和扩展性。

② 大规模协同。在 SCMfg 平台中，不同的服务主体（制造云服务提供者）发布各自的云服务，面对复杂的制造任务时，由于各自能力和资源的不足，单个制造云服务很难独立有效地完成制造任务，需要由不同的主体协作完成任务，即多个云服务组合成一个粒度更大的服务，以满足复杂任务需求。云制造平台的开放性降低了制造资源接入门槛，加上物联网、信息物理系统、大数据等技术的支持，使得云资源池中云服务的种类和规模得到极大的提高。如何在其中高效地发现优质云服务并进行最优组合以满足用户的复杂任务需求，成为提高 SCMfg 系统运行效率的关键问题。

③ 服务领域知识重用。云服务规模巨大种类繁多，云资源池中的海量云服务呈现特定的规律或领域特征。如何在复杂动态的网络环境下，利用大数据分析从分散、跨域的海量云服务中提炼出诸如先验性、关联性、相似性等服务领域特性，支持云服务优选，从而快速高效地得到最佳 MCSC，构建出满足制造任务需求的较优解决方案，已成为制约 SCMfg 平台服务性能与效率的关键问题。

④ 多目标均衡。MCSC 是一类典型的组合优化问题，具有大规模、多极值、非线性、多目标、不确定等复杂性，是 NP-hard 问题。由于构建 MCSC 过程中需要考虑多方面因素，如服务质量、成本、时间、能源消耗、环境影响等，所以 MCSC 问题的目标空间也是高维的，基于 QoS 的 MCSC 问题本质上是受约束条件限制的多目标优化问题，探索针对此问题的高效多目标优化算法有助于提高 SCMfg 系统取得更优的资源配置效果。

⑤ 动态性。由于云服务环境具有开放性、动态性特征，候选云服务的服务质量会受系统升级演化等影响而随时间快速变化，有时还有服务的加入和退出，导致最优目标和相关参数等都可能处于动态变化之中。现有的服务组合方法大多假定候选云服务的服务质量是确定不变的，算法在固定的解空间中寻优，最优目标和参数静态不变，这种方法很难应对服务质量动态变化的场景。如何设计动态寻优算法以快速感知环境变化并在较短的时间内追踪最优解，成为提高求解 MCSC 效率亟待解决的问题。针对 SCMfg 环境下的 MCSC 问题新特性和求解难点，开展相应的理论与技术研究，构建适用于不同应用场景的 MCSC 解决方案，将有助于提高 SCMfg 的智能化程度，进而更加有效地整合社会资源，为用户提供更加高效的制造全生命周期服务。

8.2　云服务组合模型

广义的制造云服务组合过程涉及云服务发现、候选云服务匹配、云服务组合优选、可行性验证以及任务执行过程监控和用户反馈等完整流程。其中，云服务组合优选阶段需要从海量可能组合中选择最佳的一组来完成用户的复杂任务请求，是关系到组合服务质量的关键因素，也是最复杂的环节之一。从制造任务请求到云服务组合，要经历制造任务请求描述与分解、候选资源服务搜索与匹配、组合服务 QoS 评估及优选三个阶段，如图 8-4 所示。

① 制造任务分解。将用户提交的制造任务 $Task$（T）分解为多个能被单一制造服务独立完成的子任务（$subtasks$，ST），即 $Task = \{ST_1, ST_2, \cdots, ST_j, \cdots, ST_N\}$，其中 N 表示 T 分解后的子任务数量，ST_j 表示第 j 个子任务，$j = \{1, 2, \cdots, N\}$，各个子任务的 QoS 要求为 $Q(ST_j)$，$Q(ST_j) = \{q_{1j}, q_{2j}, \cdots, q_{rj}, \cdots, q_{Rj}\}$，$q_{rj}$ 表示第 j 个子任务中对第 r 个 QoS 值的最低要求。

② 候选服务的搜索与匹配。针对每个子任务，采用相应的匹配算法，如概念本体匹配、相似度计算、语义距离等，从云服务资源池中搜索满足给定的子任务功能需求和 QoS 约束的候选云服务（manufacturing service，MS），组成对应各子任务的待选云服务集（candidate service set，CSS），记为 $CSS_j = \{MS_{j,1},$

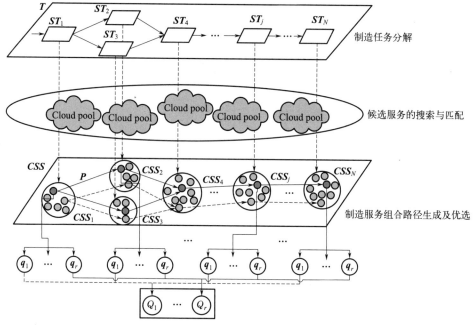

图 8-4　制造云服务组合示意图

$MS_{j,2},\cdots,MS_{j,m_j}\}$，其中 CSS_j 表示第 j 个子任务的候选资源服务集，MS_{j,m_j} 表示第 j 个 CSS 中的第 m_j 个候选服务。

③ 制造服务组合路径生成及优选。从各个子任务对应的待选云服务集中各选择一个云服务，生成所有可能的组合服务执行路径，一条执行路径对应一个组合服务（composite manufacturing service，CMS）。执行路径集 $P=\{P_1,P_2,\cdots,P_k,\cdots,P_K\}$，且 $P_k=\{MS_{1,k_1},MS_{2,k_2},\cdots,MS_{j,k_j},\cdots,MS_{N,m_N}\}$，其中 MS_{j,k_j} 表示第 j 子任务的候选资源服务集中的第 k_j 个云服务，P_k 为第 k 条执行路径。根据 MS 的 QoS 属性值和组合服务执行路径可以推导出任意组合服务的 QoS 效用值，并依据此效用值作为组合服务优选的依据。

8.3　QoS 评估

服务质量（quality of service，QoS）是评估服务能力或水平的非功能性评价指标体系，它作为原子服务和组合服务优劣程度的衡量标准，是基于 QoS 的服务组合与优选技术的基础。目前，不同的组织机构（如 ICU、ISO 等）对 QoS 的标准定义不尽相同，但对 QoS 表现出的主要特征认识基本一致，即 QoS 是由服务非功能性属性构成，主要包含执行代价、执行时间、负载、可靠性、信誉度等。制造云服务 MS 的 QoS 信息可形式化表示为 $Q(MS)=\{q_{\text{price}}(MS),$

$q_{\text{time}}(MS), q_{\text{availability}}(MS), q_{\text{reliability}}(MS), \cdots\}$，在实际应用过程中，用户对云服务的评价除了考虑典型的 QoS 属性外，还应根据不同领域资源的特征，加入带有领域特色的个性化评价指标，以丰富 QoS 维度。

设子任务 ST_j 对应的候选云服务集为 $CSS_j = \{MS_{j,1}, \cdots, MS_{j,i}, \cdots, MS_{j,m_j}\}$，其中 $MS_{j,i}$ 对应的 QoS 属性值为 $Q(MS_{j,i}) = \{q_1(MS_{j,i}), \cdots, q_r(MS_{j,i}), \cdots, q_R(MS_{j,i})\}$，则第 j 个候选服务集 CSS_j 的 QoS 信息可表示为：

$$
\boldsymbol{Q}(CSS_j) = \begin{bmatrix} Q(MS_{j,1}) \\ Q(MS_{j,1}) \\ \vdots \\ Q(MS_{j,m_j}) \end{bmatrix} = \begin{bmatrix} q_1(MS_{j,1}) & q_2(MS_{j,1}) & \cdots & q_R(MS_{j,1}) \\ q_1(MS_{j,2}) & q_2(MS_{j,2}) & \cdots & q_R(MS_{j,2}) \\ \vdots & \vdots & \ddots & \vdots \\ q_1(MS_{j,m_j}) & q_2(MS_{j,m_j}) & \cdots & q_R(MS_{j,m_j}) \end{bmatrix}
$$

$$(8\text{-}1)$$

式(8-1) 将满足子任务功能需求的可用云服务的 QoS 属性进行统一表示，并支持云服务指标属性的灵活扩展：当增加一个云服务的 QoS 指标属性值时，则为当前矩阵新增一列；当新增一个候选云服务时，则为当前矩阵新增一行；当不需要某个 QoS 指标属性时，则对应删除矩阵中相应的列。

服务组合过程具有递归性质，任意整体组合服务可通过顺序、选择、并行和循环这四种基本结构（如图 8-5 所示）的云服务组合构成，通过这四类基本结构 QoS 的聚合可得到组合服务的 QoS 效用表达模型，如表 8-1 所示。

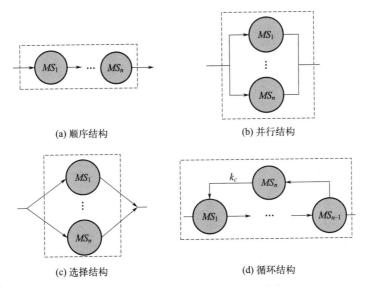

(a) 顺序结构　　　　　　　　　　　(b) 并行结构

(c) 选择结构　　　　　　　　　　　(d) 循环结构

图 8-5　组合服务的四种基本结构模式

表 8-1　四种基本结构模式服务质量计算公式

结构	时间（Price）	价格（Time）	可靠性 （Reliability）	可用性 （Availability）	可维护性 （Maintainability）	信誉 （Trust）
顺序	$\sum\limits_{j=1}^{n}T(MS_{i_j}^{j})$	$\sum\limits_{j=1}^{n}P(MS_{i_j}^{j})$	$\prod\limits_{j=1}^{n}Re(MS_{i_j}^{j})$	$\prod\limits_{j=1}^{n}Av(MS_{i_j}^{j})$	$\prod\limits_{j=1}^{n}Ma(MS_{i_j}^{j})$	$\dfrac{1}{n}\sum\limits_{j=1}^{n}Tru(MS_{i_j}^{j})$
并行	$\max(T(MS_{i_1}^{1}),$ $\cdots,$ $T(MS_{i_n}^{n}))$	$\sum\limits_{j=1}^{n}P(MS_{i_j}^{j})$	$\prod\limits_{j=1}^{n}Re(MS_{i_j}^{j})$	$\prod\limits_{j=1}^{n}Av(MS_{i_j}^{j})$	$\prod\limits_{j=1}^{n}Ma(MS_{i_j}^{j})$	$\dfrac{1}{n}\sum\limits_{j=1}^{n}Tru(MS_{i_j}^{j})$
选择[a]	$\sum\limits_{j=1}^{n}(T(MS_{i_j}^{j})$ $*k_j)$	$\sum\limits_{j=1}^{n}(P(MS_{i_j}^{j})$ $*k_j)$	$\prod\limits_{j=1}^{n}(Re(MS_{i_j}^{j})$ $*k_j)$	$\prod\limits_{j=1}^{n}(Av(MS_{i_j}^{j})$ $*k_j)$	$\prod\limits_{j=1}^{n}(Ma(MS_{i_j}^{j})$ $*k_j)$	$\sum\limits_{j=1}^{n}(Tru(MS_{i_j}^{j})*$ $k_j)$
循环[b]	$k_{cir}\sum\limits_{j=1}^{n}T(MS_{i_j}^{j})$	$k_{cir}\sum\limits_{j=1}^{n}P(MS_{i_j}^{j})$	$\prod\limits_{j=1}^{n}Re(MS_{i_j}^{j})$	$\prod\limits_{j=1}^{n}Av(MS_{i_j}^{j})$	$\dfrac{1}{n}\sum\limits_{j=1}^{n}Ma(MS_{i_j}^{j})$	$\dfrac{1}{n}\sum\limits_{j=1}^{n}Tru(MS_{i_j}^{j})$

注：[a]k_j 为第 j 条路径选择概率；

　　[b]k_{cir} 为循环次数。

由上述基本结构模式的 QoS 表达式，可推导出组合服务的整体 QoS 表达式，任意组合服务可以进行串行化处理，从整体上等效为一个由顺序结构、选择结构、循环结构，或并行结构经过有限次递归嵌套而构成的顺序任务。由于不同 QoS 指标属性值域和度量单位存在较大差异，不能直接聚合，因此，在对 QoS 属性进行综合计算时，需要对 QoS 各属性值进行归一化处理：

$$q_n(\cdot)=\begin{cases}\dfrac{q_n(\cdot)-\min(q_n(\cdot))}{\max(q_n(\cdot))-\min(q_n(\cdot))} & \max(q_n(\cdot))\neq\min(q_n(\cdot))\\ 1 & \text{其他}\end{cases}$$

(8-2)

$$q_n(\cdot)=\begin{cases}\dfrac{\max(q_n(\cdot))-q_n(\cdot)}{\max(q_n(\cdot))-\min(q_n(\cdot))} & \max(q_n(\cdot))\neq\min(q_n(\cdot))\\ 1 & \text{其他}\end{cases}$$

(8-3)

考虑 QoS 最大化，对于指标值越大越符合用户利益的正向属性采用式（8-2）标准化，对于指标值越小越符合用户利益的反向属性采用式（8-3）标准化。

8.4　对抗搜索驱动的高维多目标协同搜索方法

MOEA/D 在求解标准连续数值优化问题时表现出令人满意的效果，然而，在求解面向制造云服务协同优化问题时，用户对制造资源协同服务的需求在性能指标上有着更加多样化的需求，问题搜索空间规模急剧增加，高维多目标及非规则前沿面特征对群体智能算法寻优能力提出更高的要求，传统多目标优化方法在求解复杂高维多目标问题时存在着诸多不足和缺陷，不仅在保持种群多样性方面存在困难，还存在收敛性不足的问题。如何更加有效地平衡收敛性和多样性，在保持种群多样性的同时提高种群的收敛速度的问题亟待解决。针对高维多目标制造服务协同优化问题，需要设计特殊的解更新机制，以便更好地平衡种群的多样性和收敛性。

MOEA/D 类算法已成为解决具有三个以上目标的问题时的主流算法之一。由于 MOEA/D 将 MOP 分解为多个单目标或简化的多目标子问题，因此它可以免于 Pareto 支配的收敛压力阻抗。取而代之的是，种群更新依赖于子问题的适应度函数值的比较，从而使用更少的计算资源。然而，针对 PF 的不同区域，不同子问题往往会遇到不同程度的困难。某些高质量的解可以很容易成为多个子问题的最优解，这对种群多样性保持不利，并且随着维数的增加而加剧。此外，由于预定义的搜索方向指向理想点，MOEA/D 的搜索性能在很大程度上取决于 PF 形状，尤其是 PF 的方向。为了平衡 MOEA/D 类算法的收敛性和多样性，并减轻其对 PF 方向的依赖，本章提出一种对抗式分解方法 AAD，该方法在单个进化范式中利用不同子问题聚合函数的互补特征协同搜索。两个种群由具有不同轮廓和对抗搜索方向的子问题聚合函数协同演化。为了避免将冗余的计算资源分配给 PF 的同一区域，根据双种群在 PF 上的工作区域，将它们进行匹配约束以构建配对解。在配对选择过程中，每个配对解最多可以贡献一个主父代个体。AAD 具有如下主要特性：

① 通过不同的子问题聚合函数 [即基于惩罚的边界交叉函数 (PBI) 和增强的效用标量函数 (AASF)] 来维护两个协同进化的种群。在此搜索模式下，不同种群的搜索行为产生互补性，其中一个种群搜索侧重于解集收敛性，另一个种群搜索侧重于解集多样性。

② 双子问题聚合函数分别使用理想点和天底点来引导搜索，双种群沿着两组对抗性搜索方向演化，即一组指向理想点，另一组背离天底点。

③ 在配对池构建过程中，两个种群以稳态匹配方式形成配对样本。特别是同一配对样本解聚集在 PF 相似区域。每个配对解最多可产生一个子代解，使得计算资源均匀分布在整个 PF 搜索区域上。

8.4.1　对抗分解的基本思想

在某些温和条件下，多目标搜索问题的任务可以分解为多个标量优化子问题，每个子问题都可被转换为所有单个目标的加权聚合值。切比雪夫（Tchebycheff，TCH）聚合函数等高线如图 8-6（a）所示，其中 $\boldsymbol{w} = (0.5, 0.5)^{\mathrm{T}}$。从该图可以清楚地看到，TCH 函数的支配区域（即拥有更好解的区域）类似于 Pareto 支配区域，如图中位于灰色阴影区域的解要比 $\boldsymbol{F}^1$ 好。值得注意的是，TCH 无法区分弱支配解。例如，根据 Pareto 支配定义有 $\boldsymbol{F}^1 \preceq \boldsymbol{F}^2$，但是它们具有相同的 TCH 值。至于惩罚边界（penalty boundary intersection，PBI）函数，d_1 和 d_2 分别度量 x 关于 w 的收敛性和多样性，θ 调节 PBI 支配区域从而间接控制收敛性和多样性之间的平衡。图 8-6（b）给出具有不同 θ 设置的 PBI 函数的等高线。

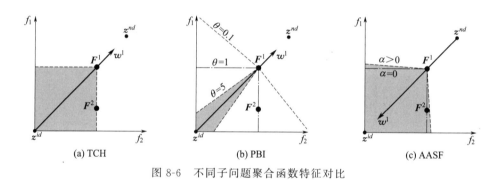

图 8-6　不同子问题聚合函数特征对比

基于分解的方法的灵活性受限于使用单一子问题聚合函数、同一理想点的固定搜索方向。为缓解这一问题，提出对抗分解方法，基本思想是同时维持两个协同进化和互补的种群，并由沿着两个对抗搜索方向集的不同子问题聚合函数来维护[294]。更具体地说，一个种群由 PBI 聚合函数来引导搜索，另一个种群由增强标量函数（augmented achievement scalarizing function，AASF）来引导搜索，其定义如下：

$$\mathrm{Ming}^{aasf}(\boldsymbol{x} \,|\, \boldsymbol{w}, \boldsymbol{z}^{*}) = \max_{1 \leqslant i \leqslant m} \{(f_i(\boldsymbol{x}) - z_i^{nad})/w_i\} + \alpha \sum_{i=1}^{m} (f_i(\boldsymbol{x}) - z_i^{nad})/w_i$$

(8-4)

其中，α 是扩展系数。与 TCH 函数相比，AASF 使用天底点代替理想点，并且去除了绝对算子允许 $f_i(\boldsymbol{x})$ 小于 z_i^{nad}，其中 $i \in \{1, 2, \cdots, m\}$。此外，$\alpha$ 扩展项有助于避免弱支配 Pareto 最优解。如图 8-6（c）所示，在 $\alpha = 0$ 的情况下，AASF 的轮廓与 TCH 函数的轮廓相同。当设置 $\alpha > 0$ 时，AASF 的支配区域变宽，在此情况下，AASF 能够区分弱支配解，例如，图 8-6(c) 中当 $\alpha > 0$ 时，$\boldsymbol{F}^2$ 的 AASF 值优于 $\boldsymbol{F}^1$，这里取 $\alpha = 10^{-6}$。

为了解决目标值范围不同的问题，在计算子问题的聚合函数值之前将目标值归一化。PBI 聚合函数可表示为：

$$\begin{cases} \text{Minimize } \overline{g}^{pbi}(\boldsymbol{x} \mid \boldsymbol{w}, \boldsymbol{0}) = \overline{d}_1(\boldsymbol{x} \mid \boldsymbol{w}, \boldsymbol{0}) + \theta \overline{d}_2(\boldsymbol{x} \mid \boldsymbol{w}, \boldsymbol{0}) \\ \text{subject to } \boldsymbol{x} \in \Omega \\ \overline{d}_1(\boldsymbol{x} \mid \boldsymbol{w}, \boldsymbol{0}) = \dfrac{\| (\boldsymbol{F}'(\boldsymbol{x}))^{\mathrm{T}} \boldsymbol{w} \|}{\| \boldsymbol{w} \|} \\ \overline{d}_2(\boldsymbol{x} \mid \boldsymbol{w}, \boldsymbol{0}) = \| \boldsymbol{F}'(\boldsymbol{x}) - d_1 \dfrac{\boldsymbol{w}}{\| \boldsymbol{w} \|} \| \end{cases} \tag{8-5}$$

式中，$\boldsymbol{F}'(\boldsymbol{x}) = (f_1'(\boldsymbol{x}), \cdots, f_m'(\boldsymbol{x})), f_i'(\boldsymbol{x}) = \dfrac{f_i(\boldsymbol{x}) - z_i^*}{z_i^{nad} - z_i^*}, i = \{1, 2, \cdots, m\}$。

AASF 可以重写为：

$$\text{Min} \overline{g}^{aasf}(\boldsymbol{x} \mid \boldsymbol{w}, \boldsymbol{1}) = \max_{1 \leqslant i \leqslant m} \{(f_i'(\boldsymbol{x}) - 1)/w_i\} + \alpha \sum_{i=1}^{m} (f_i'(\boldsymbol{x}) - 1)/w_i$$

$$\tag{8-6}$$

接下来讨论 PBI 函数和 AASF 所产生的互补效果：

① 如图 8-6(b) 和 (c) 所示，与 AASF 相比，PBI 函数的支配区域更狭窄。因此，不同方向向量持有不同精英解的机会更大，从而获得多样化分布较好的种群。另一方面，由于支配区域较窄，因此就收敛性而言，PBI 函数的收敛压力不如 AASF 强。某些解可更新 AASF 聚合函数关联的子问题，但无法更新 PBI 函数关联的子问题。如图 8-6(b) 所示，尽管 $\boldsymbol{F}^2 \leqslant \boldsymbol{F}^1$，但是关于 $\boldsymbol{w}_1$，$\boldsymbol{F}^2$ 的 PBI 函数值比 $\boldsymbol{F}^1$ 的 PBI 函数值差。在此情况下，PBI 函数牺牲种群收敛性的风险较高。

② 导致 PBI 函数和 AASF 搜索特性不同的另一个原因是它们的对抗搜索方向。更具体地说，PBI 函数将种群推向理想点 z^*，而 AASF 将种群推离天底点 z^{nad}。因此，给定相同的方向向量集，PBI 函数和 AASF 的搜索区域彼此互补。例如，对于图 8-7(a) 所示的具有线性 PF 的测试问题，只有一小部分基于 PBI 子问题的搜索解在其搜索方向和 PF 之间有交汇点，而其他子问题将无法沿着其搜索方向获得 Pareto 最优解。相反，基于 AASF 的子问题都能够在其搜索方向和 PF 之间的交汇处获得 Pareto 最优解。当涉及如图 8-7(b) 所示凸 PF 测试问题时，所有 PBI 子问题都有望沿着其搜索方向获得 Pareto 最优解。即使部分 AASF 子问题无法沿其搜索方向获得 Pareto 最优解，但它们的预期 Pareto 最优解（星号）可以补充基于 PBI 子问题的 Pareto 最优解（圆圈）。

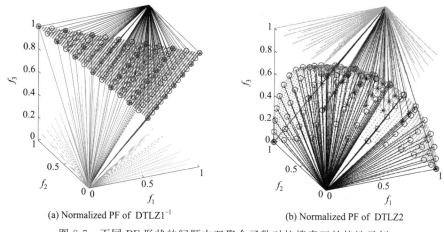

(a) Normalized PF of DTLZ1⁻¹   (b) Normalized PF of DTLZ2

图 8-7   不同 PF 形状的问题中双聚合函数对抗搜索互补特性示例

通过使用上面介绍的子问题聚合函数 PBI 和 AASF 可以看出，对抗分解方法可以保持两个协同进化的种群彼此互补，即一个种群是面向多样性的（由多样性种群 S_d 表示），另一个是面向收敛的（由收敛种群 S_c 表示）。此外，搜索区域多样化分布，因此所得解集能够覆盖 PF 上更广泛的范围。给定一个种群，不同子问题聚合函数的选择结果如图 8-8 所示。比较三个选定的解集可以观察到，通过 PBI 子问题公式获得的解集具有最佳的分布，其所选择的解最接近相应的搜索方向；相反，通过 TCH 和 AASF 子问题获得的解集更接近理想点。图 8-8(a) 使用 TCH 子问题更倾向于选择弱支配解。

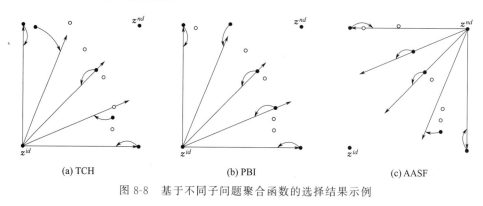

(a) TCH   (b) PBI   (c) AASF

图 8-8   基于不同子问题聚合函数的选择结果示例

8.4.2 算法步骤

借鉴基于分解的多目标优化模式，以高维多目标寻优种群收敛性和多样性提升为研究对象，探索面向种群自适应演化优化的环境选择机制、有机协同信标向量生成机制、目标空间划分策略、种群个体自适应聚类、双种群对抗筛选以及小生境裁剪技术，提出双聚合函数对抗搜索驱动的高维多目标进化算法 AAD。其具体框架设计如算法 8-1 所示：首先在决策空间中随机生成大小为 N 的初始种群，可表示为 $P = \{\boldsymbol{x}_1, \boldsymbol{x}_2, \cdots, \boldsymbol{x}_N\}$；接着步骤 3～18 循环迭代直至终止条件满足。步骤 3 中，初始化子代种群 P'；步骤 4 中，基于目标向量夹角距离，对于每个个体 $\boldsymbol{x}_i \in P$，确定其邻域个体 $B(\boldsymbol{x}_i)$；步骤 5～11 中，循环为每一个个体生成子代个体并插入子代个体集合 P' 中，其中步骤 6～9 负责以概率 δ 从 $\boldsymbol{x}_i$ 的邻域选择配对个体，以概率 $1-\delta$ 从整个父代种群选择配对个体，步骤 10 依托选择的配对父代生成子代个体，步骤 11 将其插入 P' 中；步骤 12 将 P 与 P' 进行合并，形成一个种群大小为 $2N$ 的新种群 Q；步骤 13 中，更新理想点 $\boldsymbol{z}^*$ 和天底点 $\boldsymbol{z}^{nad}$；步骤 14 中，利用 $\boldsymbol{z}^*$ 和 $\boldsymbol{z}^{nad}$ 对种群执行归一化过程；步骤 15 利用信标向量生成机制产生大小为 N 的信标向量 C；步骤 16 借助信标向量将种群 Q 中的个体分裂成 N 个簇，表示为 $\{S_1, S_2, \cdots, S_N\}$；步骤 17 使用双子问题聚合函数对抗搜索的方式筛选出优质个体集合 E；接下来的步骤 18 裁剪 E 中的冗余个体直至其大小为 N。

算法 8-1： AAD算法框架

输入： 种群规模（N），邻域大小（T），邻域配对概率（δ）

输出： 最终解集 P

1　随机生成一个种群：初始化 $P \leftarrow \{\boldsymbol{x}_1, \cdots, \boldsymbol{x}_N\}$

2　**while** 终止条件不满足时 **do**

3　　$P' \leftarrow \varnothing$

4　　对 P 中的每一个个体 $\boldsymbol{x}_i \in P$，基于角距，确定其邻域 $B(\boldsymbol{x}_i)$

5　　**for** $i \leftarrow 1$ *to* N **do**

6　　　**if** $rand < \delta$ **then**

7　　　　$Mating\,pool \leftarrow B(\boldsymbol{x}_i)$

8　　　**else**

9　　　　$Mating\,pool \leftarrow P$

10　　$\boldsymbol{x}' \leftarrow GenerateOffspring$（$Mating\,pool$）

11　　$P' \leftarrow P' \cup \boldsymbol{x}'$

12　　$Q \leftarrow P \cup P'$

13　　更新理想点和天底点 $\boldsymbol{z}^*$，$\boldsymbol{z}^{nad}$。

14　　$Q \leftarrow Normalization$（$Q$，$\boldsymbol{z}^*$，$\boldsymbol{z}^{nad}$）

15　　$C \leftarrow Beacon\_identification$（$Q$）　　// 找出集合 Q 中的信标向量

16　　$\{S_1, S_2, \cdots, S_N\} \leftarrow Individual\_assignment$（$C,Q$）　　// 种群个体自适应划分

17　　$E \leftarrow Adversarial\_direction\_selection$（$S$，$\boldsymbol{z}^*$，$\boldsymbol{z}^{nad}$）　　// 双种群对抗筛选

18　　$P \leftarrow Adaptive\_elimination$（$E$）　　// 小生境裁剪

算法 8-2： Beacon identification（Q）

输入：混合种群（Q）

输出：信标向量集合（C）

/ * 最大化角距优先顺序选择 * /

1 $C \leftarrow \varnothing$

2 $C \leftarrow m$ 个最接近于边界向量的极限解

3 **while** $|C| < N$ **do**

4 $\quad \Big| \quad k \leftarrow \underset{\boldsymbol{x}^i \in Q \backslash C}{\arg \max} (\theta(\boldsymbol{x}^i, C))$

5 $\quad \Big| \quad C \leftarrow C \cup \{\boldsymbol{x}^k\}$

算法 8-1 中第 15 行信标向量的选择以最大化搜索方向的多样性为准则，以利于得到更加均匀分布的解，其具体流程如算法 8-2 所示：步骤 1 首先初始化信标向量集合 C；然后，步骤 2 将 Q 中最接近坐标轴的 m 个极限解加入 C 中；步骤 3～5 循环采用最大角距优先的方式选择个体加入 C 中直至其大小为 N。给定任意解向量 $\boldsymbol{x}_k$，其与向量集合 C 的角距计算方式如下：

$$\theta(\boldsymbol{x}_k, C) = \min_{\boldsymbol{x}_j \in C}(angle(\boldsymbol{x}_k, \boldsymbol{x}_j)) \tag{8-7}$$

式中

$$angle(\boldsymbol{x}_k, \boldsymbol{x}_j) = \arccos \frac{\overline{\boldsymbol{F}}(\boldsymbol{x}_k) \cdot \overline{\boldsymbol{F}}(\boldsymbol{x}_j)}{|\overline{\boldsymbol{F}}(\boldsymbol{x}_k)| \cdot |\overline{\boldsymbol{F}}(\boldsymbol{x}_j)|} \tag{8-8}$$

为便于理解，图 8-9（a）给出了二维目标空间中信标向量选择示例，图中合并种群 Q 中有 10 个解 $Q = \{s_1, s_2, \cdots, s_{10}\}$，基于以上对信标向量的定义，$s_3$，$s_5, s_6, s_{11}$ 以及 s_7 依次被选择为信标向量的基点。显然，上述信标向量选择机制每次选定与集合 C 角距最大的个体作为信标向量的基准点，这种方式能够自适应地选择更加均匀分布的信标向量，从而最大化搜索多样性。

集合 C 中每一个信标向量关联一个目标空间子区域，从而将种群 Q 中的个体分割成 N 个簇，表示为 $\{S_1, S_2, \cdots, S_N\}$。以信标向量 $\boldsymbol{v}_i$ 为例，其关联的子空间 Δ_i 定义为：

$$\Delta_i = \{\boldsymbol{F}(\boldsymbol{x}) | \langle \boldsymbol{v}_i, \overline{\boldsymbol{F}}(\boldsymbol{x}) \rangle \leqslant \langle \boldsymbol{v}_j, \overline{\boldsymbol{F}}(\boldsymbol{x}) \rangle, \forall j \in \{1, \cdots, N\}\} \tag{8-9}$$

为便于理解，图 8-9（b）给出了二维目标空间中基于信标向量的目标空间子区域划分示意图。显然，根据每个解与信标向量的距离，种群个体分割的最终结果为 $S_1 = \{s_3, s_8, s_9\}$，$S_2 = \{s_5\}$，$S_3 = \{s_6\}$，$S_4 = \{s_{11}, s_4, s_2, s_{10}\}$，$S_5 = \{s_7, s_1\}$。种群个体划分的详细流程如算法 8-3 所示。

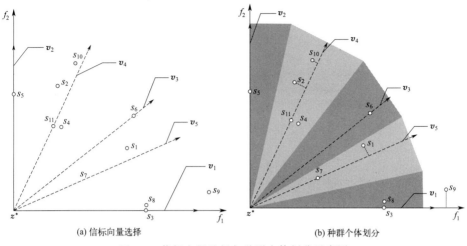

图 8-9 信标向量选择与种群个体划分示意图

算法 8-3： Individual assignment（C, Q）

输入： 信标向量集合（C），混合种群（Q）

输出： 子种群 $\{S_1, S_2, \cdots, S_N\}$

/ ＊种群个体划分 ＊/

1 $\{S_1, S_2, \cdots, S_N\} \leftarrow \{\varnothing, \varnothing, \cdots, \varnothing\}$

2 计算与 C 对应的单位方向向量 $\boldsymbol{V}_c$，其中 $\boldsymbol{V}_c = \{\boldsymbol{v}_1, \cdots, \boldsymbol{v}_N\}$

3 **for** $i \leftarrow 1$ **to** $|\boldsymbol{V}_c|$ **do**

4   **for** $j \leftarrow 1$ **to** $|Q|$ **do**

5   计算 $\boldsymbol{x}_j$ 与 $\boldsymbol{v}_i$ 的垂直距离：$d_\perp(\boldsymbol{x}_j, \boldsymbol{v}_i)$

6 **for** $j \leftarrow 1$ **to** $|Q|$ **do**

7      $k \leftarrow \underset{i \in \{1, 2, \cdots, N\}}{\arg\min} (d_\perp(\boldsymbol{x}_j, \boldsymbol{v}_i))$

8      $S_k \leftarrow S_k \bigcup \boldsymbol{x}_j$

在目标空间划分的基础上，采用双参考向量对抗搜索的方式选择子空间的优质个体，如图 8-10 所示，其中 $\boldsymbol{x}_1$ 为信标向量的基点，其与理想点 $\boldsymbol{z}^*$ 构成搜索方向 1，和天底点 $\boldsymbol{z}^{nad}$ 构成搜索方向 2。在搜索方向 1，最小化收敛性聚合函数 $g^{ws}(\boldsymbol{x} \mid \boldsymbol{v}, \boldsymbol{z}^*) = \sum_{i=1}^{m}(v_i \mid f_i(\boldsymbol{x}) - z_i^* \mid)$，得到最优个体 $\boldsymbol{x}_3$；在搜索方向 2，最大化收敛性聚合函数 $g^{iws}(\boldsymbol{x} \mid \overline{\boldsymbol{v}}, \boldsymbol{z}^{nad}) = \sum_{i=1}^{m}(\overline{v_i} \mid z_i^{nad} - f_i(\boldsymbol{x}) \mid)$，得到最优个体 $\boldsymbol{x}_2$，同时在两个对抗搜索方向上选择最优个体，该子区域 $\boldsymbol{x}_2$ 和 $\boldsymbol{x}_3$ 被选中，其他

信标向量所关联的子区域中优质个体选择方式以此类推。

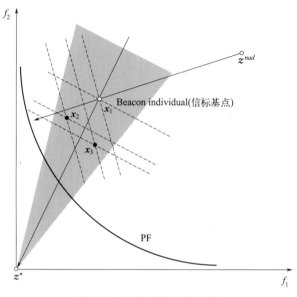

图 8-10　对抗方向选择示例

对每一个信标向量关联的子区域进行优质个体选择后，每一个子区域最少有1 个个体被选中，最多有 2 个个体被选中，因而子代个体数量可能超出 N，采用小生境裁剪技术使得种群大小恢复 N。考虑到以理想点和天底点为基点的均匀分布的参考向量适用于不同的场景，如图 8-11（a）、（b）所示，对于凸型前沿面，以理想点为基点生成参考向量难以产生均匀分布的解集，而以天底点为基点生成的参考向量在凸型前沿面上能够生成均布性更好的解集。鉴于此，首先对前沿面的凹凸性质进行大致判断，采用前沿面曲率系数 $r = d_o / d_\perp$ 进行预估，其中 d_o 是 z^* 与 $\overline{F}(x)$ $(x \in R)$ 在 n^*（穿过 z^* 且是超平面 $\sum\limits_{i=1}^{m} f_i = 1$ 的法向量）上投影的平均值，$d_\perp$ 是 z^* 与超平面的垂直距离。若 $r \ll 1$，则前沿面为凸；若 $r \gg 1$，则前沿面为凹；若 $r \approx 1$，则前沿面近似为线性。根据实际情况，当 $r < 0.9$、$0.9 \leqslant r \leqslant 1.1$、$r > 1.1$ 情况下前沿面被分别近似认为是凸型、线性和凹型，分别采用以下方式从角距最小的一对解中裁剪掉收敛性较差的解，其中线性前沿面采用的收敛指标如下：

$$\text{Cov}_{so}(\boldsymbol{x}) = \sum_{i=1}^{m} \overline{f}_i(\boldsymbol{x}) \tag{8-10}$$

凸型前沿面收敛性指标如下：

$$\mathrm{Cov}_{ei}(\boldsymbol{x}) = \sqrt{\sum_{i=1}^{m}(f_i(\boldsymbol{x}) - z_i^*)} \tag{8-11}$$

凹型前沿面收敛性指标如下：

$$\mathrm{Cov}_{en}(\boldsymbol{x}) = 1/\sqrt{\sum_{i=1}^{m}(z_i^{nad} - f_i(\boldsymbol{x}))} \tag{8-12}$$

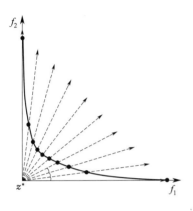

(a) 以理想点为锚点的解向量夹角

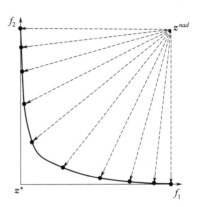

(b) 以天底点为锚点的解向量夹角

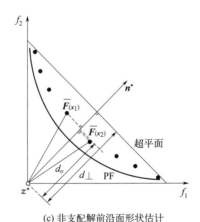

(c) 非支配解前沿面形状估计

图 8-11　凹凸前沿面与前沿面流形系数估计示例

上述小生境裁剪（剔除拥挤度较大区域中收敛性较差的个体）将会被重复执行，直至 E 中的个体数目达到 N。使用进化算法解决制造服务协同优化问题的步骤包括设计合适的染色体编码方法、选择合适的交叉变异算子和实现个体的适应度评估方法等。基于进化算法的云服务协同优化通常使用单条染色体编码任务和可用服务之间的关系，采用整数编码方式，如图 8-12 所示。

将用户提交的制造任务 $Task(T)$ 分解为多个能被单一制造服务独立完成的

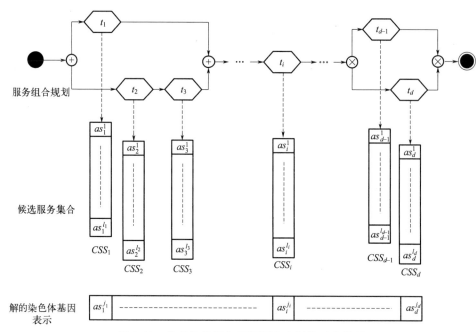

图 8-12 染色体编码和可用服务之间的对应关系

子任务，即 $Task = \{t_1, t_2, \cdots, t_j, \cdots, t_d\}$，其中 d 表示 T 分解后的子任务数量，t_j 表示第 j 个子任务，$j = \{1, 2, 3, \cdots, d\}$，各个子任务的 QoS 要求为 $Q(t_j)$，$Q(t_j) = \{q_{1j}, q_{2j}, \cdots, q_{rj}, \cdots, q_{Rj}\}$，$q_{rj}$ 表示第 j 个子任务中对第 r 个 QoS 值的最低要求。

针对每个子任务，采用相应的匹配算法，如概念本体匹配、相似度计算、语义距离等，从云服务资源池中搜索满足给定的子任务功能需求和 QoS 约束的候选云服务（alternative service，AS），组成对应各子任务的待选云服务集，记为 $CSS_j = \{as_{j,1}, as_{j,2}, \cdots, as_{j,m_j}\}$，其中 CSS_j 表示第 j 个子任务的候选资源服务集，as_{j,m_j} 表示第 j 个 CSS 中的第 m_j 个候选服务。

从各个子任务对应的待选云服务集中各选一个云服务，生成所有可能的组合服务执行路径，一条执行路径对应一个组合服务（composite manufacturing service，CMS）。执行路径集 $P = \{P_1, P_2, \cdots, P_k, \cdots, P_K\}$，且 $P_k = \{as_{1,k_1}, as_{2,k_2}, \cdots, as_{j,k_j}, \cdots, as_{N,m_N}\}$，其中 as_{j,k_j} 表示第 j 个子任务的候选资源服务集中的第 k_j 个云服务，P_k 为第 k 条执行路径。根据 MS 的 QoS 属性值和组合服务执行路径可以推导出任意组合服务的 QoS 效用值，具体计算方式如表 8-1 所示，并依据此效用值作为组合服务优选的依据。

计算复杂度：算法复杂度方面，为所有解计算其 T 个邻域复杂度为 $O(N^2 \log T)$，生成子代个体计算复杂度为 $O(dN)$，归一化的计算代价为

$O(mN)$，解向量之间的距离计算复杂度为 $O(mN^2)$，信标向量选择计算复杂度为 $O(N^2)$，将种群个体划分为 N 个簇需要的计算代价为 $O(mN^2)$，对抗搜索复杂度为 $O(mN)$。小生境裁剪消耗 $O(mN^2)$，一般情况下 $\log T < m$，$d < N$，因而 AAD 算法总体复杂度为 $O(N^2\log T + dN + mN + mN^2 + N^2 + mN^2 + mN + mN^2) = O(mN^2)$。

8.4.3　实验结果与分析

通过改变子任务数量（d）以及每个子任务候选服务集 CSS 大小（l）来创建 MCSC 测试实例。分别设置 $d \in \{10, 30, 50\}$ 以及 $l \in \{100, 200, 300, 400, 500\}$，总共生成了 15 个测试场景，搜索空间范围从 100^{10} 到 500^{50}。另外在多目标优化的情况下，考虑与每个测试场景相关的目标数量 $m \in \{5, 10\}$ 来考察算法的可扩展性。因此，总共有 30 个问题实例，更多详细设置见 AAD 原文[241]。

将所提出的 AAD 与多个先进的高维多目标算法在云服务协同优化案例上进行对比，为了得到可靠的试验结论，实验受试算法在每个实例中独立重复运行 31 次，计算并记录解集质量指标的平均值和标准差。对于每个测试用例，最佳和次佳平均值分别以粗体及浅灰色阴影显示。对性能指标平均值进行排序来获得每个实例上的优化算法排名。AAD 及其竞争对手之间的统计检验结果以 Wilcoxon 显著性检验验证，符号"•""§"和"○"表示 AAD 在相应实例中的表现明显优于、相似以及劣于相应的对比算法。所有实例的测试总结果表示为"$b/s/w$"，其中 b、s 和 w 分别代表 AAD 在统计检验上优于、相似和劣于其他算法的实例个数。另外，采用 Friedman 测试[242] 评估受试算法的总体性能排序。性能绩效得分[84] 用来量化竞争算法的绩效表现。给定算法 A_i，其性能得分可通过 $Ps(A_i) = \sum\limits_{j=1, j \neq i}^{l} \delta_{i,j}$ 来计算；若 A_i 在统计上比 A_j 差，则 $\delta_{i,j} = 1$，否则 $\delta_{i,j} = 0$。从统计意义上讲，$Ps(A_i)$ 意指比 A_i 表现更好的竞争算法的数量。$Ps(A_i)$ 的值越小，表示 A_i 的性能越好。

表 8-2 为十个对比算法所得 HV 指标的比较结果。为了得到统计可靠性结论，在 AAD 和其他任一比较算法之间进行显著性检验。BCE 在总共 30 个实例的 16 个实例上得到最优结果，AAD 虽然在获得最优解实例数量方面逊色于BCE。但显著性检验结果表明，AAD 明显优于 BCE，AAD 在 12 个实例上优于BCE，而 BCE 仅在 7 个实例上显著优于 AAD。此外，Friedman 检验结果表明，AAD 平均得分 1.6，在所有参与竞争的算法中排名第一。这表明在解决高维多目标云服务协同优化问题上，AAD 中所提出的环境选择机制比 BCE 的更加有效。

表8-2 对比算法在所有问题实例上的 HV 指标值比较

	m	AAD	NSGA-Ⅲ	RVEA	Two_Arch2	MOEA/D-AWA	MOEA/DD	BCE	1byIEA	SPEA/R	θ-DEA
T10S100	5	1.35E-1 (6.2E-3)3	1.11E-1 (9.6E-3)6	1.08E-1 (5.8E-3)7 ●	**1.40E-1 (2.1E-3)1** §	8.82E-2 (1.1E-2)9 ●	9.89E-2 (6.1E-3)8 ●	1.39E-1 (2.5E-3)2 §	1.28E-1 (2.1E-3)4	7.88E-2 (1.7E-2)10 ●	1.18E-1 (8.2E-3)5 ●
	10	**2.28E-2 (9.4E-4)1**	3.65E-3 (1.5E-3)9 ●	8.21E-3 (5.8E-4)7 ●	1.45E-2 (7.4E-4)4 ●	7.64E-3 (2.1E-3)8 ●	1.13E-2 (1.5E-3)6 ●	1.59E-2 (1.2E-3)3 ●	1.85E-2 (5.2E-4)2 ●	2.56E-3 (2.9E-4)10 ●	1.18E-2 (8.7E-4)5 ●
T10S200	5	**1.33E-1 (5.3E-3)2**	8.06E-2 (1.1E-2)8	1.06E-1 (5.9E-3)6 ●	1.31E-1 (7.0E-3)3 §	8.30E-2 (1.0E-2)7 ●	7.08E-2 (1.1E-2)9 ●	**1.35E-1 (3.7E-3)1** §	1.19E-1 (4.2E-3)4 ●	6.35E-2 (1.6E-2)10 ●	1.13E-1 (5.5E-3)5 ●
	10	**2.51E-2 (1.8E-3)1**	2.88E-3 (1.1E-3)9 ●	7.95E-3 (1.4E-3)8 ●	1.35E-2 (2.0E-3)4 ●	9.04E-3 (1.7E-3)7 ●	1.18E-2 (2.3E-3)6 ●	1.66E-2 (1.9E-3)3 ●	1.90E-2 (1.2E-3)2 ●	1.73E-3 (3.8E-4)10 ●	1.32E-2 (1.8E-3)5 ●
T10S300	5	**1.51E-1 (1.1E-2)1**	7.78E-2 (1.3E-2)8	1.16E-1 (5.5E-3)6 ●	1.42E-1 (1.1E-2)2 §	1.03E-1 (2.3E-2)7 ●	6.75E-2 (1.6E-2)9 ●	1.37E-1 (8.8E-3)3 ●	1.35E-1 (6.0E-3)4 ●	6.25E-2 (7.4E-3)10 ●	1.20E-1 (1.0E-2)5 ●
	10	**2.26E-2 (2.7E-3)1**	1.75E-2 (1.3E-3)9 ●	7.64E-3 (1.1E-3)8 ●	9.74E-3 (9.7E-4)5 ●	7.82E-3 (1.6E-3)7 ●	8.39E-3 (1.8E-3)6 ●	1.54E-2 (1.4E-3)3 ●	1.78E-2 (2.1E-3)2 ●	1.21E-3 (3.1E-4)10 ●	1.18E-2 (8.9E-4)4 ●
T10S400	5	**1.93E-1 (1.1E-2)1**	1.04E-1 (1.6E-2)8	1.54E-1 (9.3E-3)5 ●	1.68E-1 (1.1E-2)4 ●	1.26E-1 (1.3E-2)7 ●	8.22E-2 (1.1E-2)9 ●	**1.74E-1 (6.2E-2)2** ●	1.71E-1 (5.3E-3)3 ●	8.19E-2 (1.2E-2)10 ●	1.42E-1 (1.5E-2)6 ●
	10	**3.27E-2 (3.8E-3)1**	3.16E-3 (1.3E-3)9 ●	1.12E-2 (2.2E-3)7 ●	1.49E-2 (3.1E-3)5 ●	1.36E-2 (3.0E-3)6 ●	9.64E-3 (1.9E-3)8 ●	2.10E-2 (3.7E-3)3 ●	2.28E-2 (4.1E-3)2 ●	2.04E-3 (4.3E-4)10 ●	1.93E-2 (3.7E-3)4 ●
T10S500	5	1.71E-1 (1.0E-2)2	9.15E-2 (1.6E-2)8	1.45E-1 (1.1E-2)5 ●	1.64E-1 (1.1E-2)3 §	1.16E-1 (1.2E-2)7 ●	7.00E-2 (9.2E-3)10 ●	**1.74E-1 (1.6E-2)1** §	1.45E-1 (5.7E-3)4 ●	7.61E-2 (1.1E-2)9 ●	1.37E-1 (1.3E-2)6 ●
	10	**2.66E-2 (2.5E-3)1**	1.66E-3 (4.8E-4)10 ●	9.69E-3 (1.7E-3)7 ●	1.19E-2 (1.1E-3)5 ●	1.09E-2 (2.2E-3)6 ●	9.21E-3 (6.0E-4)8 ●	1.72E-2 (1.3E-3)3 ●	1.79E-2 (3.1E-3)2 ●	2.28E-3 (3.5E-4)9 ●	1.43E-2 (2.4E-3)4 ●
T30S100	5	**4.57E-2 (5.2E-3)1**	1.76E-2 (2.1E-3)8 ●	2.13E-2 (6.9E-3)7 ●	2.99E-2 (5.5E-3)4 ●	2.47E-2 (6.1E-3)6 ●	7.38E-3 (6.1E-4)10 ●	**4.56E-2 (6.5E-3)2** §	3.41E-2 (6.5E-3)3 ●	8.40E-3 (1.4E-3)9 ●	2.90E-2 (2.7E-3)5 ●

续表

	m	AAD	NSGA-Ⅲ	RVEA	Two_Arch2	MOEA/D-AWA	MOEA/DD	BCE	1byIEA	SPEA/R	θ-DEA
T30S100	10	2.36E-4 (7.6E-5)2	1.75E-5 (7.1E-6)10 ●	7.86E-5 (3.7E-5)5 ●	7.60E-5 (1.4E-5)6 ●	5.57E-5 (1.4E-5)8 ●	5.48E-5 (1.0E-5)9 ●	**3.22E-4** (**8.4E-5**)1 §	1.40E-4 (4.4E-5)4 ●	6.34E-5 (5.6E-6)7 ●	1.65E-4 (9.9E-5)3 §
	5	1.30E-2 (3.1E-3)2	2.93E-3 (7.6E-4)8 ●	9.11E-3 (2.8E-3)4 ●	7.60E-3 (1.7E-3)5 ●	7.29E-3 (1.5E-3)6 ●	2.61E-3 (7.0E-4)9 ●	**1.43E-2** (**2.5E-3**)1 §	9.91E-3 (3.0E-3)3 ●	1.17E-3 (5.0E-4)10 ●	5.53E-3 (2.8E-3)7 ●
T30S200	10	2.66E-4 (7.7E-5)2	1.67E-5 (8.4E-6)10 ●	1.16E-4 (4.5E-5)4 ●	8.00E-5 (1.8E-5)7 ●	8.41E-5 (3.9E-5)6 ●	5.70E-5 (1.1E-5)9 ●	**4.31E-4** (**1.7E-4**)1 ○	1.12E-4 (2.6E-5)5 ●	7.22E-5 (1.0E-5)8 ●	1.31E-4 (5.3E-5)3 ●
	5	1.73E-2 (4.9E-3)2	3.71E-3 (1.2E-3)8 ●	1.14E-2 (4.0E-3)3 ●	9.82E-3 (1.8E-3)6 ●	1.14E-2 (2.1E-3)4 ●	3.05E-3 (8.2E-4)9 ●	**2.12E-2** (**2.4E-3**)1 ○	9.96E-3 (3.0E-3)5 ●	2.64E-3 (1.1E-3)10 ●	4.86E-3 (1.7E-3)7 ●
T30S300	10	2.95E-4 (8.1E-5)2	1.84E-5 (5.9E-6)10 ●	1.36E-4 (6.2E-5)3 ●	1.13E-4 (1.9E-5)5 ●	9.80E-5 (3.1E-5)7 ●	6.61E-5 (1.8E-5)9 ●	**3.13E-4** (**1.5E-4**)1 §	1.22E-4 (6.3E-5)4 ●	1.00E-4 (1.3E-5)6 ●	8.94E-5 (4.1E-5)8 ●
	5	2.06E-2 (5.1E-3)2	4.24E-3 (1.1E-3)9 ●	1.67E-2 (5.8E-3)3 §	1.37E-2 (2.9E-3)5 ●	1.44E-2 (3.5E-3)4 ●	3.85E-3 (3.4E-4)10 ●	**2.57E-2** (**3.4E-3**)1 §	1.31E-2 (4.1E-3)6 ●	4.72E-3 (9.1E-4)8 ●	7.84E-3 (5.1E-3)7 ●
T30S400	10	2.20E-4 (6.5E-5)2	1.24E-5 (2.6E-6)10 ●	1.08E-4 (4.4E-5)3 ●	9.18E-5 (7.7E-6)6 ●	9.83E-5 (3.5E-5)4 ●	6.77E-5 (1.6E-5)9 ●	**3.45E-4** (**2.0E-4**)1 §	6.96E-5 (1.0E-5)8 ●	9.41E-5 (1.5E-5)5 ●	8.10E-5 (4.1E-5)7 ●
	5	2.27E-2 (5.7E-3)2	4.79E-3 (7.4E-4)10 ●	1.65E-2 (5.3E-3)3 §	1.59E-2 (2.7E-3)4 ●	1.35E-2 (2.6E-3)6 ●	4.95E-3 (9.4E-4)9 ●	**2.83E-2** (**6.9E-3**)1 §	1.37E-2 (3.4E-3)5 ●	5.19E-3 (9.4E-4)8 ●	6.47E-3 (1.7E-3)7 ●
T30S500	10	2.53E-4 (9.7E-5)2	1.53E-5 (4.4E-6)10 ●	1.54E-4 (9.5E-5)3 §	1.25E-4 (2.1E-5)4 ●	1.25E-4 (5.4E-5)5 ●	7.77E-5 (1.9E-5)8 ●	**2.65E-4** (**1.1E-4**)1 §	7.89E-5 (1.4E-5)7 ●	1.19E-4 (1.1E-5)6 ●	7.26E-5 (2.2E-5)9 ●
	5	4.79E-3 (8.4E-4)2	2.32E-3 (2.9E-4)8 ●	2.37E-3 (4.9E-4)7 ●	3.61E-3 (3.8E-4)4 ●	4.15E-3 (6.1E-4)3 ●	1.78E-3 (8.4E-5)10 ●	**8.78E-3** (**8.0E-4**)1 ○	2.45E-3 (4.2E-4)5 ●	1.96E-3 (2.2E-4)9 ●	2.38E-3 (4.7E-4)6 ●
T50S100	10	**1.75E-5** (**1.3E-6**)1	7.96E-7 (2.2E-7)10 ●	1.08E-5 (8.2E-7)4 ●	2.66E-6 (3.1E-7)9 ●	9.61E-6 (1.8E-6)7 ●	7.15E-6 (1.8E-6)8 ●	1.26E-5 (2.2E-6)2 ●	1.12E-5 (1.1E-6)3 ●	1.02E-5 (1.6E-6)5 ●	1.00E-5 (1.8E-6)6 ●

续表

	m	AAD	NSGA-Ⅲ	RVEA	Two_Arch2	MOEA/D-AWA	MOEA/DD	BCE	1byEA	SPEA/R	θ-DEA
T50S200	5	3.90E-3 (8.0E-4)2	1.75E-3 (2.3E-4)10 ●	2.42E-3 (4.9E-4)7 ●	3.77E-3 (1.0E-3)3 §	3.16E-3 (3.8E-4)4 ●	1.95E-3 (2.4E-4)9 ●	**7.69E-3** (**1.6E-3**)1 ○	2.44E-3 (9.8E-5)6 ●	2.53E-3 (2.6E-4)5 ●	2.01E-3 (7.1E-4)8 ●
	10	**3.05E-5** (**5.4E-6**)1	1.69E-6 (2.8E-7)10 ●	2.19E-5 (4.8E-6)4 ●	6.25E-6 (9.9E-7)9 ●	1.94E-5 (2.9E-6)6 ●	1.36E-5 (2.4E-6)8 ●	2.34E-5 (3.9E-6)3 ●	1.62E-5 (2.6E-6)7 ●	2.51E-5 (3.7E-6)2 ●	2.01E-5 (4.0E-6)5 ●
T50S300	5	3.75E-3 (7.5E-4)2	1.58E-3 (8.8E-5)10 ●	2.39E-3 (2.9E-4)6 ●	3.21E-3 (3.1E-4)4 §	3.53E-3 (7.5E-4)3 §	1.88E-3 (1.1E-4)8 ●	**7.30E-3** (**1.3E-3**)1 ○	2.25E-3 (2.5E-4)7 ●	2.61E-3 (2.4E-4)5 ●	1.71E-3 (4.0E-4)9 ●
	10	**3.21E-5** (**5.9E-6**)1	2.53E-6 (3.1E-7)10 ●	1.93E-5 (5.6E-6)6 ●	8.01E-6 (1.1E-6)9 ●	2.20E-5 (4.2E-6)3 ●	1.48E-5 (2.0E-6)8 ●	2.18E-5 (4.6E-6)4 ●	1.54E-5 (1.2E-6)7 ●	2.99E-5 (4.4E-6)2 §	2.00E-5 (3.5E-6)5 ●
T50S400	5	3.82E-3 (4.5E-4)2	1.47E-3 (1.1E-4)10 ●	2.35E-3 (3.9E-4)7 ●	3.16E-3 (4.6E-4)4 ●	3.70E-3 (5.7E-4)3 §	1.94E-3 (1.3E-4)8 ●	**8.08E-3** (**2.1E-3**)1 ○	2.37E-3 (2.8E-4)6 ●	2.76E-3 (3.0E-4)5 ●	1.64E-3 (2.7E-4)9 ●
	10	**3.44E-5** (**3.4E-6**)1	2.18E-6 (1.9E-7)10 ●	2.32E-5 (5.8E-6)3 ●	7.93E-6 (6.2E-7)9 ●	2.24E-5 (4.7E-6)4 ●	1.68E-5 (2.8E-6)6 ●	2.19E-5 (6.1E-6)5 ●	1.58E-5 (2.8E-6)7 ●	2.97E-5 (3.4E-6)2 ●	1.41E-5 (3.2E-6)8 ●
T50S500	5	2.62E-3 (4.2E-4)2	8.07E-4 (7.5E-5)10 ●	1.66E-3 (6.3E-4)5 ●	2.08E-3 (4.4E-4)3 §	2.07E-3 (2.1E-4)4 ●	1.23E-3 (9.5E-5)8 ●	**4.44E-3** (**1.1E-3**)1 ○	1.63E-3 (4.5E-4)6 ●	1.32E-3 (2.0E-4)7 ●	8.84E-4 (1.5E-4)9 ●
	10	**4.54E-5** (**5.5E-6**)1	3.67E-6 (3.6E-7)10 ●	3.37E-5 (5.0E-6)3 ●	1.19E-5 (1.2E-6)9 ●	3.29E-5 (6.7E-6)4 ●	2.17E-5 (2.9E-6)5 ●	2.10E-5 (7.4E-6)6 ●	1.71E-5 (1.8E-6)8 ●	4.53E-5 (7.9E-6)2 §	1.91E-5 (5.2E-6)7 ●
Best/All		13/30	0/30	0/30	1/30	0/30	0/30	16/30	0/30	0/30	0/30
Friedman		1.6	9.1667	5.2	5.0333	5.6	8.2667	2	4.7	7.3	6.1333
Rank		1	10	5	4	6	9	2	3	8	7
Wilcoxon		$[b/s/w]$	30/0/0	27/3/0	24/6/0	28/2/0	30/0/0	12/11/7	30/0/0	28/2/0	29/1/0

　　图 8-13 分别概括了对比算法总体平均表现分、在不同目标维数和不同测试问题上的 HV 指标平均表现分。AAD 平均表现分为 0.23，排名第一；紧随其后的是 BCE，表现分为 0.67，排名第二；NSGA-Ⅲ 表现分较差。此外，除在 T30S200 和 T30S200 实例，AAD 在绝大多数实例上均显著优于其他对比算法；与 BCE 相比，AAD 一般在 10 目标实例上有显著优势，但在 5 目标实例上，BCE 显现出了更高的性能，而 AAD 也非常有竞争力。

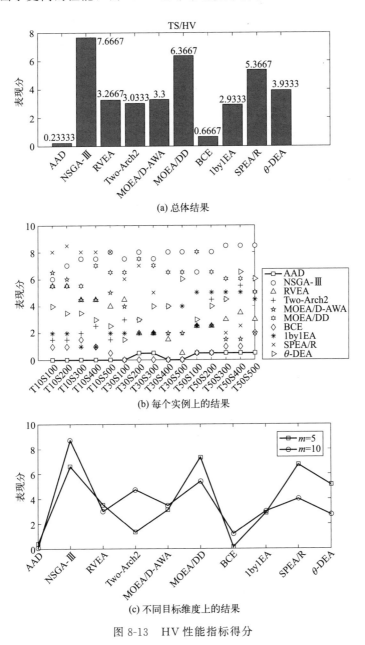

(a) 总体结果

(b) 每个实例上的结果

(c) 不同目标维度上的结果

图 8-13　HV 性能指标得分

8.5　算法寻优过程计算资源动态配置策略

MOEA/D 利用分解思想将原问题分解为多个单目标子问题，或将原问题目标空间直接分解为多个目标子空间，有效地降低了原问题的求解难度。动态计算资源分配是处理具有崎岖前沿面地形的多目标优化问题的一种有效手段，计算资源分配即为不同难度的子问题分配必要的计算资源，它的工作思路是为一些比较难求解的子问题分配较多的计算资源，一些相对容易求解的子问题分配较少的计算资源，从而自适应地控制计算资源分配，对整个空间进行谨慎地探索，以更充分地利用并节省计算资源，提高算法的性能。

计算资源的分配是提高 MOEA/D 框架搜索效率的重要手段，然而，当前动态计算资源分配方法存在着诸多不足和缺陷，基于 MOEA/D 框架，本小节以计算资源动态分配为研究对象，从子问题划分和目标空间划分多个视角，集成子区域贡献度与子问题提升率、滑动时间间窗，以及动态衰减机制，提出更加有效的计算资源分配方案，以期进一步提升 MOEA/D 的寻优性能，为求解网络化协同生产与智能工厂领域的复杂高维多目标优化问题提供高效的求解方法。现有的计算资源分配方案大多基于子区域贡献度或者子问题提高率，这种方法难以全面刻画计算资源的使用效率，揭示对应寻优个体的搜索目标区域的难度。

以图 8-14 为例，目标空间被分割为三个子区域 $\{\mathbb{S}_1, \mathbb{S}_2, \mathbb{S}_3\}$，白色背景圆圈指代父代个体，灰色背景圆圈指代子代个体。聚焦子区域 $\mathbb{S}_2$，父代个体与其关联的子代个体用实心箭头相连，若 $\mathbb{S}_2$ 中父代个体生成的子代个体成功提升任意子区域最优个体的适应度，则贡献度大于零，记为 $FCR(\mathbb{S}_2)>0$。若 $\mathbb{S}_2$ 中的最优个体被提升，则提升率大于零，记为 $FIR(\mathbb{S}_2)>0$。投入某个子问题的计算资源应取决于该子问题对外贡献度和对内提升率。显然，图 8-14（a）中，$FCR(\mathbb{S}_2)>0$ 且 $FIR(\mathbb{S}_2)=0$；图 8-14（b）中，$FCR(\mathbb{S}_2)=0$ 且 $FIR(\mathbb{S}_2)>0$；图 8-14（c）中，$FCR(\mathbb{S}_2)>0$ 且 $FIR(\mathbb{S}_2)>0$。理论上，由于图 8-14 中所有情况下 $FIR(\mathbb{S}_2)>0$ 或者 $FCR(\mathbb{S}_2)>0$ 均成立，真实效用值大于零，记为 $\pi(\mathbb{S}_2)>0$。然而，当采用贡献度驱动的效用值计算方式时，图 8-14（a）中 $\pi(\mathbb{S}_2)=0$，因为 $FCR(\mathbb{S}_2)>0$ 被忽视。这种情况下，$\mathbb{S}_2$ 被误认为进一步投入计算资源产生优质解的潜力不大，尽管 $\mathbb{S}_2$ 对内提升率为零，然而其为其他子区域 $\mathbb{S}_1$ 和 $\mathbb{S}_3$ 贡献了优质解。与此类似，在图 8-14（b）中，采用贡献度驱动的效用值计算方式时，由于 $FIR(\mathbb{S}_2)>0$ 被忽略，此时 $\pi(\mathbb{S}_2)=0$，相应子区域对计算资源利用所产生优质解的潜力被低估。图 8-14（c）中，满足 $FCR(\mathbb{S}_2)>0$ 且 $FIR(\mathbb{S}_2)>0$，忽视 FCR 或者 FIR 会导致对 $\mathbb{S}_2$ 贡献度的低估。现有的大多数方法在进行子问题计算资源分配时均只考虑到子问题提升率或者贡献度，难以全面刻画子问题对计算资源的利用效率。鉴于此，集成子区域贡献度或者子问题提高率指标，提出更可靠的计算资源利用效用评估方式。

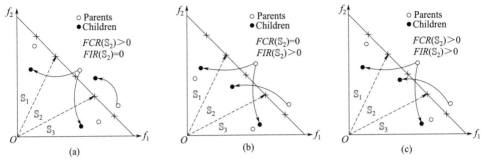

图 8-14　子区域贡献度与子问题提高率对子区域 $\mathbb{S}_2$ 效用值估计的影响示例

8.5.1　基本思想

采用目标空间划分策略将目标问题解空间划分为一系列子空间，以尽可能地保持种群的轮廓和多样性。设 $W = \{w^1, w^2, \cdots, w^N\}$ 为 N 个在目标空间中均匀分布的权向量（亦称参考向量或者方向向量），给定任意 w^i，其关联的子空间 $\mathbb{S}_i$ 定义如下：

$$\mathbb{S}_i = \{F(x) \mid \langle \overline{F}(x), w^i \rangle \leqslant \langle \overline{F}(x), w^j \rangle \qquad \forall j \in \{1, 2, \cdots, N\}\} \quad (8\text{-}13)$$

式中，$x \in \Omega_x$，$F(x) \in \Omega_f \subseteq \mathbb{R}^m$，$\langle \overline{F}(x), w^j \rangle$ 表示向量 $\overline{F}(x)$ 与向量 w^j 之间的锐角。$\overline{F}(x)$ 是 $F(x)$ 的归一化向量，归一化方法同 θ-DEA。式(8-13)的几何空间解释是，当且仅当向量 $\overline{F}(x)$ 与向量 $w^i (i \in \{1, 2, \cdots, N\})$ 有最小锐角，则 $F(x)$ 隶属于子空间 $\mathbb{S}_i$。

基于上述子空间的定义，给定种群 P，个体 x 可关联到唯一子空间 $\mathbb{S}_k$，x 所关联的子空间索引 k 获取方法如下：

$$k = \arg\min_{i \in \{1, 2, \cdots, N\}} \langle \overline{F}(x), w^i \rangle \quad (8\text{-}14)$$

给定方向向量 w^i，其关联一个子问题聚合函数（SF），形式化为 $sf(x \mid w^i, z^*)$，理想情况下 SF 应既能反映收敛性又能刻画多样性。鉴于核点（knee point）具有良好的收敛压力的特质，设计基于核点的 SF，与 w^i 对应的 SF 可表述为

$$sf(x \mid w^i, z^*) = d_h + d_2 \quad (8\text{-}15)$$

其中

$$d_h = \frac{\overline{F}(x) \cdot v^{\mathrm{T}}}{\|v\|} - \|v\| \quad (8\text{-}16)$$

$$d_2 = \|\overline{F}(x)\| \cdot \sin\langle \overline{F}(x), w^i \rangle \quad (8\text{-}17)$$

式中，d_h 表示 $\overline{F}(x)$ 与超平面 $\sum\limits_{i=1}^{m} f_i = 1$ 之间的有向距离；d_2 是解 $\overline{F}(x)$ 到向量 $\boldsymbol{w}^i$ 的垂直距离；$\boldsymbol{v} = \Big(\underbrace{\dfrac{1}{m}, \cdots, \dfrac{1}{m}}_{m}\Big)$ 是起始于 O 的超平面法向量；$\langle \overline{F}(x), \boldsymbol{w}^i \rangle = $

$\arccos \dfrac{\overline{F}(x) \cdot \boldsymbol{w}^i}{\|\overline{F}(x)\| \|\boldsymbol{w}^i\|}$。为了便于理解所提出的聚合函数，图 8-15 给出了二维平面中 d_h 和 d_2 的示例，其中 $\boldsymbol{w}^i$ 是方向向量，$\overline{F}(x)$ 是解 x 在目标空间中的向量。

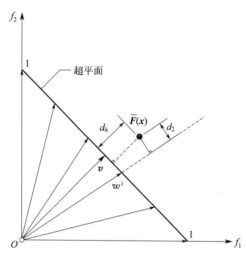

图 8-15　子问题聚合函数在二维空间中的示意图

第 i 个子问题的相对提升率定义为子空间 $\mathbb{S}_i$ 关联的聚合函数最优值在相邻代际中的提升比例：

$$\Delta_{improv}^{i,t} = \frac{\min\limits_{x^{t-1} \in \mathbb{S}_i} sf(\boldsymbol{x}^{t-1} \mid \boldsymbol{w}^i, \boldsymbol{z}^*) - \min\limits_{x^t \in \mathbb{S}_i} sf(\boldsymbol{x}^t \mid \boldsymbol{w}^i, \boldsymbol{z}^*)}{\min\limits_{x^{t-1} \in \mathbb{S}_i} sf(\boldsymbol{x}^{t-1} \mid \boldsymbol{w}^i, \boldsymbol{z}^*)} \tag{8-18}$$

式中，t 表示当前迭代次数索引；$\min\limits_{x^t \in \mathbb{S}_i} sf(\boldsymbol{x}^t \mid \boldsymbol{w}^i, \boldsymbol{z}^*)$ 和 $\min\limits_{x^{t-1} \in \mathbb{S}_i} sf(\boldsymbol{x}^{t-1} \mid \boldsymbol{w}^i, \boldsymbol{z}^*)$ 分别表示第 t 代和第 $(t-1)$ 代中与子空间 $\mathbb{S}_i$ 关联的最优聚合函数值。一般情况下，$\Delta_{improv}^{i,t}$ 越小意味着寻优进程趋于停滞或者已逼近最优解，因此需要减少计算资源分配以节省资源；反之，$\Delta_{improv}^{i,t}$ 越大意味着子问题所关联的解提升显著，应配置更多的资源，以提升资源利用效率。

在第 t 次迭代，设 $\boldsymbol{x}^t$ 为第 i 个子问题所产生的新解，其关联的子空间记为 $\mathbb{S}_{M[i]}$，则第 i 个子问题的相对贡献度采用下式计算：

$$\Delta_{contri}^{i,t} = \sum_{x^t \in offspring_i} \Delta_{contri}(\boldsymbol{x}^t) \tag{8-19}$$

式中，$offspring_i$ 是第 i 个子问题生成的子代解集；$\Delta_{contri}(\boldsymbol{x}^t)$ 代表解 $\boldsymbol{x}^t$ 对第 $M[i]$ 个子问题的贡献值，计算方式如下：

$$\Delta_{contri}(\boldsymbol{x}^t) = \frac{\min\limits_{\boldsymbol{x}^{t-1} \in \mathbb{S}_{M[i]}} sf(\boldsymbol{x}^{t-1} \mid \boldsymbol{w}^{M[i]}, \boldsymbol{z}^*) - sf(\boldsymbol{x}^t \in \mathbb{S}_{M[i]} \mid \boldsymbol{w}^{M[i]}, \boldsymbol{z}^*)}{\min\limits_{\boldsymbol{x}^{t-1} \in \mathbb{S}_{M[i]}} sf(\boldsymbol{x}^{t-1} \mid \boldsymbol{w}^{M[i]}, \boldsymbol{z}^*)}$$

(8-20)

式(8-19)和式(8-20)的目的是全面度量子问题对整个种群的贡献，若与 $\boldsymbol{x}^t$ 关联的子问题相对提高率增大，则对应的子问题表现出更大的开发潜力，反之亦然。通过这种方式，计算资源将动态配置到对其利用率较高的子问题上，从而提高算法寻优效率。基于上述定义，定义能力向量 $\boldsymbol{apt} = \{apt_i\}_{i=1}^N$ 来反映子问题被进一步优化的潜力，其中 apt_i 代表第 i 个子问题的优化潜力。

给定第 i 个子问题，其在 $(g+1)$ 代对应的 $apt_{i,g+1}$ 由两部分组成，具体集成方式如下：

$$apt_{i,g+1} = \frac{1}{2}(aptFCR_{i,g+1} + aptFIR_{i,g+1})$$

(8-21)

式中，$apt_{i,g+1}$ 代表最近 L 代子问题聚合函数累计提升率：

$$aptFIR_{i,g+1} = \frac{\sum\limits_{t=g-L+1}^{g} (\Delta_{improv}^{i,t} + \mu)\gamma_t}{\sum\limits_{i=1}^{N} \sum\limits_{t=g-L+1}^{g} (\Delta_{improv}^{i,t} + \mu)\gamma_t}$$

(8-22)

式中，$i = 1, \cdots, N$；$\Delta_{improv}^{i,t}$ 的定义见式(8-18)；μ 是用于避免分母为零的极小正数，这里取值为 $\mu = 1.0 \times 10^{-50}$；$\gamma_t$ 是缩放因子用于对不同时间点取得的反馈值进行加权求和。类似的，第 $(g+1)$ 代第 i 个子问题对应的 $aptFCR_{i,g+1}$ 度量方式如下：

$$aptFCR_{i,g+1} = \frac{\sum\limits_{t=g-L+1}^{g} (\Delta_{contri}^{i,t} + \mu)\gamma_t}{\sum\limits_{i=1}^{N} \sum\limits_{t=g-L+1}^{g} (\Delta_{contri}^{i,t} + \mu)\gamma_t}$$

(8-23)

在定义子问题 apt_i 的基础上，采用概率选择机制来动态分配计算资源到潜力较高的子问题上，具体来说，第 i 个子问题在第 $(g+1)$ 代被选择迭代优化的概率 $prob_{i,g+1}$ 计算如下：

$$prob_{i,g+1} = 0.9 \times \frac{apt_{i,g+1}}{\max\limits_{i \in \{1,2,\cdots,N\}} (apt_{i,g+1})} + 0.1$$

(8-24)

8.5.2　算法设计

基于上述定义，ECRA-DEA 的主要框架如算法 8-4 所示，其中关键步骤分别见算法 8-5～算法 8-8。

算法 8-4：ECRA-DEA

    输入：$MaOP$，N，$maxFEs$，L（记忆列表长度），T（邻域规模）

    输出：P

1 生成初始父代种群 $P=\{\boldsymbol{p}_1,\boldsymbol{p}_2,\cdots,\boldsymbol{p}_N\}$

2 初始化权向量集 $W=\{\boldsymbol{w}^1,\boldsymbol{w}^2,\cdots,\boldsymbol{w}^N\}$

3 for $i \leftarrow 1$ **to** N **do**

4 $B(i,:) \leftarrow \{i_1,i_2,\cdots,i_T\}$

5 $prob_{N\times1} \leftarrow \boldsymbol{1}_{N\times1}$

6 $memFCR_{N\times L} \leftarrow \boldsymbol{0}_{N\times L}$

7 $memFIR_{N\times L} \leftarrow \boldsymbol{0}_{N\times L}$

8 $FEs \leftarrow N$

9 while $FEs \leqslant maxFEs$ **do**

     $/*$ 依据 $prob$ 生成子代种群 $*/$

10 $[Q,I] \leftarrow offspring\_generation(P,prob,B)$

11 $FEs \leftarrow FEs+|Q|$

     $/*$ 更新 FCR 矩阵 $memFCR$ 和种群 P $*/$

12 $[memFCR,P] \leftarrow update\_FCR(memFCR,Q,I,P)$

     $/*$ 更新 FIR 矩阵 $memFIR$ $*/$

13 $memFIR \leftarrow update\_FIR(memFIR,Q,P)$

     $/*$ 更新 $prob$ $*/$

14 $prob \leftarrow prob\_assignment(memFCR,memFIR)$

    首先，初始化种群 $P=\{\boldsymbol{p}_1,\boldsymbol{p}_2,\cdots,\boldsymbol{p}_N\}$ 和一组均匀分布的权向量 $W=\{\boldsymbol{w}^1,\boldsymbol{w}^2,\cdots,\boldsymbol{w}^N\}$。随后步骤 3～4 负责构建每个子问题的邻域，$B(i,j)$ 存放着离第 j 个权向量 $\boldsymbol{w}^i$ 最近的权向量索引，$i\in\{1,2,\cdots,N\}$，$j\in\{1,2,\cdots,T\}$，T 为邻域规模。

    在步骤 5～8 中，首先初始化向量 $apt_{N\times1}$，每一维元素反映投入计算资源到相应子问题的回报效率，采用记忆矩阵 $memFIR_{N\times L}$ 和 $memFCR_{N\times L}$ 分别存储最近 L 代的 N 个子问题的提高率和子空间贡献率，L 为记忆矩阵长度（时间窗宽度）。随后，初始化目标函数最大评估次数（FEs）以及代数计数变量（gen）。

    随后，步骤 9～14 循环迭代直至终止条件满足，其中涉及子代个体生成、记忆矩阵更新、环境选择，以及 $apt_{N\times1}$ 更新。步骤 10 中，通过重组算子由当前种群生成子代种群 Q，在此过程中，记录产生子代种群的父代个体所隶属的子空间索引并存储在集合 I 中。具体来说，I_i 指代生成第 i 个个体的配对父代个体中的第一个个体隶属于子空间 $\mathbb{S}_{I_i}$。步骤 12～13 更新 $memFCR$、$memFIR$ 以及 P，随后步骤 14 根据 $\boldsymbol{apt}$ 更新对每个子问题投入计算资源的概率。接下来，详细介绍上述算法涉及的关键部分。

　　算法 8-5 描述了子代个体生成的详细步骤。首先，步骤 1 将 P 中的每个个体关联到唯一子空间，步骤 4 根据向量 $\boldsymbol{apt}$ 中的元素值确定第 i 个子问题被选中的概率，一旦 $\mathbb{S}_i$ 被选中，算法 8-5 中步骤 5～12 对选中的父代配对个体执行差分运算与多项式变异生成新个体 p，重复执行上述步骤直到集合 Q 的大小为 N。

算法 8-5：$offspring\_generation$（P, apt, B）

　　输入：P（父代种群），$prob_{N \times 1}$（选择概率向量），N（种群规模），B（邻域索引）

　　输出：Q（子代种群），I（生成子代种群 Q 的父代个体主项所隶属的子空间索引）

1　$[\mathbb{S}_1, \cdots, \mathbb{S}_N] \leftarrow Association(P, W)$
2　$Q \leftarrow \varnothing$; $I \leftarrow \varnothing$; $i \leftarrow 1$
3　**while** $|Q| \leqslant N$ **do**
4　　**if** $rand < prob_i$ **then**
5　　　$\boldsymbol{x}_{r_1} \leftarrow$ randomly select a solution from $\mathbb{S}_i$
6　　　**if** $rand < \delta$ **then**
7　　　　$C_{neigh} \leftarrow \{\boldsymbol{p} \mid \boldsymbol{p} \in \bigcup_{j=1}^{T} \mathbb{S}_{B(i,j)}\}$
8　　　**else**
9　　　　$C_{neigh} \leftarrow P$
10　　　$[\boldsymbol{x}_{r_2}, \boldsymbol{x}_{r_3}] \leftarrow$ randomly select two individuals from C_{neigh}
11　　　$\boldsymbol{q} \leftarrow DE(\boldsymbol{x}_{r_1}, \boldsymbol{x}_{r_2}, \boldsymbol{x}_{r_3})$
12　　　$\boldsymbol{q} \leftarrow PM(\boldsymbol{q})$
13　　　$Q \leftarrow Q \cup \{\boldsymbol{q}\}$
14　　　$I \leftarrow I \cup \{i\}$
15　　$i \leftarrow i + 1$
16　　**if** $i == (N+1)$ **then**
17　　　$i \leftarrow 1$

　　具体来说，步骤 5 负责从 $\mathbb{S}_i$ 中随机选择一个解 $\boldsymbol{x}_{r_1}$ 作为配对个体的主项，在步骤 6～10 中，余下的两个辅助项 $\boldsymbol{x}_{r_2}$ 和 $\boldsymbol{x}_{r_3}$ 以 δ 概率从子空间 $\mathbb{S}_i$ 的邻域中选择（进一步开发当前搜索空间以提高收敛速度），以 $1-\delta$ 概率从整个种群中随机选

择（维持种群多样性）。步骤 11～12 基于配对父代个体产生新解 p 并加入子代个体集 Q，同时步骤 13～14 将生成 p 的父代配对个体主项所隶属的子空间索引加入集合 I。

分别采用记忆矩阵 $memFCR$ 和 $memFIR$ 记录子问题提高率与贡献度，记忆矩阵采用滑动时间窗的形式存储数据进而动态更新 apt，具备更好的敏捷性，而传统固定时间周期更新方式有一定的滞后性。更具体来说，N 个子问题的最近生成的 FCR 值加入记忆矩阵 $memFCR$ 的末尾，同时删除 $memFCR$ 的头部最陈旧的数据，使得 $memFCR$ 的大小保持固定。与此类似，$memFIR$ 可采用同样的方式更新数据。图 8-16 给出了记忆矩阵存储结构及其先进先出滑动时间窗更新模式。除此之外，可以很容易地观察到 $memFCR$（$memFIR$）的每一列存放的是某一代 N 个子问题的贡献度（提高率）。算法 8-6 的步骤 1～7 给出了 $memFCR$ 的更新方式，算法 8-7 给出了 $memFIR$ 的更新方式。

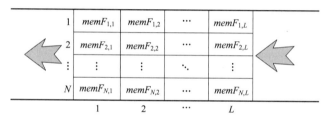

图 8-16　记忆矩阵的存储结构及其先进先出滑动时间窗更新模式

算法 8-6：$update\_FCR(memFCR, Q, I, P)$

输入：$memFCR$（N 个子问题在过去 L 代次的贡献度记忆矩阵），Q（子代种群），I（生成 Q 的父代个体隶属子空间索引），P（父代种群）

输出：更新后的 $memFCR$，P

1 $rewardA_{N \times 1} \leftarrow \mathbf{0}_{N \times 1}$

2 for $i \leftarrow 1$ **to** $|Q|$ **do**

　　/ * I_i 为生成子代个体 q_i 的父代个体所隶属的子空间 * /

3　　$k \leftarrow \arg\min_{j \in \{1, 2, \cdots, N\}} \langle \boldsymbol{F}(\boldsymbol{q}_i), \boldsymbol{w}^j \rangle$　　// 关联 q_i 到子空间 $\mathbb{S}_k$，$\boldsymbol{w}^j$ 为权向量

4　　$\delta_{I_i} \leftarrow \dfrac{\min\limits_{p \in \mathbb{S}_k} sf(\boldsymbol{p}, \boldsymbol{w}^k) - sf(\boldsymbol{q}_i, \boldsymbol{w}^k)}{\min\limits_{p \in \mathbb{S}_k} sf(\boldsymbol{p}, \boldsymbol{w}^k)}$　　// 由个体 $\boldsymbol{q}_i \in \mathbb{S}_k$ 的引入所引起的子空间 $\mathbb{S}_k$ 最优个体适应度提高率，即来自 $\mathbb{S}_{I_i}$ 的贡献度

5　　$\delta_{I_i} \leftarrow \max(\delta_{I_i}, 0)$

6　　$rewardA_{I_i} \leftarrow rewardA_{I_i} + \delta_{I_i}$　　// 由子空间 $\mathbb{S}_{I_i}$ 所引发的总贡献度

7 $memFCR \leftarrow [memFCR(:,2:end), rewardA_{I_i}]$

　　/* 子代个体筛选 */

8 $P \leftarrow P \cup Q$

9 while $|P| > N$ **do**

10　　$[\mathbb{S}_1, \cdots, \mathbb{S}_N] \leftarrow Association(P, W)$　// 关联 P 中的每一个成员到唯一子空间

11　　$maxc \leftarrow \max_{i=\{1,2,\cdots,N\}}(count(\mathbb{S}_i))$

12　　$cs \leftarrow find(count(\mathbb{S}_i)_{i=\{1,2,\cdots,N\}} == maxc)$;　// 具有相同最高拥挤度的子区域索引

13　　**if** $|cs| > 1$ **then**

14　　　　$c \leftarrow \arg\max_{i \in cs} \sum_{x \in \mathbb{S}_i} sf(\boldsymbol{x}|\boldsymbol{w}^i)$

15　　**else**

16　　　　$c \leftarrow \arg\max_{i \in \{1,2,\cdots,N\}} count(\mathbb{S}_i)$　// 最高拥挤度子区域

17　　$r \leftarrow \arg\max_{\boldsymbol{x} \in \mathbb{S}_c} sf(\boldsymbol{x}|\boldsymbol{w}^c)$

18　　$P \leftarrow P \backslash \{\boldsymbol{r}\}$

算法 8-7：$update\_FIR(memFIR, Q, P)$

　输入：$memFIR$（N 个子问题在过去 L 代次的提升率记忆矩阵），Q（子代种群），P（父代种群）

　输出：更新后的 $memFIR$

1 $Q \leftarrow Q \cup P$

2 $rewardA_{N \times 1} \leftarrow \boldsymbol{0}_{N \times 1}$

3 for $i \leftarrow 1$ **to** N **do**

4　　$g_1 \leftarrow \min_{\boldsymbol{p} \in \mathbb{S}_i} fit(\boldsymbol{p}, \boldsymbol{w}^i)$

5　　$g_2 \leftarrow \min_{\boldsymbol{q} \in \mathbb{S}_i} fit(\boldsymbol{q}, \boldsymbol{w}^i)$

6　　$\delta_i \leftarrow \max(\frac{g_1 - g_2}{g_1}, 0)$

7　　$rewardA_i \leftarrow rewardA_i + \delta_i$

8 $memFIR \leftarrow [memFIR(:,2:end), rewardA_i]$

　　值得注意的是，子问题的聚合函数的值可能为负，可能导致 FCR/FIR 计算错误。为避免这种情况，在算法 8-6 和算法 8-7 具体执行过程中，聚合函数 sf 的 d_h 项 [见式（8-15）和式（8-16）] 加入常量 $\|v\|$。除此之外，为了与实际情况相符，当 FCR/FIR 为负值时进行归零操作，如算法 8-6 的步骤 5 以及算法 8-7 的步骤 6 所示。

环境选择负责从父代与子代的合并种群中裁剪质量较差的个体以维持种群规模为 N。在此过程中，更加有效地平衡收敛性和多样性，均衡探索与开发之间的关系是决定裁剪后得到的种群质量优劣的重要依据。为更好地解决此问题，采用小生境裁剪策略，循环判定最拥挤区域并删除该区域收敛性最差的解，直至种群 P 的大小为 N。环境选择机制的伪代码见算法 8-6 的步骤 9~18。首先，将父代种群和子代种群合并为新种群 P，随后，P 中冗余的个体采用下述步骤被逐个裁剪：步骤 10 将 P 中每一个成员关联唯一子空间，接下来，采用步骤 11~12 计算每一个子空间中解的个数，并确定最拥挤子空间，若多个子空间具有相同的最高拥挤度，则选择拥有相同最高拥挤度的子空间（记为 sc）中所有个体聚合函数的累计值最大的子空间，记为 $\mathbb{S}_c$，见步骤 13~14，反之，按步骤 15~16 选定具有最高拥挤度的子空间，随后，删除 $\mathbb{S}_c$ 中的最差解并更新种群。

在某一具体时间节点，子问题的潜力指标向量 **apt** 依赖于矩阵 FCR 和 FIR 中存储的距离当前代次最近的 L 代数据。通常情况下，离当前代次较远的数据难以揭示种群近期搜索规律，而离当前代次较近的数据则能较好地刻画近期种群搜索规律。据此，采用衰减系数对矩阵 $memFCR$ 和 $memFIR$ 中的历史数据进行加权平均，总体原则是距离当前代次较近的数据配置较小的衰减系数，而距离当前代次较远的数据配置较大的衰减系数。算法 8-8 展示了利用 $memFCR$ 或 $memFIR$ 计算 **apt** 的具体步骤，首先步骤 2~3 对 $memFCR$ 或 $memFIR$ 中第 i 行对应数据进行加权求和，随后，步骤 4~5 计算 apt_i 的值。最后，步骤 6~7 确定相应子问题被选择投入计算资源的概率。显然，apt_i 越大，对应第 i 个子问题被选择的概率越大，从而对其投入计算资源的概率增加。

算法 8-8：$prob\_assignment$（$memFCR$，$memFIR$）

输入：$memFCR$，$memFIR$

输出：$prob$

1 $[N,L] \leftarrow size$（$memFCR$）

2 **for** $i \leftarrow 1$ **to** N **do**

3 $\qquad apt_i \leftarrow \sum_{j=1}^{L} \dfrac{j}{L} \times (memFCR_{i,j} + memFIR_{i,j})$

4 **for** $i \leftarrow 1$ **to** N **do**

5 $\qquad \overline{apt_i} \leftarrow \dfrac{apt_i}{\sum\limits_{i=1}^{N} apt_i}$

6 **for** $i \leftarrow 1$ **to** N **do**

7 $\qquad prob_i = 0.9 \times \dfrac{\overline{apt_i}}{\max(\overline{apt_i})} + 0.1$

在具体时间节点周期性更新子问题效用（潜力）值难以及时动态追踪当前种群演化规律，导致一定的滞后性。假设当前代次为 gen 且固定更新周期为 L，当进化种群在第 $gen \in \left[\left(\left\lfloor \dfrac{gen}{L} \right\rfloor \times L + 1\right), \left(\left\lfloor \dfrac{gen}{L} + 1 \right\rfloor \times L\right)\right)$ 代次，采用固定时间周期方法更新时，进化种群将延用第 $\left(\left\lfloor \dfrac{gen}{L} \right\rfloor \times L\right)$ 代次的子问题效用值引导计算资源配置。然而，当使用滑动时间窗动态更新模式时，用于更新子问题第 $(gen+1)$ 代次的效用值所采用的是距离当前代次的前 L 代［即 $(gen-L+1)$ 到 (gen) 代］的数据。为便于理解，图 8-17 展示了两种更新模型的区别，设 $L=5$，$gen=19$，由于图 8-17(a) 中效用值在 gen 是 L 的倍数时才更新，进化种群在第 19 代次的时候仍然沿用第 15 代次的效用值，导致一定的滞后性。然而，图 8-17 (b) 中，很容易观察到滑动时间窗模式很好地利用了最新数据，即采用距离当前代次最近的 L 个数据更新效用值。

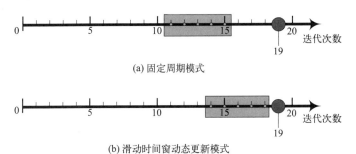

(a) 固定周期模式

(b) 滑动时间窗动态更新模式

图 8-17 子问题效用值更新模型对比

所提算法 ECRA-DEA 的计算复杂度方面，生成子代种群需要 $O(nN)$，归一化操作需要 $O(mN)$，计算提升率 FIR 与贡献度 FCR 的计算代价分别是 $O(mN)$ 和 $O(mN^2)$。随后，关联合并后的种群个体到 N 个子空间计算代价为 $O(mN^2)$。冗余种群个体裁剪的计算代价为 $O(mN)$，计算子问题资源配置的选择概率代价为 $O(N)$。一般情况下，$n<mN$，因而执行 ECRA-DEA 的每一代计算代价为 $O(mN^2)$。

使用 HV 和 IGD^+ 指标作为主要评价指标，测试问题选用 MOP1-7、CF1-CF10 以及 LF1-LF9 等 26 个标准测试实例，其中 MOP5、MOP7、LF6、CF4 以及 CF8 是 3 目标问题，其余是 2 目标问题。这些问题覆盖多种特性，对寻优算法构成挑战。具体来说，LF 实例拥有复杂的决策空间前沿解集形态，CF 实例拥有不可分决策变量，MOP 实例对寻优种群的多样性保持能力有较高要求。此外，还使用 DTLZ 和 WFG 测试集，这些问题的目标维度可扩展，考虑 5、10 以及 15 目标情况。

8.5.3　实验结果与分析

为了测试算法对具有复杂前沿面的寻优能力，将所提算法与其他包含计算资源动态配置的先进算法进行对比，这些算法是 EAG-MOEA/D、MOEA/D-DRA、MOEA/D-GRA、MOEA/D-FRRMAB、MOEA/D-IRA、MOEA/D-M2M、MOEA/D-AM2M 以及 MOABC/D。算法参数设置方面，对于 2 目标 MOP、CF 和 LF 测试集，种群规模 $N=300$，对于 3 目标测试集，设置 $N=595$。在高维多目标测试集上，对于 5，10 以及 15 目标问题分别设置 N 为 210、230 和 240。终止准则为 $MaxFEs$。除 MOP6 和 MOP7 设置 $MaxFEs=6e5$，对于 MOP、CF 和 LF 测试集，设置 $MaxFEs=3e5$，在高维多目标实例中，设置 $MaxFEs=1e5$，其他算法控制参数参照原算法。

表 8-3 列出了对比算法在 MOP、CF 以及 LF 测试集上所得 HV 指标值的统计结果，倒数第四行 "Fried" 给出了对比算法采用 Friedman 检验所得总体性能排序；倒数第三行列出的算法最终排序；倒数第二行 r_1、r_2 及 r_{12} 分别指代对应算法在所有实例上获得第一、第二以及前两名的次数；最后一行给出了 ECRA-DEA 与其他算法两两对比所得指标值进行置信度为 95% 的 Wilcoxon 秩和检验结果。

从表 8-3 可以看出，ECRA-DEA 的统计显著性优于其他竞争算法，其分别在比例为 $26/26=100\%$、$22/26\approx85\%$、$24/26\approx92\%$、$23/26\approx88\%$、$22/26\approx85\%$、$20/26\approx77\%$、$16/26\approx62\%$ 以及 $18/26\approx69\%$ 的实例上优于 EAG-MOEA/D、MOEA/D-DRA、MOEA/D-FRRMAB、MOEA/D-M2M、MOEA/D-AM2M、MOEA/D-GRA、MOEA/D-IRA 以及 MOABC/D。ECRA-DEA 在 26 个实例中的 16 个获得最佳 HV 指标值，位列参与竞争的算法的第一名。Friedman 检测结果表明，ECRA-DEA 排名第一，紧随其后的是 MOEA/D-IRA 和 MOABC/D。

进一步观察可知，ECRA-DEA 在 MOP 测试集中（MOP4 除外）的性能尤其突出，在 MOP4 实例上表现不佳的原因可能是该实例的前沿面分段不连读，ECRA-DEA 预设参考向量对此类问题存在局限性。尽管如此，ECRA-DEA 仍然取得了相对满意的性能，获得了第三名。值得注意的是，MOP 测试集存在多样性阻抗现象，不同 PF 上的不同区域寻优难度差异较大，ECRA-DEA 在此类问题上的良好表现折射出其多样性管理操作设计有效。MOEA/D-AM2M 在 MOP4 实例上被 MOEA/D-M2M 击败，可能原因是权向量动态调整对种群搜索存在干扰，对收敛性造成影响。因此，在复杂前沿面搜索过程中，需要多方考虑，而不是片面追求权向量动态分布。

表 8-3　ECRA-DEA 及其对比算法在 MOP、CF 以及 LF 测试集上所得 HV 指标统计结果

Problems	m	ECRA-DEA	EAG-MOEA/D	MOEA/D-DRA	MOEA/D-FRRMAB	MOEA/D-M2M	MOEA/D-AM2M	MOEA/D-GRA	MOEA/D-IRA	MOQABC/D
MOP1	2	**6.55e-1** **(6.6e-4)1**	1.05e-1 (8.1e-3)9 ●	2.57e-1 (1.7e-1)7 ●	3.21e-1 (1.7e-1)5 ●	6.43e-1 (2.2e-3)3 ●	6.44e-1 (9.8e-4)2 ●	1.86e-1 (8.6e-2)8 ●	3.09e-1 (2.1e-1)6 ●	3.33e-1 (2.1e-1)4 ●
MOP2	2	**3.28e-1** **(5.2e-4)1**	2.73e-4 (9.4e-4)9 ●	3.75e-2 (3.2e-2)8 ●	8.08e-2 (3.9e-2)5 ●	3.12e-1 (9.8e-3)2 ●	2.88e-1 (4.5e-2)3 ●	9.83e-2 (5.0e-2)4 ●	7.96e-2 (3.7e-2)6 ●	7.26e-2 (5.7e-2)7 ●
MOP3	2	**2.09e-1** **(7.8e-4)1**	0.00e+0 (0.0e+0)7 ●	0.00e+0 (0.0e+0)8 ●	1.11e-2 (2.6e-2)4 ●	1.95e-1 (7.2e-3)3 ●	1.97e-1 (6.6e-3)2 ●	0.00e+0 (0.0e+0)9 ●	5.57e-3 (1.9e-2)6 ●	5.58e-3 (1.9e-2)5 ●
MOP4	2	5.04e-1 (3.1e-3)3	1.22e-1 (3.5e-3)9 ●	1.58e-1 (3.0e-2)8 ●	1.86e-1 (2.4e-2)4 ●	**5.12e-1** **(2.0e-3)1** ○	5.12e-1 (2.4e-3)2 ○	1.72e-1 (2.0e-2)7 ●	1.75e-1 (1.9e-2)6 ●	1.77e-1 (2.7e-2)5 ●
MOP5	2	**6.47e-1** **(1.7e-3)1**	3.55e-1 (9.5e-4)6 ●	3.54e-1 (1.2e-16)8 ●	3.61e-1 (2.7e-2)5 ●	6.30e-1 (2.2e-3)2 ●	6.30e-1 (2.8e-3)3 ●	3.54e-1 (1.2e-16)9 ●	3.62e-1 (2.8e-2)4 ●	3.54e-1 (2.9e-17)7 ●
MOP6	3	**7.81e-1** **(1.0e-3)1**	4.95e-1 (4.0e-3)9 ●	5.14e-1 (2.9e-2)8 ●	5.87e-1 (4.0e-2)4 ●	7.41e-1 (4.0e-3)3 ●	7.45e-1 (2.3e-3)2 ●	5.29e-1 (5.1e-2)7 ●	5.37e-1 (4.2e-2)6 ●	5.65e-1 (5.9e-2)5 ●
MOP7	3	**3.82e-1** **(8.4e-3)1**	1.98e-1 (8.6e-3)9 ●	2.40e-1 (2.2e-2)5 ●	2.53e-1 (3.9e-2)4 ●	3.56e-1 (2.4e-3)3 ●	3.70e-1 (2.0e-2)2 §	2.24e-1 (1.6e-2)8 ●	2.36e-1 (4.5e-2)6 ●	2.29e-1 (3.5e-2)7 ●
CF1	2	**8.75e-1** **(3.1e-5)1**	8.39e-1 (1.1e-2)9 ●	8.75e-1 (1.7e-5)3 ●	8.75e-1 (3.3e-5)6 ●	8.73e-1 (1.5e-4)7 ●	8.72e-1 (8.0e-4)8 ●	8.75e-1 (2.1e-5)4 ●	8.75e-1 (1.9e-5)2 ●	8.75e-1 (4.6e-5)5 ●
CF2	2	5.42e-1 (2.8e-5)2	3.56e-1 (2.4e-2)9 ●	5.42e-1 (2.0e-5)5 §	5.41e-1 (5.0e-5)6 ●	5.39e-1 (2.7e-4)7 ●	5.39e-1 (6.3e-4)8 ●	5.42e-1 (3.0e-5)3 §	**5.42e-1** **(1.3e-5)1** ○	5.42e-1 (3.5e-5)4 §
CF3	2	4.36e-1 (2.8e-5)3	4.28e-1 (4.1e-4)9 ●	4.36e-1 (2.1e-5)5 §	4.35e-1 (4.5e-5)6 ●	4.33e-1 (2.8e-4)7 ●	4.33e-1 (1.8e-4)8 ●	4.36e-1 (2.2e-5)4 §	**4.36e-1** **(5.1e-6)1** §	4.36e-1 (1.6e-5)2 §

续表

Problems	m	ECRA-DEA	EAG-MOEA/D	MOEA/D-DRA	MOEA/D-FRRMAB	MOEA/D-M2M	MOEA/D-AM2M	MOEA/D-GRA	MOEA/D-IRA	MOABC/D
CF4	3	4.49e-1 (2.6e-4)2	1.42e-1 (1.5e-2)9 ●	4.38e-1 (3.8e-4)5 ●	4.38e-1 (8.5e-4)6	3.44e-1 (1.2e-2)7 ●	3.43e-1 (7.5e-3)8 ●	4.49e-1 (1.8e-4)3 ●	4.49e-1 (2.4e-4)4 ●	**4.50e-1** (**2.7e-4**)1 ○
CF5	2	**8.75e-1** (**4.6e-5**)1	6.41e-1 (6.1e-3)9 ●	8.74e-1 (1.1e-4)5 ●	8.74e-1 (2.0e-4)6	8.73e-1 (1.2e-4)7 ●	8.72e-1 (1.5e-4)8 ●	8.75e-1 (2.3e-5)3 ●	8.75e-1 (1.3e-5)2	8.75e-1 (3.0e-5)4 ●
CF6	2	**5.41e-1** (**3.0e-5**)1	4.34e-1 (1.5e-2)9 ●	5.41e-1 (1.2e-4)5 ●	5.41e-1 (2.5e-4)6	5.39e-1 (1.7e-4)7 ●	5.39e-1 (1.8e-4)8 §	5.41e-1 (3.5e-5)3 ●	5.41e-1 (5.9e-5)4 ●	5.41e-1 (3.8e-5)2 ●
CF7	2	4.35e-1 (7.4e-5)4	4.29e-1 (5.0e-4)9 ●	4.35e-1 (2.5e-4)5 ●	4.35e-1 (2.5e-4)6	4.33e-1 (2.0e-4)7 ●	4.33e-1 (2.5e-4)8 ●	4.35e-1 (1.0e-4)3 ●	4.35e-1 (7.0e-5)2 ○	**4.35e-1** (**5.5e-5**)1 ○
CF8	3	**4.38e-1** (**8.0e-4**)1	1.45e-1 (1.5e-2)9 ●	2.11e-1 (1.4e-6)8 ●	2.11e-1 (5.2e-6)7	3.49e-1 (6.5e-3)4 ●	3.50e-1 (5.4e-3)3 ●	2.12e-1 (1.2e-6)6 ●	2.12e-1 (6.8e-7)5 ●	4.23e-1 (6.6e-2)2 ●
CF9	2	**6.57e-1** (**2.1e-2**)1	6.53e-1 (5.0e-3)5 ●	6.37e-1 (3.5e-2)9 §	6.43e-1 (3.0e-2)8 ●	6.56e-1 (2.1e-2)3 §	6.55e-1 (2.1e-2)4 §	6.50e-1 (2.4e-2)6 §	6.57e-1 (7.0e-3)2 §	6.48e-1 (2.7e-2)7 §
CF10	2	4.62e-1 (6.8e-2)3	0.00e+0 (0.0e+0)8 ●	0.00e+0 (0.0e+0)9 ●	3.50e-2 (6.3e-2)4 §	**5.88e-2** (**7.3e-2**)1 §	5.87e-2 (7.3e-2)2 §	2.33e-2 (5.4e-2)6 §	1.17e-2 (4.0e-2)7 §	2.34e-2 (5.5e-2)5 §
LF1	2	**6.65e-1** (**9.8e-2**)2	6.49e-1 (4.5e-3)9 ●	6.65e-1 (1.4e-4)6 ●	6.65e-1 (1.0e-4)5 ●	6.64e-1 (9.4e-5)7 ●	6.63e-1 (1.7e-4)8 ●	6.65e-1 (7.7e-6)3 ●	**6.65e-1** (**1.8e-5**)1 ○	6.65e-1 (3.0e-5)4 ●
LF2	2	**6.64e-1** (**2.5e-4**)1	5.06e-1 (3.1e-2)9 ●	6.63e-1 (8.5e-4)4 ●	6.63e-1 (3.8e-4)5 ●	6.52e-1 (3.6e-3)7 ●	6.49e-1 (6.5e-3)8 ●	6.63e-1 (1.2e-4)2 ●	6.63e-1 (2.9e-4)3 ●	6.63e-1 (9.2e-4)6 ●
LF3	2	**6.64e-1** (**1.3e-4**)1	5.83e-1 (2.2e-2)9 ●	6.63e-1 (1.6e-4)2 ●	6.63e-1 (2.0e-4)4 ●	6.60e-1 (4.1e-4)6 ●	6.60e-1 (3.1e-4)7 ●	6.63e-1 (2.6e-4)3 ●	6.63e-1 (3.8e-4)5 ●	6.58e-1 (1.4e-2)8 ●

续表

Problems	m	ECRA-DEA	EAG-MOEA/D	MOEA/D-DRA	MOEA/D-FRRMAB	MOEA/D-M2M	MOEA/D-AM2M	MOEA/D-GRA	MOEA/D-IRA	MOABC/D
LF4	2	**6.64e-1 (2.3e-4)1**	5.81e-1 (2.6e-2)9 ●	6.63e-1 (2.2e-4)2 ●	6.63e-1 (2.3e-4)3 ●	6.56e-1 (2.2e-3)7 ●	6.55e-1 (2.4e-3)8 ●	6.62e-1 (2.3e-3)5 ●	6.63e-1 (9.6e-4)4 ●	6.60e-1 (8.7e-3)6 ●
LF5	2	**6.59e-1 (1.7e-3)1**	5.83e-1 (2.1e-2)9 ●	6.59e-1 (4.1e-3)2 §	6.59e-1 (1.7e-3)3 §	6.57e-1 (5.1e-5)5 ●	6.56e-1 (6.0e-4)7 ●	6.56e-1 (2.7e-3)6 ●	6.58e-1 (1.7e-3)4 §	6.56e-1 (1.3e-2)8 §
LF6	3	4.37e-1 (9.4e-4)4	2.38e-1 (5.5e-2)9 ●	4.25e-1 (2.5e-3)5 ●	4.23e-1 (2.0e-3)6 ●	3.35e-1 (1.6e-2)8 ●	3.47e-1 (1.5e-2)7 ●	4.38e-1 (9.2e-4)3 ○	**4.42e-1 (4.8e-3)1** ○	4.38e-1 (1.6e-3)2 ○
LF7	2	**6.65e-1 (2.9e-5)2**	4.08e-1 (4.9e-2)9 ●	6.65e-1 (6.6e-5)5 ●	6.65e-1 (8.3e-5)6 ●	6.62e-1 (1.3e-4)7 ●	6.62e-1 (1.1e-4)8 ●	6.65e-1 (1.9e-5)3 ●	**6.65e-1 (1.7e-5)1** ○	6.65e-1 (3.2e-5)4 ●
LF8	2	**6.65e-1 (7.5e-5)2**	3.81e-1 (6.0e-2)9 ●	6.64e-1 (8.6e-5)5 ●	6.64e-1 (7.9e-5)6 ●	6.58e-1 (8.4e-3)8 ●	6.60e-1 (3.5e-3)7 ●	6.65e-1 (1.4e-4)3 ●	**6.65e-1 (7.5e-5)1** ○	6.65e-1 (1.2e-4)4 ●
LF9	2	**3.30e-1 (9.0e-5)1**	1.03e-1 (8.1e-2)9 ●	3.29e-1 (4.2e-5)5 ●	3.29e-1 (5.4e-4)6 ●	3.10e-1 (9.4e-3)8 ●	3.13e-1 (1.2e-2)7 ●	3.30e-1 (2.2e-4)3 ●	3.30e-1 (1.7e-4)2 ●	3.30e-1 (1.5e-4)4 ●
Fried		1.6538（1）	8.6154（9）	5.6538（7）	5.2308（5）	5.2692（6）	5.6923（8）	4.7692（4）	3.5385（2）	4.5769（3）
Final ranking		1	9	7	5	6	8	4	2	3
$r_1/r_2/(r_{12})/all$		16/5/（21）/26	0/0/（0）/26	0/3/（3）/26	0/0/（0）/26	2/2/（4）/26	0/6/（6）/26	0/1/（1）/26	6/5/（11）/26	2/4/（6）/26
Wilcoxon		$w/t/l$	26/0/0	22/4/0 ·	24/2/0	23/2/1	22/3/1	20/5/1	16/4/6	18/5/3

为了更直观地了解算法寻优能力，图 8-18 和图 8-19 分别给出了对比算法在 MOP2 和 MOP6 问题上所得解集分布情况（取 30 次独立运行所得 HV 中值对应的解集）。从图 8-18 可知，ECRA-DEA 性能最好且能获得整个前沿面解集，MOEA/D-M2M 和 MOEA/D-AM2M 次之但仍能获得相对不错的结果，其他的算法陷入局部最优，难以覆盖整个前沿面。从图 8-19 可以看出，ECRA-DEA 所得解集能够覆盖整个前沿面，验证了所提方法的有效性。

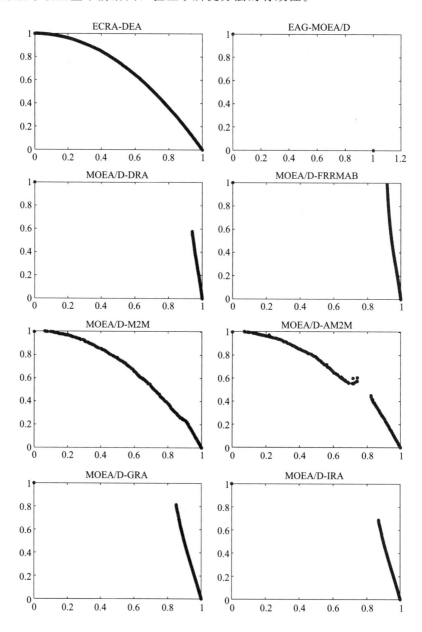

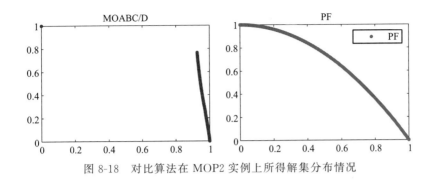

图 8-18　对比算法在 MOP2 实例上所得解集分布情况

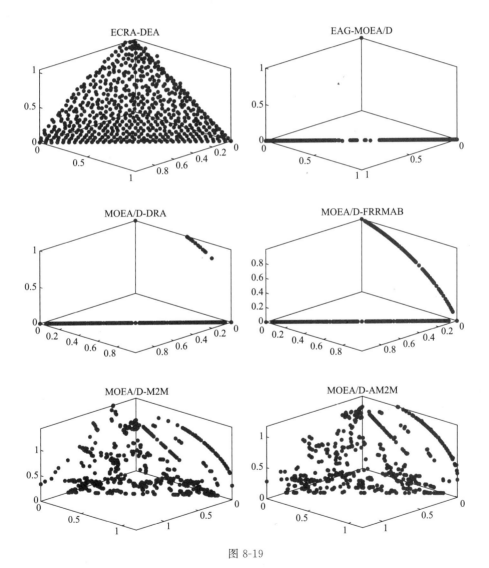

图 8-19

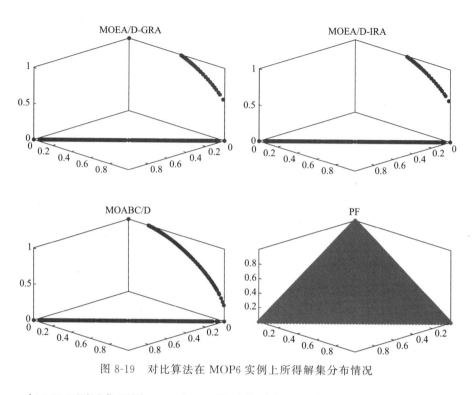

图 8-19　对比算法在 MOP6 实例上所得解集分布情况

与 MOP 测试集不同，CF 和 LF 测试集寻优困难主要在于不可分决策变量依赖性以及复杂的 PS 解集形状，ECRA-DEA 仍然获得第一名。MOEA/D-IRA 获得第二名，这表明多样性增强的 CRA 策略非常有必要。此外，MOABC/D 在 CF 测试集上性能表现良好，但 MOEA/D-GRA 在 LF 测试集上表现更佳，这表明 MOEA/D-GRA 所配备的最佳配对替换机制更适合求解具有复杂 PS 形状的问题，MOABC/D 的食物源扰动机制在处理具有不可分决策变量的测试集时有显著优势。

根据子问题的复杂度，不同子问题在不同阶段所需要的计算资源可能有差异，为了更加直观地了解计算资源动态分配过程，图 8-20 记录了 ECRA-DEA 在 MOP1 实例的 300 个子问题上不同阶段（第 10、20、50、100、300 和 450 代次）FEs 消耗量及对应的解集分布情况，其中前 6 个子图表示不同阶段 300 个子问题对应的 FEs 消耗情况，后 6 个子图表示对应的解集分布情况。由图可知，在算法迭代早期，计算资源在 300 个子问题（除极值点附近）上的分布较均匀，表明这个阶段子问题的搜索难度近似。然而，在搜索进程的中后期，计算资源集中在少量几个子问题上，表示对应的子问题寻优难度较高，需要的计算资源激增，此情况与图中第二行的解集分布情况相对应。

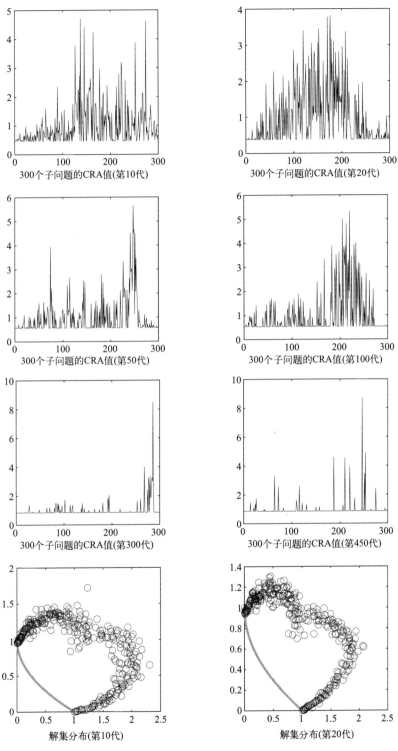

图 8-20

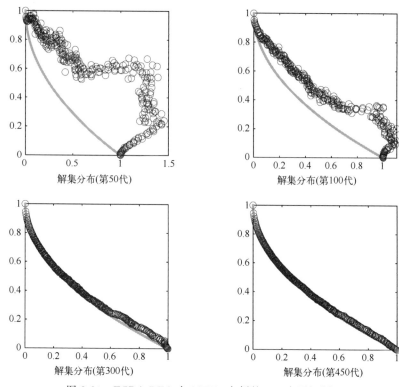

图 8-20　ECRA-DEA 在 MOP1 实例的 300 个子问题上
不同阶段 FEs 消耗量及对应的解集分布情况

　　为了更加直观地了解算法寻优进程，图 8-21 给出了对比算法在 MOP2 和 MOP6 实例上的 HV 指标收敛趋势，由图可知，尽管 ECRA-DEA 在迭代早期寻优效果不甚理想，但在中后期一举超越其竞争者并将领先优势保持到最后。上述结果出现的原因之一是所提出的 ECRA 策略能够准确反映不同子问题的寻优难易，并配置相应的计算资源，以最大化计算资源利用率，从而提升算法寻优能力。尽管 MOABC/D、MOEA/D-IRA 以及 MOEA/D-GRA 同样能动态配置计算资源，但他们的性能在 MOP 测试集上急剧下降。导致此情况的可能原因是计算资源分配策略对子问题的资源利用效用评估片面，导致结果不准确。

　　ECRA 策略动态衰减机制决定着不同时刻反馈数据对当前子问题资源利用效用值评估的影响，集成所有历史数据将导致引入过多与当前种群寻优状态无关的信息，对决策进程造成干扰。因而，对不同时刻历史数据进行权重集成能较好地追踪当前种群搜索进程，采用滑动时间窗叠加权重衰减机制对历史数据进行集成，以更好地刻画种群对计算资源的利用成效。为了测试不同 γ 衰减机制的实际效果，图 8-22(a) 给出了 ECRA 分别配置 "Linear" "Exponential" "Sigmoid" 以及 "Logarithmic" 衰减机制（记为 "Lin" "Exp" "Sig" 及 "Log"）在

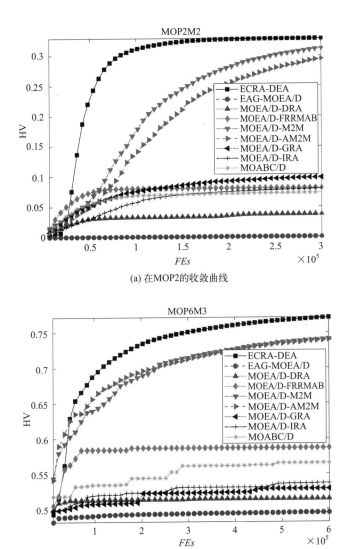

(a) 在MOP2的收敛曲线

(b) 在MOP6的收敛曲线

图 8-21　对比算法在 MOP2 和 MOP6 实例上的 HV 指标收敛情况

MOP2、MOP6 和 MOP7 实例上的 HV 指标收敛情况，此外，ECRA 策略无衰减机制（记为"NoD"）也加入对比。图 8-22(b)、(c) 及 (d) 分别给出 ECRA配置不同衰减策略在 MOP2、MOP6 及 MOP7 实例上的 HV 指标收敛曲线，由图 8-22(b) 可知，所有时间衰减机制均有一定积极作用，其中"Lin"衰减机制相对于其他策略效果更佳。由图 8-22(c) 和图 8-22(d) 可知，尽管各种方法的效果很接近，但仔细观察可以看出有衰减机制的 ECRA 明显优于"NoD"，因而ECRA 采用时间衰减机制对不同时刻的历史数据进行集成，更全面地揭示种群寻优动态特征，从而引导计算资源在不同搜索子区域更加合理分配。

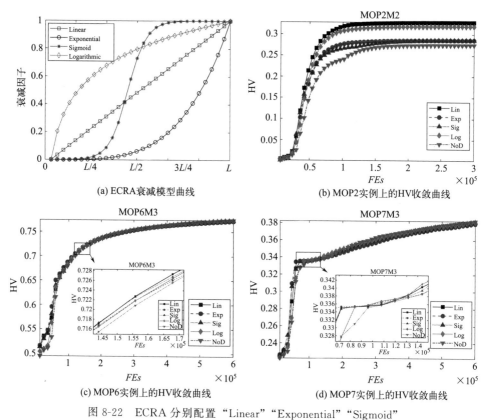

(a) ECRA衰减模型曲线　　　　　　(b) MOP2实例上的HV收敛曲线

(c) MOP6实例上的HV收敛曲线　　　　(d) MOP7实例上的HV收敛曲线

图 8-22　　ECRA 分别配置 "Linear" "Exponential" "Sigmoid"
以及 "Logarithmic" 衰减机制在 MOP2、MOP6 和 MOP7 实例上的 HV 指标收敛情况

第**9**章

基于迁移学习的云制造
多任务协同优化

经典群体智能优化算法实质上是一种单任务优化模式，存在极大的局限性，单次运行仅能求解一个任务，对用户任务优化响应速度慢，资源利用率低，很难满足动态高并发多任务制造服务请求，亟须探索新的优化模式来支撑未来多任务高并发优化问题处理。在工业云平台中，客户提交制造任务请求，平台运营方利用人工智能算法分解订单并实时监控和优化服务-任务供需匹配网络，资源提供方接收云平台发送的订单并提供资源服务。在此过程中，云平台面临多个制造任务并发或时序到达，每个制造任务对应一个服务组合协作生产优化任务，这些任务之间可能存在某种相似性（如目标问题适应度地形、最优解或者任务网络有向无环图结构）。若优化任务的寻优经验被迁移和利用以解决其他类似任务，搜索效率和寻优质量将得以大幅提高，如图 9-1 所示。遗憾的是，目前主流进化算法

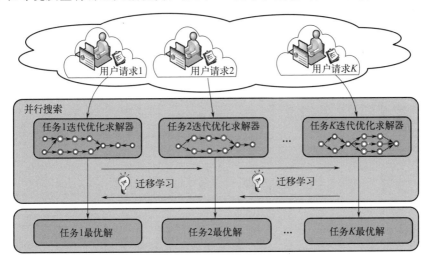

图 9-1　工业云平台制造服务协作生产中知识迁移驱动的多任务群体智能优化模式

大多是冷启动模式，很少有对种群寻优经验加以利用的案例，主要困难在于群体智能寻优模式下任务之间的关联性难以确定。在实际场景中，从其他任务域中获取的寻优知识并不总是有益的，并且源-目标域不匹配可能导致严重的负迁移。同时，随着任务数量的增加，这种风险会进一步上升。在复杂的超多任务场景中，如何为每一个任务选择合适的辅助任务，如何调整任务间知识迁移的强度，以及如何减小异构任务领域间欠适配问题，是进化多任务迁移优化（evolutionary multi-task transfer optimization，EMTO）需要解决的关键问题。本章针对这些问题，介绍具体的求解策略。

9.1 基于特征空间映射的多任务优化

忽略历史问题求解经验可能导致寻优知识的极大浪费，限制了群体智能搜索算法求解多个具有相似性或内在联系的问题的能力，而寻优经验对提高相似问题的搜索效率有着极大的帮助。值得注意的是，我们人类表现出极强的知识复用能力，能够从过去的经验中提取知识，以解决新遇到的与之前有关联的问题和更复杂的问题，即使问题之间不存在显性的任务相似性。因此，知识迁移驱动的群体智能优化算法在提高搜索效率方面具有较大潜力。最近，研究人员已提出集成知识迁移能力的多任务群体智能搜索算法。尽管这些算法性能表现突出，但它们仍然存在诸多不足，且目前提出的多任务优化算法主要集中于数值优化[121,138,141]，无法应用于制造云资源协同优化（cloudresource allocation problem，CRAP）这样的离散问题。由于 CRAP 中涉及排列组合编码和领域特征，用于数值优化的知识迁移无法直接应用于 CRAP 中[243]。为了缓解这一问题，针对 CRAP 问题的多任务知识迁移难点，提出基于跨任务服务质量数据映射的知识迁移策略，以促进任务间的搜索经验与知识共享，从而提高搜索效率。同时，针对多任务 CRAP 的特征，提出提高跨任务知识迁移能力的辅助源任务选择机制。

9.1.1 基于自编码器的特征空间映射

在机器学习领域，利用从历史任务处理经验中学习到的知识来提高当前问题求解质量与效率的思想被称为迁移学习（transfer learning，TL）[244]。尽管 TL 成功应用在机器学习任务中，例如图像处理、情绪分析、语音识别和疾病诊断[245]，但在进化算法领域中很少使用 TL，主要挑战在于难以捕捉黑箱问题之间的相关性，以及缺乏赋予进化算法在线知识迁移能力的有效技术。当涉及多任务 CRAP 知识重用时，传统方法主要采用直接插入来自相关问题的历史高质量解集来促进多个任务间的知识共享[246-247]。然而，随着云服务池规模以及解空间的快速增长，解的相似性难以准确评估。此外，解的直接迁移仅在不同问题的最优解存在交集时有效，当任务之间不存在显式最优解交集时，无法利用问题求解过程中获得的隐性知识。部分研究人员利用服务领域特征来缩小搜索空间规模，在此基础上使用启发式邻域搜索来增强进化算法在 CRAP 上的搜索能力，或者设计面向服务领域特征的遗传算法[248-249]。然而，这些方法仅利用领域知识优化初始解的构建，并未在求解过程中在线提取其他任务的求解知识，导致求解过程中的任务知识迁移存在困难。与上述解的直接迁移不同，本节基于迁移学习思想，学习以服务质量数据为载体的多个 CRAP 求解任务之间特征空间的映射关系，为跨任务知识迁移开辟新的方法途径。

针对多个任务在云平台中动态到达的场景，本节提出迁移学习辅助的进化算法（transfer learning assisted evolutionary algorithm，TAEA）来处理多任务 CRAP 问题，通过领域特征知识迁移来加速多个异构任务的求解进程，并且动态调整任务之间的知识迁移强度。考虑到异构 CRAP 实例的特征空间可能会有较大差异，为捕获隐藏在最优解中的潜在特征，以迁移解所对应的服务质量矩阵为载体，采用自编码器（auto-encoder，AE）提取问题特定领域特征，设计领域特征空间自动映射机制，以充分传播、共享和利用多个任务潜在的共性知识。考虑多个任务的相似性先验信息和知识迁移过程中累积反馈后验信息，在 TAEA 中集成多源信息以评估辅助任务对目标任务的协作能力，为目标任务匹配合适的源任务，从而提高知识迁移的精准度，规避知识负迁移问题。

在机器学习领域，TL 关注利用来自源域 $\mathcal{D}_s$ 的知识，通过发现公共潜在特征空间 $\mathcal{H}$ 来增强相关目标域 $\mathcal{D}_t$ 中的学习模型，如图 9-2（a）所示。对于有效的知识迁移，TL 的一个关键挑战在于提取源域和目标域中共同的核心特征。自编

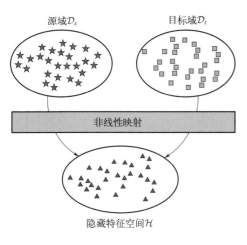

(a) 基于共有隐藏特征发掘的迁移学习

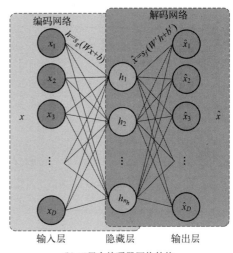

(b) 三层自编码器网络结构

图 9-2　迁移学习提取隐藏特征空间及自编码器结构示例

码器（AE）是一种用于在深度学习领域提取数据关键特征的网络结构，能够提取原始数据的核心特征，并以最小的差异复原。这为通过配置 AE 中的输入和输出层来建立异构问题域之间的特征空间映射提供了启发。图 9-2(b) 给出了 AE 的典型结构，该结构使用三层对称神经网络（输入层、隐藏层和输出层）将数据分布从一个域转换到另一个域。

自编码器提取特征原理如下：给定输入向量 $\boldsymbol{x}$，编码过程（输入层-隐藏层）通过权连接矩阵 $\boldsymbol{W}$ 将 $\boldsymbol{x}$ 转换为 $\boldsymbol{h}$，即 $\boldsymbol{h}=s_f(\boldsymbol{Wx}+\boldsymbol{b})$；解码过程（隐藏层-输出层）将隐藏层变量 h 恢复为重构向量 $\hat{\boldsymbol{x}}=s_g(\boldsymbol{W}'\boldsymbol{h}+\boldsymbol{b}')$，其中 s_f 和 s_g 是 sigmoid 门限函数，$\boldsymbol{W}$ 和 $\boldsymbol{W}'$ 是权连接矩阵，$\boldsymbol{b}$ 和 $\boldsymbol{b}'$ 是偏置向量。AE 的目标是通过学习参数集 θ 来减少输入和输出之间的分布差异（重构误差）：

$$\mathcal{J}(\theta)=\min_\theta \frac{1}{N}L(\boldsymbol{x}_i,\hat{\boldsymbol{x}}_i) \tag{9-1}$$

式中，$\theta=\{\boldsymbol{W},\boldsymbol{W}',\boldsymbol{b},\boldsymbol{b}'\}$；$N$ 为样本容量；L 为损失函数，如均方差、KL 散度（Kullback-Leibler divergence，KLD）等。鉴于以上特征，本节利用 AE 为具有不同特征的问题（异构任务）建立联系，并将隐藏层中的潜在特征视为解决不同问题的共性知识载体。

设 $\boldsymbol{P}^s=\{\boldsymbol{p}_i^s\}_{i=1}^N$ 和 $\boldsymbol{P}^t=\{\boldsymbol{p}_i^t\}_{i=1}^N$ 为不同问题的寻优种群，二者之间的联系可通过最小化 AE 重构误差来实现：

$$\mathcal{L}_{sq}(\boldsymbol{M})=\frac{1}{2N}\sum_{i=1}^N \|\boldsymbol{p}_i^t-\boldsymbol{Mp}_i^s\|^2 \tag{9-2}$$

式中，$\boldsymbol{M}$ 指的是 $\boldsymbol{p}^s$ 到 $\boldsymbol{p}^t$ 的映射矩阵。当对 $\boldsymbol{p}_i^s$、$\boldsymbol{p}_i^t$ 以及 $\boldsymbol{M}$ 边缘变量分别填充 1、1 和 $\boldsymbol{b}$ 时，损失函数 $\mathcal{L}_{sq}(\boldsymbol{M})$ 可简化为：

$$\mathcal{L}_{sq}(\boldsymbol{M})=\frac{1}{2N}\mathrm{tr}\big[(\boldsymbol{P}^t-\boldsymbol{MP}^s)^{\mathrm{T}}(\boldsymbol{P}^t-\boldsymbol{MP}^s)\big] \tag{9-3}$$

式中，$\mathrm{tr}[\cdot]$ 为矩阵迹运算。式(9-3) 存在显性封闭解 $\boldsymbol{M}=[(\boldsymbol{P}^s)^{\mathrm{T}}\boldsymbol{P}^s]^{-1}(\boldsymbol{P}^s)^{\mathrm{T}}\boldsymbol{P}^t$。然而，由于输入数据中可能涉及噪声、异常值和缺失值等不完全信息，经典 AE 的表示能力和鲁棒性在实际应用中受到限制。

9.1.2 模型构建

CRAP 的目标是为每一个制造任务找到合适的协同云服务链以满足用户的任务请求，其过程如图 9-3 所示，图中所涉及的符号及变量解释如表 9-1 所示。

设 $J=\{J_1,\cdots,J_k,\cdots,J_K\}$ 为提交到云平台的多个异构任务，其中任意任务 J_k 可以被分解为 l_k 个子任务，$J_k=\{st_j^k\}_{j=1}^{l_k}$。基于功能匹配，每个子任务可以由功能相似但服务质量不同的服务完成，满足这样的服务集合记为 $CSS_{k,j}=\{cs_{k,j}^h\}_{h=1}^{m_{kj}}$，其中 $cs_{k,j}^h$ 代表满足第 k 个任务的第 j 个子任务功能需求的服务集中

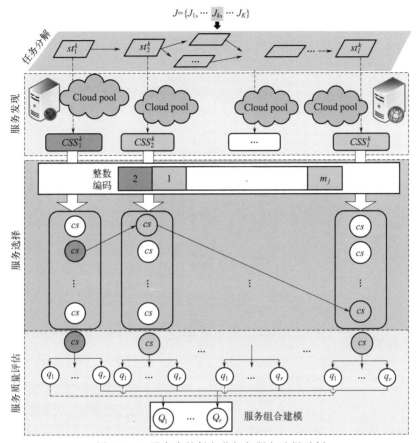

图 9-3　云平台中的任务分解与服务选择示例

的第 h 个 cs，m_{kj} 为 $CSS_{k,j}$ 的大小，即 $m_{kj} = |CSS_{k,j}|$。整数编码方案用于解的表示，每个整数对应于从符合相应子任务功能需求的 CSS 中选择的 cs 的索引。每个 cs 关联 r 个服务质量属性，$q = \{q_1, \cdots, q_r\}$。寻优目标是为一系列子任务分配合适的 cs，以便生成的协同云服务路径（collaborative cloud service path，CSP）的目标效用值最大，多任务 CRAP 的数学模型如下：

$$\text{Maximize:} \{Utility(CSP_1), Utility(CSP_2), \cdots, Utility(CSP_K)\} \quad (9\text{-}4)$$

其中，

$$Utility(CSP_k) = \sum_{t=1}^{r} Q_t(CSP_k) * w_t \quad (9\text{-}5)$$

$$Q_t(CSP_k) = \begin{cases} \dfrac{agg_t(CSP_k) - Q_{t,k}^{\min} + \epsilon}{Q_{t,k}^{\max} - Q_{t,k}^{\min} + \epsilon} & q_t \in q^+ \\[3mm] \dfrac{Q_{t,k}^{\max} - agg_t(CSP_k) + \epsilon}{Q_{t,k}^{\max} - Q_{t,k}^{\min} + \epsilon} & \text{其他} \end{cases} \quad (9\text{-}6)$$

$$agg_t(CSP_k) = agg(\{q_t(cs_{k,j}^{x[j]})\}_{j=1}^{l_k}) \tag{9-7}$$

$$CSP_k = \{st_{k,j}, cs_{k,j}^{x[j]}\}_{j=1}^{l_k} \tag{9-8}$$

$$\boldsymbol{x}_k = \{x[j]\}_{j=1}^{l_k} \tag{9-9}$$

$$Q_{t,k}^{\min} = agg(q_t^{\min}(CSS_{k,j})) \tag{9-10}$$

$$q_t^{\min}(CSS_{k,j}) = \min_{1 \le h \le m_{kj}} q_t(cs_{k,j}^h) \tag{9-11}$$

$$Q_{t,k}^{\max} = agg(q_t^{\max}(CSS_{k,j})) \tag{9-12}$$

$$q_t^{\max}(CSS_{k,j}) = \max_{1 \le h \le m_{kj}} q_t(cs_{k,j}^h) \tag{9-13}$$

$$\sum_{t=1}^r w_t = 1 \quad w_t \in [0,1] \tag{9-14}$$

$$k \in \{1,2,\cdots,K\}, t \in \{1,2,\cdots,r\} \tag{9-15}$$

$$j \in \{1,2,\cdots,l_k\}, h \in \{1,2,\cdots,m_{kj}\}, x[j] \in \{1,2,\cdots,m_{kj}\} \tag{9-16}$$

其中，式(9-5)为任务 J_k 的目标函数值，代表当前可行方案 CSP_k 的全局 QoS 效用，$w_t \in [0,1]$ 为第 t 维属性权重，满足 $\sum_{t=1}^r w_t = 1$；式(9-6)用于对 agg_t (CSP_k) 归一化处理，$Q_t(CSP_k)$ 是 $agg_t(CSP_k)$（第 t 个 QoS 指标聚合值）的归一化值，$agg_t(CSP_k)$ 为路径 CSP_k 的第 t 维属性值，QoS 属性可划分为效益型属性 q^+ 和成本型属性 q^-，因此归一化采用不同的方法，ϵ 为确保分母不为零的极小正数；式(9-7)对路径 CSP_k 中多个 cs 的第 t 维服务质量进行聚合操作（$agg =: \{\sum, \Pi, avg, \min, \max\}$），$q_t$ 为 CSP_k 中与 $cs_{k,j}^{x[j]}$ 关联的第 t 个 QoS 属性；式(9-8)中，CSP_k 可以形式化为二元组，其中任务 $st_{k,j}$ 在云资源 $cs_{k,j}^{x[j]}$ 上执行；式(9-9)中，可行解 $\boldsymbol{x}_k$ 被表示为 l_k 维整数序列，其中元素 $x[j]$ 表示 $cs_{k,j}^{x[j]}$ 的上标，取值范围为 $[1, m_{kj}]$；式(9-10)、式(9-11)限定所有可行方案第 t 维 QoS 属性取值下界；式(9-12)、式(9-13)限定所有可行方案第 t 维 QoS 属性取值上界，$Q_{t,k}^{\max}$ 和 $Q_{t,k}^{\min}$ 为 $agg_t(CSP_k)$ 的上、下界，$agg_t(CSP_k) \in [Q_{t,k}^{\min},$ $Q_{t,k}^{\max}]$；式(9-14)约束 w_t 的取值范围；式(9-15)、式(9-16)限定变量的类型。更多符号解释见表 9-1。

表 9-1 模型所涉及的符号及变量解释

符号名称	定义
J_k	第 k 个制造任务
$st_{k,j}$	J_k 中第 j 个子任务
$CSS_{k,j}$	$st_{k,j}$ 的候选服务集合
$cs_{k,j}^h$	$CSS_{k,j}$ 中第 h 个制造服务

符号名称	定义
h	候选服务索引
j	子任务索引
l_k	MT_k 中所涉及的子任务规模
m_{kj}	$CSS_{k,j}$ 中候选服务规模
t	QoS 属性索引
r	QoS 属性的个数
k	制造任务索引
K	并发任务的规模
CSP	组合服务执行路径

9.1.3　算法设计

与多因子优化算法不同，本节所提出的方法通过并行运行多个独立的迭代求解器进行显性知识迁移，每个迭代求解器关联一个种群，并对应求解一个任务。此外，与传统方法直接在目标任务种群中周期性插入源任务最优解的方式来实现知识迁移不同，本节试图以与最优解相关联的服务质量数据为载体捕获任务之间的解空间关联特征，在此基础上进行知识迁移映射。此外，给定目标任务，依据任务相似性先验信息和知识迁移实际效果后验信息来共同选择进行知识迁移的辅助任务，以提高辅助源任务选择的可信度。

算法 9-1 给出了所提 TAEA 的详细执行步骤，首先初始化与每个任务相关的种群及算法控制参数（行 1），之后 TAEA 开始执行迭代循环进化搜索过程直至满足终止准则（行 2～21）。任务可在任意时刻加入和退出，所有待优化任务存储在任务池 J 中（行 3），对于每个新加入的任务 J_k，初始化其任务种群，并评估种群中每个个体的适应度值（行 4～6）。对每一个任务进行迭代搜索直至满足终止准则（行 7～8），任务种群迭代搜索过程中根据知识迁移触发的条件是否满足，执行跨任务知识迁移或者任务内搜索（行 13～20），每个任务每间隔 G 代执行一次知识迁移。当知识迁移条件满足时，采用基于相似性准则和基于反馈信息的源任务信誉度指标为目标任务选择合适的知识迁移辅助任务（行 14～16），来自其他任务种群中的前 N_{top} 个解被选为知识迁移的载体并采用改进的 AE 模型学习跨任务的特征空间映射，得到被迁移解在目标空间的映射（行 17～18），来自其他任务的解的特征被迁移到当前任务的特征空间，这些特征被映射回目标特征空间以获得迁移后的解。迁移后的个体参与目标任务的搜索进程（行 19～20）。一旦满足终止条件，算法输出每个任务种群的最优解（行 22）。

算法 9-1：TAEA 伪代码

> **输入**：N_s（子种群大小），K（任务数量）
>
> **输出**：K 个任务的最优解

1 Initialize the parameter settings

2 while 多任务优化终止准则未满足 **do**

3   Collect executing-job into job pool J

4   **foreach** *newly started job J_i* **do**

5   Randomly generate initial population for J_i：$sp_i = \langle \boldsymbol{p}_1, \cdots, \boldsymbol{p}_{N_s} \rangle$

6   Evaluate the objective function of J_i

7   **for** $t \leftarrow 1$ **to** K **do**

8   **if** *terminal certerion of J_t is not met* **then**

9 $g \leftarrow g+1$

10   **if** $mod\ (g, G) \neq 0$ **then**

                /* Evolve J_t independently */

11 $so_t \leftarrow$ reproduction (sp_t)

12 $sp_t \leftarrow$ top N_s individuals from $sp_t \cup so_t$

13   **else**

                /* Evolve J_t through knowledge transfer */

14   **foreach** $J_s \in \{J_s\}_{s=1, s \neq t}^K$ **do**

15   Update ability indicator $ability_{t,s}$ for J_s

16 $J_a \leftarrow$ roulette-selection $(ability)$

17 $CI \leftarrow$ top N_{top} individuals from sp_a

18 $CI' \leftarrow$ transfer CI

19 $so_t \leftarrow$ reproduction $(sp_t \cup CI')$

20 $sp_t \leftarrow$ top N_s individuals from $sp_t \cup so_t \cup CI'$

21 $x_t^* \leftarrow$ the best solution from sp_t

22 return $\{x_1^*, x_2^*, \cdots, x_K^*\}$

需要指出的是，TAEA 被赋予了寻找合适辅助任务的能力，以进行适应性知识迁移。此过程涉及三个核心要素：首先是学习特定问题的服务质量数据以便获得跨任务映射矩阵，然后传递高质量解所承载的知识；其次是任务之间的相似性测量，它负责度量任务之间的关联程度；最后是基于任务相似性先验信息和知识迁移过程中累积的反馈来评估源任务协助目标任务搜索的能力。

CRAP 任务的特征空间主要包含候选 cs 的 QoS 指标数据、CSS 的大小、子任务的规模及其拓扑结构等。给定整数编码方式，CRAP 任务的解由整数序列表示，序列中的每一个元素代表执行相应子任务的 cs 索引，由于不同 CRAP 的特征空间存在异构性，因此在 CRAP 特征空间发生变化的情况下，这种整数序列无实质意义，在大多数情况下，直接插入整数序列解是不切实际的。然而，整数序列解所对应的调度方案实质上隐含着一系列最优解所映射的 cs，这些选定的 cs 所承载的 QoS 隐含可利用的知识。若能构建两个 CRAP 之间的问题最优解对应的 QoS 之间的映射关系，则可以相应地迁移最优解所携带的任务求解知识。以此为线索，借助稀疏 AE 学习跨 CRAP 的 QoS 特征空间映射矩阵 $\boldsymbol{M}$。

以迁移学习为背景，给定源任务 CRAP $\boldsymbol{CRAP}_s=\{\boldsymbol{\mathcal{X}}_s,s_s\}$ 及其对应的特征空间 $\boldsymbol{\mathcal{X}}_s$ 和优质解 s_s，目标任务 CRAP $\boldsymbol{CRAP}_t=\{\boldsymbol{\mathcal{X}}_t\}$ 及其特征空间 $\boldsymbol{\mathcal{X}}_t$。为捕获 $\boldsymbol{\mathcal{X}}_s$ 和 $\boldsymbol{\mathcal{X}}_t$ 共享的本质特征，以在目标域中重构源任务优质解 s_s 对应的目标域对应解 s_t。为此，知识迁移过程分三个阶段进行：在第一阶段，可将与 CRAP 相关联的所有 CSS 的 QoS 数据集视为从一个任务到另一个任务的知识载体，并且构建连接两个 CRAP 问题实例的映射矩阵 $\boldsymbol{M}$；第二阶段通过习得的映射 $\boldsymbol{M}$ 将 s_s 中选定的具体 CS 携带的 QoS 数据集映射到目标特征空间 $\boldsymbol{\mathcal{X}}_t$ 中；第三阶段涉及找到最佳服务集，该服务集的 QoS 值在距离指标上最接近特征空间 $\boldsymbol{\mathcal{X}}_t$ 中迁移后的 QoS 值。

为简便起见，将所有候选服务 QoS 数据集视为 CRAP 问题领域特征空间。通常，CRAP 的 QoS 数据集可以形式化为矩阵 $\boldsymbol{QoS}^{all}\in\mathbb{R}^{d\times n}$，其中 $d=r\times l$，$n=\max\limits_{j\in\{1,2,\cdots,l\}}|CSS_j|$，$r$ 为 QoS 指标的个数，l 为每个子任务所包含的子任务个数。类似地，源任务和目标任务 CRAP 的 QoS 数据集分别表示为 $\boldsymbol{QoS}_s^{all}\in\mathbb{R}^{d\times n_s}$ 和 $\boldsymbol{QoS}_t^{all}\in\mathbb{R}^{d\times n_t}$。$\boldsymbol{QoS}^{all}\in\mathbb{R}^{d\times n}$ 的典型示例见图 9-4 左上侧的特征空间 $\boldsymbol{\mathcal{X}}_s$，其中 $\boldsymbol{QoS}^{all}$ 由 l 个数据区块（从上至下）组成，每一个区块代表一个 CSS 对应的 QoS 数据集，其中每一列代表一个 CS 的 r 个 QoS 指标值。因此，学习 $\boldsymbol{\mathcal{X}}_s$ 与 $\boldsymbol{\mathcal{X}}_t$ 之间的映射可以转化为找到一个矩阵 $\boldsymbol{M}$，使得 $\boldsymbol{QoS}_s^{all}*M=\boldsymbol{QoS}_t^{all}$。此外，为了在有噪声环境下增强特征空间重构的鲁棒性，需要 $\boldsymbol{M}$ 尽量稀疏，可得下式：

$$\arg\min_{M}\{\|\boldsymbol{QoS}_s^{all}*\boldsymbol{M}-\boldsymbol{QoS}_t^{all}\|_F+\|\boldsymbol{D}\odot\boldsymbol{M}\|_{l_1}\} \tag{9-17}$$

式中，第一项 Frobenius 范数项为特征空间重构误差，最小化该项可以减少低维对齐子空间中 $\boldsymbol{\mathcal{X}}_s$ 和 $\boldsymbol{\mathcal{X}}_t$ 之间的差异；第二项 l_1-范数正则项迫使 $\boldsymbol{M}$ 尽量稀疏。矩阵 $\boldsymbol{D}\in\mathbb{R}^{n_s\times n_t}$ 中 $d_{i,j}$ 可表述为 $d_{i,j}=\exp[e_{i,j}-e_{\min,j}]*e_{i,j}$，其中 $e_{i,j}$ 为 $\boldsymbol{QoS}_s^{all}$ 的第 i 列到 $\boldsymbol{QoS}_t^{all}$ 的第 j 列向量之间的欧氏距离，$e_{\min,j}=\min_{i\in\{1,2,\cdots,n_s\}}e_{i,j}$，$\odot$ 为元积算子，$\boldsymbol{M}$ 可由内点法求得。

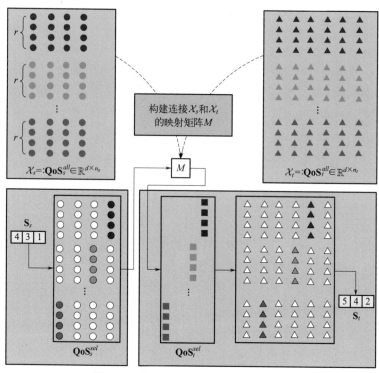

图 9-4　稀疏自编码器辅助的知识迁移

在基于种群的搜索算法中，每个解对应一系列选定的服务，从而对应服务质量数据矩阵，因而迁移与高质量解对应的服务质量数据是一种可行方案。设 QoS_s^{sel} 为解 s_s 关联的服务质量数据，基于习得的 M，借助式 $QoS_t^{sel}=QoS_s^{sel}*M$ 可得迁移后的服务质量数据，目标解 s_t 是通过为每个子任务选择其 QoS 最接近 QoS_t^{sel} 中相应部分对应的 cs 而得出的，最后，将 s_t 插入目标 CRAP 的进化种群中。

一般来说，共性知识更可能存在于相似任务中，因此相似任务间的知识迁移是有益的。考虑到任务是由不断进化的种群来寻优，一种常见的相似性测量方法是通过概率模型学习种群分布，然后通过概率模型的差异间接测量任务之间的相似性。然而，在复杂的动态云环境中，任务可以在不同的时间点到达或任意时刻离开，它们可能处于不同的进化阶段（如启动、执行、完成），迭代求解器的类型可能因任务而异。即使是相似的任务，种群分布也可能大相径庭。因此，种群分布差异可能无法可靠地反映任务之间的相似性。为缓解此问题，采用 CSS 所关联的 QoS 数据来表示相关的 CRAP 实例，从而通过 QoS 数据分布近似地捕获相似性，而不是直接使用动态寻优种群来迁移个体。

采用 CSS 的 QoS 数据记录 CRAP 实例的相关信息，KL 散度用于测量 CRAP 实例之间的 QoS 分布差异，从而反映任务相似性。当涉及 CRAP 实例时，

关联的 CSS 的 QoS 数据集 $\boldsymbol{QoS}^{all}$ 可视作在 $d = r \times l$ 维空间中 $n = \max\limits_{j \in \{1, \cdots, l\}}$ $|CSS_j|$ 个样本的概率分布模型，为了拟合数据，使用多元高斯分布来近似表示 $\boldsymbol{QoS}^{all}$ 的分布。因此，任务之间 KL 散度 $KLD(J_t \| J_s)$ 可由下式得出：

$$KLD(J_t \| J_s) = \frac{1}{2}\left(tr\left(\sum_s^{-1} \sum_t\right) + (\mu_s - \mu_t)^T \sum_s^{-1} (\mu_s - \mu_t) - D_{\sum} + \ln \frac{det \sum_s}{det \sum_t} \right)$$

(9-18)

式中，$\sum$ 为协方差矩阵；μ 为均值向量；上标 "s" 和 "t" 用于区分数据源 $\boldsymbol{QoS}^{all}$ 是来自 J_s 或者 J_t；$D_{\sum}$ 是协方差矩阵的维度。较小的 KL 散度意味着 QoS 数据分布的差异较小，因此相关 CRAP 实例的相似性较高。

给定目标任务 $J_t(t = 1, 2, \cdots, K)$ 及辅助任务 $J_s(s = 1, 2, \cdots, K \text{ and } s \neq t)$，$J_s$ 相对于 J_t 的信誉值反映 J_s 协助 J_t 搜索的能力大小，记为 $Credit(J_t, J_s)$，其在知识从 J_s 到 J_t 迁移后根据获得的奖励动态更新。设任务数量为 K，任务间两两配对后的信用值形成一个 $K \times K$ 矩阵，其中每个元素都根据学习期间知识迁移成功的次数进行更新：

$$Credit(J_t, J_s) = \frac{\sum\limits_{g = \mathcal{G}-L}^{\mathcal{G}-1} C_{t,s}^g}{\sum\limits_{s = 1, s \neq t}^{K} \sum\limits_{g = \mathcal{G}-L}^{\mathcal{G}-1} C_{t,s}^g}$$

(9-19)

其中

$$C_{t,s}^g = \begin{cases} 1 & f_t(\boldsymbol{p}_{transfer}^s) < f_t(\boldsymbol{p}_{best}^t) \\ 0 & \text{其他} \end{cases}$$

(9-20)

式中，$\boldsymbol{p}_{transfer}^s$ 来自 J_s 的迁移解；$f_t(\cdot)$ 为 J_t 的目标函数（最小化优化问题）；$C_{t,s}^g$ 记录 $\boldsymbol{p}_{transfer}^s$ 在 g 代次是否对 J_t 的最优解有提升作用；$\mathcal{G}$ 为当前代次；L 为学习周期。若从 J_s 迁移到 J_t 的寻优知识有效，则 $Credit(J_t, J_s)$ 的值将增大，否则减小。

由于任务到达的时间点不同，任务相关的种群可能处于不同的进化阶段。换言之，仅依据任务相似性信息，无法推断任务寻优种群知识的可迁移性。另一方面，即使任务相似性较低，某一任务的种群可能仍然包含一些对其他任务搜索有利的信息。以此为线索，相似度与信用度一起用于决定辅助任务的选择概率。基于相似度和信用度，可构建配对任务辅助能力矩阵，其中每个元素 $ability_{t,s}$ 的计算方法如下：

$$ability_{t,s} = \frac{Cr\breve{e}dit_{t,s} \cdot K\breve{L}D_{t,s}^{-1}}{\sum\limits_{s \in \{1, 2, \cdots, K\}} Cr\breve{e}dit_{t,s} \cdot K\breve{L}D_{t,s}^{-1}}$$

(9-21)

式中，$K\check{L}D_{t,s}^{-1}$ 是 $K\check{L}D_{t,s}$ 的倒数；$Cr\check{e}dit_{t,s}$ 和 $K\check{L}D_{t,s}$ 分别代表 $Credit$ (J_t,J_s) 和 $KLD(J_t\|J_s)$ 的范数，相似度较低或者 KL 散度较高的辅助任务仍有一定概率被选中。给定 $I(t,s)$，其范数 $\check{I}_{t,s}$ 可通过 $softmax$ 分类函数计算得到：

$$\check{I}_{t,s} = \frac{\exp[I(t,s)]}{\sum\limits_{s\in\{1,2,\cdots,K\}}\exp[I(t,s)]} \tag{9-22}$$

因此，$ability_{t,s}$ 正比于 $Credit(J_t,J_s)$，反比于 KLD $(J_t\|J_s)$。最后，对于目标任务 J_t，轮盘赌选择算法将选择其辅助 J_a，选择概率为：

$$prob_{t,a} = \frac{ability_{t,a}}{\sum\limits_{s\in\{1,2,\cdots,K\}\setminus t}ability_{t,s}} \tag{9-23}$$

上述辅助任务 J_a 的选择方法有利于减少任务间知识迁移的盲目性，一旦合适的辅助任务被选择，可进一步通过建立的解空间映射关系将最优解所携带的任务知识传递给目标任务。

9.1.4 云制造多任务协同优化案例仿真

设提交到云平台的任务可分解为 l 个子任务，每个子任务对应的候选服务规模为 m，通过配置不同的 l 和 m 可生成一系列测试实例。考虑 $l\in\{10,20,30\}$ 及 $m\in\{10,50,90,130,170,200\}$ 的所有可能组合，总共生成 18 个 CRAP 实例。对于每个实例，通过对候选服务的 QoS 值独立赋值的方式派生出 5 个任务。因而，18 个 5 任务测试实例总共涵盖 90 个任务。任务记为"TlSmJk"，意为第 k 个任务拥有 l 个子任务，每个子任务候选服务规模为 m。为检验所提算法的竞争力，将其与多任务优化算法 MFEA[138]、MFEA-Ⅱ[141]、AMTEA[250]、G-MFEA[121]、MTEA-AD[251]、EEMTA[117] 和单任务优化算法 CEA[250] 在多任务测试集上进行性能对比。MFEA[138] 是第一个能求解多任务的进化算法，其通过将具有不同技能因子的解进行交叉从而实现隐式知识交换；MFEA-Ⅱ[141] 在 MFEA 的基础上设计了动态知识迁移强度调整策略，一定程度上缓解了负迁移现象；AMTEA[250] 采用混合概率模型动态评估任务之间知识迁移强度；G-MFEA[121] 采用决策变量平移策略来促进知识转移的有效性；MTEA-AD[251] 采用基于概率模型的异常检测方法来动态提取源任务可用知识；EEMTA[117] 是一种基于自编码器映射的多种群多任务优化算法。所有对比算法任务种群设为 $N_s=50$，最大目标函数评估次数为 $maxFEs=300\times l/10\times N_s$，TAEA 算法中涉及的参数 $L=10$，迁移个体数目设为 $N_{top}=0.2*N_s$，迁移间隔代数 $G=15$。其他算法参数与原文保持一致。

TAEA 与其他多任务优化求解器在子任务规模为 $l=10$ 的多任务优化问题实例上 QoS 均值和标准差对比结果如表 9-2 所示，子任务规模为 $l=30$ 的对比结果如表 9-3 所示，其中符号"●""§"和"○"分别表示 TAEA 在 95％置信水平下 Wilcoxon 秩和检验结果显著优于、类似于、劣于竞争对手。每个任务实例的最优结果以黑体标识，次优结果以灰色背景标识。由表 9-2 可知，TAEA 在 30 个任务实例中的 25 个取得最优值，在其他实例中与 MTEA-AD 或者 EEMTA 持平。冠军算法是指在 Wilcoxon 秩和检验上比竞争对手取得明显更好的结果。上述结果表明 TAEA 在测试实例中具有较好的竞争力。

对比算法 Friedman 测试性能排名见表 9-2 倒数第二行。从所有实例平均排名结果来看，多任务优化方法的求解结果显著优于单任务求解算法，表明跨任务知识迁移对任务求解质量有一定的辅助作用，任务之间可以通过协同优化的方式提高求解质量。此外，EEMTA 性能优于 MFEA 和 MFEA-Ⅱ，意味着基于特征空间映射的显性知识迁移相较于统一搜索空间基于个体交叉方式的隐性知识迁移在求解多任务 CRAP 问题上效果更佳，主要原因是特征空间映射可提取多个任务的共享隐藏子空间，有助于共性知识迁移。相较于 CEA，AMTEA 性能提升显著，主要原因是任务种群关联的概率模型合成机制能够辅助确定跨任务的知识迁移强度系数。MFEA-Ⅱ优于 MFEA，表明在线自适应任务间学习可以缓解无效知识迁移，挖掘有用的知识。由于决策变量交叉与平移转换操作影响，G-MFEA 寻优效果优于 MFEA 和 MFEA-Ⅱ。此外，MTEA-AD 表现出较强的竞争优势，原因是异常检测模型能够辅助抽取任务共享知识，从而提高知识的利用率。TAEA 优于 MTEA-AD，主要原因是本节提出的服务特征空间映射可有效迁移源任务求解知识来提高目标任务求解效率。此外，辅助源任务选择方法可识别最佳辅助任务。

为跟踪知识迁移动态过程，实验记录源任务与目标任务之间的知识迁移系数 $prob_{t,a}$[式(9-23)]的动态调整过程，$prob_{t,a}$ 的自适应方法融合了知识迁移奖励值和任务相似性信息。为直观地展示任务相似度对 $prob_{t,a}$ 的影响，需要构造一系列具有不同相似度的任务。本节通过加权方法，根据每个问题的现有五个实例合成相似任务实例。设目标任务对应的候选资源 QoS 数据为 QoS_s，其余四个任务对应的候选资源 QoS 数据为 $\{QoS_t\}_{t=2}^5$，则新生成具有极高、高、中、低相似度任务对应的 QoS 数据由对 $QoS_{t,new}=wQoS_s+(1-w)QoS_t$ 公式设置 w 为 90％、70％、50％和 10％分别得来，因而每个目标任务将生成四个与其具有不同相似度的源任务。T10S200、T20S200 被选为代表性测试问题，其中 $maxFEs=1000\times l/10\times N_p$，其余参数都保持不变。图 9-5 绘制了在整个搜索过程中每个目标任务的知识迁移概率变化情况，其中 $p_{t,a}$ 被定义为给定目标任务 J_t 的辅助任务 J_a 的迁移概率。此外，成功率被定义为迁移个体在目标任务种群环境选择中存活的比例，其结果如图 9-6 所示。

表9-2 对比算法在子任务规模为 $l=10$ 的多任务优化问题实例上 QoS 寻优结果对比

	k	TAEA	MFEA	MFEA-II	AMTEA	G-MFEA	MTEA-AD	EEMTA	CEA
T10S10	1	7.08E-1(1.2E-16)	6.88E-1(1.7E-2)	6.66E-1(1.9E-2)●	6.83E-1(1.8E-2)●	6.61E-1(2.1E-2)●	7.07E-1(3.0E-2)§	7.07E-1(5.3E-3)§	6.13E-1(1.8E-2)●
	2	6.97E-1(1.2E-16)	6.79E-1(9.8E-3)	6.67E-1(1.3E-2)●	6.78E-1(1.5E-2)●	6.58E-1(9.8E-3)●	6.96E-1(6.8E-4)§	6.96E-1(1.9E-3)§	6.28E-1(1.3E-2)●
	3	6.61E-1(1.2E-16)	6.25E-1(1.4E-2)	6.24E-1(1.2E-2)●	6.17E-1(1.6E-2)●	6.05E-1(1.4E-2)●	6.58E-1(3.9E-3)§	6.57E-1(4.2E-3)§	5.78E-1(2.1E-2)●
	4	6.57E-1(2.3E-4)	6.51E-1(5.1E-3)	6.34E-1(1.2E-2)●	6.37E-1(1.8E-2)●	6.27E-1(2.1E-2)●	6.56E-1(1.3E-3)§	6.56E-1(1.3E-3)§	5.83E-1(1.3E-2)●
	5	6.67E-1(1.2E-3)	6.48E-1(1.0E-2)	6.42E-1(1.4E-2)●	6.38E-1(1.4E-2)●	6.41E-1(1.4E-2)●	6.66E-1(2.2E-3)§	6.66E-1(2.7E-3)§	5.94E-1(1.7E-2)●
T10S50	1	7.75E-1(7.1E-3)	6.85E-1(2.6E-2)	7.00E-1(2.2E-2)●	6.59E-1(2.9E-2)●	7.13E-1(1.9E-2)●	7.66E-1(9.1E-3)§	7.69E-1(1.2E-2)§	6.17E-1(2.9E-2)●
	2	7.68E-1(3.0E-3)	6.62E-1(1.7E-2)	7.16E-1(2.6E-2)●	6.43E-1(2.9E-2)●	7.15E-1(2.0E-2)●	7.54E-1(1.1E-2)●	7.50E-1(1.4E-2)●	6.05E-1(2.7E-2)●
	3	7.83E-1(0.0E+0)	6.66E-1(2.7E-2)	7.15E-1(2.1E-2)●	6.37E-1(3.0E-2)●	7.03E-1(3.0E-2)●	7.71E-1(9.7E-3)●	7.64E-1(1.2E-2)●	6.15E-1(2.0E-2)●
	4	7.68E-1(7.9E-3)	6.43E-1(2.2E-2)	7.00E-1(1.9E-2)●	6.40E-1(3.4E-2)●	6.97E-1(1.6E-2)●	7.58E-1(5.8E-3)●	7.59E-1(7.5E-3)●	6.01E-1(2.8E-2)●
	5	7.39E-1(3.6E-3)	6.38E-1(2.2E-2)	7.77E-1(2.2E-2)●	6.34E-1(1.7E-2)●	6.79E-1(1.9E-2)●	7.26E-1(1.0E-2)●	7.25E-1(6.0E-3)●	5.94E-1(2.0E-2)●
T10S90	1	7.71E-1(0.0E+0)	6.42E-1(2.0E-2)	7.12E-1(2.0E-2)●	6.31E-1(2.9E-2)●	7.11E-1(1.5E-2)●	7.56E-1(1.9E-2)●	7.57E-1(8.1E-3)●	6.15E-1(1.9E-2)●
	2	7.94E-1(1.2E-16)	6.67E-1(3.2E-2)	7.14E-1(1.8E-2)●	6.38E-1(2.2E-2)●	7.15E-1(1.2E-2)●	7.73E-1(2.2E-2)●	7.62E-1(1.2E-2)●	6.05E-1(2.0E-2)●
	3	8.19E-1(3.4E-3)	6.72E-1(2.7E-2)	7.39E-1(2.3E-2)●	6.49E-1(3.9E-2)●	7.55E-1(3.0E-2)●	8.04E-1(1.4E-2)●	8.05E-1(1.1E-2)●	6.32E-1(3.0E-2)●
	4	7.94E-1(4.0E-3)	6.78E-1(2.6E-2)	7.27E-1(2.1E-2)●	6.60E-1(3.1E-2)●	7.24E-1(1.9E-2)●	7.73E-1(1.1E-2)●	7.73E-1(1.1E-2)●	6.13E-1(2.0E-2)●
	5	7.64E-1(2.2E-4)	6.66E-1(1.7E-2)	7.04E-1(1.8E-2)●	6.41E-1(1.8E-2)●	7.13E-1(1.7E-2)●	7.51E-1(16.9E-3)●	7.47E-1(9.5E-3)●	6.23E-1(2.1E-2)●
T10S130	1	7.72E-1(1.2E-3)	6.51E-1(2.3E-2)	7.16E-1(1.0E-2)●	5.75E-1(3.2E-2)●	7.14E-1(1.9E-2)●	7.46E-1(1.5E-2)●	7.50E-1(1.0E-2)●	6.01E-1(2.5E-2)●
	2	8.09E-1(4.8E-4)	6.49E-1(1.7E-2)	7.17E-1(1.6E-2)●	6.32E-1(1.8E-2)●	7.26E-1(2.0E-2)●	7.85E-1(1.4E-2)●	7.84E-1(1.5E-2)●	5.90E-1(1.7E-2)●
	3	7.95E-1(1.8E-3)	6.63E-1(3.1E-2)	7.24E-1(1.9E-2)●	6.42E-1(3.3E-2)●	7.23E-1(1.6E-2)●	7.66E-1(1.0E-2)●	7.58E-1(1.0E-2)●	6.04E-1(1.7E-2)●
	4	7.94E-1(9.0E-4)	6.48E-1(2.4E-2)	7.20E-1(2.7E-2)●	6.36E-1(1.7E-2)●	7.37E-1(1.8E-2)●	7.73E-1(8.4E-3)●	7.71E-1(1.3E-2)●	6.09E-1(2.4E-2)●
	5	7.74E-1(5.4E-3)	6.53E-1(3.0E-2)	7.13E-1(1.8E-2)●	6.31E-1(3.0E-2)●	7.18E-1(1.6E-2)●	7.55E-1(1.2E-2)●	7.54E-1(1.2E-2)●	6.06E-1(2.3E-2)●

续表

	k	TAEA	MFEA	MFEA-II	AMTEA	G-MFEA	MTEA-AD	EEMTA	CEA
T10S170	1	**7.81E-1(6.8E-4)**	6.32E-1(1.7E-2)●	7.19E-1(7.5E-3)●	6.14E-1(2.6E-2)●	7.21E-1(1.5E-2)●	7.60E-1(1.2E-2)●	7.59E-1(8.6E-3)●	5.95E-1(2.2E-2)●
	2	**8.14E-1(2.9E-3)**	6.58E-1(3.4E-2)●	7.31E-1(1.8E-2)●	6.38E-1(2.4E-2)●	7.27E-1(1.6E-2)●	7.73E-1(1.1E-2)●	7.72E-1(1.7E-2)●	6.13E-1(2.5E-2)●
	3	**8.00E-1(5.1E-3)**	6.33E-1(2.2E-2)●	7.16E-1(1.9E-2)●	6.35E-1(2.2E-2)●	7.23E-1(1.8E-2)●	7.48E-1(1.4E-2)●	7.56E-1(1.5E-2)●	5.97E-1(2.2E-2)●
	4	**7.93E-1(5.7E-3)**	6.48E-1(2.2E-2)●	7.07E-1(1.7E-2)●	6.24E-1(3.1E-2)●	7.19E-1(2.2E-2)●	7.70E-1(8.0E-3)●	7.72E-1(1.5E-2)●	5.84E-1(1.7E-2)●
	5	**7.93E-1(1.0E-3)**	6.47E-1(2.7E-2)●	7.22E-1(2.6E-2)●	6.32E-1(3.1E-2)●	7.31E-1(1.6E-2)●	7.62E-1(1.2E-2)●	7.67E-1(1.1E-2)●	6.14E-1(2.3E-2)●
T10S200	1	**8.04E-1(5.1E-3)**	6.56E-1(1.9E-2)●	7.26E-1(1.3E-2)●	6.45E-1(2.2E-2)●	7.38E-1(1.9E-2)●	7.66E-1(1.7E-2)●	7.72E-1(1.6E-2)●	6.04E-1(1.8E-2)●
	2	**8.20E-1(1.2E-3)**	6.52E-1(1.7E-2)●	7.17E-1(1.8E-2)●	6.20E-1(2.1E-2)●	7.25E-1(1.1E-2)●	7.80E-1(1.8E-2)●	7.79E-1(1.4E-2)●	5.93E-1(2.0E-2)●
	3	**7.95E-1(6.4E-3)**	6.33E-1(1.9E-2)●	7.22E-1(2.0E-2)●	6.26E-1(2.8E-2)●	7.18E-1(2.2E-2)●	7.64E-1(1.6E-2)●	7.64E-1(1.7E-2)●	5.95E-1(2.2E-2)●
	4	**8.23E-1(2.4E-3)**	6.51E-1(2.6E-2)●	7.33E-1(2.7E-2)●	6.40E-1(2.9E-2)●	7.47E-1(1.8E-2)●	7.94E-1(1.6E-2)●	7.92E-1(1.6E-2)●	6.15E-1(2.3E-2)●
	5	**8.01E-1(4.0E-3)**	6.43E-1(2.3E-2)●	7.37E-1(1.8E-2)●	6.37E-1(3.5E-2)●	7.46E-1(1.4E-2)●	7.79E-1(1.3E-2)●	7.80E-1(9.7E-3)●	6.14E-1(3.1E-2)●
Fried		1	5.7	4.8	6.7667	4.7667	2.3667	2.6333	7.9667
Rank		1	6	5	7	4	2	3	8
Win/Tie/Loss		—	30/0/0	30/0/0	30/0/0	30/0/0	27/3/0	25/5/0	30/0/0

227

表 9-3 对比算法在子任务规模为 I=30 的多任务优化问题实例上 QoS 寻优结果对比

	k	TAEA	MFEA	MFEA-II	AMTEA	G-MFEA	MTEA-AD	EEMTA	CEA
T30S10	1	5.61E-1(1.9E-3)	4.95E-1(1.1E-2)●	5.19E-1(1.4E-2)●	4.94E-1(2.9E-2)●	5.11E-1(6.4E-3)●	5.60E-1(2.7E-3)§	5.59E-1(3.0E-3)§	4.36E-1(1.1E-2)●
	2	5.74E-1(1.9E-3)	5.13E-1(1.4E-2)●	5.29E-1(1.7E-2)●	5.21E-1(1.6E-2)●	5.36E-1(9.7E-3)●	5.71E-1(2.6E-3)	5.71E-1(2.9E-3)	4.34E-1(1.2E-2)●
	3	5.97E-1(3.0E-3)	5.18E-1(1.4E-2)●	5.50E-1(9.0E-3)●	5.27E-1(2.0E-2)●	5.47E-1(9.4E-3)●	5.93E-1(2.4E-3)§	5.91E-1(3.6E-3)	4.53E-1(1.9E-2)●
	4	5.75E-1(4.1E-3)	5.16E-1(1.4E-2)●	5.46E-1(1.2E-2)●	5.40E-1(2.5E-2)●	5.40E-1(1.2E-2)●	5.75E-1(2.3E-3)§	5.77E-1(1.3E-3)§	4.50E-1(1.2E-2)●
	5	5.76E-1(3.3E-3)	5.10E-1(1.2E-2)●	5.36E-1(1.1E-2)●	5.07E-1(1.8E-2)●	5.30E-1(1.0E-2)●	5.76E-1(5.2E-3)§	5.76E-1(3.7E-3)§	4.49E-1(1.0E-2)●
T30S50	1	6.18E-1(2.6E-3)	4.96E-1(1.8E-2)●	5.76E-1(8.9E-3)●	4.99E-1(2.0E-2)●	5.73E-1(6.1E-3)●	5.96E-1(6.1E-2)●	5.97E-1(7.2E-3)●	4.52E-1(1.4E-2)●
	2	6.35E-1(1.3E-2)	4.93E-1(1.8E-2)●	5.73E-1(1.2E-2)●	4.88E-1(3.2E-2)●	5.81E-1(7.3E-3)●	6.06E-1(1.4E-2)●	6.09E-1(1.3E-2)●	4.43E-1(1.5E-2)●
	3	6.09E-1(5.3E-4)	4.98E-1(1.5E-2)●	5.70E-1(7.5E-3)●	5.00E-1(1.4E-2)●	5.76E-1(6.8E-3)●	5.91E-1(5.0E-3)●	5.93E-1(3.4E-3)●	4.56E-1(8.6E-3)●
	4	6.10E-1(7.1E-3)	4.82E-1(1.4E-2)●	5.58E-1(5.9E-3)●	4.85E-1(2.2E-2)●	5.62E-1(6.2E-3)●	5.92E-1(4.5E-3)●	5.95E-1(4.5E-3)●	4.46E-1(1.2E-2)●
	5	5.87E-1(9.4E-3)	4.98E-1(1.4E-2)●	5.80E-1(1.7E-2)●	4.88E-1(2.3E-2)●	5.88E-1(1.9E-2)●	6.22E-1(1.8E-2)●	6.28E-1(2.3E-2)●	4.55E-1(7.0E-3)●
T30S90	1	6.49E-1(1.1E-2)	4.84E-1(1.3E-2)●	5.84E-1(1.4E-2)●	4.79E-1(1.9E-2)●	5.86E-1(1.1E-2)●	6.06E-1(8.5E-3)●	6.10E-1(6.6E-3)●	4.47E-1(7.4E-3)●
	2	6.36E-1(1.2E-2)	4.92E-1(1.5E-2)●	5.83E-1(1.1E-2)●	4.78E-1(3.2E-2)●	5.88E-1(7.8E-3)●	5.97E-1(4.1E-2)●	6.05E-1(9.7E-3)●	4.57E-1(1.3E-2)●
	3	6.53E-1(2.1E-2)	4.80E-1(9.7E-3)●	5.85E-1(1.6E-2)●	4.77E-1(2.1E-2)●	5.89E-1(1.2E-2)●	6.18E-1(2.4E-2)●	6.22E-1(1.8E-2)●	4.47E-1(8.3E-3)●
	4	6.46E-1(1.3E-2)	4.91E-1(1.3E-2)●	5.87E-1(6.5E-3)●	4.81E-1(1.3E-2)●	5.92E-1(6.8E-3)●	6.03E-1(5.1E-3)●	6.10E-1(6.2E-3)●	4.56E-1(1.6E-2)●
	5	6.50E-1(1.1E-2)	5.00E-1(1.2E-2)●	6.03E-1(1.7E-2)●	4.92E-1(2.8E-2)●	6.00E-1(1.2E-2)●	6.23E-1(1.2E-2)●	6.18E-1(1.1E-2)●	4.48E-1(7.8E-3)●
T30S130	1	6.93E-1(9.0E-3)	4.97E-1(1.5E-2)●	6.11E-1(1.7E-2)●	4.81E-1(3.2E-2)●	6.13E-1(1.3E-2)●	6.45E-1(1.2E-2)●	6.52E-1(1.8E-2)●	4.58E-1(6.8E-3)●
	2	6.93E-1(8.3E-3)	4.86E-1(1.4E-2)●	5.82E-1(1.1E-2)●	4.74E-1(1.9E-2)●	5.95E-1(6.8E-3)●	6.38E-1(1.9E-2)●	6.27E-1(1.4E-2)●	4.50E-1(1.3E-2)●
	3	6.49E-1(1.0E-2)	4.90E-1(1.3E-2)●	5.95E-1(1.6E-2)●	4.80E-1(2.1E-2)●	6.00E-1(9.6E-3)●	6.21E-1(1.1E-2)●	6.22E-1(1.6E-2)●	4.55E-1(1.7E-2)●
	4	6.58E-1(9.5E-3)	4.84E-1(1.3E-2)●	5.92E-1(1.3E-2)●	4.84E-1(1.1E-2)●	5.92E-1(9.9E-3)●	6.18E-1(7.9E-3)●	6.18E-1(8.2E-3)●	4.44E-1(1.2E-2)●
	5	6.35E-1(6.7E-3)	4.88E-1(1.8E-2)●	5.87E-1(1.1E-2)●	4.92E-1(2.1E-2)●	5.92E-1(5.0E-3)●	6.09E-1(1.2E-2)●	6.07E-1(7.6E-3)●	4.56E-1(1.4E-2)●

续表

	k	TAEA	MFEA	MFEA-II	AMTEA	G-MFEA	MTEA-AD	EEMTA	CEA
T30S170	1	**6.84E-1(7.4E-3)**	4.80E-1(1.4E-2)	5.99E-1(1.6E-2)●	4.69E-1(2.4E-2)●	5.93E-1(1.1E-2)●	6.18E-1(1.3E-2)●	6.24E-1(1.1E-2)	4.49E-1(1.4E-2)●
	2	**6.59E-1(1.8E-2)**	4.71E-1(1.5E-2)	5.93E-1(6.2E-3)●	4.78E-1(2.1E-2)●	5.97E-1(5.3E-3)●	6.25E-1(2.0E-2)	6.25E-1(2.1E-2)	4.50E-1(1.3E-2)●
	3	**6.75E-1(1.6E-2)**	4.81E-1(1.6E-2)	5.92E-1(8.4E-3)●	4.74E-1(2.9E-2)●	5.91E-1(8.4E-3)●	6.21E-1(1.8E-2)	6.20E-1(1.9E-2)	4.46E-1(1.1E-2)●
	4	**6.37E-1(4.4E-3)**	4.83E-1(9.2E-3)	5.93E-1(8.3E-3)●	4.73E-1(3.4E-2)●	5.95E-1(7.5E-3)●	6.10E-1(1.3E-2)	6.11E-1(8.8E-3)	4.52E-1(1.1E-2)●
	5	**6.98E-1(6.5E-3)**	4.78E-1(1.4E-2)	6.00E-1(1.2E-2)●	4.90E-1(1.9E-2)●	6.03E-1(1.6E-2)●	6.47E-1(2.6E-2)	6.33E-1(2.3E-2)	4.58E-1(1.5E-2)●
T30S200	1	**7.03E-1(1.3E-2)**	4.87E-1(1.2E-2)	6.03E-1(1.3E-2)●	4.81E-1(2.4E-2)●	6.07E-1(1.2E-2)●	6.29E-1(1.7E-2)●	6.45E-1(1.5E-2)●	4.51E-1(1.4E-2)●
	2	**6.84E-1(7.4E-3)**	4.79E-1(1.4E-2)	6.01E-1(1.0E-2)●	4.77E-1(2.0E-2)●	6.06E-1(1.3E-2)●	6.17E-1(1.7E-2)●	6.18E-1(2.4E-2)●	4.43E-1(1.3E-2)●
	3	**6.86E-1(8.5E-3)**	4.80E-1(1.4E-2)	6.04E-1(1.4E-2)●	4.71E-1(1.9E-2)●	6.03E-1(8.7E-3)●	6.32E-1(2.6E-2)	6.33E-1(1.9E-2)●	4.49E-1(1.6E-2)●
	4	**6.77E-1(1.3E-2)**	4.81E-1(1.8E-2)	5.98E-1(1.1E-2)●	4.83E-1(2.8E-2)●	5.99E-1(5.7E-3)●	6.16E-1(1.1E-2)●	6.17E-1(1.5E-2)●	4.51E-1(1.1E-2)●
	5	**6.76E-1(7.9E-3)**	4.69E-1(9.6E-3)	6.03E-1(1.2E-2)●	4.82E-1(2.3E-2)●	6.06E-1(1.3E-2)●	6.25E-1(1.8E-2)	6.25E-1(1.2E-2)●	4.41E-1(9.4E-3)●
Fried		1.0333	6.4	4.7	6.6	4.3	2.7667	2.2	8
Rank		1	6	5	7	4	3	2	8
Win/Tie/Loss		—	30/0/0	30/0/0	30/0/0	30/0/0	27/3/0	27/3/0	30/0/0

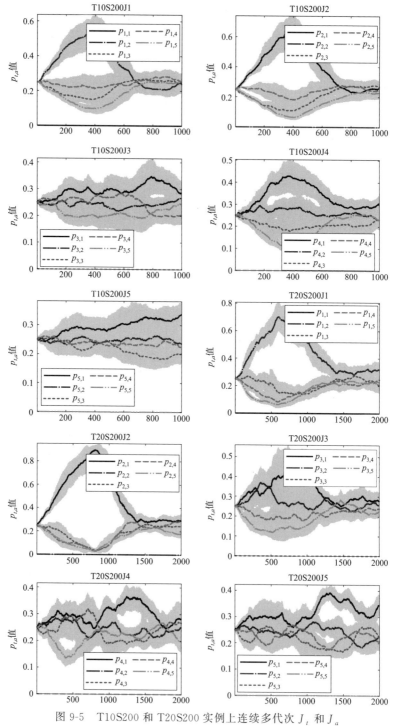

图 9-5 T10S200 和 T20S200 实例上连续多代次 J_t 和 J_a 之间的辅助任务选择概率 $p_{t,a}$ 的变化情况

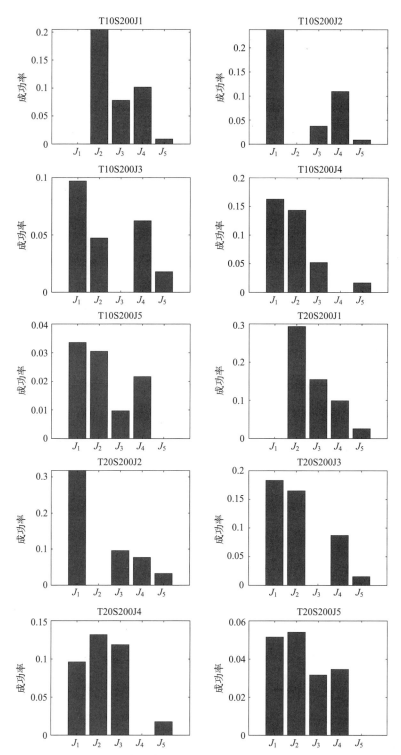

图 9-6　T10S200 和 T20S200 实例上任务 J_t 和 J_a 之间知识迁移的成功率（平均 20 次运行）

根据上述结果，可得多任务搜索过程中知识迁移和任务选择的内在规律，部分关键结论如下：

① 在搜索开始时，从零开始为辅助任务分配相等的迁移率，以避免可能的偏差，并确保每个任务参与知识迁移的机会相同，这有助于提高搜索鲁棒性，并更好地适应动态搜索进程。

② 有效的知识迁移通常发生在进化的初期和中期，此时种群拥有良好的多样性，可接受的迁移来源任务相对充足，因此可以共享更多的共同知识。

③ 大多数有效的知识转移发生在 KL 散度较低（相似度较高）的配对任务之间。例如，在 T10S200J1 上，$p_{1,2}$ 在整个搜索过程的大多数阶段都占主导地位，这进一步验证了任务之间的特征空间对齐和低差异有利于知识迁移。

④ 即使实例表现出很小的相似性，也无法推断没有可以共享的知识。例如，在 T10S200J1 上，$p_{1,5}$ 高于 $p_{1,4}$，与目标任务的对应任务相似性不一致，任务之间是否具有共享知识辅助彼此搜索，可通过反馈知识迁移成功率来确定。

⑤ 所提出的 TAEA 使用集成方法根据任务之间的信誉度和相似性来调整知识迁移的强度。基于图中报告的结果，知识迁移的成功率在总体上符合迁移系数变化规律，集成 KL 散度和信誉度为源任务选择提供了更高可信度。

9.2　在线学习机制驱动的多任务优化

与传统 EA 相比，EMTO 算法最显著的区别在于其可以将问题求解经验/知识从一个任务迁移到另一个任务，若源任务与目标任务高度相关，则知识迁移有利于目标任务的搜索，否则，知识迁移可能对目标任务搜索产生一定干涉甚至阻碍。因此，EMTO 运行过程中需要在任务内种群搜索和跨任务知识迁移二者中进行平衡，若跨任务知识迁移被触发，则为目标任务选择合适的源任务，形成配对任务，用于后续知识迁移，否则，算法执行任务内种群搜索，进行代际更新。跨域适配则为配对任务构建共有特征空间，以便配对任务的搜索空间在共有特征空间中尽可能重叠，从而促进正向的知识迁移。在面对超多任务（任务数量 3 个及以上）时，设计合适的迁移强度控制策略、知识源选择方法和跨域适配机制，以协同的方式弥合任务之间的领域差异，提高多任务智能优化算法搜索性能，具有重要的意义。

针对异构任务的跨域适配以及辅助源任务选择难以协同处理的难点，本节提出一种具有在线学习能力的 EMaTO-AMR 算法，通过再生核希尔伯特空间最大均值差异指标度量问题实例之间的相关程度，从而为目标任务匹配合适的源任务，在此基础上，进一步引入受限玻尔兹曼机缩小任务解空间的领域距离，缓解跨任务领域适配问题。此外，采用多臂机模型控制跨任务知识迁移强度。EMaTO-AMR 算法涉及三大主要模块：首先，设计自适应迁移概率（adaptive transfer probability，ATP）方法，自适应地调整任务间知识迁移的强度；其次，为目标任务构建多源任务选择（multi-task selection，MTS）策略，从多种源任务中选择合适的辅助任务；再次，基于受限玻尔兹曼机（restricted Boltzmann machine，RBM）理论，设计基于受限玻尔兹曼机的跨域适配（RBM-based domain adaptation，RDA）机制，为跨异构任务的知识迁移映射做铺垫；针对 EMaTO-AMR 的执行效率问题，对其时间复杂度进行了分析。为测试所提算法的实际求解效果，在一系列标准测试集上进行了实验，结果表明，所提方法与现有的主流 EMTO 算法相比优势明显。

9.2.1　知识迁移强度自适应

在多任务场景中，任务之间并不总是密切相关，任务之间关联度比较大时跨任务知识迁移更有利于相互协同搜索，而不相关任务之间的知识共享可能导致负迁移。基于这一事实，采用多臂机（multi-armed bandit，MAB）方法，利用寻优过程的奖励反馈机制在线学习不同配对任务的迁移强度，是一种可行的寻优经验/知识迁移强度调整方案。MAB 是一种基于反馈的决策方法，以最大化奖励为目标，通过执行一系列试验臂，根据多次试验过程获得的奖励反馈来调整最优策略。由于具有自适应学习特性，MAB 已被用于解决 EA 中遗传算子的动态选择问题[252]。本节将 MAB 扩展到多任务环境下，用于控制配对任务的知识迁移强度，形成自适应迁移概率（adaptive transfer probability，ATP）方法。

不失一般性，任务间知识迁移强度（atp）为连续决策空间 $[0，1]$ 中的一个实值，代表执行跨任务知识迁移的概率。为简化 MAB 在连续空间中的决策，本节将 atp 离散化，形成四个分布范围，分别为 $ITV_1=[0.1,0.25]$，$ITV_2=[0.25,0.250]$，$ITV_3=[0.50,0.75]$，$ITV_4=[0.75,1.00]$，知识迁移强度从 ITV_1 到 ITV_4 逐渐增大。对于 ATP，有两个关键问题需要解决：

① ITV 性能评估，随着搜索的进行，如何量化不同配置 ITV 所产生的影响；
② ITV 选择，如何根据不同 ITV 所产生的影响来选择合适的 ITV。

针对 ITV 性能评估问题，采用进化种群在一段时间内（学习周期）目标任务解的适应度提高率（fitness improvement rate，FIR）来量化相关 ITV 的影响。给定第 c 个任务 $\mathcal{T}_c$，在知识迁移强度设置为 ITV_t 的情况下，与任务 $\mathcal{T}_c$ 相关的种群个体所取得的 $FIR_{c,t}$ 可以采用如下方式计算：

$$FIR_{c,t}=\frac{pf_{c,t}-cf_{c,t}}{pf_{c,t}} \tag{9-24}$$

式中，$pf_{c,t}$ 和 $cf_{c,t}$ 分别是在施加 ITV_t 的影响下任务 $\mathcal{T}_c$ 的前一代种群最佳个体适应度和当前种群最佳个体适应度。

给定任务 $\mathcal{T}_c$，采用一个长度为 M 的滑动时间窗来记录已使用的 ITV 和相应的

FIR。当与任务 $\mathcal{T}_c$ 相关的知识迁移强度落在区间 ITV_t 时，在滑动时间窗中同步记录对应的 ITV_t 和适应度提高率 $FIR_{c,t}$。滑动时间窗采用先进先出队列规则，如果队列满，则最先记录的信息会被移除。图 9-7 给出了滑动窗口的数据存储结构。

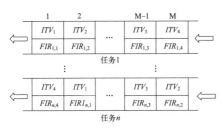

图 9-7　滑动时间窗结构

使用滑动时间窗的主要原因是它具有良好的动态追踪能力，可在搜索过程中动态捕获与 ITV 相关的反馈，从而指导最佳策略选择。由于进化算法的搜索种群是动态变化的且不同时刻聚焦于不同区域，所以对于不同任务，最合适的 ITV 是不同的，甚至在同一任务的不同搜索阶段也可能发生变化。直观上看，滑动时间窗只记录离当前时间节点最近 M 次搜索经验，而非整个搜索周期的搜索经验，因此能反映当前种群搜索趋势。

针对 ITV 选择问题，一种直观做法是直接选择反馈奖励较高的 ITV，然而，这样做可能会使得某些当前表现不佳的 ITV 很难被选用，致使其选用次数少。由于选用次数过少，因此其真实表现很难被准确评估。当前表现不佳但使用次数很少的 ITV 在未来的搜索中可能会取得出乎意料的表现。为了平衡 MAB 选择过程中对多个可选策略的探索和利用能力，需同时考虑 ITV 的奖励回报和使用频次，以平衡开发与探索的困境。

从奖励回报的角度，引入基于反馈奖励的信誉度 $CredR_{c,t}$ 指标，以刻画 ITV_t 在任务 $\mathcal{T}_c$ 上的近期收益：

$$CredR_{c,t} = \frac{Reward_{c,t}}{\sum_{t'=1}^{4} Reward_{c,t'}} \tag{9-25}$$

式中，$Reward_{c,t}$ 为 ITV_t 在任务 $\mathcal{T}_c$ 上的奖励汇报，采用滑动时间窗中所有与 ITV_t 相关的 FIR 值的总和来评估。

从策略被使用频次的角度，引入使用频次信誉度 $CredF_{c,t}$，以反映 ITV_t 在任务 $\mathcal{T}_c$ 上被使用的频率，其具体计算方式为：

$$CredF_{c,t} = \sqrt{\frac{2 \times \ln \sum_{t'=1}^{4} n_{c,t'}}{n_{c,t}}} \tag{9-26}$$

式中，$n_{c,t}$ 表示 ITV_t 在任务 $\mathcal{T}_c$ 上已经被执行过的总次数。

同时考虑基于反馈奖励和基于使用频次的信誉度，每个 ITV 的信誉度 $Credit_{c,t}$ 为：

$$Credit_{c,t} = CredR_{c,t} + \omega \times CredF_{c,t} \tag{9-27}$$

式中，ω 为缩放因子，以平衡对不同 ITV 的探索和开发能力。

给定任务 $\mathcal{T}_c$，其知识迁移强度计算方法如算法 9-2 所示。针对任意 ITV_t，初始化其累积奖励 $Reward_{c,t}$ 和使用频次 $n_{c,t}$（第 1～2 行），此时由于任意 ITV 被使用的次数为零，滑动时间窗 W 为空，未被使用的 ITV 索引值被记录在 $nITVs$。随后，对 ITV 随机测试，确保所有 ITV 至少被使用一次，随机选择一个 ITV 用于生成迁移概率，并记录对应的 $FIR_{c,t'}$ 和 ITV_t 到 W 中，这个过程持续执行直至所有的 ITV 被使用次数均不为零（第 5～9 行）。根据记录于 W 中的 ITV_t 和 $FIR_{c,t}$，评估每个 ITV 的信誉度（第 10～17 行）。选择信誉度最高的迁移频次段位，即 ITV_{t^*}，并根据选择的区间生成迁移概率 atp_c（第 18～19 行），更新 W（第 20 行）。

算法 9-2：迁移强度自适应 ATP

输入：缩放因子（ω）、滑动时间窗（W）、当前任务索引（c）、代数计数（gen）、迁移强度分布区间集合（ITV）

输出：迁移概率（atp_c）、被选 ITV 的索引（t^*）

1 初始化 $Reward_{c,t} \leftarrow 0$，其中 $t \in \{1,2,\cdots,|ITV|\}$

2 初始化 $n_{c,t} \leftarrow 0$，其中 $t \in \{1,2,\cdots,|ITV|\}$

3 $nITVs \leftarrow \{1,2,\cdots,|ITV|\}$　　//初始化使用次数为零的 ITV 索引

4 // 存在使用次数为零的 ITV

5 **while** $nITVs \neq \varnothing$ **do**

6 　$t' \leftarrow$ 从 $\{1,2,\cdots,|ITV|\}$ 中随机选择一个索引

7 　$nITVs \leftarrow nITVs \setminus \{t'\}$

8 　$atp_c \leftarrow$ 在区间 $ITV_{t'}$ 的范围中随机生成一个值

9 　将被选 ITV 索引 t' 和被选 ITV 对种群适应度提高率 $FIR_{c,t'}$ 存入 W

10 **for** $i \leftarrow 1$ **to** $W.length$ **do**

11 　$[t, FIR_{c,t}] \leftarrow W$ 上的第 i 个记录

12 　$Reward_{c,t} \leftarrow Reward_{c,t} + FIR_{c,t}$

13 　$n_{c,t}++$

14 **for** $t \leftarrow 1$ **to** $|ITV|$ **do**

15 　$CredR_{c,t} \leftarrow$ 根据式（9-25）计算基于反馈奖励的信誉度

16 　$CredF_{c,t} \leftarrow$ 根据式（9-26）计算基于使用频次的信誉度

17 　$Credit_{c,t} \leftarrow$ 根据式（9-27）计算综合信誉度

18 $t^* \leftarrow \underset{t \in \{1,2,\cdots,|ITV|\}}{\arg\max}(Credit_{c,t})$

19 $atp_c \leftarrow$ 在区间 ITV_{t^*} 的范围中随机生成一个值

20 将被选 ITV 的索引 t^* 和被选 ITV 对种群适应度提高率 FIR_{c,t^*} 存入 W

21 **return** atp_c、t^*

9.2.2 多源任务选择策略

超多任务场景下，每个任务都有多个可供选择的源任务。不同任务关联程度不同，选择无关源任务进行知识迁移容易导致负迁移，从而影响多任务算法的执行效果。为促进正向知识迁移，需要为每个目标任务选择相关度较高的辅助任务来协助搜索。进化算法是以种群为载体，优化任务之间的相关性可通过不同任务种群间的相似性来反映。然而，欧式距离测量方法难以反映高维数据集间的相似性，因而需要探索测度不同任务相关种群相似性的新方法。受机器学习相关方法启发，基于再生核希尔伯特空间（reproducing kernel Hilbert space，RKHS）的最大均值差异（maximum mean discrepancy，MMD）[253] 能较好地测度高维空间数据分布相似性，因而将其引入多任务优化种群中度量任务相关度。

基于 MMD 的任务选择（MMD-assisted task selection，MTS）策略可自动为目标任务选择若干合适的知识迁移源任务，每个任务种群都关联对应的种群概率分布模型，该概率模型可以通过相关任务种群分布来学习，种群分布采用多变量正态分布来表征。MMD 测量概率模型之间的距离从而反映出相应任务之间的关联性。MMD 值越小，配对任务相关性越强，执行知识迁移时，根据 MMD 值为每个优化任务选择 l 个最合适的知识源。

设 $\boldsymbol{X}=(x_1,x_2,\cdots,x_m)$ 和 $\boldsymbol{Y}=(y_1,y_2\cdots,y_n)$ 分别为不同任务种群概率模型 P 和 Q 的样本，$\mathcal{X}$ 为统一搜索空间，$\mathcal{F}$ 为满足 $f: \mathcal{X} \rightarrow \mathbf{R}$ 的映射函数，其将 $\mathcal{X}$ 映射到实数集 $\mathbf{R}$。设 $\mathcal{H}$ 为 RKHS 空间，则 $f(x)=\langle f,\phi(x)\rangle_{\mathcal{H}}$，其中 $\phi(x)$ 表示 $\mathcal{X}$ 到 $\mathcal{H}$ 的映射，P 和 Q 的 MMD 值为：

$$
\begin{aligned}
MMD[\mathcal{F},P,Q] &= \sup_{\|f\|_{\mathcal{H}}\leqslant 1} \mathbb{E}_P[f(x)]-\mathbb{E}_Q[f(y)] \\
&= \sup_{\|f\|_{\mathcal{H}}\leqslant 1} \mathbb{E}_P[\langle f,\phi(x)\rangle_{\mathcal{H}}]-\mathbb{E}_Q[\langle f,\phi(y)\rangle_{\mathcal{H}}] \\
&= \sup_{\|f\|_{\mathcal{H}}\leqslant 1} \langle f,\mu_P-\mu_Q\rangle_{\mathcal{H}} \\
&= \|\mu_P-\mu_Q\|_{\mathcal{H}}
\end{aligned}
\tag{9-28}
$$

式中，$\mathbb{E}_P[f(x)]$（$\mathbb{E}_Q[f(y)]$）为 $f(x)$（$f(y)$）对于 $x\in P$（$y\in Q$）的期望；$\mu_P=\mathbb{E}_P[\phi(x)]$ 和 $\mu_Q=\mathbb{E}_P[\phi(y)]$ 分别是 P 和 Q 映射到 $\mathcal{H}$ 后的期望值，将式(9-28)平方后可得下式：

$$
\begin{aligned}
MMD^2[\mathcal{F},P,Q] &= \langle \mu_P-\mu_Q,\mu_P-\mu_Q\rangle_{\mathcal{H}} \\
&= \langle \mu_P,\mu_P\rangle_{\mathcal{H}}+\langle \mu_Q,\mu_Q\rangle_{\mathcal{H}}-2\langle \mu_P,\mu_Q\rangle_{\mathcal{H}} \\
&= \mathbb{E}_P\langle \phi(x),\phi(x')\rangle_{\mathcal{H}}+\mathbb{E}_Q\langle \phi(y),\phi(y')\rangle_{\mathcal{H}} \\
&\quad -2\mathbb{E}_{P,Q}\langle \phi(x),\phi(y)\rangle_{\mathcal{H}}
\end{aligned}
\tag{9-29}
$$

式中，x' 和 x 满足概率分布 P；y' 和 y 满足概率分布 Q。由于 $\phi(x)$ 和 $\phi(y)$ 的内积为：

$$k(x,y)=\langle \phi(x),\phi(y)\rangle_{\mathcal{H}} \tag{9-30}$$

式(9-29) 等价于：

$$MMD^2[\mathcal{F},P,Q]=\mathbb{E}_{x,x'}[k(x,x')]-2\mathbb{E}_{x,y}[k(x,y)]+\mathbb{E}_{y,y'}[k(y,y')] \tag{9-31}$$

式(9-31) 的有偏估计为：

$$MMD^2[\mathcal{F},P,Q]=\frac{1}{m^2}\sum_{i,j=1}^{m}k(x_i,x_j)-\frac{2}{mn}\sum_{i,j=1}^{m,n}k(x_i,y_j)+\frac{1}{n^2}\sum_{i,j=1}^{n}k(y_i,y_j) \tag{9-32}$$

式(9-32) 中 $k(x,y)$ 的值可用高斯核函数来评估，见式(9-33)，高斯核函数能以最小信息损失将数据从搜索空间映射到无限维空间。

$$k(x,y)=\exp(-\|x-y\|^2/(2\sigma^2)) \tag{9-33}$$

式中，σ 是 $k(x,y)$ 的宽度参数。图 9-8 给出了从 $\mathcal{X}$ 到 $\mathcal{H}$ 的解的映射，以及通过 MMD 测量两个解集之间的空间距离的示例。MTS 策略的具体流程见算法 9-3。

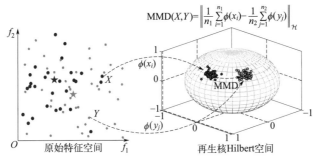

图 9-8　从统一搜索空间 $\mathcal{X}$ 映射到再生核 Hilbert 空间 $\mathcal{H}$ 的 MMD 度量方法

算法 9-3：MTS 策略

输入：K 个任务的种群 $\boldsymbol{P}=\{\boldsymbol{P}_1,\boldsymbol{P}_2,\cdots,\boldsymbol{P}_K\}$、迁移源数量（$l$）、高斯核函数宽度参数（$\sigma$）

输出：所有任务选择的迁移源 $L=\{L_1,L_2,\cdots,L_K\}$

1 $\{L_1,L_2,\cdots,L_K\}\leftarrow\{\varnothing,\varnothing,\cdots,\varnothing\}$

2 **for** $c\leftarrow 1$ **to** K **do**

3 　 **for** $k\leftarrow 1$ **to** K **do**

4 　　 **if** $k\neq c$ **then**

5 　　　 $MMD_{c,k}\leftarrow$ 根据式(9-28) ～式(9-33) 计算种群 $\boldsymbol{P}_c$ 和 $\boldsymbol{P}_K$ 的 MMD 值

6 　　 **else**

7 　　　 $MMD_{c,k}\leftarrow +\infty$

8 　 $L_c\leftarrow$ 根据 MMD 值选择最合适的 l 个任务作为知识源

9 **return** L

9.2.3 基于受限玻尔兹曼机的跨域适配机制

在 EMTO 场景中，不同任务的适应度函数景观和决策空间具有异构性，为了在异构任务之间实现知识迁移，本节引入 RBM 构建多个任务搜索空间的特征子空间，挖掘多个任务搜索空间的潜在互补性，构建跨任务搜索空间不变特征，从而促进任务之间寻优经验的迁移。

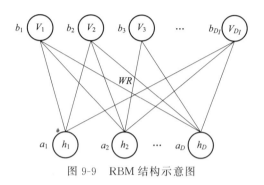

图 9-9 RBM 结构示意图

RBM 本质上是一种神经网络模型，它可以学习输入数据集的紧致表示。从一个任务中学习到的解的紧致表示可以映射回另一个任务的决策空间，作为跨异构任务知识传递的桥梁。RBM 的形状是一个没有层内连接的二分图，如图 9-9 所示，由 D_I 个节点的可见层 $\boldsymbol{v} = (v_1, v_2, \cdots, v_{D_I})^{\mathrm{T}}$ 和 D 个节点的隐藏层 $\boldsymbol{h} = (h_1, h_2, \cdots, h_D)^{\mathrm{T}}$ 组成，$D \ll D_I$。首先定义一个带有参数 $\theta = (\boldsymbol{WR}, \boldsymbol{a}, \boldsymbol{b})$ 的能量函数：

$$E(\boldsymbol{v}, \boldsymbol{h}) = -\sum_{i=1}^{D_I}\sum_{j=1}^{D} WR_{i,j} v_i h_j - \sum_{i=1}^{D_I} b_i v_i - \sum_{j=1}^{D} a_j h_j$$

$$\boldsymbol{WR} = \begin{bmatrix} WR_{1,1} & \cdots & WR_{1,D} \\ \vdots & \ddots & \vdots \\ WR_{D_I,1} & \cdots & WR_{D_I,D} \end{bmatrix}, \boldsymbol{a} = [a_1, a_2, \cdots, a_D]^{\mathrm{T}} \qquad (9\text{-}34)$$

$$\boldsymbol{b} = [b_1, b_2, \cdots, b_{D_I}]^{\mathrm{T}}$$

式中，$WR_{i,j}$ 是可见层节点 i 和隐藏层节点 j 之间的连接权重；b_i 和 a_j 分别是它们的偏置。$\boldsymbol{v}$ 和 $\boldsymbol{h}$ 的联合概率分布为：

$$P(\boldsymbol{v}, \boldsymbol{h}) = \frac{1}{Z} \exp[-E(\boldsymbol{v}, \boldsymbol{h}; \theta)] \qquad (9\text{-}35)$$

式中，$Z = \sum_{v,h} \exp[-E(\boldsymbol{v}, \boldsymbol{h}; \theta)]$ 是归一化常数。因为 RBM 无层内连接，给定 $\boldsymbol{v}$ 中节点的当前值，$\boldsymbol{h}$ 中的节点激活是相互独立的，反之亦然。所以分别有

v 对于 h 和 h 对于 v 的条件概率分布：

$$P(v \mid h) = \prod_{i=1}^{D_I} P(v_i \mid h)$$
$$P(h \mid v) = \prod_{j=1}^{D} P(h_j \mid v) \tag{9-36}$$

根据式 (9-35) 和贝叶斯公式，式 (9-36) 等价为：

$$P(v_i = 1 \mid h) = \sigma\left(b_i + \sum_{j=1}^{D} WR_{i,j} h_j\right) \tag{9-37}$$

$$P(h_j = 1 \mid v) = \sigma\left(a_j + \sum_{i=1}^{D_I} WR_{i,j} v_i\right) \tag{9-38}$$

其中，$\sigma(\cdot)$ 是 sigmoid 函数。

给定决策向量 x 作为输入，节点 h_j 的值依概率设为 1，其概率值由 $P(h_j = 1 \mid v) = \sigma\left(a_j + \sum_{i=1}^{D_I} WR_{i,j} v_i\right)$ 计算，参见式 (9-38)。同样的，节点 x_i' 的重构值根据概率设为 1，其概率值由 $P(x_i' = 1 \mid h) = \sigma\left(b_i + \sum_{j=1}^{D} WR_{i,j} h_j\right)$ 计算，参考式 (9-37)。由于 RBM 网络模型的训练目标为最小化重构误差（通过对比散度算法[254]），重构向量 x' 可以被重新解译为原始决策向量 x 的紧凑表示。据此，RBM 可从源任务的决策向量学习一个紧凑的表示，然后将其恢复到目标任务中对应的决策向量，跨任务知识迁移发生在上述决策向量转换过程中。具体来说，通过对任务 $\mathcal{T}_I(I = 1, 2, \cdots, K)$ 的种群建立 RBM 模型 RBM_I，将源任务 $\mathcal{T}_I$ 中的精英个体通过 RBM_I 变换为 D 维空间中的紧凑表示，并通过 RBM_k 映射到任务 $\mathcal{T}_k$ 的原始决策空间。紧凑表示作为知识迁移的桥梁，传递携带任务 $\mathcal{T}_I$ 上求解问题经验的个体，帮助求解任务 $\mathcal{T}_k$。

尽管 RBM 已经被用于学习大规模稀疏优化中的 Pareto 最优子空间[255] 和多层网络重建[145]，但还没有被用于超多任务优化场景。本节利用 RBM 从多个源任务中提取解的固有低维表示，然后将其映射回目标任务的决策空间以提高搜索速度，详细阐述如下：首先，为每个优化任务建立一个 RBM；其次，通过这些任务的对应种群分别训练这些 RBM；随后，优化任务的个体就可以被映射到具有可恢复性的隐藏层。对于第 I 个任务，本质上是建立了从任务 $\mathcal{T}_I$ 的搜索空间（D_I 维）到隐藏的公共特征子空间（D 维）的非线性映射。D_I 等于相应任务决策空间的维度，而 D 是由适应度排名的前 N_{top} 个体的稀疏度决定的[145]：

$$D = \sum_{d=1}^{D_I} Y_d \tag{9-39}$$

其中，Y_d 为二进制变量，表示第 d 节点与 RBM 中其他节点的连接结构。$Y_d =$ 1 的概率计算方式如下：

$$P(Y_d = 1) = \frac{1}{N_{top}} \sum_{r=1}^{N_{top}} |f(x_d^r)|, \ \forall d \in \{1, 2, \cdots, D_I\} \tag{9-40}$$

其中，x_d^r 为第 r 个解第 d 维度的变量；$f(x) \in \{0,1\}$ 为一个二元指示变量，当 $x \leqslant 0.05$ 时为 0，否则为 1。

算法 9-4：基于 RBM 的跨域适配

输入：K 个任务的种群 $\boldsymbol{P} = \{\boldsymbol{P}_1, \boldsymbol{P}_2, \cdots, \boldsymbol{P}_K\}$、目标任务索引（$c$）、知识迁移源任务列表 $L_c \leftarrow \{c_1, c_2, \cdots, c_l\}$、知识迁移源任务数量（$l$）、每个迁移源的精英个体数量（$N_{top}$）

输出：目标任务获得的迁移解集（$\boldsymbol{T}_c$）

1 设 $\boldsymbol{T}_c \leftarrow \varnothing$

2 $D \leftarrow$ 通过式(9-39)、式(9-40) 计算 RBM 特征空间（隐藏层）维度

3 $RBM_c \leftarrow$ 训练目标任务的 RBM

4 **for** $j \leftarrow 1$ **to** l **do**

5 $\quad$ $RBM_{c_j} \leftarrow$ 训练知识迁移列表中任务关联的 RBM

6 $\quad$ $S1 \leftarrow$ 从 P_{c_j} 中选择 N_{top} 个精英个体

7 $\quad$ $S2 \leftarrow$ 通过 RBM_{c_j} 将 $S1$ 变换到特征空间

8 $\quad$ $S3 \leftarrow$ 通过 RBM_c 将 $S2$ 映射回目标任务的搜索空间

9 $\quad$ $\boldsymbol{T}_c \leftarrow \boldsymbol{T}_c \cup S3$

10 $\quad$ **return** $\boldsymbol{T}_c$

算法 9-4 给出了基于 RBM 的跨域适配流程。给定目标任务 c 和知识迁移源任务列表 $L_c \leftarrow \{c_1, c_2, \cdots, c_l\}$，初始化目标任务 c 的迁移解集 $\boldsymbol{T}_c$（行 1），计算 RBM 特征空间维度 D 并且训练目标任务的 RBM 模型 RBM_c（行 2~3），从所有源任务 $c_j \in L_c (j \in \{1, 2, \cdots, l\})$ 中递归地收集迁移解并存入 $\boldsymbol{T}_c$（行 4~9）。对于所有源任务 $c_j \in L_c$，从 P_{c_j} 中选择 N_{top} 个精英个体并将其记为 $S1$，通过 RBM_{c_j} 将 $S1$ 变换到隐藏层（特征空间）并将其记为 $S2$，通过 RBM_c 将 $S2$ 恢复到目标任务的搜索空间即迁移解集 $S3$，最后将其存入 $\boldsymbol{T}_c$，其可视为知识的载体，采用隐式或显式方式将 $S3$ 中蕴含的寻优经验传递给目标任务。图 9-10 给出了基于 RBM 的跨任务领域适配流程。

9.2.4 EMaTO-AMR 算法流程

EMaTO-AMR 求解流程如算法 9-5 所示。为促进跨任务知识迁移，所有任

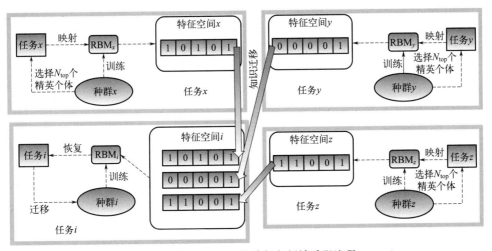

图 9-10　基于 RBM 的跨任务领域适配流程

务的解被编码在一个统一搜索空间 $\mathcal{X} \in [0,1]^{D_{\max}}$ 中，其中 $D_{\max} = \max_{k=1,2,\cdots,K} \{D_k\}$，$D_k$ 指第 k 个任务的搜索空间维度。初始化阶段，随机在 $\mathcal{X}$ 中生成 K 个任务的初始种群，假设任务 k 的第 i 个解是 $\boldsymbol{x}_{k,i} = (x_{k,i,1}, x_{k,i,2}, \cdots, x_{k,i,D})$，当执行适应度评价时，将解 $\boldsymbol{x}_{k,i}$ 从统一搜索空间 $\mathcal{X}$ 解码到任务对应的决策空间 $\mathcal{X}_k$ 中的解 $\overline{\boldsymbol{x}}_{k,i}$ 为 $\overline{x}_{k,i,d} = l_{k,d} + x_{k,i,d}(u_{k,d} - l_{k,d})$，其中 $d = 1,2,\cdots,D_k$，$\overline{x}_{k,i,d}$ 为 $\overline{\boldsymbol{x}}_{k,i}$ 第 d 维度的值，$u_{k,d}$ 和 $l_{k,d}$ 分别为任务 k 决策空间第 d 维的上界和下界。在主循环中，对于每一个任务 $\mathcal{T}_c$，任务间知识迁移强度（atp_c）由 ATP 策略调整，该流程在算法 9-2 中已有详细介绍。给定一个随机数（$rand \in [0,1]$），如果 $rand \leqslant atp_c$，将触发知识迁移，MTS 选择 l 个源任务并通过 RDA 生成迁移解集（$\boldsymbol{T}_c$），随后 $\boldsymbol{T}_c$ 和 $\boldsymbol{P}_c$ 合并，通过模拟二进制交叉（simulated binary crossover，SBX）和多项式变异（polynomial mutation，PM）[256] 生成子代种群 $\boldsymbol{O}_c$。然后执行精英选择，根据合并种群个体的适应度更新 $\boldsymbol{P}_c$。当知识迁移未被触发时，$\boldsymbol{O}_c$ 将执行任务内子代个体生成算子和环境选择策略。最后，更新与任务 $\mathcal{T}_c$ 关联的 FIR_{c,t^*} 和最优解 X_c^*。

时间复杂度分析：在一个迭代周期中，EMaTO-AMR 的算法复杂度主要由三部分决定，即 ATP、MTS 和 RDA。对于每个任务，ATP 的时间复杂度主要来源于滑动时间窗记录数据的信誉度评估，其中滑动时间窗的长度为 M，复杂度为 $O(M)$。用于评价任务间相关性的 MTS 复杂度为 $O(KN^2 D_{\max})$，其中 K 为任务数量，N 为每个任务种群的规模。RDA 由两部分组成：RBM 的训练和隐藏层维度 D 的计算。训练 RBM 复杂度为 $O(lNED_{\max}D)$，其中 l 为迁移源任务列表的规模，E 为 RBM 训练步数。评估 D 值的复杂度为 $O(ND_{\max})$，生成子代种群的复杂度为 $O(ND_{max})$，精英解选择的复杂度为 $O(N)$。因此，每个优化任务的复杂度为 $O(\max\{M,KN^2D_{max},lNED_{max}D,ND_{max},N\})$。由于共有 K 个任务，所以 EMaTO-AMR 一个迭代周期的复杂度为 $O(\max\{K^2N^2D_{max}, lKNED_{max}D\})$。表 9-4 为 EMaTO-AMR 与其他多任务算法时间复杂度对比结果。

算法 9-5：EMaTO-AMR 算法

输入：任务集 $\{\mathcal{T}_1,\cdots,\mathcal{T}_K\}$、每个任务的种群规模（$N$）、$N_{top}$

输出：各个任务的最优解 $\boldsymbol{X}^* \leftarrow \{X_1^*, X_2^*, \cdots, X_K^*\}$

1 初始化种群 $\boldsymbol{P} \leftarrow \{\boldsymbol{P}_1, \boldsymbol{P}_2, \cdots, \boldsymbol{P}_K\}$

2 初始化滑动时间窗 W、FIR 和 atp

3 评价各个任务对应种群所有个体的适应度

4 **while** 未满足停止条件 **do**

5   **for** $c \leftarrow 1$ **to** K **do**

6        $[atp_i, t^*] \leftarrow$ 通过算法 9-2 得到 atp_c 和 t^*

7   **if** $rand \leq atp_i$ **then**

8           $\boldsymbol{L}_c = \{c_1, c_2, \cdots, c_l\} \leftarrow$ 通过算法 9-3 选择迁移源

9           $\boldsymbol{T}_c \leftarrow$ 通过算法 9-4 获得任务 $\mathcal{T}_c$ 的迁移解集

10           $\boldsymbol{O}_c \leftarrow$ Offspring Generation（$\boldsymbol{P}_c \cup \boldsymbol{T}_c$）

11           $\boldsymbol{P}_c \leftarrow$ EliteSelection（$\boldsymbol{P}_c \cup \boldsymbol{O}_c \cup \boldsymbol{T}_c$）

12   **else**

13           $\boldsymbol{O}_c \leftarrow$ OffspringGeneration（$\boldsymbol{P}_c$）

14           $\boldsymbol{P}_c \leftarrow$ EliteSelection（$\boldsymbol{P}_c \cup \boldsymbol{O}_c$）

15        $FIR_{c,t^*} \leftarrow$ 通过式（9-24）计算得出

16        $X_c^* \leftarrow$ 更新种群 $\boldsymbol{P}_c$ 的最优个体（即任务 $\mathcal{T}_c$ 的最优解）

表 9-4   EMaTO-AMR 与其他多任务算法时间复杂度对比

算法	时间复杂度
EEMTA[257]	$O(KND_{max}^2)$
AT-MFEA[258]	$O(KND_{max})$
SREMTO[118]	$O(K^2ND_{max})$
MaTEA[15]	$O(K^2ND_{max}^2)$
MFEA[138]	$O(KND_{max})$

9.2.5　案例仿真结果与分析

9.2.5.1　实验设置

在算法测试问题的选择方面，本节实验所采用的测试问题为任务数量为 10 的超多任务优化问题集[15]，由 7 个单目标优化任务以及它们的变体组成，具有不同的解空间特征，如不同的适应度函数景观、决策空间变换、最优解所在位置以及决策空间维度等。表 9-5 简要概括了这些任务的一些关键特征，其中任务在决策空间中的最优位置可以通过移位向量（O）进行不同程度的移位，任务具有不同的复杂程度：E-task 指的是简单任务，C-task 指的是复杂任务。在"理想辅助任务"列中，当配对任务的最优解在统一决策空间中具有相似性，该任务被认为是理想辅助任务。

表 9-5　10 任务基准测试集的问题属性

任务	函数	移位向量（O）	类别	理想辅助任务
T1	$Sphere_1$	$(o_1, o_2, \cdots, o_D) = (0, 0, \cdots, 0)\ x \in [-100, 100]^D$, $D = 50$	E-task	无
T2	$Sphere_2$	$(o_1, o_2, \cdots, o_D) = (80, 80, \cdots, 80)\ x \in [-100, 100]^D$, $D = 50$	E-task	无
T3	$Sphere_3$	$(o_1, o_2, \cdots, o_D) = (-80, -80, \cdots, -80)\ x \in [-100, 100]^D, D = 50$	E-task	无
T4	$Weierstrass_{25D}$	$(o_1, o_2, \cdots, o_D) = (-0.4, -0.4, \cdots, -0.4)\ x \in [-0.5, 0.5]^D, D = 25$	E-task	无
T5	$Rosenbrock$	$(o_1, o_2, \cdots, o_D) = (0, 0, \cdots, 0)\ x \in [-50, 50]^D, D = 50$	C-task	T1
T6	$Ackley$	$(o_1, o_2, \cdots, o_D) = (40, 40, \cdots, 40)\ x \in [-50, 50]^D$, $D = 50$	C-task	T2
T7	$Weierstrass_{50D}$	$(o_1, o_2, \cdots, o_D) = (-0.4, -0.4, \cdots, -0.4)\ x \in [-0.5, 0.5]^D, D = 50$	C-task	T3,T4
T8	$Schwefel$	$(o_1, o_2, \cdots, o_D) = (420.9687, 420.9687, \cdots, 420.9687)\ x \in [-500, 500]^D, D = 50$	C-task	无
T9	$Griewank$	$(o_1, o_2, \cdots, o_{D/2}) = (-80, -80, \cdots, -80)\ (o_{D/2+1}, o_{D/2+2}, \cdots o_D) = (80, 80, \cdots, 80)\ x \in [-100, 100]^D, D = 50$	C-task	T4
T10	$Rastrgin$	$(o_1, o_2, \cdots, o_{D/2}) = (40, 40, \cdots, 40)\ (o_{D/2+1}, o_{D/2+2}, \cdots o_D) = (-40, -40, \cdots, -40)\ x \in [-50, 50]^D, D = 50$	C-task	无

在对比算法的选择方面，本节将 EMaTO-AMR 与多个前沿 EMaTO 算法以

及经典 EMTO 算法进行对比实验，分别是 EEMTA[257]、AT-MFEA[258]、SREMTO[118]、MaTEA[15] 和 MFEA[138]。其中，EEMTA 是一种多种群 EMaTO 算法，其任务选择由反映目标任务转移解的好坏程度的信用分配策略辅助进行。AT-MFEA 采用仿射变换增强知识在任务间的可迁移性。SREMTO 通过能力向量来调节任务间知识迁移的强度。MaTEA 是一种档案集辅助的 EMaTO 算法，任务选择由知识迁移和任务间相似度的反馈共同决定，MFEA 是经典的 EMTO 算法。

在算法的参数设置方面，每个任务的种群规模设为 100，对比算法的最大迭代次数（$maxgen$）设为 1000。对比算法控制参数与原始参考文献设置一致。EMaTO-AMR 涉及的参数如表 9-6 所示。每个算法在每个问题上独立运行 20 次，并记录其平均结果。

表 9-6　EMaTO-AMR 的参数设置

参数	值
SBX 的分布指数	2
PM 的分布指数	5
知识迁移的选择任务数量（l）	5
每个选择任务的迁移解数量（N_{top}）	10
滑动窗口尺寸（M）	$0.05 * maxgen$
缩放因子值（ω）	1.0

9.2.5.2　与主流 EMTO 算法对比结果与分析

表 9-7 给出了 10 任务优化基准上对比算法与 EMaTO-AMR 运行结果的均值和标准差（括号内），其中符号 ●、§ 和 ○ 表示 EMaTO-AMR 在 95％ 置信水平上的 Wilcoxon 秩和检验[259] 结果分别优于、等价于和差于其竞争对手。在最后一行中，＋、＝和－分别表示 EMaTO-AMR 明显优于、相似和差于其竞争对手的任务数量。最优结果用黑体标出，次优结果用灰色背景标出。此外，表中给出了 Friedman 检验[259-260] 所得算法的平均排名。

从表 9-7 平均目标值可以看出，EMaTO-AMR 在 10 个任务中的 9 个任务上获得了最佳值，是最有竞争力的算法，其次是 MaTEA 在 7 个任务上获得了第二好的结果。在 Friedman 检验中，EMaTO-AMR 获得了最好的总排名，其次是 MaTEA，排名第二。Wilcoxon 秩和检验结果显示，EMaTO-AMR 在除第 8 个任务外的所有任务上的表现都明显优于其竞争对手，其中 SREMTO 搜寻到最好结果，MaTEA 与 EMaTO-AMR 没有显著性差异。EMaTO-AMR 获得竞争优势的 9 个任务中有 5 个是 C-task（T5、T6、T7、T9、T10），对它们进行优化通常需要更多的计算资源。

表 9-7　对比算法在 10 任务基准测试集上的目标值均值与标准差

	k	EMaTO-AMR	AT-MFEA	EEMTA	MFEA	MATEA	SREMTO
	1	**1.42E-15** (**3.2E-16**)	3.28E-1 (1.1E-1) ●	1.85E+0 (4.7E-1) ●	2.66E+0 (1.3E+0) ●	1.19E-7 (2.4E-7) ●	2.52E-7 (7.0E-8) ●
	2	**5.38E-15** (**5.8E-15**)	1.45E+0 (6.9E-1) ●	1.78E-7 (4.6E-8) ●	9.83E-2 (2.6E-1) ●	1.87E-10 (2.2E-10) ●	1.11E-7 (1.3E-7) ●
	3	**0.00E+0** (**0.0E+0**)	3.15E-2 (2.4E-2) ●	1.44E+0 (3.5E-1) ●	7.45E-3 (8.8E-3) ●	2.39E-11 (9.5E-11) ●	3.96E-5 (4.0E-5) ●
	4	**0.00E+0** (**0.0E+0**)	1.49E-1 (4.6E-2) ●	7.05E-2 (2.8E-1) ●	2.66E-2 (1.2E-2) ●	2.94E-7 (1.2E-6) ●	1.14E-2 (5.2E-3) ●
	5	**1.27E-13** (**2.6E-14**)	1.65E+2 (8.9E+1) ●	4.56E+2 (2.4E+2) ●	2.18E+2 (8.1E+1) ●	1.06E-5 (1.8E-5) ●	2.12E-5 (5.9E-6) ●
	6	**1.69E-8** (**1.1E-8**)	1.51E+1 (8.7E+0) ●	2.00E+1 (3.4E-3) ●	7.94E-2 (9.0E-2) ●	3.18E-6 (2.2E-6) ●	7.05E-5 (6.5E-5) ●
	7	**3.66E-12** (**4.4E-12**)	6.14E-1 (1.5E-1) ●	1.66E+1 (4.7E+0) ●	2.31E-1 (6.3E-2) ●	3.78E-5 (8.0E-5) ●	7.46E-2 (4.8E-2) ●
	8	1.02E-1 (1.2E-1)	6.91E+2 (3.3E+2) ●	1.14E+4 (4.3E+2) ●	4.05E+1 (1.9E+1) ●	4.67E+1 (1.1E+2) §	**5.32E-3** (**5.3E-3**) ○
	9	**3.19E-14** (**2.5E-14**)	3.30E-2 (7.2E-3) ●	4.42E-2 (1.1E-2) ●	3.43E-1 (1.2E-1) ●	3.58E-2 (6.5E-2) ●	1.08E-3 (4.3E-3)
	10	**1.62E+1** (**2.9E+0**)	4.36E+1 (1.2E+1) ●	3.16E+2 (1.5E+1) ●	4.47E+1 (8.2E+0) ●	2.57E+2 (1.5E+2) ●	7.09E+1 (2.9E+1) ●
Best		9/10	0/10	0/10	0/10	0/10	1/10
Fried		1.1	4.5	5.5	4.4	2.7	2.8
R		1	5	6	4	2	3
+/=/-		—	10/0/0	10/0/0	10/0/0	9/1/0	9/0/1

从上述三个方面的结果可以看出，EMaTO-AMR 相对于竞争对手有明显优势。这是因为 EMaTO-AMR 有机集成了多个互补的知识迁移策略。其中，ATP 采用滑动时间窗记录关键信息，控制知识迁移强度；MTS 辅助选择合适的迁移源；RDA 减轻了异构任务跨域知识迁移困境，相比之下，其他算法存在一些不足。对于 MFEA，迁移强度 rmp 是固定的，迁移源是随机选择的，存在负迁移的风险。AT-MFEA 通过建立仿射变换来缩小域不匹配场景下的任务间差异，但在复杂的超多任务环境下，仿射变换本质上是一种线性映射，难以捕捉任务之间的非线性相关性。MaTEA 和 EEMTA 都只选择一个任务作为迁移源，难以从多个源中挖掘知识。虽然 SREMTO 中的任务间知识迁移强度由不同任务之间的重叠程度决定，但忽视了任务跨域适配，求解效果不尽理想。

对比算法在 T1～T10 上的平均收敛轨迹如图 9-11 所示，其中 x 轴为迭代次数，y 轴为平均目标值。从图 9-11 可以看出，EMaTO-AMR 在除 T8 以外的所有任务上的收敛性能都优于其竞争对手。在 E-task 的 T2 和 T4 上，EMaTO-AMR 在整个搜索过程中始终领先对手，并在 T4 上找到全局最优。对于 C-task 的 T5、T7、T9 和 T10，除 EMaTO-AMR 外，所有算法均收敛于局部最优。在 T6 任务上，虽然 EMaTO-AMR 在迭代早期收敛速度相对较慢，但在搜索中后期收敛速度显著优于竞争对手，并最终获得最优值，其原因之一是 EMaTO-AMR 的高效知识迁移机制帮助其跳出局部最优。虽然 SREMTO 在 T8 任务上获得的结果略优于 EMaTO-AMR，但 EMaTO-AMR 仍然取得了具有竞争力的结果，并且显著优于其他竞争对手。此外，EMaTO-AMR 在剩余任务上都优于 SREMTO。基于以上分析，EMaTO-AMR 在 10 任务优化问题上具有较强的竞争力。

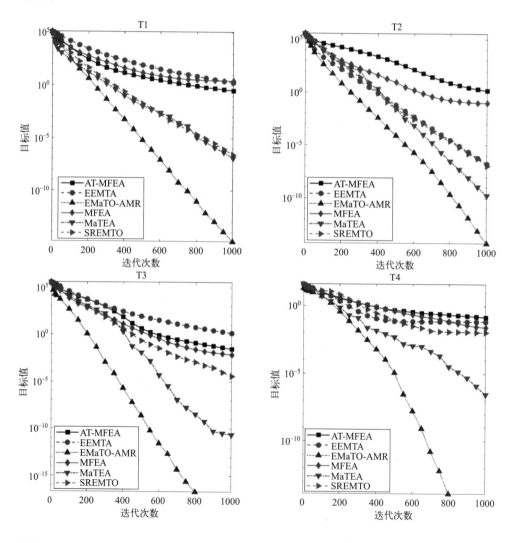

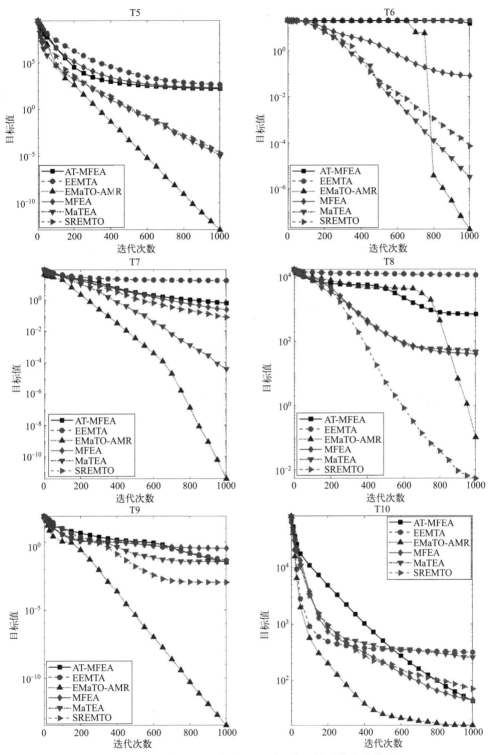

图 9-11　对比算法在 10 任务基准测试集上的平均收敛轨迹

9.2.5.3 消融试验

为了考察 ATP、MTS、RDA 分别对 EMaTO-AMR 的影响，在去除其中一种策略后，生成了三种 EMaTO-AMR 变体，并将三种变体与 EMaTO-AMR 进行了实验比较。没有 ATP、MTS 和 RDA 的变体算法分别用 EMaTO-noATP、EMaTO-noMTS、EMaTO-noRDA 表示。在 EMaTO-noATP 中，ATP 被固定的迁移强度 $atp=0.1$ 代替；EMaTO-noMTS 随机选择 l 个任务作为迁移源；在 EMaTO-noRDA 中，基于 RBM 的知识迁移模型被去噪自编码器代替。

它们在 10 任务优化基准上的寻优结果如表 9-8 所示，平均收敛轨迹在图 9-12 中给出。从表 9-8 中 Friedman 检验结果可知，EMaTO-AMR 排名第一。就平均目标值而言，EMaTO-AMR 在 10 个任务中的 6 个任务上取得最优值。此外，EMaTO-AMR 显著优于其他变体的任务占比分别为 4/10、6/10、5/10。与之相反，EMaTO-AMR 明显差于其他变体的任务占比分别为 1/10、1/10、3/10。EMaTO-noATP 的劣势在于未能控制知识迁移强度；对于随机选择迁移源的 EMaTO-noMTS，从不相关任务中获得的知识可能会干扰当前任务的搜索；EMaTO-AMR 相对于 EMaTO-noRDA 的优越性证明了 RBM 模型在跨域适配方面的有效性。综上，联合三种策略使得 EMaTO-AMR 具有更加突出的搜索能力。

表 9-8　EMaTO-AMR 及其变体在 10 任务基准测试集上的实验结果

k	EMaTO-AMR	EMaTO-noATP	EMaTO-noMTS	EMaTO-noRKT
1	1.42E-15 (3.2E-16)	1.75E-15 (4.5E-16) ●	9.10E-15 (6.7E-15) ●	**0.00E+0 (0.0E+0)** ○
2	**5.38E-15 (5.8E-15)**	5.68E-15 (2.2E-15) §	9.18E-14 (8.2E-14) ●	3.24E-13 (2.1E-13) ●
3	**0.00E+0 (0.0E+0)**	**0.00E+0 (0.0E+0)** §	**0.00E+0 (0.0E+0)** §	1.03E-12 (4.1E-13) ●
4	0.00E+0 (0.0E+0)	0.00E+0 (0.0E+0) §	0.00E+0 (0.0E+0) §	0.00E+0 (0.0E+0) §
5	1.27E-13 (2.6E-14)	1.73E-13 (5.5E-14) ●	1.08E-12 (9.1E-13) ●	**0.00E+0 (0.0E+0)** ○
6	**1.69E-8 (1.1E-8)**	2.07E-8 (4.3E-9) §	7.91E-8 (5.2E-8) ●	1.56E+1 (2.9E-1) ●
7	**3.66E-12 (4.4E-12)**	7.64E-12 (3.9E-12) ●	8.27E-11 (3.9E-11) ●	5.36E-8 (3.8E-8) ●
8	**1.02E-1 (1.2E-1)**	3.12E+2 (1.7E+2) ●	9.72E+2 (6.5E+2) ●	6.07E+2 (2.9E+2) ●

续表

	k	EMaTO-AMR	EMaTO-noATP	EMaTO-noMTS	EMaTO-noRKT
	9	3.19E-14 (2.5E-14)	**0.00E+0** **(0.0E+0)** ○	6.02E-15 (5.2E-15) ○	1.75E-14 (2.4E-14) ○
	10	1.62E+1 (2.9E+0)	**1.31E+1** **(4.8E+0)** §	1.65E+1 (5.4E+0) §	1.54E+1 (3.8E+0) §
Best		6/10	4/10	2/10	3/10
Fried		1.7	1.8	2.9	2.5
R		1	2	4	3
+/=/-		—	4/5/1	6/3/1	5/2/3

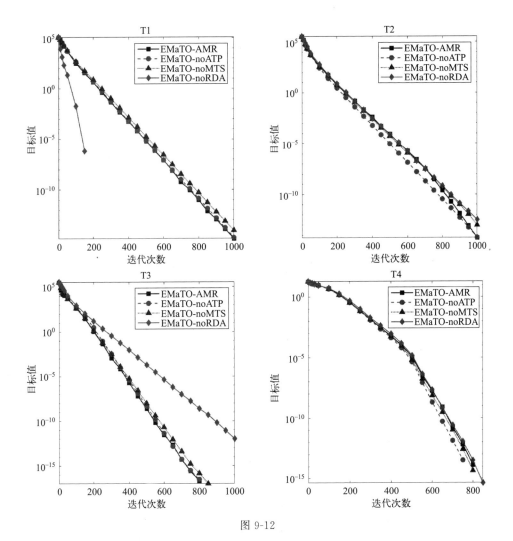

图 9-12

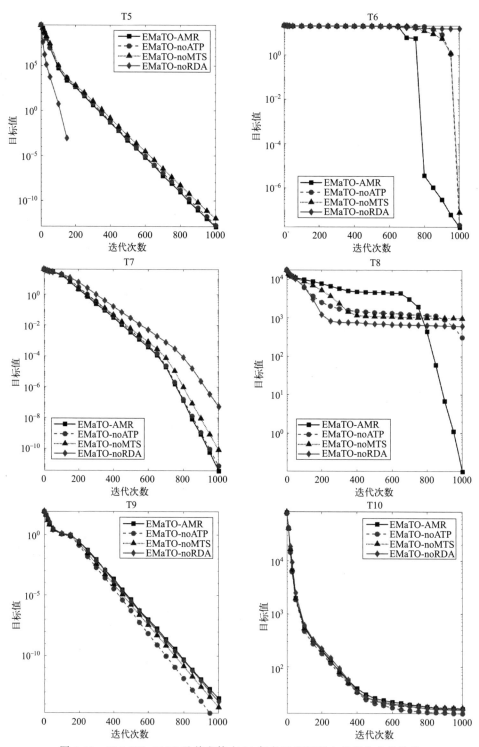

图 9-12　EMaTO-AMR 及其变体在 10 任务基准问题上的平均收敛轨迹

9.2.5.4　超多任务场景下算法扩展能力测试

为了测试 EMaTO-AMR 在更复杂超多任务环境下的性能，采用 WCCI2020-SOMATP 测试集作为测试问题，并将 EMaTO-AMR 与多个同类主流算法进行对比实验。WCCI2020-SOMATP 测试集包含 10 个 50 任务的优化实例（P1～P10），每个多任务的任务组成涉及 7 个基准单目标函数及其通过平移和旋转而来的变体，每个多任务实例的具体任务构成如表 9-9 所示。

表 9-9　WCCI2020-SOMATP 测试集的任务构成

	P1	P2	P3	P4	P5	P6	P7	P8	P9	P10
Sphere	√			√						
Rosenbrock		√		√		√		√	√	
Ackley				√			√	√	√	√
Rastrigin			√		√		√			
Griewank					√	√		√		√
Weierstrass					√		√	√		
Schwefel						√			√	√

EMaTO-AMR 和其他对比算法在一系列 50 任务优化问题中的性能表现如表 9-10 所示，其中括号外的值表示对应算法在每个 50 任务实例上获得的最佳结果的数量，括号内的值为 Friedman 检验获得的排名。

表 9-10　对比算法在 WCCI2020-SOMATP 测试集上获得最佳结果的次数及排名

测试问题	EMaTO-AMR	AT-MFEA	EEMTA	MaTEA	MFEA	SREMTO
WCCI2020-SOMATP1	**50(1)**	0(5)	0(4)	0(3)	0(6)	0(2)
WCCI2020-SOMATP2	23(2)	0(3)	3(5)	**24(1)**	0(6)	0(4)
WCCI2020-SOMATP3	0(2)	0(3)	0(4)	**50(1)**	0(6)	0(5)
WCCI2020-SOMATP4	**35(1)**	0(5)	4(4)	3(3)	0(6)	8(2)
WCCI2020-SOMATP5	**29(1)**	0(5)	11(2)	10(1)	0(4)	0(3)
WCCI2020-SOMATP6	**40(1)**	0(5)	1(4)	0(3)	0(6)	9(2)
WCCI2020-SOMATP7	**33(1)**	0(6)	9(3)	8(2)	0(4)	0(5)
WCCI2020-SOMATP8	**33(1)**	0(6)	8(3)	6(2)	0(5)	3(4)
WCCI2020-SOMATP9	**29(1)**	0(6)	4(5)	9(2)	3(4)	5(3)
WCCI2020-SOMATP10	**31(1)**	0(6)	10(2)	5(3)	2(4)	2(5)

如表 9-10 所示，对于 50 个任务的超多任务优化场景，EMaTO-AMR 仍然是所有算法中性能最好的。在 WCCI2020-SOMATP 测试集的 10 个问题中，EMaTO-AMR 在其中的 8 个问题上名列第一。由表 9-10 可知，WCCI2020-SO-

MATP 1~3 实例的优化任务是由相同的基准函数（但具有不同的偏差和旋转矩阵）组成。除了 WCCI-SOMATP 2~3 实例之外，EMaTO-AMR 在所有问题上表现良好，尤其是在 WCCI-SOMATP 2~3 实例上，MaTEA 表现出卓越的求解能力。EMaTO-AMR 在 WCCI-SOMATP 2~3 实例中未能保持第一，一个重要原因是这两个实例中的优化任务都是 Rosenbrock 和 Rastrigin 函数，具有许多局部最优，被选源任务的前 N_{top} 个个体作为知识迁移载体，可能会降低目标任务的种群多样性，从而降低算法跳出局部最优的能力。MaTEA 在 WCCI-SOMA-TP 2~3 实例中排名第一，主要原因是 MaTEA 中的迁移个体是从源任务中随机选择的，可以更好地保持多样性。WCCI-SOMATP4~10 实例涉及多个不同基准函数的混合，求解十分困难，EMaTO-AMR 联合使用 ATP、MTS 和 RDA 策略，在此类问题上表现良好。

9.3 集成学习辅助的跨域适配自适应方法

从过去的经验中学习以解决当前任务是人类认知能力的关键特征，EMTO 方法通过探索从解决一个任务中提取的有用知识来加速其他相关任务的优化过程，来复刻这种智能行为。然而，在实际场景中，从各个任务域中提取的知识可能并不总是有利于彼此的求解过程，并且源域-目标域失配可能会导致严重的负迁移，从而影响 EMTO 求解效率。本节介绍一种集成学习辅助的跨域适配自适应 EMTO 算法。跨域适配旨在减小不同任务领域之间的差异，不同的跨域适配机制在不同的应用场景具有各自优势，如降噪自编码器（denoising autoencoder，DAE）[117]、异常检测模型（anomaly detection model，ADM）[154] 和受限玻尔兹曼机（restricted boltzmann machine，RBM）[145] 等跨域适配机制在不同的问题实例中取得各自优势。基于上述考量，引入集成学习的思想来融合多种跨域适配机制，采用多臂选择方法（multi-armed bandits selection，MAS）集成 DAE、ADM 以及 RBM 三种跨域适配方法。当触发知识迁移时，MAS 能在线选择合适的跨域适配机制。在此基础上，设计自适应信息交换（adaptive information exchange，AIE）策略用于控制寻优过程中知识迁移强度，最终形成一种跨域自适应多任务优化算法（adaptive knowledge transfer framework with multi-armed bandits selection，AKTF-MAS）。AKTF-MAS 主要包括 MAS 机制和 AIE 策略。MAS 根据寻优过程中收集的奖励信息自动配置跨域适配方法，为每一个寻优时刻动态配置最适合的跨域适配算子，同时为了更好地追踪搜索过程的反馈信息，利用滑动时间窗记录每一种跨域适配机制的历史表现。此外，知识迁移的频率和强度以协同的方式与跨域适配同步调整。在一系列标准测试集上的相关实验结果表明，所提 AKTF-MAS 在 EMTO 问题实例中与主流方法相比具有求解质量优势。

9.3.1　基于 DAE 的跨域适配技术

给定输入向量 $x\in[0,1]^D$，自编码器通过仿射映射 $y=f_\theta(x)$ 将 x 转换成隐藏表示 $y\in[0,1]^{D'}$，其中，$f_\theta(x)=s(Wx+b)$，$\theta=[W,b]$，W 为 $D'\times D$ 维权重矩阵，b 为 D' 维偏置向量，$s(\cdot)$ 代表 sigmoid 映射函数，即 $s(x)=[1/(1+e^{-x})]$。之后，通过 $z=g_{\theta'}(y)=s(W'y+b')$，$y$ 被映射回输入空间中的一个重构向量 $z\in[0,1]^D$，其中，$\theta'=[W',b']$。θ 和 θ' 通过最小化重构误差来优化：$\arg\min_{\theta,\theta'}=\dfrac{1}{n}\sum_{i=1}^{n}\mathcal{L}(x_i,z_i)$，其中，$n$ 是输入数据的规模；$\mathcal{L}$ 为损失函数，如平方误差、KL 散度等。自编码器结构如图 9-13 所示。

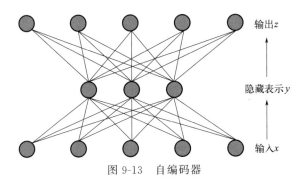

图 9-13　自编码器

降噪自编码器 DAE 是自编码器的扩展，对输入数据施加随机扰动，以学习对输入噪声更鲁棒性的表示。具体来讲，有噪声的输入 $\tilde{x}$ 被映射为一个隐藏表示 $y=f_\theta(\tilde{x})=s(W\tilde{x}+b)$，然后被重构为 $z=g_{\theta'}(y)=s(W'y+b')$。利用 DAE 的特性，将与不同任务相关的解映射到隐藏层中，提取任务搜索空间的本质特征，并作为跨任务知识迁移的桥梁。设 $P=\{p_1,p_2,\cdots,p_N\}$ 和 $Q=\{q_1,q_2,\cdots,q_N\}$ 分别为从任务 $\mathcal{T}_1$ 和 $\mathcal{T}_2$ 采样的解集，其中 N 为解集的大小，$\mathcal{T}_1$ 到 $\mathcal{T}_2$ 的任务关联关系可通过以 P 作为输入，以 Q 作为输出的 DAE 来构建。一般采用单层映射 $M：\mathcal{R}^D\to\mathcal{R}^D$ 来重构有噪声的输入，使得平方重构误差最小：

$$\mathcal{L}_{sq}(M)=\frac{1}{2N}\sum_{i=1}^{N}\|q_i-Mp_i\|^2 \tag{9-41}$$

其封闭解为：

$$M=(QP^{\mathrm{T}})(PP^{\mathrm{T}})^{-1} \tag{9-42}$$

如此一来，有价值的寻优信息就可以通过与 M 的矩阵乘法运算从 $\mathcal{T}_1$ 传递到 $\mathcal{T}_2$。

9.3.2　基于 ADM 的跨域适配技术

ADM 用于发现与期望不符的对象[261-262]，这些对象也被称为异常值、噪声、偏差，ADM 在文献［154］中首次被用于求解 EMTO。在基于目标任务精英解的概率模型中，ADM 将外来任务种群的寻优个体作为检测对象，捕获有价值的个体作为知识载体迁移到目标任务中。基于密度估计 $pdf(x)$ 的 ADM 的判断异常值的方法如下：

$$pdf(x) \begin{cases} < \varepsilon & 异常 \\ \geq \varepsilon & 正常 \end{cases} \tag{9-43}$$

其中，$\varepsilon \in [0,1]$ 为预设阈值，其可在线调整并设置为跨任务迁移个体生存率。多元高斯分布拥有强大的建模能力和突出的数学特点，故采用其作为表达种群分布的概率模型，假设 $\boldsymbol{P}_t = \{\boldsymbol{x}_i, 1 \leq i \leq N_s\}$ 为从与任务 $\mathcal{T}_t$ 相关的种群中抽样的精英成员，其分布被描述为：

$$\mathcal{P} \sim \mathcal{N}(\boldsymbol{\mu}, \boldsymbol{\sigma}^2 \boldsymbol{\Sigma})$$

其中，$\boldsymbol{\mu} = (\mu_1, \cdots, \mu_d)$；$\boldsymbol{\sigma}^2 = (\sigma_1^2, \cdots, \sigma_d^2)$，$d$ 为 $\mathcal{T}_t$ 的维度，μ_d 和 σ_d^2 分别为第 d 维变量的平均值和方差；$\boldsymbol{\Sigma}$ 为协方差矩阵，其表达式为：

$$\boldsymbol{\Sigma} = \frac{1}{N_s - 1} \sum_{i=1}^{N_s} (\boldsymbol{x}_i - \boldsymbol{\mu})(\boldsymbol{x}_i - \boldsymbol{\mu})^{\mathrm{T}} \tag{9-44}$$

$$\mu_d = \frac{1}{N_s} \sum_{i=1}^{N_s} x_{i,d} \tag{9-45}$$

$$\sigma_d^2 = \frac{1}{N_s - 1} \sum_{i=1}^{N_s} (x_{i,d} - \mu_d)^2 \tag{9-46}$$

给定样本 $\boldsymbol{x}$，其在 $\mathcal{N}$ 上的概率密度值由下式计算：

$$pdf(\boldsymbol{x} | \boldsymbol{\mu}, \boldsymbol{\Sigma}) = \frac{1}{\sqrt{(2\pi)^D |\boldsymbol{\Sigma}|}} \times \exp\left[-\frac{1}{2}(\boldsymbol{x} - \boldsymbol{\mu})^{\mathrm{T}} \boldsymbol{\Sigma}^{-1}(\boldsymbol{x} - \boldsymbol{\mu})\right] \tag{9-47}$$

当选择目标任务迁移候选解时，根据式(9-47)对所有来自源任务的解进行排序，选择前 ε 比例的个体作为迁移解并迁入 $\mathcal{T}_t$ 任务种群中，辅助目标任务的搜索。

图 9-14(a) 给出了二维空间中 ADM 检查异常点的示例，图中三个任务种群概率分布有着明显差异，根据相应的概率密度函数和预定义的检测阈值，可构建每个任务种群的高斯概率分布模型，显然，图中椭圆区域之外的解可分别判定为任务 $\mathcal{T}_1$、$\mathcal{T}_2$、$\mathcal{T}_3$ 的离群点。对于任务 $\mathcal{T}_1$，$\boldsymbol{x}_{1,1}$ 和 $\boldsymbol{x}_{1,2}$ 为离群点，但它们分别是任务 $\mathcal{T}_2$ 和 $\mathcal{T}_3$ 知识迁移的载体。类似的，$\boldsymbol{x}_{2,1}$ 和 $\boldsymbol{x}_{2,2}$ 是任务 $\mathcal{T}_2$ 的离群点，但它们分别是任务 $\mathcal{T}_1$ 和 $\mathcal{T}_3$ 知识迁移的载体。ADM 通过从其他任务种群中提取有助

于求解当前任务的候选解，从而辅助当前目标任务的搜索。

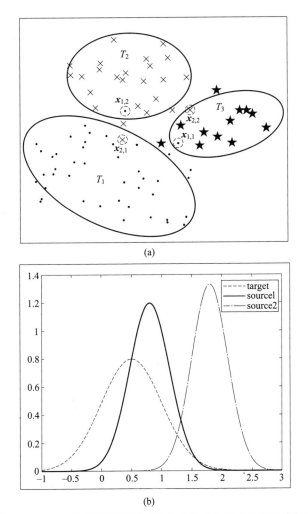

图 9-14　ADM 检测机制采用高斯分布表示的任务种群概率模型

概率模型可视为从任务求解过程中获得的领域知识，任务之间的可迁移知识来自不同任务种群概率模型的重叠部分。考虑图 9-14（b）中的示例，三个任务的概率密度函数由标有不同线型的曲线表示，任务之间的关系可以通过任务种群概率模型之间的源-目标相似性来揭示。由图可知，目标任务与源任务 1 之间的潜在协同作用优于目标任务与源任务 2 之间的协同作用，因为目标任务的概率模型与源任务 1 的概率模型有着更多的重叠部分。

9.3.3　基于 RBM 的跨域适配技术

RBM 本质上是一种神经网络模型，它可以学习输入数据集的紧致表示，从一个任务中学习到的解的紧致表示可以映射回另一个任务的决策空间，作为跨异构任务知识传递的桥梁。RBM 的形状是一个没有层内连接的二分图（如图 9-9 所示），由 D_I 个节点的可见层 $\boldsymbol{v}=(v_1,v_2,\cdots,v_{D_I})^{\mathrm{T}}$ 和 D 个节点的隐藏层 $\boldsymbol{h}=(h_1,h_2,\cdots,h_D)^{\mathrm{T}}$ 组成，$D\ll D_I$。首先定义一个带有参数 $\theta=(\boldsymbol{WR},\boldsymbol{a},\boldsymbol{b})$ 的能量函数：

$$E(\boldsymbol{v},\boldsymbol{h})=-\sum_{i=1}^{D_I}\sum_{j=1}^{D}WR_{i,j}v_ih_j-\sum_{i=1}^{D_I}b_iv_i-\sum_{j=1}^{D}a_jh_j$$

$$\boldsymbol{WR}=\begin{bmatrix}WR_{1,1}&\cdots&WR_{1,D}\\\vdots&\ddots&\vdots\\WR_{D_I,1}&\cdots&WR_{D_I,D}\end{bmatrix},a=[a_1,a_2,\cdots,a_D]^{\mathrm{T}} \tag{9-48}$$

$$\boldsymbol{b}=[b_1,b_2,\cdots,b_{D_I}]^{\mathrm{T}}$$

其中，$WR_{i,j}$ 是可见层节点 i 和隐藏层节点 j 之间的连接权重；b_i 和 a_j 分别是他们的偏置。$\boldsymbol{v}$ 和 $\boldsymbol{h}$ 的联合概率分布为：

$$P(\boldsymbol{v},\boldsymbol{h})=\frac{1}{Z}\exp(-E(\boldsymbol{v},\boldsymbol{h};\theta)) \tag{9-49}$$

其中，$Z=\sum_{\boldsymbol{v},\boldsymbol{h}}\exp(-E(\boldsymbol{v},\boldsymbol{h};\theta))$ 是归一化常数。因为 RBM 无层内连接，给定 $\boldsymbol{v}$ 中节点的当前值，$\boldsymbol{h}$ 中的节点激活是相互独立的，反之亦然。所以分别有 $\boldsymbol{v}$ 对于 $\boldsymbol{h}$ 和 $\boldsymbol{h}$ 对于 $\boldsymbol{v}$ 的条件概率分布：

$$P(\boldsymbol{v}\mid\boldsymbol{h})=\prod_{i=1}^{D_I}P(v_i\mid\boldsymbol{h})$$

$$P(\boldsymbol{h}\mid\boldsymbol{v})=\prod_{j=1}^{D}P(h_j\mid\boldsymbol{v}) \tag{9-50}$$

根据式（9-49）和贝叶斯公式，式（9-50）等价为：

$$P(v_i=1\mid\boldsymbol{h})=\sigma(b_i+\sum_{j=1}^{D}WR_{i,j}h_j) \tag{9-51}$$

$$P(h_j=1\mid\boldsymbol{v})=\sigma(a_j+\sum_{i=1}^{D_I}WR_{i,j}v_i) \tag{9-52}$$

式中，$\sigma(\cdot)$ 是 sigmoid 函数。

给定决策向量 $\boldsymbol{x}$ 作为输入，节点 h_j 的值依概率设为 1，这个概率由 $P(h_j=1\mid\boldsymbol{v})=\sigma(a_j+\sum_{i=1}^{D_I}WR_{i,j}v_i)$ 计算。同样的，节点 x_i' 的重构值根据概率设为 1，这个概率由 $P(x_i'=1\mid\boldsymbol{h})=\sigma(b_i+\sum_{j=1}^{D}WR_{i,j}h_j)$ 计算。由于 RBM 是为了最小化重

构误差（通过对比散度算法[254]）而训练的，重构向量 x' 可以被重新解释为原始决策向量 x 的紧凑表示。根据这个想法，RBM 可以从源任务的决策向量学习一个紧凑的表示，然后将其恢复到目标任务的决策向量，在这个转换过程中会发生跨任务的知识迁移。具体来说，通过对应任务 $T_I(I=1,2,\cdots,K)$ 的种群建立了 RBM 模型 RBM_I。然后，源任务 T_I 中的精英个体通过 RBM_I 变换为 D 维空间中的紧凑表示，并通过 RBM_k 映射到任务 T_k 的原始决策空间。紧凑表示作为知识迁移的桥梁，传递携带任务 T_I 上求解问题经验的个体，帮助求解任务 T_k。

9.3.4　算法流程

本节将介绍 MAS 机制、AIE 策略以及 AKTF-MAS 算法的流程，并分析其时间复杂度。由于 MAS 机制与前述 ATP 所采用的方法在流程上有一定的相似之处，为避免混淆，将以跨域适配方法的自动配置为视角重新讲述，部分符号标识有所改变。

9.3.4.1　MAS 机制

不同跨域适配策略在处理不同的任务域时具有不同的优势，RBM 善于学习稀疏分布，DAE 擅于提取紧凑表示，ADM 在弥合不同任务种群分布之间差异方面具有优势。每种策略都是针对特定属性的问题而定向开发的，普适性相对不足。针对这一特点，可通过基于 MAS 的动态选择机制，将多种具有互补属性的策略进行融合，使多个跨域适配策略能够协同工作，从而使得跨任务知识迁移能够更加稳定地进行。使用 MAS 通常需要考虑两个问题：一是根据历史经验决定分配给每种策略的信用度，二是确定算法在下一时刻使用何种策略。这两个问题的本质是探索与开发两难问题：一方面希望给予历史上表现较好的策略以更高的使用频次（开发），以期获得更大的回报，但这也意味着历史表现不佳的策略使用频次减少；另一方面又希望给予历史上使用频次较少的策略以试错的机会，从而增强探索能力（探索），当前表现不佳的策略未必未来表现一直不如意。

MAS 在进化计算领域备受关注，并在自适应选择方面取得了巨大成功[263-264]。假设有 n_a 个相互独立的臂 $\{\tau_1,\tau_2,\cdots,\tau_{n_a}\}$，每个臂都有未知的获得奖励的可能性。最优臂是在历史经验中产生最佳累积奖励的臂，寻找最优臂的方法有多种，上置信度界（upper confidence bound，UCB）方法[265] 是其中的典型代表。在基于 UCB 的方法中，第 j 个臂拥有一个质量指标 q_j 和一个依赖于历史试验次数 n_j 的置信区间。在第 t 时刻，最优臂通过最大化下述目标函数得到：

$$q_j^t + C \times \sqrt{\frac{2 \times \ln \sum\limits_{j'=1}^{n_a} n_{j'}^t}{n_j^t}} \tag{9-53}$$

式中，C 是平衡开发（式中第一项倾向于选择历史表现较好的臂）和探索（式中第二项倾向于选择使用频次较低的臂）的参数。

为了更好地追踪不同策略的历史表现，在搜索过程中使用滑动时间窗（W）记录每个任务关联的领域适配策略及其表现，W 的长度固定，采用先进先出（FIFO）队列存取数据，仅距离当前时刻最近的 $|W|$ 个记录参与跨域适配策略的信誉度评估。采用最优解的适应度提高率来评估与任务关联的跨域适配策略信誉度：

$$FIR_{k,j} = \frac{pf_{k,j} - cf_{k,j}}{pf_{k,j}} \tag{9-54}$$

式中，$FIR_{k,j}$ 表示执行策略 j 时任务 T_k 的适应度提高率；$pf_{k,j}$ 和 $cf_{k,j}$ 分别为前一代和当前代任务种群最佳适应度。每个任务 T_k 都与一个滑动窗口 W_k 相关联，其中所选策略的索引和 FIR 值存储在 W_k 中，如图 9-15 所示。需要注意的是，不同任务的滑动时间窗存储信息可能不同步，取决于当前任务是否执行知识迁移。

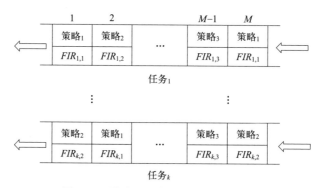

图 9-15　滑动时间窗及其数据存储结构

任务 k 关联的策略 j 所得奖励回报 $Reward_{k,j}$ 计算方式如下：

$$Reward_{k,j} = \sum_{i=1}^{|W_k|} I(i == j) FIR_{k,i} \tag{9-55}$$

式中，$I(\cdot)$ 为门限函数。与任务 T_k 关联的跨域适配策略 j 的信誉度为：

$$score_{k,j} = \frac{Reward_{k,j}}{\sum\limits_{i=1}^{n_a} Reward_{k,i}} \tag{9-56}$$

将上式代入式(9-53)，可得：

$$CON_{k,j} = score_{k,j} + C \times \sqrt{\frac{2 \times \ln \sum_{j=1}^{n_a} n_{k,j}}{n_{k,j}}} \qquad (9\text{-}57)$$

式中，$n_{k,j}$ 为策略 j 在任务 $\mathcal{T}_k$ 中被执行的频次。MAS 使任务 $\mathcal{T}_k$ 选择式(9-57) 取值最大的策略。

算法 9-6 给出了 MAS 的伪代码。首先初始化 $Reward_{k,j}$ 和 $n_{k,j}$（第 1~2 行）。当存在未被执行的策略时，随机选择一个未被执行的候选策略，直到所有策略至少被执行一次（第 3~5 行）。否则，评估与任务 $\mathcal{T}_k$ 关联的滑动时间窗中所有策略 $j=1,2,\cdots,n_a$ 的 $Reward_{k,j}$ 和 $n_{k,j}$ 值（第 6~10 行），随后依据式(9-57) 更新与任务 $\mathcal{T}_k$ 关联的所有策略 $j=1,2,\cdots,n_a$ 中的 $CON_{k,j}$，并选择式(9-57) 取值最大的策略（第 11~13 行），更新滑动时间窗中的数据（第 14~15 行）。

算法 9-6： MAS 伪代码

输入： 缩放因子（C）、滑动窗口（W）、当前任务索引（k）

输出： 选择的策略（ind）

1　初始化 $Reward_{k,j} \leftarrow 0$，$j=1$，2，$\cdots$，4

2　初始化 $n_{k,j} \leftarrow 0$，$j=1$，2，$\cdots$，4

3　**if** 还有策略没有被选择 **then**

4　$\quad ind \leftarrow$ 从$\{1,2,\cdots,n_a\}$随机选择一个

5　**else**

6　$\quad$**for** $i \leftarrow 1$ **to** $W.Currentlength$ **do**

7　$\qquad j \leftarrow W.GetIndex(i)$

8　$\qquad FIR_{k,j} \leftarrow W.GetFIR(i)$

9　$\qquad Reward_{k,j} \leftarrow Reward_{k,j} + FIR_{k,j}$

10　$\qquad n_{k,j}++$

11　$\quad$**for** $j \leftarrow 1$ **to** n_a **do**

12　$\qquad$执行式(9-57) 计算 $CON_{k,j}$

13　$\quad ind \leftarrow \underset{j=1,2,\cdots,n_a}{\arg\max}(CON_{k,j})$

14　$W.SetIndex(ind)$

15　$W.SetFIR(FIR_{k,ind})$

16　**return** ind

9.3.4.2　AIE 策略

自适应信息交换（AIE）策略从两个方面控制任务间的知识迁移强度。一方面，利用进化过程中的经验知识评估当前任务最优解的收敛趋势，自适应调整知识迁移频率（ktf）；另一方面，根据历史经验中迁移个体的生存率，调整迁移个体数量。设计 AIE 策略的动机如下。

在 EMTO 中，不同任务种群可能处于不同的搜索阶段，不同状态的种群在探索和利用搜索空间方面表现出不同的潜力，较大的 ktf 可能会引入外部扰动，对当前搜索进程产生一定干扰。反之，较小的 ktf 可能会对外部经验利用不足，导致源任务搜索经验的浪费，某些源任务的搜索经验可能有助于提升目标任务探索解空间的能力，从而避免早熟收敛。因此，根据种群寻优状态动态控制 ktf 是一种切实可行的策略。AIE 利用种群收敛趋势来调整 ktf，若寻优种群收敛态势良好，则应减小 ktf，以便其能够专注于任务内搜索，并免受外部扰动的影响；反之，应该提升 ktf，积极寻找源任务知识，以便更好地遍历解空间并跳出局部最优区域。设 g 为任务寻优种群迭代次数计数器，bsf_k^g 为任务 $\mathcal{T}_k$ 关联的种群在第 g 代历史最佳适应度，通过比较 bsf_k^g 与 bsf_k^{g-1} 和 bsf_k^{g-2} 的值来评估种群收敛趋势，第 g 代与第 $g-1$ 代任务 $\mathcal{T}_k$ 关联种群最优适应度值差异为：

$$d_k^g = |bsf_k^g - bsf_k^{g-1}|$$
$$d_k^{g-1} = |bsf_k^{g-1} - bsf_k^{g-2}| \tag{9-58}$$

式中，$|\cdot|$ 为绝对值操作符。若 $d_k^g \geqslant d_k^{g-1}$，则任务 $\mathcal{T}_k$ 的寻优种群收敛态势良好，此时应降低 ktf 的值，以免寻优种群受到干扰，专注于任务内精细化搜索；反之，若任务 $\mathcal{T}_k$ 寻优种群收敛状况不佳，则应提高 ktf 的值，以帮助任务 $\mathcal{T}_k$ 获取其他源任务搜索经验，从而跳出局部极值。其中，第 g 代中任务 $\mathcal{T}_k$ 的 ktf 可采用下式评估：

$$ktf_k^g = \frac{d_k^{g-1}}{d_k^g + d_k^{g-1}} \tag{9-59}$$

式中，ktf_k^g 取决于 d_k^g 与 d_k^{g-1} 的相对大小。若 d_k^g 较大，则收敛态势良好，应减小 ktf_k^g 的值，任务种群专注于任务内精细化搜索；反之，若 d_k^{g-1} 较大，则收敛状况不佳，应提高 ktf_k^g 的值，引入源任务寻优知识来辅助目标任务的搜索。

需要注意的是，通过 DAE 或 RBM 进行的跨域适配选择所选源任务种群中 S 个精英个体作为知识迁移的载体，而在 ADM 中，所有源任务种群个体均被视为潜在的知识迁移载体，随后从中迁移 $\varepsilon \times N$ 个最合适的个体。因此，需要设计一种多任务场景下调整迁移个体规模的方法。设来自多个被选源任务的 S 个解被选中，且被选源任务的数量为 l，给定 K 个任务，l 的最大值为 $K-1$，l 初始值为 $K-1$，当采用 DAE 或 RBM 作为跨域适配策略时，初始迁移个体规模为 $m=(K-1) \times S$。源任务迁移个体在目标任务 T_k 种群中的生存率 ε 为：

$$\varepsilon_i = \frac{n_k^g}{pn_k^g} \tag{9-60}$$

式中，n_k^g 为被迁移个体在任务 T_k 上生存到下一代的总量；pn_k^g 为被迁移候选解的总量。针对目标任务 T_k，被选源任务的数量更新方式如下：

$$l_k = \lceil \varepsilon_k \times (K-1) \rceil \tag{9-61}$$

式中，$\lceil \cdot \rceil$ 为向上取整操作符。若 DAE 或 RBM 被选择为跨域适配策略，则迁移到任务 T_k 的个体数量为 $m_k = l_k \times S$。选择与目标任务相关度最大的 l_k 个源任务时，可用 KL 散度[141]、Wasserstein 距离[266]、最大均值差异（MMD）[267] 等方法来量化任务种群分布的相似性。由于 MMD 可以通过再现核希尔伯特空间来度量高维空间中解的分布距离，因此 MMD 被选择用来评估任务相似性。

对于 ADM，候选迁移解的数量为 $(K-1) \times S$，m_k 更新为：

$$m_k = \lceil \varepsilon_k \times (K-1) \times S \rceil \tag{9-62}$$

换言之，来自源任务的 m_k 个解被迁移到与任务 T_k 关联的种群中。

9.3.4.3　AKTF-MAS 的算法流程

AKTF-MAS 的具体执行流程见算法 9-7，其中跨域适配策略 DAE、RBM 和 ADM 的执行流程分别如算法 9-8、算法 9-9 和算法 9-10 所示。

首先初始化 K 个任务关联的 W（滑动时间窗）、FIR、ε、初始化种群以及评估初始种群适应度值（第 1~4 行）。在主循环中，对于每个任务 T_k，通过交叉算子 SBX 和变异算子 PM[268] 生成子代 O_k（第 8 行）。ktf_k 初始值设为 0.9，随后由 AIE 策略进行调整（第 9~12 行）。若跨任务知识迁移被触发，即 $rand \leqslant ktf_k$，将执行 MAS 选择其中一种跨域适配策略（参考算法 9-6），获得迁移解集（TS_k）（第 13~15 行）。然后，在任务 T_k 中对子代种群 O_k 和迁移解集 TS_k 进行评价，P_k、O_k 和 TS_k 的并集中的优势个体存活到下一代，并更新 FIR_k 和 ε_k 等参数（第 16~18 行）。若知识迁移未被触发，则从 P_k 和 O_k 的并集中选择 N 个适应度值较高的个体（第 19~20 行）。一旦满足终止条件，则输出每个任务的最优解（$x_k^*, k=1,2,\cdots,K$）（第 22 行）。

算法 9-7：AKTF-MAS 流程

输入：任务集合 $\mathcal{T} \leftarrow \{\mathcal{T}_1, \mathcal{T}_2, \cdots, \mathcal{T}_K\}$、每个任务种群规模（$N$）、滑动时间窗（$W$）

输出：最优解 $\boldsymbol{x}^* \leftarrow \{x_1^*, x_2^*, \cdots, x_K^*\}$

1 初始化每个任务种群 $\boldsymbol{P} \leftarrow \{\boldsymbol{P}_1, \boldsymbol{P}_2, \cdots, \boldsymbol{P}_K\}$

2 初始化 W、FIR、ε

3 设置 $gen \leftarrow 1$

4 评价 K 个任务的种群

5 **while** 不满足停止条件 **do**

6    $gen++$

7   **for** $k \leftarrow 1$ **to** K **do**

8       $\boldsymbol{O}_k \leftarrow Reproduction\,(\boldsymbol{P}_k)$

9   **if** $gen \leqslant 4$ **then**

10   将 ktf_k 初始化为 0.9

11   **else**

12   通过式（9-58）和式（9-59）更新 ktf_k

13   **if** $rand \leqslant ktf_k$ **then**

14          $ind \leftarrow$ 为任务 $\mathcal{T}_k$ 配置跨域适配策略（详见算法 9-6）

15          $\boldsymbol{TS}_k \leftarrow$ 得到迁移解集 $\boldsymbol{TS}_k$（详见算法 9-8、算法 9-9、算法 9-10）

16          $\boldsymbol{P}_k \leftarrow EliteSelection\,(\boldsymbol{P}_k \cup \boldsymbol{O}_k \cup \boldsymbol{TS}_k)$

17          $FIR_{k,ind} \leftarrow$ 通过式（9-54）更新 $FIR_{k,ind}$

18          $\varepsilon_k \leftarrow$ 通过式（9-60）更新 ε_k

19   **else**

20          $\boldsymbol{P}_k \leftarrow EliteSelection\,(\boldsymbol{P}_k \cup \boldsymbol{O}_k)$

21       $x_k^* \leftarrow$ 更新 $\boldsymbol{P}_k$ 的最优解

22 **return** $x_k^*, k=1, 2, \cdots, K$

当选择 DAE 或 RBM 作为跨域适配策略时，迁移个体来自 l_k 个最相关的源任务，通过建立任务之间的解的映射机制来完成知识迁移，在 DAE 和 RBM 中分别采用 M 和 RBM 作为知识迁移的桥梁。对于前一种模式，通过将候选迁移个体与 M 相乘得到转换后的迁移个体；后一种模式是通过 RBM 提取候选迁移个体的特征并进行恢复，从而得到转换后的迁移个体。l_k 值由式（9-61）计算，源任务的选择由任务之间的 MMD 值确定。对于 ADM，首先需对 $\mathcal{T}_k$ 任务种群采样 N_s 个个体得到 $\boldsymbol{P}_k$（$\boldsymbol{P}_k = \{\boldsymbol{x}_i, 1 \leqslant i \leqslant N_s\}$）并拟合对应的多元高斯分布模型，

排除 $\mathcal{T}_k$ 后所有任务种群个体均被视为候选迁移个体，计算每个迁移个体 x 的 $pdf(x)$，m_k 个表现最优的个体被迁移到 P_k，m_k 的值通过式(9-62)计算得到。

算法 9-8：基于 DAE 的知识迁移

　输入：源任务列表 $L=\{L_1,L_2,\cdots,L_{l_k}\}$、源任务选择数量（$l_k$）、当前任务索引（$k$）、迁移解数量（$S$）、$K$ 个任务的种群 $P=\{P_1,P_2,\cdots,P_K\}$

　输出：迁移解集（TS_k）

1 $\{M_{L_1},M_{L_2},\cdots,M_{L_{l_k}}\}\leftarrow$通过式(9-42)得到 $\mathcal{T}_k$ 与 L 中任务的解空间映射

2 设 $TS_k\leftarrow\varnothing$

3 **for** $j\leftarrow1$ **to** l_k **do**

4　　$S1\leftarrow$选择 P_{L_j} 中的 S 个精英个体

5　　$S2\leftarrow$将 $S1$ 与 M_{L_j} 作矩阵乘法

6　　$TS_k\leftarrow TS_k\bigcup S2$

7　**return** TS_k

算法 9-9：基于 RBM 的知识迁移

　输入：源任务列表 $L=\{L_1,L_2,\cdots,L_{l_k}\}$、源任务选择数量（$l_k$）、当前任务索引（$k$）、迁移解数量（$S$）、$K$ 个任务的种群 $P=\{P_1,P_2,\cdots,P_K\}$

　输出：迁移解集（TS_k）

1 建立 K 个 RBM 并且通过式(9-39)和式(9-40)确定隐藏层维度

2 $RBM_L=\{RBM_{L_1},RBM_{L_2},\cdots,RBM_{L_{l_k}}\}$，$RBM_k\leftarrow$训练 $\mathcal{T}_k$ 和 L 中源任务的 RBM

3 设 $TS_k\leftarrow\varnothing$

4 **for** $j\leftarrow1$ **to** l_k **do**

5　　$S1\leftarrow$从 P_{L_j} 中选择 S 个精英个体

6　　$S2\leftarrow$通过 RBM_{L_j} 从 $S1$ 中提取特征

7　　$S3\leftarrow$通过 RBM_k 将 $S2$ 恢复到原始决策空间

8　　$TS_k\leftarrow TS_k\bigcup S3$

9 **return** TS_k

算法 9-10：基于 ADM 的知识迁移

输入：当前任务索引（k）、迁移解数量（m_k）、K 个任务的种群 $\boldsymbol{P} = \{\boldsymbol{P}_1, \boldsymbol{P}_2 \cdots, \boldsymbol{P}_K\}$

输出：迁移解集（$\boldsymbol{TS}_k$）

1 $\mathcal{P} \leftarrow$ 拟合任务 $\mathcal{T}_k$ 相关种群的概率模型

2 $D \leftarrow \bigcup_{k'=1}^{K} \boldsymbol{P}_{k'} - \boldsymbol{P}_k$

3 设 $\boldsymbol{TS}_k \leftarrow \varnothing$，$PDF \leftarrow \varnothing$

4 **foreach** $x \in \boldsymbol{D}$ **do**

5     $pdf_x \leftarrow$ 通过式(9-47) 计算 $pdf(x)$ 值

6     $PDF \leftarrow PDF \cup pdf_x$

7 $\boldsymbol{TS}_k \leftarrow$ 根据 pdf 值从 $\boldsymbol{D}$ 中选择前 m_k 个个体

8 **return** $\boldsymbol{TS}_k$

时间复杂度分析：在 AKTF-MAS 中，ktf 计算程序的复杂度为 $O(KN)$，其中 K 为任务数量，N 为每个任务种群的规模。MAS 的复杂度为 $O(KM)$，其中 M 为滑动时间窗的长度。对于三种域适应策略的时间复杂度：DAE 复杂度为 $O(lKD_1^3)$，其中，D_1 为决策空间维数，l 为被选源任务总量；RBM 的复杂度为 $O(lKNED_1D)$，其中，E 为训练的步数，D 为隐藏层的维数；ADM 的复杂度为 $O(KND_1^2)$。若选择 DAE 或 RBM 作为领域适配策略，则存在基于 MMD 的任务选择过程，其时间复杂度为 $O(K^2N^2D_1)$。因此，AKTF-MAS 的时间复杂度为 $O(\max\{lKD_1^3, lKNED_1D_2, KND_1^2, K^2N^2D_1\})$。

9.3.5　仿真实验

9.3.5.1　多任务优化基准上的对比实验

为评估 AKTF-MAS 的多任务求解能力，将其与主流 EMTO 算法在 9 个单目标多任务基准测试集[269] 上进行对比。这些多任务优化基准测试集的优化任务来自基准函数（Sphere、Rosenbrock、Ackley、Rastrigin、Griewank、Weierstrass 和 Schwefel）以及它们的变体，表 9-11 归纳了这些问题的特征，测试集中不同任务表现出高、中、低三种水平的相似性（用 HS、MS、LS 表示），任务相似度由目标函数地形图决定，可通过 Spearman 秩和相关系数[270] 间接测量得到。此外，不同任务的全局最优解具有不同程度的交集，如完全交集（CI）、部分交集（PI）和无交集（NI），更多细节参见文献 [269]。

表 9-11　9 个单目标多任务优化问题特征

类别	函数	决策空间	函数景观	任务相似度
P1:CI+HS	Griewank(T1) Rastrgin(T2)	$D=50,[-100,100]^D$ $D=50,[-50,50]^D$	多峰,不可分离 多峰,不可分离	1.0000
P2:CI+MS	Ackley(T1) Rastrgin(T2)	$D=50,[-50,50]^D$ $D=50,[-50,50]^D$	多峰,不可分离 多峰,不可分离	0.2261
P3:CI+LS	Ackley(T1) Schwefel(T2)	$D=50,[-50,50]^D$ $D=50,[-500,500]^D$	多峰,不可分离 多峰,可分离	0.0002
P4:PI+HS	Rastrgin(T1) Sphere(T2)	$D=50,[-50,50]^D$ $D=50,[-100,100]^D$	多峰,不可分离 单峰,可分离	0.8670
P5:PI+MS	Ackley(T1) Rosenbrock(T2)	$D=50,[-50,50]^D$ $D=50,[-50,50]^D$	多峰,不可分离 多峰,不可分离	0.2154
P6:PI+LS	Ackley(T1) Weierstrass(T2)	$D=50,[-50,50]^D$ $D=25,[-0.5,0.5]^D$	多峰,不可分离 多峰,不可分离	0.0725
P7:NI+HS	Rosenbrock(T1) Rastrgin(T2)	$D=50,[-50,50]^D$ $D=50,[-50,50]^D$	多峰,不可分离 多峰,不可分离	0.9434
P8:NI+MS	Griewank(T1) Weierstrass(T2)	$D=50,[-100,100]^D$ $D=25,[-0.5,0.5]^D$	多峰,不可分离 多峰,不可分离	0.3669
P9:NI+LS	Rastrgin(T1) Schwefel(T2)	$D=50,[-50,50]^D$ $D=50,[-500,500]^D$	多峰,不可分离 多峰,可分离	0.0016

对比算法分别为 MFEA[138]、MFEA-II[141]、AT-MFEA[258]、EBS[139] 和 SREMTO[118]。MFEA 是最早被提出也是最具代表性的 EMTO 算法之一，其每个任务都关联一个影响种群搜寻行为的技能因子，遗传物质传递和文化传播通过选型交配和垂直文化传播实现。MFEA-II 是 MFEA 的扩展版，通过在线学习不同任务概率模型之间的内在联系，动态调整跨任务知识迁移强度 rmp，从而抑制负迁移。在 AT-MFEA 中，进行跨任务知识迁移时，通过仿射变换保留任务种群分布拓扑结构信息，一定程度上缓解了混沌映射匹配问题，提高了知识迁移的质量。EBS 是一种共生生物群落进化算法，利用任务内搜索和跨任务知识迁移两种寻优行为的历史表现来反馈控制知识迁移强度。SREMTO 将 MFEA 的技能因子扩展为能力矢量，以更精细化的方式体现种群中每个个体求解不同任务的能力，基于能力矢量对个体抽样构建每个任务种群，从而隐式地进行跨任务知识迁移。在超多任务优化场景中，引入 EEMTA[257] 和 MaTEA[15] 作为对比算法。其中，EEMTA 跨域适配通过 DAE 映射来实现，而任务选择是基于源任务的信誉度评估，MaTEA 在选择最佳辅助源任务时，同时考虑了任务相似度先验信息和历史搜索表现后验信息。

对比算法的参数设置如下：

① 对于多群框架 EMTO 算法，即 EBS、AKTF-MAS、EEMTA 和 MaTEA，每个任务种群大小设为 100。对于单种群框架 EMTO 算法，即 MFEA、MFEA-II、AT-MFEA 和 SREMTO，种群大小设置为 $100 \times K$（K 为任务数

量），因为在这些算法中，所有优化任务共享单一种群。

②实验中所有算法的运行终止条件为目标函数的最大评价次数，设为 $max\text{-}FEs = K \times 10^5$。

③每个算法在每个问题上独立运行 20 次，并统计检验结果的显著性差异。

④为公平起见，对比的算法使用相同的交叉变异算子产生后代解，SBX 的交叉概率 p_c 和分布指数 η_c 以及 PM 的变异概率 p_m 和分布指数 η_m 分别设为 1、2、$1/D$ 和 5。

⑤对比算法特定参数均与原文保持一致。在 MFEA 和 AT-MFEA 中，随机交配概率 $rmp = 0.3$。在 SREMTO 中，参数 $TH = 0.3$。对于 EEMTA，用于构建任务解空间映射关系的个体采样数量 N_s 和迁移解数量 TS 分别设为 100 和 10，执行知识迁移操作的代距设为 $G = 5$。MaTEA 中迁移概率 α、档案集大小 AcS、档案集更新率 UR 分别设为 0.1、300 和 0.2。AKTF-MAS 中，训练 RBM 的个体采样数量 $N_s = 10$，缩放因子 $C = 1$，滑动时间窗大小为 20。

对比算法在多任务优化基准测试集中的 18 个任务上经过 20 次独立运行得到的平均目标值（aov）和标准差（std）及相关统计结果如表 9-12 所示，其中符号 ●、§ 和 ○ 分别表示 AKTF-MAS 在具有 95% 置信水平的 Wilcoxon 秩和检验[260] 中取得的结果显著优于、近似于和劣于对比算法。对比算法的平均排名（倒数第三行）通过 Friedman 检验[242] 获得，最优结果用黑体字标注，次优结果用灰色背景标注。

由表 9-12 可知，AKTF-MAS 总体表现最优，在 18 个任务中获得了 12 个最佳 aov，其次是 EBS 和 MFEA-II，分别在 3 个和 2 个任务中获得了最佳 aov。在 Wilcoxon 秩和检验方面，AKTF-MAS 分别在 15、12、15、13 和 17 个任务上显著优于 AT-MFEA、EBS、MFEA、MFEA-II 和 SREMTO，相比之下，AKTF-MAS 仅在 1、1 和 2 个任务上分别被 AT-MFEA、EBS 和 MFEA-II 超越。AKTF-MAS 找到了任务 P1T1、P1T2、P2T2、P6T2、P7T2 的理论全局最优解，主要原因是 MAS 能够自适应地配置合适的跨域适配策略，而 AIE 则动态控制跨任务知识迁移的强度。MFEA 固定跨任务知识迁移强度导致负迁移。AT-MFEA 和 MFEA-II 是 MFEA 的扩展，具备高阶知识迁移策略。AT-MFEA 采用仿射变换进行跨域适配，保持种群分布拓扑结构信息，有效避免了知识迁移中的混沌映射匹配。MFEA-II 通过学习任务种群概率模型之间的内在联系来动态调整知识迁移频率 rmp，有利于抑制负迁移。尽管 AT-MFEA 和 MFEA-II 比较有优势，但它们在大多数任务上仍被 AKTF-MAS 超越。SREMTO 引入能力矢量捕获有益任务寻优经验，但在大多数情况下仍表现不佳。Friedman 检验结果表明，AKTF-MAS 排名第一，EBS 和 MFEA-II 分别排名第二和第三。尽管 EBS 利用历史寻优经验动态调整迁移强度，但无法区分与多个不同的源任务的知识迁移强度，寻优效果相对较差。

表 9-12　对比算法在多任务基准测试集上的性能比较

	k	AKTF-MAS	AT-MFEA	EBS	MFEA	MFEA-II	SREMTO
P1	1	**0.00E+0(0.0E+0)** ●	1.57E-2(6.8E-3) ●	3.90E-10(8.0E-10) ●	1.19E-1(6.3E-2) ●	7.93E-3(8.4E-3) ●	6.06E-3(7.6E-3) ●
	2	**0.00E+0(0.0E+0)** ●	8.32E+1(3.0E+1) ●	6.28E-7(1.3E-6) ●	7.67E+1(2.9E+1) ●	2.39E+1(3.0E+1) ●	4.26E+2(1.9E+2) ●
P2	1	**8.90E-16(0.0E+0)** ●	1.39E+0(4.0E-1) ●	1.83E-8(5.8E-9) ●	1.07E+0(3.8E-1) ●	8.83E-1(5.8E-1) ●	2.76E+0(9.0E-1) ●
	2	**0.00E+0(0.0E+0)** ●	7.79E+1(2.8E+1) ●	9.09E-14(1.3E-13) ●	7.32E+1(3.7E+1) ●	4.41E+1(3.8E+1) ●	6.63E+2(1.6E+2) ●
P3	1	1.86E-1(6.4E+0) ●	2.00E+1(4.1E-2) §	1.64E+1(8.4E+0) §	**1.59E+1(9.3E+0)**	1.71E+1(7.4E+0) ○ §	2.00E+1(6.0E-2) §
	2	8.53E+2(4.8E+2) ●	2.09E+3(4.2E+2) ●	6.41E+2(4.0E+2) §	1.42E+3(9.8E+2) ●	7.34E+2(4.4E+2) §	6.45E+3(1.1E+3) ●
P4	1	1.97E+2(1.6E+2)	1.85E+2(2.7E+1) §	3.56E+2(9.6E+0) §	3.14E+2(4.2E+1) §	**7.89E+1(1.6E+1)** §	7.16E+2(1.1E+2) ●
	2	**6.89E-16(4.2E-16)**	3.11E-2(9.0E-3) ●	4.63E-14(4.8E-14) ●	8.84E+0(6.4E+0) ●	6.80E-3(2.3E-3) ●	5.86E-6(1.1E-5) ●
P5	1	2.11E-1(5.5E-1)	6.40E-1(5.6E-1) ●	**1.79E-7(8.9E-8)**	6.29E-1(4.5E-1) ●	6.94E-1(6.0E-1) ●	6.09E+0(5.9E-1) ●
	2	**4.67E+1(1.6E-1)**	1.25E+2(4.3E+1) ●	8.58E+1(7.5E-1) ○ ●	1.66E+2(6.3E-1) ●	1.18E+2(3.7E+1) ●	1.36E+2(6.2E+1) ●
P6	1	**8.90E-16(0.0E+0)** ●	4.32E+0(6.7E+0) ●	1.37E-7(1.2E-7) ●	2.03E+0(4.0E-1) ●	5.68E-1(4.2E-1) ●	3.98E+0(5.1E+0) ●
	2	**0.00E+0(0.0E+0)** ●	8.29E+0(7.6E+0) ●	4.79E-5(3.7E-5) ●	7.63E+0(4.3E+0) ●	9.04E+0(3.8E+1) ●	1.81E+1(2.0E+0) ●
P7	1	**4.69E+1(2.0E-1)**	1.52E+2(4.3E+1) ●	7.89E+1(4.0E+1) ●	3.06E+2(1.5E+2) ●	1.53E+2(4.6E+1) ●	1.11E+2(6.8E+1) ●
	2	**0.00E+0(0.0E+0)** ●	1.13E+2(3.9E+1) ●	1.33E+1(6.9E+0) ●	1.39E+2(5.9E+1) ●	7.05E+2(2.1E+1) ●	5.83E+2(1.8E+2) ●
P8	1	**5.51E-7(4.5E-7)**	2.25E-2(1.0E-2) ●	1.18E-6(1.2E-6) ●	2.77E-1(1.2E-1) ●	7.33E-3(3.3E-3) ●	4.98E-3(8.7E-3) ●
	2	**3.99E-1(2.6E-1)**	1.66E+1(8.5E-1) ●	4.68E+0(1.7E+0) ●	6.14E+0(1.2E+0) ●	8.82E+0(2.5E+0) ●	3.64E+1(3.5E+0) ●
P9	1	3.20E+2(7.6E+1)	1.99E+2(4.5E+1) ○ ●	3.05E+2(8.2E+1) §	3.05E+2(6.1E+1) §	**8.67E+1(4.3E+1)** ○	5.10E+2(1.3E+2) ●
	2	7.40E+2(2.5E+2)	2.28E+3(5.8E+2) ●	5.99E+2(2.5E+2) §	1.68E+3(4.8E+2) ●	7.47E+2(2.9E+2) §	7.35E+3(7.3E+2) ●
Best		12/18	0/18	3/18	1/18	2/18	0/18
Fried		1.7222	4.5	2.1111	4.2778	3.1667	5.2222
R		1	5	2	4	3	6
+/=/-		—	15/2/1	12/5/1	15/3/0	13/3/2	17/1/0

对比算法在多任务基准测试集上 18 个任务的平均收敛轨迹如图 9-16 所示。从结果中可以清楚地观察到,在大多数任务中,AKTF-MAS 表现出更好的 *aov* 收敛特征。经过仔细检查,AKTF-MAS 在 P1T1、P1T2、P2T2、T6T2、P7T2 上成功找到了全局最优解。P1 和 P7 实例中的配对任务相似性较高,AKTF-MAS 在这些任务中表现最好,这反映了 AKTF-MAS 在处理高相似性多任务方面的优势;尽管 P2 和 P8 实例任务相似性居中,但 AKTF-MAS 仍然超越其竞争对手;此外,尽管 P6 实例中的配对任务相似度较低,AKTF-MAS 收敛性仍然较好,成功地找到了 P6T2 任务的全局最优解。出现这种情况的原因是 MAS 可配置合适的领域适配策略进行知识迁移,而 AIE 负责调整知识迁移的频率和强度,MAS 和 AIE 的联合使用可以加快搜索过程。值得注意的是,尽管 AKTF-MAS 在大多数情况下都击败了竞争对手,但在少数情况下表现不如意,如 P3,原因是虽然 MAS 中的某个领域适配策略非常适宜该问题的整个搜索进程,但是 MAS 仍然会给其他表现不佳的领域适配策略提供试错的机会,以便在将来的某个时刻发挥关键性作用。然而,此举浪费了一部分计算资源,因为实际上 ADM 领域适配策略是解决该问题的最佳策略,不存在其他更优领域适配策略,这一情况将在 9.3.5.3 节的实验中得到验证。尽管在某些特殊情况下存在耗费部分资源探索潜力不佳策略的风险,但仍然值得投入部分计算资源来尝试,因为在无问题先验信息的情况下,最佳策略是未知的。

9.3.5.2 超多任务优化基准上的对比实验

下面将本节所提方法与主流 EMTO 算法在超多任务优化测试集上进行比较,该测试集问题特性已在 9.2.5 节详细介绍。此外,MFEA[138]、MFEA-II[141]、SREM-TO、EEMTA 和 MaTEA 被选为对比 EMTO 算法,算法参数设置同 9.3.5.1 节。

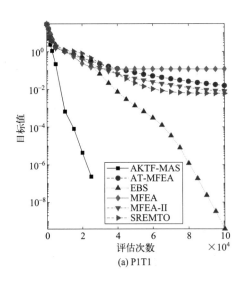

(a) P1T1

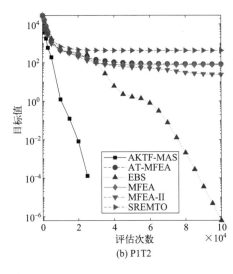

(b) P1T2

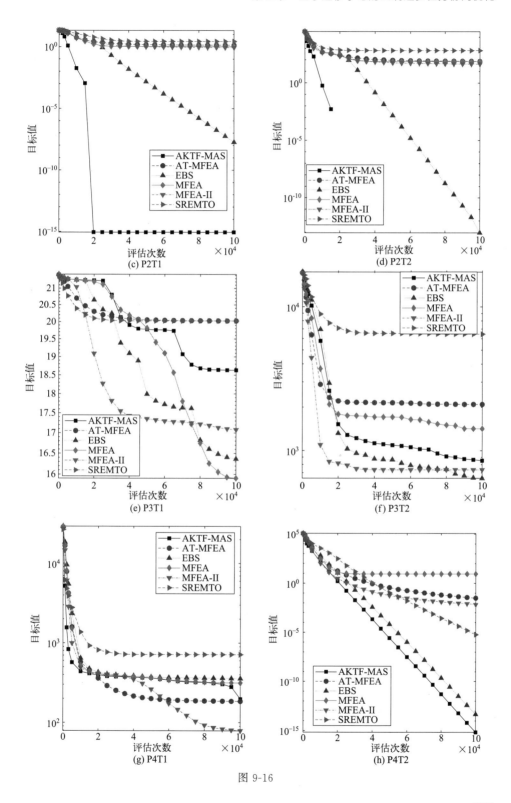

图 9-16

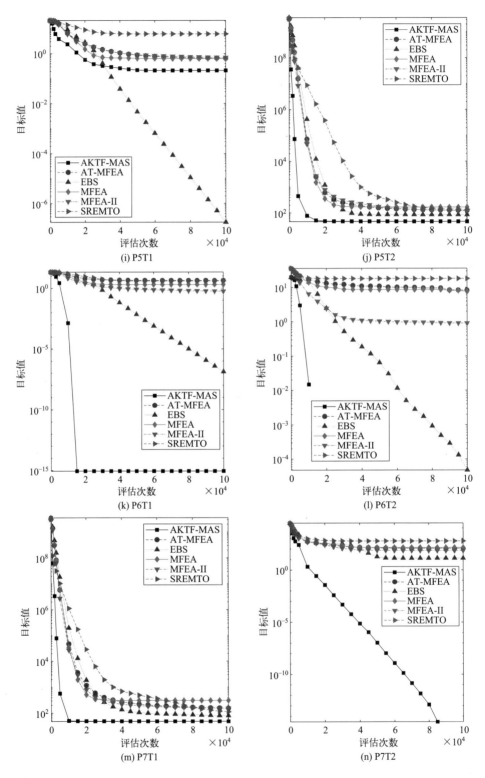

(i) P5T1

(j) P5T2

(k) P6T1

(l) P6T2

(m) P7T1

(n) P7T2

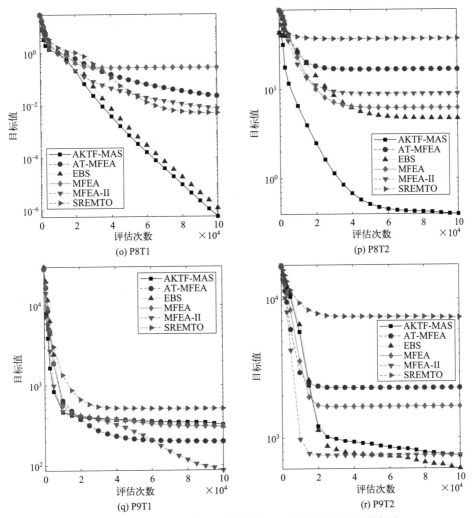

图 9-16　对比算法在多任务测试集中 18 个任务的平均收敛轨迹

超多任务测试集包含 10 个多任务优化问题,给多任务算法的求解能力构成较大挑战,任务间协同优化更加困难,可能存在严重的负迁移。表 9-13 给出了对比算法在超多任务测试集上的结果统计。AKTF-MAS 在 10 个任务中的 6 个取得最优解,且在 Friedman 检验中排名第一。MaTEA 在两个任务上取得最好解,而 MFEA-II 和 SREMTO 分别在 1 个任务上表现最优。值得注意的是,AKTF-MAS 成功地找到了 4 个 E-task 中 3 个任务的全局最优,其中 T5、T6、T7 和 T9 拥有理论上的最佳辅助任务。多任务协同优化的关键是从 E-task 提取到相关搜索经验协助解决 C-task,AKTF-MAS 在 T5、T6、T7、T9 上表现良好,表明其可充分利用 E-task 来帮助 C-task。其中,AKTF-MAS 在 T5 任务上获得最优解。对于没有理想辅助任务的 C-task,即 T8 和 T10,尽管 AKTF-

表9-13 对比算法在超多任务测试集上的结果统计

k	AKTF-MAS	EEMTA	MaTEA	MFEA	MFEA-II	SREMTO
1	**0.00E+0(0.0E+0)**	1.85E+0(4.7E-1) ●	1.19E-7(2.4E-7) ●	2.66E+0(1.3E+0) ●	3.44E-3(2.1E-3) ●	2.52E-7(7.0E-8) ●
2	**3.49E-11(4.1E-11)**	1.78E-7(4.6E-8) ●	1.87E-10(2.2E-10) ●	9.83E-2(2.6E-1) ●	1.02E-3(5.9E-4) ●	1.11E-7(1.3E-7) ●
3	1.09E-9(4.4E-9)	1.44E+0(3.5E-1) ●	**2.39E-11(9.5E-11)** ○	7.45E-3(8.8E-3) ●	2.84E-4(3.0E-4) ●	3.96E-5(4.0E-5) ●
4	**0.00E+0(0.0E+0)**	7.05E-2(2.8E-1) ●	2.94E-7(1.2E-6) ●	2.66E-2(1.2E-2) ●	1.86E-2(1.3E-2) ●	1.14E-2(5.2E-3) ●
5	**0.00E+0(0.0E+0)**	4.56E+2(2.4E+2) ●	1.06E-5(1.8E-5) ●	2.18E+2(8.1E+1) ●	2.32E+0(8.2E+0) ●	2.12E-5(5.9E-6) ●
6	**1.43E-6(8.3E-7)**	2.00E+1(3.4E-3) ●	3.18E-6(2.2E-6) ●	7.94E-2(9.0E-2) ●	8.92E-3(2.9E-3) ●	7.05E-5(6.5E-5) ●
7	1.13E-4(9.0E-5)	1.66E+1(4.7E+0) ●	**3.78E-5(8.0E-5)** ○	2.31E-1(6.3E-2) ●	9.06E-2(4.0E-2) ●	7.46E-2(4.8E-2) ●
8	1.53E+3(2.2E+3)	1.14E+4(4.3E+2) ●	4.67E+1(1.1E+2) §	4.05E+1(1.9E+1) §	6.98E+2(3.0E+2) §	**5.32E+3(5.3E+3)** §
9	**6.16E-4(2.5E-3)**	4.42E-2(1.1E-2) ●	3.58E-2(6.5E-2) ●	3.43E-1(1.2E-1) ●	2.83E-3(5.6E-3) ●	1.08E-3(4.3E-3) ●
10	8.16E+0(3.1E+0)	3.16E+2(1.5E+1) ●	2.57E+2(1.5E+2) ●	4.47E+1(8.2E+0) ●	**3.29E-1(3.9E-1)** ○	7.09E+1(2.9E+1) ●
Best	6/10	0/10	2/10	0/10	1/10	1/10
Fried	1.7	5.6	2.4	4.8	3.7	2.8
R	1	6	2	5	4	3
+/=/-	—	10/0/0	7/1/2	9/1/0	8/1/1	9/1/0

MAS 在 T8 任务上平均结果表现并非最佳，但从统计检验的角度看，其与 T8 任务上表现最好的算法没有显著性差异。此外，在 T10 任务中，AKTF-MAS 虽然被 MFEA-II 超越，但相比其他算法仍有优势。由于 T8 任务没有理论上最优辅助任务，即使配置合适的跨域适配策略，MAS 也很难提取有价值的信息来协助搜索，尽管如此，MAS 和 AIE 的协同在大多数情况下仍然有利于搜索，AKTF-MAS 在五分之四的 C-task 中排名前两位，C-task 的求解经验同样有利于 E-task 的搜索。当涉及超多任务优化场景时，对比算法的性能急剧下降，发生负迁移的风险上升。因 MFEA 固定知识迁移概率 rmp，其在求解复杂多任务时性能急剧下降，MFEA-II 可通过在线调整 rmp 来缓解这一弊端，但知识迁移的载体仍然是通过随机抽样的方式获得，具有一定的盲目性。EEMTA 和 MaTEA 仅选择与目标任务最相关的单一辅助任务进行知识迁移，导致无法充分利用源任务的有价值信息，在实际场景中，可能存在与目标任务高度相关的多个源任务，若仅采用单一源任务，则会丢失其他源任务有价值的信息。

对比算法在超多任务测试集中 10 个任务上的最佳解收敛轨迹如图 9-17 所示，AKTF-MAS 收敛趋势整体表现良好，而且在除 T8 任务外的所有任务上排名前二，SREMTO 为 T8 任务最佳算法。尽管如此，在 T6 任务的整个搜索进程中，AKTF-MAS 表现出绝对优势。虽然在迭代搜索初期，AKTF-MAS 在求解 T4 任务时表现劣于 MFEA-II，但前者在目标函数评估次数为 3×10^4 时超越后者，并将优势延续到最终，隶属于 C-task 的 T9 任务上也存在类似寻优结果。在 T5、T6 和 T9 任务中，AKTF-MAS 在 MAS 和 AIE 的协助下，取得了最优的收敛轨迹，特别是在存在大量局部最优解的 T9 任务中，AKTF-MAS 明显超越其他对比算法。反观其余对比算法，受知识迁移不足或负迁移影响，大多数情况下表现不佳。以上结果表明，AKTF-MAS 在求解超多任务优化问题上展现出强大的竞争力。

9.3.5.3　MAS 有效性分析

为检验 AKTF-MAS 算法中涉及的 MAS 策略的有效性，设计三个配置单一领域适配策略的 AKTF-MAS 变体，记为 AKTF-ADM、AKTF-DAE 和 AKTF-RBM，分别仅配置 ADM[154]、DAE[117] 和 RBM 作为跨任务知识迁移领域适配策略。

AKTF-MAS 及其变体在超多任务测试集上的寻优结果如表 9-14 所示。在 Wilcoxon 秩和检验中，AKTF-MAS 在 10 个任务中的 9 个任务上优于或至少与其变体相当。具体来说，在 10 个任务实例上，AKTF-MAS 分别在 4、4 和 7 个任务上优于 AKTF-ADM、AKTF-DAE 和 AKTF-RBM。而 AKTF-MAS 最多在 1 个任务上被其竞争对手超越。此外，Friedman 检验结果显示，AKTF-MAS 排名第一，对比算法在双任务测试集上的寻优结果如表 9-15 所示，从中可以明显观察到 AKTF-MAS 相对于其变体具有一定优势。

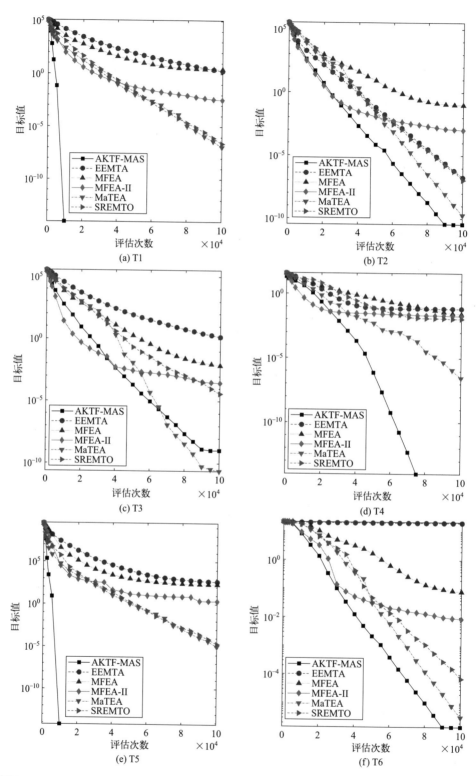

(a) T1

(b) T2

(c) T3

(d) T4

(e) T5

(f) T6

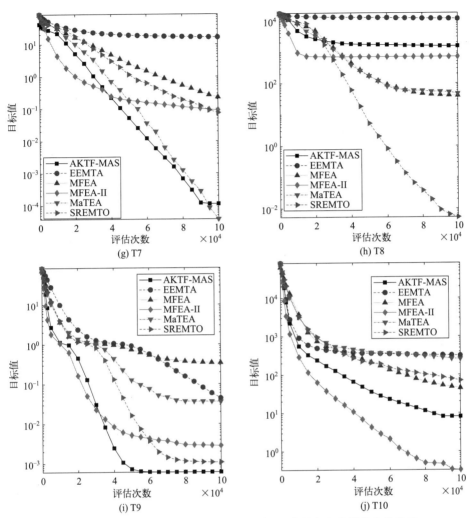

图 9-17　对比算法在超多任务优化基准中 10 个任务上的平均收敛轨迹

表 9-14　**AKTF-MAS 及其变体在超多任务测试集上的寻优结果**

k	AKTF-MAS	AKTF-ADM	AKTF-DAE	AKTF-RBM
1	**0.00E+0** **(0.0E+0)**	4.30E-9 (2.8E-9) ●	**0.00E+0** **(0.0E+0)** §	9.58E-5 (3.2E-4) ●
2	**3.49E-11** **(4.1E-11)**	2.27E-8 (3.6E-8) ●	1.38E-8 (6.8E-9) ●	1.69E-8 (9.4E-9) ●
3	1.09E-9 (4.4E-9)	**4.62E-11** **(1.8E-10)** §	1.58E-8 (8.2E-9) ●	1.76E-8 (8.3E-9) ●
4	**0.00E+0** **(0.0E+0)**	**0.00E+0** **(0.0E+0)** §	**0.00E+0** **(0.0E+0)** §	**0.00E+0** **(0.0E+0)** §
5	**0.00E+0** **(0.0E+0)**	4.20E-7 (2.8E-7) ●	**0.00E+0** **(0.0E+0)** §	7.93E-3 (2.5E-2) ●

	k	AKTF-MAS	AKTF-ADM	AKTF-DAE	AKTF-RBM
	6	**1.43E-6** **(8.3E-7)**	7.49E+0 (1.0E+1) ●	1.40E+1 (6.9E+0) ●	2.00E+1 (1.3E-4) ●
	7	**1.13E-4** **(9.0E-5)**	1.57E-4 (1.6E-4) §	4.19E-4 (1.7E-4) ●	4.27E-4 (1.7E-4) ●
	8	1.53E+3 (2.2E+3)	**6.37E-4** **(7.6E-8)** §	1.07E+3 (3.2E+2) §	4.02E+3 (1.3E+3) ●
	9	6.16E-4 (2.5E-3)	6.16E-4 (2.5E-3) §	**5.43E-10** **(3.1E-10)** ○	6.16E-4 (2.5E-3) ○
	10	8.16E+0 (3.1E+0)	8.34E+0 (2.0E+0) §	6.92E+0 (1.8E+0) §	**6.80E+0** **(2.4E+0)** §
Best		6/10	3/10	4/10	2/10
Fried		1.7	2.3	1.9	2.9
R		1	3	2	4
+/=/−		—	4/6/0	4/5/1	7/2/1

表 9-15　AKTF-MAS 及其变体在双任务测试集上的寻优结果

	k	AKTF-MAS	AKTF-ADM	AKTF-DAE	AKTF-RBM
P1	1	**0.00E+0** **(0.0E+0)**	7.91E-13 (1.0E-12) ●	**0.00E+0** **(0.0E+0)** §	2.18E-11 (5.2E-11) ●
	2	**0.00E+0** **(0.0E+0)**	1.03E-9 (1.3E-9) ●	**0.00E+0** **(0.0E+0)** §	2.75E-8 (6.6E-8) ●
P2	1	8.90E-16 (0.0E+0)	3.31E-9 (1.9E-9) ●	**8.90E-16** **(0.0E+0)** §	1.86E-9 (4.3E-10) ●
	2	0.00E+0 (0.0E+0)	**0.00E+0** **(0.0E+0)** §	0.00E+0 (0.0E+0) §	**0.00E+0** **(0.0E+0)** §
P3	1	1.86E+1 (6.4E+0)	**1.57E+1** **(9.0E+0)** §	2.12E+1 (1.3E-1) ●	2.11E+1 (2.2E-1) ●
	2	8.53E+2 (4.8E+2)	**7.21E+2** **(4.8E+2)** §	8.66E+2 (3.2E+2) §	1.92E+3 (1.4E+3)
P4	1	1.97E+2 (1.6E+2)	2.95E+2 (1.1E+2) §	**1.79E+2** **(1.4E+2)** §	2.33E+2 (1.2E+2) §
	2	**6.89E-16** **(4.2E-16)**	1.67E-15 (9.3E-16) ●	7.79E-16 (1.9E-16) §	2.55E-15 (1.5E-15) ●
P5	1	2.11E-1 (5.5E-1)	**1.93E-8** **(6.0E-9)** ○	7.96E-1 (9.4E-1) ●	2.54E-8 (8.7E-9) ○

续表

	k	AKTF-MAS	AKTF-ADM	AKTF-DAE	AKTF-RBM
P5	2	**4.67E+1** **(1.6E-1)**	8.57E+1 (7.2E-1) ●	4.68E+1 (1.9E-1) §	8.64E+1 (3.0E+0) ●
P6	1	**8.90E-16** **(0.0E+0)**	3.82E-8 (3.4E-8) ●	**8.90E-16** (0.0E+0) §	4.89E-8 (1.8E-8) ●
	2	**0.00E+0** **(0.0E+0)**	1.52E-5 (1.7E-5) ●	**0.00E+0** (0.0E+0) §	2.53E-5 (1.4E-5) ●
P7	1	4.69E+1 (2.0E-1)	7.61E+1 (3.0E+1) ●	**4.69E+1** (1.3E-1) §	9.22E+1 (3.9E+1) ●
	2	**0.00E+0** **(0.0E+0)**	3.63E+1 (6.1E+1) ●	**0.00E+0** (0.0E+0) §	3.33E+1 (4.6E+1) §
P8	1	5.51E-7 (4.5E-7)	**3.52E-7** **(2.2E-7)** §	4.05E-7 (2.3E-7) §	9.22E-7 (6.3E-7) ●
	2	**3.99E-1** **(2.6E-1)**	5.59E+0 (3.2E+0) ●	1.13E+1 (1.7E+1) ●	3.56E+1 (4.3E+0) ●
P9	1	3.20E+2 (7.6E+1)	2.96E+2 (1.1E+2) §	3.18E+2 (7.1E+1) §	**2.78E+2** **(1.1E+2)** §
	2	7.40E+2 (2.5E+2)	**6.10E+2** **(1.9E+2)** §	7.52E+2 (2.9E+2) §	6.46E+2 (2.4E+2) §
Best		10/18	6/18	9/18	2/18
Fried		1.7222	2.0556	2	2.8889
R		1	3	2	4
+/=/−		—	10/7/1	3/15/0	13/4/1

为了更具体地观察 AKTF-MAS 寻优进程中 MAS 策略对不同领域适配方法的选择过程，图 9-18 绘制了在超多任务测试集上寻优进程中不同领域适配策略被使用的情况，其中"NOT"表示算法正在执行任务内搜索，此情况下跨任务知识迁移未被触发。可以清楚地观察到，在整个寻优进程中，不同阶段不同的策略被选用，且每种策略被使用的频次有明显差异，主要原因是不同任务最佳领域适配策略存在区别。此外，算法在不同的寻优阶段，最合适的领域适配策略不尽相同。图 9-19 给出了每种领域适配策略的累计使用率随着算法迭代次数增加的变化情况，每种策略的累积使用率在不同任务上有显著差异。例如，对于 T1，累积使用率最高的策略是 DAE，而对于 T6，最常用的策略是 RBM。此外，占主导地位的领域适配策略可能会随着算法迭代次数的增加而变化。这些观察结果表明，不同的策略在解决不同的任务时有各自特色，随着寻优进程的推进，MAS 可根据历史经验针对不同的任务在不同寻优阶段选择最合适的策略。

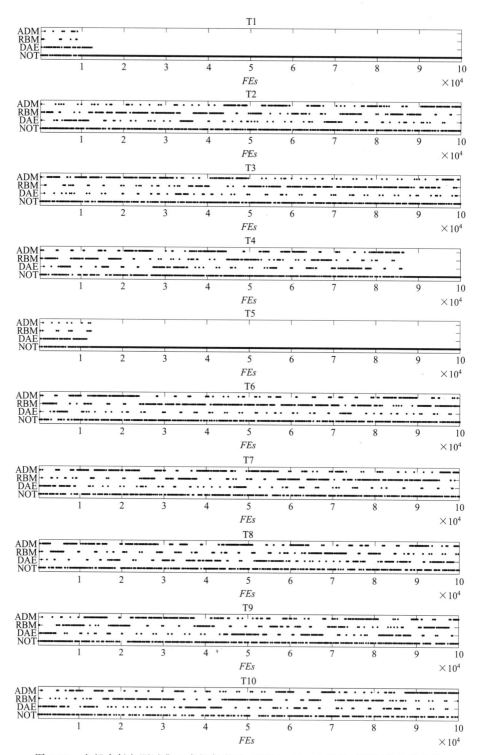

图 9-18 在超多任务测试集上求解任务时 AKTF-MAS 在线跨域适配策略的变化

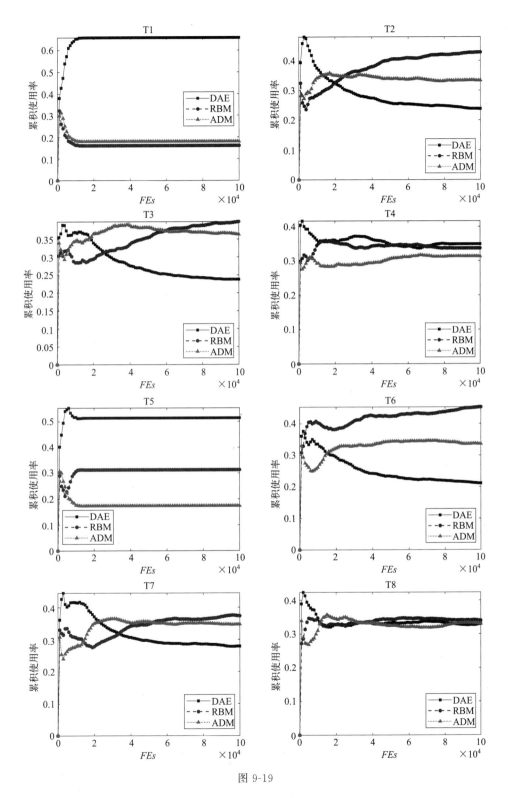

图 9-19

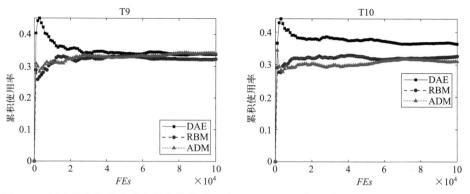

图 9-19 超多任务优化基准各任务优化过程中 AKTF-MAS 各个跨域适配策略的累计使用率

值得注意的是，在 MAS 的影响下，候选策略的使用频率排序情况可能与使用单一领域适配策略的先验预期不完全相符。例如，表 9-14 显示 ADM、DAE 和 RBM 分别在 T8、T9 和 T10 上表现最好，但在图 9-19 中观察到它们在对应的任务上使用频率并非最高。其主要原因是不同跨域适配策略之间在解决部分问题时可能存在着耦合关系，具有互补或者互斥特征，虽然某一策略单独使用时效果较差，但它在寻优进程中某个阶段生成的结果对其他策略有较大的促进作用，能被其他策略所利用，从而生成较优的结果。换言之，在某些任务场景下，多个领域适配策略可能会紧密地耦合在一起，产生互补或者抑制效果，在此情况下，单独执行时效果较差的策略在与其他策略协同执行时效果显著提高或者明显降低。

为观察不同跨域适配策略下 AKTF-MAS 的收敛行为，图 9-20 给出了 AK-TF-MAS 及其三个变体在超多任务测试集中的代表性任务上的收敛曲线图，从中可以得出如下结论：首先，与使用单一策略的变体相比，AKTF-MAS 的性能优于或至少与其变体相当，尤其是在 T2 和 T6 任务上有明显优势，表明 MAS 能合理地动态配置多个领域适配策略；其次，在不同任务上，最具竞争力的算法不同，例如，除 AKTF-MAS 外，求解 T5 和 T7 任务的最佳算法分别是 AKTF-DAE 和 AKTF-ADM，没有哪一种算法在所有任务上始终占据支配地位。AK-TF-MAS 仍然可以与最具竞争力的 AKTF 变体相媲美，间接表明融合多个领域适配策略可以形成优势互补效应。上述结果表明 MAS 在寻优进程中可动态配置合适的领域适配策略。

9.3.5.4 AIE 策略分析实验

本节分析 AIE 策略对 AKTF-MAS 的影响。AIE 涉及知识迁移的两个方面，一是动态调整 ktf 从而控制知识迁移频率，二是配置迁移个体数目 m 来调控知识迁移强度，而这些又由 ε 决定。因此，为了检验 AIE 的有效性，开展消融试

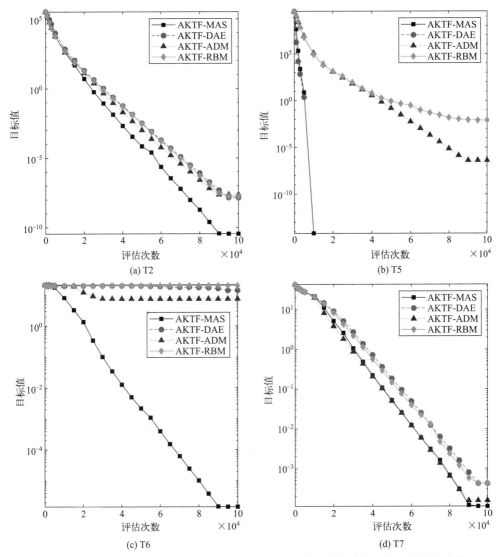

图 9-20　AKTF-MAS 及其三个变体在超多任务测试集中的代表性任务上的收敛曲线

验并设计三个变体，分别记为 AKTF-FP、AKTF-NAN 和 AKTF-NAIE。其中，
AKTF-FP 的迁移频率 kft 固定为 0.1；在 AKTF-NAN 中，将迁移个体数目设
置为常数，并将 ε 的值设置为 1；对于 AKTF-NAIE，将自适应的 ktf 和 ε 替换
为固定参数，分别设为 0.1 和 1。

　　表 9-16 为对比算法（AKTF-MAS、AKTF-FP、AKTF-NAN 和 AKTF-
NAIE）在超多任务优化基准上独立运行 20 多次得到的 aov 和 std 的比较结果。
AKTF-MAS 在大多数情况下优于其变体，表明 AIE 具有积极影响。值得注意的
是，在无自适应 ktf 的情况下，AKTF-FP 的性能显著下降，表明根据历史经验

调整 ktf 具有优势。产生上述结果的原因是固定的 ktf 无法根据历史成功/失败经验调控跨任务知识迁移频次，从而导致知识迁移不足或者负迁移风险增加。虽然 AKTF-NAN 在 Wilcoxon 秩和检验中表现出一定优势，但在 Friedman 检验中仅名列第三，与 AKTF-MAS 相比其寻优能力不足。另一方面，从迁移强度的角度来看，若无历史经验指导调控迁移强度，负迁移的风险亦有所增加。AIE 能够同时调整知识迁移的强度和频率，以增强多任务算法的协同寻优能力，这一点从 AKTF-MAS 优于 AKTF-NAIE 的结果中不难发现。同时进行 ktf 和 ε 的调控使得跨任务知识迁移效果显著提升。以具有双理想辅助任务的 C-task，即 T7 为例，AKTF-MAS 的寻优结果为 $aov = 1.13 \times 10^{-4}$，相较于 AKTF-NAIE 的寻优结果 $aov = 2.04 \times 10^{-3}$，表现出显著的性能提升，证明 AIE 具有积极影响。此外，在双任务测试集中的寻优结果如表 9-17 所示，三种变体中 AKTF-FP 的寻优结果最好，且所得结果具有统计学显著性差异，AKTF-MAS 的优势在双任务测试集上体现得更加明显。

表 9-16　AKTF-MAS 及其具有不同 AIE 策略的变体在超多任务测试集上的比较结果

	k	AKTF-MAS	AKTF-FP	AKTF-NAIE	AKTF-NAN
	1	**0.00E+0(0.0E+0)**	0.00E+0(0.0E+0) §	0.00E+0(0.0E+0) §	0.00E+0(0.0E+0) §
	2	**3.49E-11(4.1E-11)**	2.64E-9(1.9E-9) ●	2.50E-7(2.7E-7) ●	2.23E-8(2.3E-8) ●
	3	1.09E-9(4.4E-9)	2.46E-9(3.1E-9) ●	**3.51E-10(3.5E-10)** ○	4.54E-10(1.5E-9) ○
	4	**0.00E+0(0.0E+0)**	0.00E+0(0.0E+0) §	4.53E-14(1.3E-13)	3.11E-15(6.1E-15) ●
	5	**0.00E+0(0.0E+0)**	0.00E+0(0.0E+0) §	0.00E+0(0.0E+0) §	0.00E+0(0.0E+0) §
	6	**1.43E-6(8.3E-7)**	6.21E+0(9.5E+0) ●	1.30E-4(6.5E-5) ●	3.75E-5(1.9E-5) ●
	7	**1.13E-4(9.0E-5)**	1.59E-4(8.8E-5) §	2.04E-3(6.5E-4) ●	7.93E-4(3.1E-4) ●
	8	1.53E+3(2.2E+3)	3.19E+2(4.1E+2) ○	**9.62E+1(2.3E+2)** §	2.22E+2(2.6E+2) §
	9	6.16E-4(2.5E-3)	**1.17E-10(5.7E-11)** ○	2.21E-7(2.3E-7) ○	1.53E-7(5.7E-8) ○
	10	8.16E+0(3.1E+0)	**7.83E+0(2.7E+0)** §	1.30E+1(3.4E+0) ●	1.43E+1(3.3E+0) ●
Best		6/10	5/10	4/10	2/10
Fried		1.9	2	2.4	2.2
R		1	2	4	3
+/=/−		—	3/5/2	5/3/2	5/3/2

表 9-17　AKTF-MAS 及其具有不同 AIE 策略的变体在双任务测试集上的比较结果

	k	AKTF-MAS	AKTF-FP	AKTF-NAIE	AKTF-NAN
P1	1	**0.00E+0** **(0.0E+0)**	0.00E+0 (0.0E+0) §	0.00E+0 (0.0E+0) §	0.00E+0 (0.0E+0) §
	2	**0.00E+0** **(0.0E+0)**	0.00E+0 (0.0E+0) §	0.00E+0 (0.0E+0) §	0.00E+0 (0.0E+0) §

续表

	k	AKTF-MAS	AKTF-FP	AKTF-NAIE	AKTF-NAN
P2	1	**8.90E-16** **(0.0E+0)**	**8.90E-16** **(0.0E+0)** §	**8.90E-16** **(0.0E+0)** §	**8.90E-16** **(0.0E+0)** §
	2	**0.00E+0** **(0.0E+0)**	**0.00E+0** **(0.0E+0)** §	**0.00E+0** **(0.0E+0)** §	**0.00E+0** **(0.0E+0)** §
P3	1	1.86E+1 (6.4E+0)	1.91E+1 (6.5E+0) §	**1.82E+1** **(7.3E+0)** §	2.00E+1 (4.7E+0) §
	2	8.53E+2 (4.8E+2)	**7.94E+2** **(3.4E+2)** §	9.00E+2 (4.5E+2) §	9.36E+2 (2.5E+2) ●
P4	1	**1.97E+2** **(1.6E+2)**	3.62E+2 (1.8E+1) ●	3.33E+2 (7.6E+1) ●	3.06E+2 (1.1E+2) ●
	2	**6.89E-16** **(4.2E-16)**	4.60E-9 (2.7E-9) ●	4.81E-9 (2.0E-9) ●	1.67E-8 (9.3E-9) ●
P5	1	2.11E-1 (5.5E-1)	5.82E-5 (1.7E-4) ○	**3.93E-5** **(9.0E-5)** ○	5.74E-1 (9.3E-1)
	2	**4.67E+1** **(1.6E-1)**	5.66E+1 (1.5E+1) ●	5.66E+1 (1.6E+1) ●	4.72E+1 (9.2E-2) ●
P6	1	**8.90E-16** **(0.0E+0)**	**8.90E-16** **(0.0E+0)** §	**8.90E-16** **(0.0E+0)** §	**8.90E-16** **(0.0E+0)** §
	2	**0.00E+0** **(0.0E+0)**	**0.00E+0** **(0.0E+0)** §	**0.00E+0** **(0.0E+0)** §	**0.00E+0** **(0.0E+0)** §
P7	1	**4.69E+1** **(2.0E-1)**	4.73E+1 (1.5E-1) ●	4.74E+1 (1.4E-1) ●	4.73E+1 (7.6E-2) ●
	2	**0.00E+0** **(0.0E+0)**	6.46E-9 (1.1E-8) ●	1.01E-8 (3.4E-8) ●	2.03E-11 (4.5E-11) ●
P8	1	**5.51E-7** **(4.5E-7)**	7.68E-5 (4.9E-5) ●	1.03E-4 (8.7E-5) ●	1.24E-4 (6.3E-5) ●
	2	3.99E-1 (2.6E-1)	4.45E+0 (2.5E+0) ●	4.86E+0 (3.3E+0) ●	**3.41E-1** **(1.9E-1)** §
P9	1	**3.20E+2** **(7.6E+1)**	3.58E+2 (1.7E+1) ●	3.62E+2 (1.0E+1) ●	3.58E+2 (1.5E+1) ●
	2	**7.40E+2** **(2.5E+2)**	9.00E+2 (2.4E+2) ●	8.47E+2 (2.6E+2) ●	8.94E+2 (3.3E+2) §
Best		14/18	7/18	8/18	7/18
Fried		1.2778	2.2222	2.2778	2.2222
R		1	2	3	2
$+/=/-$		—	9/8/1	9/8/1	9/9/0

第 **10** 章

深度强化学习驱动的分布式柔性车间调度

随着制造物联网的发展，柔性车间的分散式调度正引起人们的高度重视。基于图卷积网络（graph convolutional network，GCN）和集中学习分散执行（centralized-learning dispersion-execution，CLDE）架构的多智能体（agent）强化学习调度方法在应对个性化制造所面临的高柔性、敏捷性和动态响应鲁棒性等挑战方面优势日益明显，采用基于图卷积神经网络的多智能体系统（graph-based multi-agent system，GMAS）来解决柔性车间调度问题（flexible job shop scheduling problem，FJSP）相较于传统智能优化方法效率更高。本章基于多智能体强化学习架构，引入新兴图卷积神经网络算法，详细介绍基于图卷积神经网络的分布式调度模型的整体架构、机理及具体实现方法；根据用户产品加工流程图及制造环境特点，构建产品工序节点有向无环拓扑图的概率转移模型，研究解析制造任务节点拓扑图的概率预测机制，通过预测工序节点之间的连接概率来调整调度策略，引入分布式强化学习，分析工序、机器及环境三者的耦合优化模型，结合图卷积深度神经网络对工序-机器之间的动态最优匹配模型进行求解。

10.1　图神经网络

图（graph）是一个具有广泛意义的对象。在数学中，图是图论的基本研究对象，用于表示物体本身以及物体与物体之间的关系。在数据科学中，图被用来广泛描述各类关系型数据[271]。在计算机领域，图是一种常见的数据结构。图由节点（vertex）和边（edge）组成，节点代表实体或对象，边表示节点之间的关系。因此可以用集合的形式表示图，即 $G = (V, E)$，其中 V 是节点集合，E 是边集合，如图 10-1 所示。

图可以分为有向图和无向图两
种类型。在无向图中，边没有方向；
在有向图中，边有方向。此外，图
还可以带有权重，表示实体之间的
关系强度。有权重的图通常被称为
带权图。

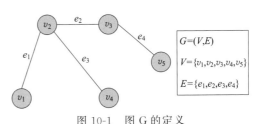

图 10-1　图 G 的定义

　　近些年来，随着互联网的飞速
发展，各类计算资源呈现快速发展趋势，同时海量数据不断涌现，这促进了神经
网络的兴起与应用。神经网络目前已经被广泛应用于各种数据挖掘任务中，逐渐
代替了繁琐的手工特征提取工作，如目标检测、语音识别、机器翻译、推荐系统
等。目前常用且研究较多的神经网络有传统全连接神经网络、长短期记忆
（LSTM）网络、卷积神经网络和自编码器等。这些神经网络能有效地从欧氏空
间数据中提取潜在特征，在各类欧氏空间数据挖掘任务中取得了巨大成功。

　　然而，在许多现实任务中，相关数据来源于非欧式空间，如电子商务领域
中，用户与商品之间的浏览购买行为也可看作一种图数据，其中，用户和商品
为节点，浏览购买等行为形成的边将两种节点连接起来，如图 10-2 所示。传
统的神经网络（全连接网络、LSTM、CNN、自编码器等）在处理这些非欧氏
空间数据时面临着难题。这是因为非欧氏空间中图数据难以进行规则化的表
示。为了解决此种难题，研究人员将图和神经网络结合在了一起，设计出一种
能够处理非欧氏空间数据的神经网络模型——图神经网络（graph neural net-
work，GNN）[272]。

10.1.1　图神经网络一般框架

　　定义一个图 $G=(V,E)$，其中 V 是节点集合，E 是边集合。$\boldsymbol{A} \in \boldsymbol{R}^{N \times N}$ 表示
邻接矩阵，$\boldsymbol{R}$ 为实数集，N 表示节点总数。$\boldsymbol{X} \in \boldsymbol{R}^{N \times C}$ 表示节点属性矩阵，其中
C 表示每个节点的特征数量。图神经网络的目标是学习有效的节点表示 $\boldsymbol{H}^k \in$
$\boldsymbol{R}^{N \times F}$，其中 F 是节点表示的维度，K 是图神经网络层数，节点表示是通过组
合图结构信息和节点属性来进一步用于节点分类。

　　通过在图上定义卷积操作，图神经网络可以聚合其邻居节点的表示和其自身
的表示来迭代更新节点表示，通过堆叠多个卷积层来构造图神经网络模型。

　　和其他深度学习方法相同，图神经网络也是通过损失函数的不断优化来训练
出最优的模型。初始的节点表示 $\boldsymbol{H}^0 = \boldsymbol{X}$，在每个图神经网络层中，主要有两个
功能：

　　① 聚合（AGGREGATE）：目的是聚合来自每个节点的邻居信息。其公式

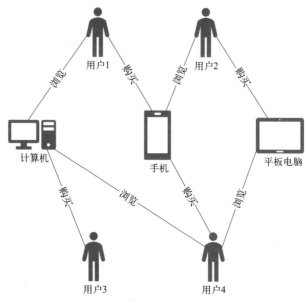

图 10-2　用户商品交互图

表达如下：

$$a_v^k = AGGREGATE^k\{\boldsymbol{H}_u^{k-1}:u \in N(v)\} \tag{10-1}$$

式中，k 代表图神经网络层数；$N(v)$ 表示节点 v 的邻居集合；$\boldsymbol{H}_u^{k-1}$ 代表 v 的邻居节点 u 的第 $k-1$ 层节点表示。

② 合并（COMBINE）：目的是将来自邻居的聚合信息与当前节点表示相结合来更新节点表示。其公式表达如下：

$$\boldsymbol{H}_v^k = COMBINE^k\{\boldsymbol{H}_v^{k-1},a_v^k\} \tag{10-2}$$

式中，a_v^k 是从节点 v 的领域 $N(v)$ 以及节点本身聚合的信息。该公式的含义是将 v 的第 $k-1$ 层嵌入 $\boldsymbol{H}_v^{k-1}$ 更新为第 k 层嵌入 $\boldsymbol{H}_v^k$。

对于图神经网络的聚合和合并两个功能，可以将其组合起来得到图神经网络层节点表示的一般通用表达：

$$\boldsymbol{H}_v^k = f(\boldsymbol{H}_v^{k-1},\{\boldsymbol{H}_u^{k-1}:u \in N(v)\}) \tag{10-3}$$

其中不同类型的图神经网络由映射 $f()$ 定义，该映射以向量 $\boldsymbol{H}_v^{k-1}$（节点 v 的特征向量）和一个无序向量集合 $\{\boldsymbol{H}_u^{k-1}\}$［节点 v 所有相邻节点的特征向量，$u \in N(v)$］为输入。

在获得节点表示之后，就可以将其用于下游任务。以节点分类为例，节点 v 的标签（表示为 y_v）可以通过 Softmax 函数来预测：

$$\hat{y}_v = Softmax(\boldsymbol{W}\boldsymbol{H}_v^{\mathrm{T}}) \tag{10-4}$$

式中，$W \in \mathbf{R}^{|L| \times F}$，$|L|$ 是输出空间中的标签数。给定一组标记节点，可

以通过最小化损失函数来训练整个模型，损失函数公式如下：

$$O = \frac{1}{n_l}\sum_{i=1}^{n_l} loss(\hat{y}_i, y_i)$$　　　　　　(10-5)

式中，y_i 是节点 i 的真实标签；n_l 是标记节点的数量；$loss()$ 是损失函数。模型的训练是通过反向传播最小化目标函数 O 来实现的，以这种方式优化整个图神经网络。

以上就是图神经网络的一般框架，它展示了图神经网络的基本工作原理。近些年来，经过不断发展，图神经网络逐渐成功应用于各类图相关的问题研究中，如图链路预测任务、图分类任务、图强化学习任务等，图神经网络本身也发展出了多种网络结构，主要的有图卷积网络[273]、GraphSAGE、图注意力网络等。

10.1.2　图卷积网络（GCN）

图卷积网络（GCN）类似于卷积神经网络（CNN），实际是针对图结构的一个特征提取器，它提供了一种从图结构输入中提取空间特征的有效方法。图卷积网络是谱图卷积一阶局部近似，每一个卷积层仅处理一阶邻域信息，通过叠加若干个卷积层实现多阶邻域的信息传递。图卷积网络结构如图 10-3 所示。

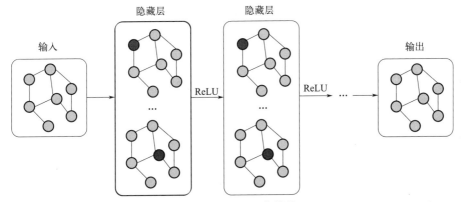

图 10-3　图卷积网络结构

图卷积网络输入的是节点信息向量矩阵 $\boldsymbol{H}$ 和邻接矩阵 $\boldsymbol{A}$，每一个卷积的计算过程如式(10-6) 所示。

$$\boldsymbol{H}^{k+1} = \sigma(\widetilde{\boldsymbol{D}}^{-\frac{1}{2}}\widetilde{\boldsymbol{A}}\widetilde{\boldsymbol{D}}^{-\frac{1}{2}}\boldsymbol{H}^k\boldsymbol{W}^k)$$　　　　　　(10-6)

式中，σ 是非线性激活函数，例如 ReLU 函数；$\boldsymbol{W}^k$ 是第 k 层线性转换矩阵；$\widetilde{\boldsymbol{A}}$ 是加入了自连接的邻接矩阵；$\widetilde{\boldsymbol{D}}$ 是邻接矩阵的度矩阵。

GCN 的更新传播过程是通过对邻域节点进行各同向性平均操作来迭代更新节点特征，如图 10-4 所示。$\boldsymbol{H}_v^k$ 表示节点 v 在第 k 层的特征向量，$\boldsymbol{H}_v^{k+1}$ 表示在

第 $k+1$ 层更新之后的特征向量，$\{\boldsymbol{H}_u^k\}$ 表示节点 v 所有相邻节点的特征向量，$u \in N(v)$。其公式表达如下：

$$\boldsymbol{H}^{k+1} = ReLU(\boldsymbol{W}^k Mean_{u \in N(v)} \boldsymbol{H}_u^k) = ReLU\left(\boldsymbol{W}^k \frac{1}{deg_v} \sum_{u \in N(v)} \boldsymbol{H}_u^k\right) \quad (10\text{-}7)$$

式中，$\boldsymbol{W}^k$ 是特定层可训练的权重矩阵；deg_v 是节点 v 的入度。

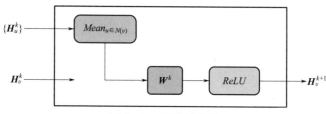

图 10-4　GCN 原理图

10.1.3　GraphSAGE

Graph Sample and aggreGatE（GraphSAGE）算法的提出解决了图卷积网络不能处理归纳式任务的问题。GraphSAGE 利用节点特征来学习可泛化到未见节点的嵌入函数。为了能在大规模图上进行归纳表示学习，GraphSAGE 不是为每个节点训练单独的嵌入，而是采样学习一个聚合函数，通过该函数从节点的局部邻域中采样和聚合特征来生成节点嵌入，即通过应用学习到的聚合函数，为未见节点生成嵌入。GraphSAGE 主要由图形采样和聚合两个部分组成，其主要运行示例如图 10-5 所示，可以分为三个步骤：首先对图中邻居节点进行采样，并将来自采样节点的信息聚合到单个向量中，为了计算高效，采样数量都是固定的；然后根据聚合函数聚合邻居信息；最后得到图中各节点的向量表示以供下游任务（如节点标签预测等）使用。

在 GraphSAE 中实现的一般聚合函数有元素平均聚合器（mean aggrega-

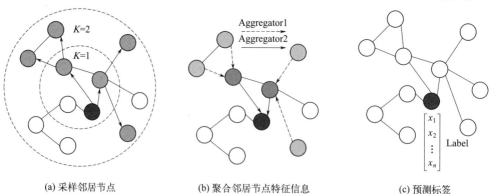

(a) 采样邻居节点　　　　　(b) 聚合邻居节点特征信息　　　　　(c) 预测标签

图 10-5　GraphSAGE 网络结构图

tor)、最大池聚合器（max-pooling aggregator）和长短时记忆网络聚合器（LSTM aggregator）。元素平均聚合器计算所有相邻节点的所有特征的平均值，并将它们聚合到给定节点的特征；最大池聚合器为相邻节点选择特征的最大值；长短时记忆网络聚合器聚合相邻的嵌入信息，这个步骤重复多次，以聚合来自更远节点的信息。其中，平均聚合器几乎等价于 GCN 中使用的卷积传播规则。GrapSAGE 在简单的 GCN 模型基础上在其更新方程中显式地结合了前一层中每个节点自己的特征，其公式如下：

$$H_v^{k+1} = ReLU(W^k Concat(H_v^k, Mean\ n \in N(v) H_u^k)) \tag{10-8}$$

式中，$W^k \in \mathbb{R}^{C \times 2F}$，具体更新过程如图 10-6 所示。

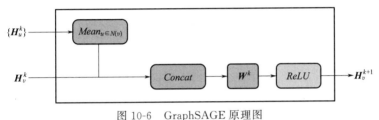

图 10-6　GraphSAGE 原理图

可以看出，第 $k+1$ 层输出节点特征 H_v^{k+1} 是由第 k 层聚合的邻域特征 H_u^k 和自己本身的特征 H_v^k 结合而来的。

10.1.4　图注意力网络（GAT）

图注意力网络（graph attention network，GAT）也来源于 GCN，它是通过允许节点在组合邻域特征时为每个邻域使用不同的权重来实现的。该技术将注意力机制纳入传播步骤，使节点能够关注其邻居的特征，以便聚合邻居特征并为给定节点生成节点嵌入。本质上，在 GAT 聚合器中，对邻居特征的关注被用来代替节点特征的平均聚合。这种对不同邻居节点分配不同权重是通过给它们分配不同的注意力系数来实现的。在 GAT 中，将第 $k-1$ 层节点表示 $H^{k-1} \in \mathbf{R}^{N \times F}$ 转换到下一层节点表示 $H^k \in \mathbf{R}^{N \times F'}$ 的过程中，对于一个中心节点 i 和它的邻居节点 $j \in N(i)$ 来说，它们之间的注意力系数 e_{ij} 计算公式如下：

$$e_{ij} = a([WH_i^{k-1} \| WH_j^{k-1}]) \tag{10-9}$$

式中，H_i^{k-1} 和 H_j^{k-1} 分别表示节点 i 和 j 在第 $k-1$ 层的节点表示；$\|$ 表示两个向量的连接运算。为了获取足够的表达能力将输入特征转换为更高层次的特征，需要进行一次可学习的线性变换。于是一个共享的线性变换，由权重矩阵参数化的 $W \in \mathbf{R}^{F \times F'}$ 被应用于各个节点。函数 $a()$ 表示将高维数据映射为实数。在 GAT 中，$a()$ 被定义为一个前馈神经网络，包括一个具有权重向量 $W_2 \in$

$\mathbf{R}^{1\times 2F'}$ 的线性变换和非线性激活函数 $LeakyReLU$()。

而为了使不同节点之间的系数具有可比性，还需要使用 $Softmax$ 函数对注意力系数进行归一化，表达如下：

$$\alpha_{ij} = Softmax_j(\{e_{ij}\})$$

$$= \frac{\exp(LeakyReLU(\boldsymbol{W}_2[\boldsymbol{WH}_i^{k-1}\|\boldsymbol{WH}_j^{k-1}]))}{\sum_{l\in N(i)}\exp(LeakyReLU(\boldsymbol{W}_2[\boldsymbol{WH}_i^{k-1}\|\boldsymbol{WH}_l^{k-1}]))} \tag{10-10}$$

式中，α_{ij} 为归一化系数。

然后使用归一化注意力系数来计算对应于它们特征的线性组合，作为每个节点的最终输出特征，聚合后的节点向量表达式如下：

$$\boldsymbol{H}_i^k = \sigma\Big(\sum_{j\in N(i)}\alpha_{ij}\boldsymbol{WH}_j^{k-1}\Big) \tag{10-11}$$

式中，σ() 为激活函数 [这里为 ELU() 函数]；W 是要训练的参数。

为了使注意力机制的学习过程更加稳定，可以扩展到多头注意力机制。每个注意力头在节点上决定一个不同的相似函数，对于每个注意力头，可以根据式（10-10）独立获得一个新的节点表示。最终的节点表示是从不同的注意力头中取平均节点表示：

$$\boldsymbol{H}_i^{t,k} = \sigma\Big(\frac{1}{T}\sum_{t=1}^{T}\sum_{j\in N(i)}\alpha_{ij}^t\boldsymbol{W}^t\boldsymbol{H}_j^{k-1}\Big) \tag{10-12}$$

式中，T 是注意力头的数量；α_{ij}^t 是第 t 个注意力头计算的注意力系数；W^t 是第 t 个注意力头的线性变换矩阵。

最终，绘制出 GAT 注意力层的工作原理如图 10-7 所示。

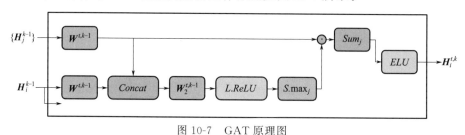

图 10-7 GAT 原理图

10.2　深度强化学习相关算法

传统强化学习如 Q-learning 算法通过记录环境状态 s 和动作 a 形成的状态-动作对（s,a）来形成 Q 表，然后使用时序差分的方法来计算长期累计收益。但是在复杂的任务场景中，动作空间可能是高维的，此时构建的 Q 表可能会非常庞大，甚至不能正确表达所有的动作取值；另一方面，由于多次访问 Q 表中存

储的 Q 值，算法收敛到最优状态-动作对的时间复杂度会很高。因此，更多的研究开始将深度神经网络与强化学习相结合，使用深度神经网络代替 Q-learning 中的 Q 表，这就是深度强化学习（deep reinforcement learning，DRL）。由于深度神经网络的表达性很强，策略梯度的方法可以与强化学习结合进行收敛计算，强化学习的动作状态空间维度也从低维扩展到了高维。深度强化学习将深度学习技术与强化学习相结合，旨在处理具有高维状态空间和动作空间的复杂环境，并在这些环境中学习高效的策略。深度强化学习通常使用神经网络来近似逼近值函数或策略函数，以实现对复杂环境的建模和学习。

随着深度强化学习的广泛普及和移动物联网、自动驾驶等领域的飞速发展，越来越多的深度强化学习框架被提出并应用到实际生产场景中。本节将针对本书所涉及的 DQN、DDPG 算法进行介绍。

10.2.1 DQN 算法

Q-learning 算法是一种基于值迭代的强化学习算法，用于学习最优的行动策略，特别适用于 MDP 环境中的离散状态和动作空间问题。在 Q-learning 中，智能体通过探索环境和试错来学习最优的行动策略，以最大化累积的奖励。Q-learning 算法的核心是学习一个动作值函数（action-value function），通常表示为 Q 函数，它衡量在给定状态下采取某个行动的预期累积奖励。Q-learning 通过不断更新 Q 函数来学习最优的行动策略，其更新规则如下：

$$Q(s,a) \leftarrow (1-\alpha)Q(s,a) + \alpha[r + \gamma\max_{a'}Q(s',a')] \qquad (10\text{-}13)$$

式中，$Q(s,a)$ 是在状态 s 下采取动作 a 的 Q 值；α 是学习率，由它控制新信息的更新速度；r 是智能体在状态 s 下采取动作 a 后获得的即时奖励；s' 是智能体在状态 s 下采取动作 a 后转移到的下一个状态；a' 是在下一个状态 s' 下智能体可以采取的所有可能动作中的最佳动作。

Q-learning 算法通过不断地与环境交互更新 Q 值，并根据更新后的 Q 值来选择下一个行动，逐渐学习到最优的策略。它是一种简单而强大的强化学习算法，在解决具有离散状态和动作空间的问题时表现良好，例如迷宫问题、控制机器人等。但是在连续状态空间的场景下，状态空间较大，算法查找每个 Q 值的时间复杂度大大增加，而且大量的状态很少被访问，相应的 Q 值也就很少被更新，从而导致 Q 函数的收敛时间更长。为了解决这一问题，DeepMind 团队提出了一个重要的深度强化学习算法，即 DQN（deep Q network）算法。

DQN 算法将深度学习技术与 Q-learning 算法相结合，使用深度神经网络来逼近动作值函数（action-value function），从而实现对复杂环境的学习和决策。DQN 基于 Q-learning 算法，通过更新 Q 函数来学习最优的行动策略。使用深度神经网络（通常是卷积神经网络）来逼近 Q 函数。神经网络接收状态作为输入，并输出每个可能行动的 Q 值，实现了对高维状态空间的建模和学习。相比于传统的 Q-learning 算法，DQN 主要有以下两个改进点：

① DQN 使用经验回放（experience replay）技术，将智能体的经验存储在经验回放缓冲区中，并在训练时从中随机抽样以进行学习。这样可以提高样本利用效率和训练的稳定性。

② 为了稳定训练过程，DQN 使用两个神经网络：一个用于估计目标 Q 值，另一个用于执行 Q 值函数更新。目标网络的参数定期更新以减少训练中的目标的不稳定性。

DQN 算法的方差损失函数 $L(\theta)$ 如下：

$$L(\theta)=E\left[(r+\gamma \max_{a'}Q(s',a',\theta^-)-Q(s,a,\theta))^2\right] \tag{10-14}$$

10.2.2 DDPG 算法

深度确定性策略梯度算法（DDPG）是一种将 DQN 算法和 Actor-Critic 框架相融合而形成的 DRL 算法，用于解决具有连续动作空间的强化学习问题。

Actor-Critic 算法（AC 算法）也叫演员-评论家算法，是一种常见的强化学习算法架构，常用于解决值函数和策略函数的学习问题。它将学习问题分解为两个部分：一个用于学习策略函数（Actor），另一个用于学习值函数（Critic）。这两部分共同协作，相互影响，以实现对最优策略的学习和优化，框架如图 10-8 所示。

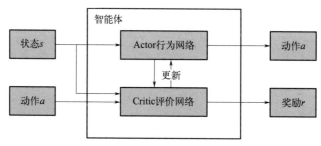

图 10-8　Actor-Critic 框架图

图 10-8 表示的是 Actor 行动网络和 Critic 评价网络两个神经网络的框架结构图，将当前环境状态信息输入 Actor 行为网络，输出学习到的行为策略，而 Critic 评价网络将该行为策略及状态和动作信息作为输入，输出评价 Actor 网络行为策略的评价函数的近似值，用来指导 Actor 行为网络进行更新。

其中，基于状态价值的 Actor 行为网络的参数根据蒙特卡洛策略梯度算法进行更新，更新公式如下：

$$\theta=\theta+\alpha\ \nabla_{\theta}\log\pi_{\theta}(s_t,a_t)v(s,\omega) \tag{10-15}$$

基于动作价值的 Actor 行为网络的参数通过动作价值 Q 函数进行价值评估，根据蒙特卡洛策略梯度算法，更新公式如下：

$$\theta = \theta + \alpha \ \nabla_\theta \log\pi_\theta(s_t, a_t) Q(s, a, \omega) \tag{10-16}$$

Critic 评价网络的参数 ω 的更新采用多次求均方误差损失函数的方式得出，其更新公式如下：

$$\omega = r_{t+1} + \gamma Q(s_{t+1}, a_{t+1}) - Q(s_t, a_t) \tag{10-17}$$

除了 Actor-Critic 框架外，DDPG 的关键技术还包括经验回放和动作噪声。经验回放机制借鉴了 DQN 算法，前期把经验数据存储在 Replay Buffer 中，当经验达到一定数量后才以随机抽样的方式开始训练。动作噪声是指对策略网络输出的动作加入一定量的高斯噪声，确保智能体能输出其他动作值从而对环境进行充分探索。

10.3　基于图神经网络与深度强化学习的分布式柔性车间调度方法

本节提出融合图神经网络与深度强化学习的分布式车间优化调度方法，根据产品加工网络和车间环境，构建针对 FJSP 的有向无环图（directed acyclic graph，DAG）概率模型，将 FJSP 建模为基于拓扑图的结构预测过程，通过预测边之间的连接概率来调整调度策略。构建由环境 Agent 模块、工件 Agent 模块和机器 Agent 模块组成的多 Agent 强化学习系统，工件 Agent 采用分布式架构与环境 Agent 和机器 Agent 交互执行调度动作，同时 GCN 将工件 Agent 间的交互抽象为全局动作。在多个标准测试集中进行实验，结果表明，GMAS 在 FJSP 上的表现总体优于竞争对手，尤其是在复杂场景下，研究结果为求解动态和复杂环境下 FJSP 提供了新的解决方案。

10.3.1　动态分布式调度特征

从模型框架角度划分，求解 FJSP 的方法一般分为集中式和分散式两种结构。在集中式结构中，算力和数据管理相对集中，便于数据融合和全局统筹规划。然而，在大规模 FJSP 中，计算复杂度急剧增加，对调度准确性和灵活性构成挑战。与之相对，去中心化结构能分散数据和算力管理。多 Agent 系统（multi-agent system，MAS）是一种去中心化的智能体系统，其是由多个 Agent 及对应的组织规则和信息交互协议组成的分布式系统，具有分布性、自治性、敏捷性、可扩展性、鲁棒性、交互多样性等特点，更加贴近现实制造场景。

分布式结构在实际场景中的充分运用需要 Agent 具有自学习能力。因此，多 Agent 强化学习系统应运而生，它赋予 Agent 强化学习（reinforcement learning，RL）的能力，Agent 通过与环境交互并基于马尔可夫博弈（马尔可夫决策过程与博弈论）进行无模型无监督自适应学习。因此，通过多种方式协调 Agent，可以将复杂的调度任务分解并在边缘进行智能处理，符合智能制造和物联网的发展方向。

然而，多 Agent 在求解 FJSP 的过程中会产生大量复杂非结构化数据且难以形式化处理，导致数据处理需要大量的计算资源，与边缘 Agent 轻量化目标不符。此外，如何从海量的交互数据中提取核心信息对于 MAS 至关重要。将求解 FJSP 过程中产生的复杂非结构化数据以图的形式表示，并采用 GCN 进行处理。GCN 是一种基于图论的卷积神经网络，通过谱变换（图傅里叶变换）和卷积运算可提取复杂非结构化数据中的隐藏信息。应用 GCN 提取 MAS 中 Agent 之间的交互关系具有优势。利用 GCN 并根据多 Agent 的行动和状态提取一个抽象的全局行动，用于引导调度策略的学习。

在动态分布式 FJSP 调度中，减轻计算资源消耗和非结构化数据处理负荷，从而增强调度方法的自治性和泛化能力至关重要。为此，采取以下解决方案：

① 为了实现分布式 FJSP 中尚未深入研究的柔性调度，基于图论，根据产品工序网络和作业车间机器环境（作业车间中机器的类型和数量），将工序规划和机器调度集成并生成 FJSP 的概率 DAG。与 FJSP 常用的 DAG 模型不同，概率 DAG 模型能够根据 DAG 的边缘概率分布将工件批次拆分成多个可变子批次，以便充分利用机器的柔性化加工能力，实现连续调度。

② CLDE 结构能较好地减轻算力负载，计算载荷分配给 MAS 中的分布式 Agent。基于图卷积操作，可以有效地从分布式非结构化数据中提取每个工件 Agent 的局部特征（即概率 DAG 子图中节点之间的关联）。同时，为了保证算法的全局性和稳定性，需要对 Agent 之间潜在交互关系的全局信息进行集中式学习。常用的全局信息提取方法需要计算 Agent 的所有状态和行动，计算量大。因此，将相对简洁的局部特征进行融合，并以集中式学习的方式提取全局特征（即 Agent 之间的交互关系）。

③ CLDE 结构是一种较好的动态调度方法，集中式学习利用全局信息能增强调度精度和稳定性，而分散式执行有利于敏捷性。然而，很少有研究致力于以具有自治性和泛化能力的分布式方式求解 FJSP。为了获得良好的自治性和提高鲁棒性，提出一种基于竞争机制的工件排队规则来协调机器 Agent 和工件 Agent，并提取抽象全局行动来指代工件 Agent 之间的关系，调度策略通过 RL 方法确保泛化能力。此外，该算法根据车间中所有机器的加工状态做出即时调度动作，实现在任意加工状态下做出动态选择。

10.3.2　问题建模

基于图论，动态 FJSP 可以定义为加权动态网络中边缘连接的动态预测。基于概率论，将边缘连接的动态预测转化为边缘权值的概率分布预测，从而将具体的调度策略转化为概率调度策略。通过预测边缘连接的概率分布来实现在每台机器上的任务分配，结合期望工期与机器载荷率等指标引导调度策略的优化。表 10-1 中列出了模型中涉及的主要符号及其含义。

表 10-1　调度模型中所涉及的符号及其含义

符号	解释
V_i	第 i 个工序节点, $i \in \{1, 2, \cdots, v\}$
J_j	第 j 个工件, $j \in \{1, 2, \cdots, n\}$
M_k	第 k 台机器, $k \in \{1, 2, \cdots, m\}$
O_{jlh}	工件 j 的第 l 个工序的第 h 个可选操作, $l = \{1, 2, \cdots, o_j\}$, $h = \{1, 2, \cdots, o_{jl}\}$
t	强化学习 t 时刻
ns	Agent 与环境交互的子批次数
N_j	工件 j 的批量
$N = \sum_{j=1}^{n} N_j$	所有工件的总批量
$B_j = N_j / ns$	工件 j 的子批量大小
ut_{ji}	工件 j 的第 i 个工序单位加工时间
$\boldsymbol{ut}_j = [ut_{j1}, \cdots, ut_{jv}]$	工件 j 的所有工序对应的加工时间
T	完工时间限制
Ts_{ijt}	t 时刻工件 j 的第 i 个工序开始时间
Tf_{ijt}	t 时刻工件 j 的第 i 个工序完工时间
ΔT_{ijt}	t 时刻工件 j 的第 i 个工序期望加工时间
$\Delta \boldsymbol{T}_{jt} = [T_{1jt}, \cdots, T_{vjt}]$	t 时刻工件 j 的所有工序对应的期望加工时间
$\boldsymbol{S}_{ijt} = [l, M_k, ut, Ts_{ijt}, Tf_{ijt}]$	t 时刻工件 j 的第 i 个工序状态
$\boldsymbol{S}_{jt} = [\boldsymbol{S}_{1jt}, \cdots, \boldsymbol{S}_{vjt}]$	t 时刻工件 j 的状态
P_{ji}	工件 j 的第 i 个工序被加工概率
$w_{ii'}$	工序 i 到工序 i' 的连接权重

符号	解释
$\displaystyle\sum_{i'=1} w_{ii'} = 1$	与工序 i 相邻的工序权重和为 1
$\boldsymbol{A}_{jt}$	t 时刻工件 j 的概率 DAG 权值矩阵
R_t	t 时刻 Agent 实时奖励值
φ_T	期望工期奖励率
φ_M	平均机器载荷奖励率

由于 FJSP 中涉及马尔可夫链，FJSP 的概率 DAG 模型可根据产品工序网络和作业车间环境产生，设 operation（操作）O_{jlh}（第 j 个工件的第 l 个工序所采用的第 h 个加工方式）可在多个可选机器上完成，因而，需确定机器选择的概率分布，以引导工件批次拆分和流水加工，并推断机器上每个 operation 的开始和结束时间。建模过程以定制化生产金属手机壳的真实场景为例。在车间里，有 3 个定制化工件和 6 台不同的数控机床。每个工件都可以通过多个可选加工路径进行处理，如图 10-9(a) 所示的工件加工网络，反映了加工路径的复杂性。每台机器具有多个但有限的功能，机器功能及其能力如图 10-9(b) 所示，反映了机器的灵活性。图 10-9(c) 是组合图 10-9(a) 中不同工件的工序网络构建的工序概率 DAG 模型，其中机器被抽象为加工节点，记为 V_i，其关联三个静态属性（工序 l、机器 M_k、单位加工时间 ut_{ji}）和两个动态属性（t 时刻工件 j 的第 i 个工序的开始时间 Ts_{ijt} 和结束时间 Tf_{ijt}），t 时刻工件 j 的第 i 个工序状态记为 $\boldsymbol{S}_{ijt} = [l, M_k, ut, Ts_{ijt}, Tf_{ijt}]$，$t$ 时刻工件 j 的状态记为 $\boldsymbol{S}_{jt} = [\boldsymbol{S}_{1jt}, \cdots, \boldsymbol{S}_{vjt}]$，其维度为 $5 \times v$，如图 10-9(d) 所示。从节点 V_i 到 $V_{i'}$ 的连接权重记为 $w_{ii'}$，意为从 V_i 转换到 $V_{i'}$ 的概率，满足 $\displaystyle\sum_{i'=1} w_{ii'} = 1$，因此静态调度策略可转换为概率动态调度策略。

需加工的工件数量可以根据概率分布配额给每个加工点，如图 10-10 所示。工件 j 的概率 DAG 连接结构可以用邻接矩阵来描述，如图 10-9(d) 左侧所示，记为 $\boldsymbol{A}_{jt}$。通过预测邻接矩阵，可知图的连接结构，然后可确定每个加工点上的任务分配，这样可充分优化车间机器资源的利用率。此外，该模型的概率策略兼容连续调度模型，因此可实现可变批量拆分调度。

多 Agent 动态调度过程可以描述为根据 t 时刻局部加工点的状态训练一组基于 RL 的工件 Agent 来实时预测邻接矩阵 $\boldsymbol{A}_{jt}$（t 时刻工件 Agent j 采取的行动），通过与机器 Agent 和环境 Agent 的交互，可以提高预测能力。同时，GCN 提取了包含 Agent 间交互关系的全局行动，可以引导工件 Agent 的学习。

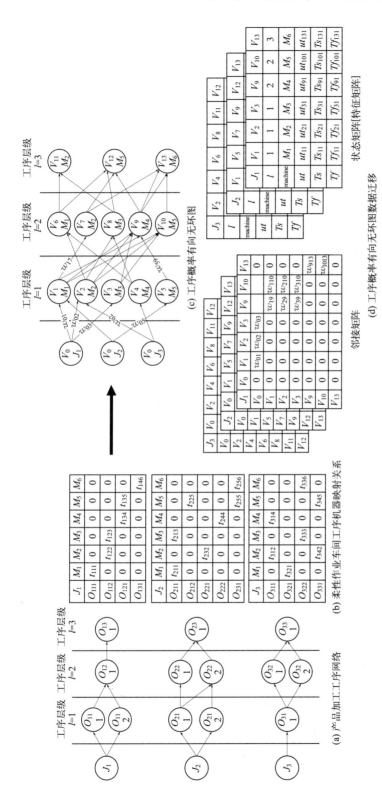

图 10-9　FJSP 问题的概率 DAG 模型

297

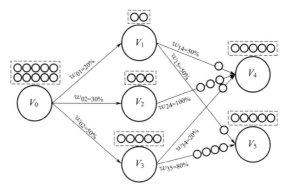

图 10-10   基于概率 DAG 模型的工件批次拆分和流水加工

10.3.3   算法流程

基于上述分析，基于概率 DAG 模型，融合 GCN、MAS 和 RL 理论的 FJSP 调度方法总体算法框架如图 10-11 所示，其包括三个模块：环境 Agent 模块、机器 Agent 模块、工件 Agent 模块。

环境 Agent 模拟真实的车间环境，根据当前状态和调度动作 $A_{j,t}$（工件 Agent 学习的邻接矩阵，表示加工节点之间的连接概率）更新状态 $S_{j,t+1}$（下一个 RL 时刻所有加工点的开始和结束时间），随后返回涉及工期和机器负载率的奖励 $R_{j,t}$。多 Agent 机器模块由多个机器 Agent 组成，它们基于改进的经验规则对等待加工的工件进行排队，该规则考虑了流经时间和等待时间。

多 Agent 工件模块由多个嵌入 CLDE 框架的工件 Agent 组成，其采用深度确定性策略梯度（deep deterministic policy gradient，DDPG）进行学习，DDPG 结合了 DQN 和 Actor-Critic 算法来使用确定性策略梯度并通过一种深度学习的方式更新策略。行动者（Actor）和批判者（Critic）各自有一个目标网络（target network）以便于提高采样效率（sample-efficient）。Actor 与环境 Agent 和机器 Agent 交互，并以分布式方式融合局部信息做出实时调度行动，而 Critic 则学习以集中方式基于全局行动做出判断。

Actor 仅关注工件可能流经的加工点位，并以利己的方式执行，而不需要知道其他工件 Agent 的行动和奖励。由于涉及较少的数据和计算需求，通过这种方式可实现灵活的动态调度。但是，Actor 之间的相互作用对于全局性能（如准确性、稳定性和鲁棒性）十分重要。因此，每个工件 Agent 的 Critic 都会考虑到所有 Actor 之间的交互情况来综合评估其行为。这种方法以集中的方式抽取全局行动 X_t，X_t 包含基于 GCN 的所有 Actor 底层交互生成的海量非结构化数据，这不同于考虑所有具体行动（即联合全局行动）的主流方法，并大大减少了计算消耗。以上调度方法涉及的具体步骤详述如下：

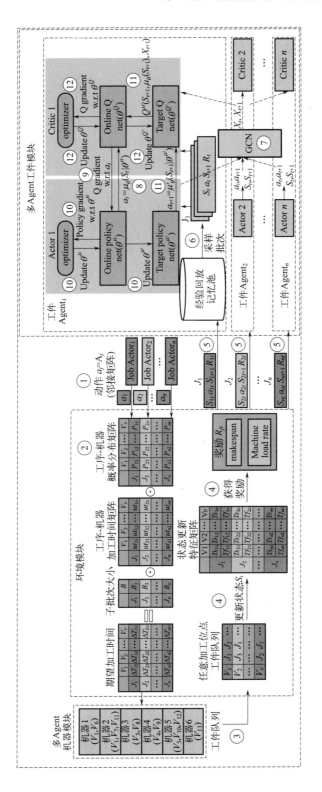

图 10-11　基于概率 DAG 模型并融合 GCN、MAS 和 RL 理论的 FJSP 调度方法总体算法框架

① 每个工件 Agent 基于 Actor 在线策略网络选择一个行动 $a_{j,t}$，$a_{j,t}$ 对应邻接矩阵 $A_{j,t}$ 中 t 时刻工件 j 指向的元素；

② 基于马尔可夫链规则和概率 DAG，生成综合概率分布 P_{jv}（工件 j 选择加工节点 v 的概率），并依据式（10-19）和式（10-20）计算其期望加工时间 $\Delta T_{j,v}$；

③ 基于改进的经验规则（旨在减少传递时间和等待时间），机器 Agent 根据机器状态和期望加工时间 $\Delta T_{j,v}$ 对工件进行排序；

④ 更新 $S_{j,t}$（t 时刻工件 j 的状态）到 $S_{j,t+1}$，依据最小化工期和机器载荷率的目标推导奖励值 $R_{j,t}$（t 时刻工件 j 的奖励）；

⑤ 工件 Agent 保存 $(S_{j,t}, a_{j,t}, S_{j,t+1}, R_{j,t})$ 以便经验回放；

⑥ 在每一个训练步中，每个工件 Agent 都会抽取一批经验，并将其放在 Actor 网络和 Critic 网络中进行分布式训练；

⑦ GCN 单元收集每个工件 Agent 的行动 a_t 和 a_{t+1}，并提取工件 Agent 关联的 Actor 之间的潜在关系，以生成全局行动 X_t 和 X_{t+1}，用于训练 Critic；

⑧ 对每个工件 Agent 的 Actor 采用在线策略网络生成一个行动 a_t，然后将其放入 Critic 在线 Q 网络；

⑨ 工件 j 的 Critic Q 网络依据 Actor j 的状态行动及全局行动生成 Q 价值：$Q_j(S_{j,t}, a_{j,t}, X_t)$，并得到 a_{jt} 的 Q 梯度，以指导 Actor 网络学习；

⑩ Actor 根据 Critic 的 Q 价值函数在线优化策略网络参数，然后周期性更新目标策略网络参数；

⑪ 工件 j 的 Actor 目标策略网络生成下一时刻策略 $a_{j,t+1}$，并代入 Critic 目标 Q 网络生成目标 Q 价值 $Q_j'(S_{j,t+1}, a_{j,t+1}, X_{t+1})$；

⑫ Critic 依据时序差分 $Q_j'(S_{j,t}, a_{j,t}, X_t) = R_t + \gamma[Q_j'(S_{j,t+1}, a_{j,t+1}, X_{t+1}) - Q_j(S_{j,t}, a_{j,t}, X_t)]$ 更新目标 Q 价值，并基于 $Q_j'(S_{j,t}, a_{j,t}, X_t)$ 和 $Q_j(S_{j,t}, a_{j,t}, X_t)$ 二者的均方差优化在线 Q 网络参数，随后周期性更新目标 Q 网络参数。

环境模块详述如下：根据 FJSP 环境，创建环境函数 $E(S_{j,t}, A_{j,t})$，其中 $S_{j,t}$ 为状态矩阵，$A_{j,t}$ 为调度策略矩阵，分别表示 t 时刻每个加工点的加工进度和加工任务，输出参数为 $t+1$ 时刻即时奖励 $R_{j,t+1}$ 与状态矩阵 $S_{j,t+1}$，表示为：

$$[R_{j,t+1}, S_{j,t+1}] = E(S_{j,t}, A_{j,t}) \tag{10-18}$$

式中，状态矩阵 $S_{j,t}$ 需要根据调度策略矩阵 $A_{j,t}$ 进行更新。在 t 时刻，工件 j 的所有加工点位的期望加工时间可以表示为向量 $\Delta T_{j,t} = [T_{1j,t}, \cdots, T_{vj,t}]$，可由下式求得：

$$\Delta T_{j,t} = E(B_j \cdot ut_j \odot P_{j,t}) \tag{10-19}$$

式中，B_j 为工件 j 的子批量大小；ut_j 为工件 j 的所有工序加工位点的单位加工时间；$P_{j,t}$ 为 t 时刻工件 j 的所有加工位点的加工概率。由于加工过程服从马尔可夫性质，$P_{j,t}$ 亦可表示为：

$$P_{j,t}=A_{j,t_0} \cdot A_{j,t}+A_{j,t_0} \cdot A_{j,t}^2+A_{j,t_0} \cdot A_{j,t}^3+\cdots+A_{j,t_0} \cdot A_{j,t}^{o_j} \quad (10\text{-}20)$$

式中，A_{j,t_0} 为 $A_{j,t}$ 的第一行；o_j 为工件 j 的工序数量。完工时间 $Tf_{j,t+1}$ 可由下式求得：

$$Tf_{j,t+1}=Ts_{j,t+1}+\Delta T_{j,t} \quad (10\text{-}21)$$

即时奖励 $R_{j,t+1}$ 是期望完工率和平均机器负载率的加权和：

$$R_t=\delta \cdot \varphi_T+(1-\delta)\varphi_M \quad (10\text{-}22)$$

式中，δ 为权重因子；φ_T 为期望工期奖励率；φ_M 为平均机器载荷奖励率，分别表示如下：

$$\varphi_T=1-\frac{N(\max(Tf_{j,t+1})-\min(Ts_{j,t+1}))}{TB_j} \quad (10\text{-}23)$$

$$\varphi_M=\frac{\sum_{k=1}^{m}\sum_{i\in M_k}(Tf_{ijt}-Ts_{ijt})}{m(\max(Tf_{j,t+1})-\min(Ts_{j,t+1}))} \quad (10\text{-}24)$$

多 Agent 机器模块详述如下：在调度过程中，每台机器都作为一个 Agent，面临多工件挑战，因此有必要赋予其工件排队能力，机器 Agent 以分布式方式对等待处理的工件任务进行排队，以期减少数据冗余，提高计算效率。此外，通过考虑工件传递时间和等待时间，设计了一种改进的工件任务排队方法，这有助于提高工作效率和资源利用率，图 10-12 以三个作业任务为例说明了排序方法。

图 10-12(a) 给出了需要在机器 Agent 上处理的三个工件任务。图 10-12(b) 所示是排队结果：Job3、Job1、Job2。排队方法如图 10-12(c)～(e)所示。通过配对比较的方式，权衡等待时间差 Δt_{wait} 和流经时间差 Δt_{pass}，得到工序任务的优先序列，排队方法的具体数学解释如下，为了平衡等待时间差 Δt_{wait} 和流经时间差 Δt_{pass}，假设二者相等，可得：

$$\Delta t_{wait}=\Delta t_{pass}$$
$$Ts_1+\Delta T_1-Ts_2-(Ts_2+\Delta T_2-Ts_1)=Ts_2+\Delta T_2+\Delta T_1-(Ts_1+\Delta T_1+\Delta T_2)$$
$$\Delta T_1-\Delta T_2=3(Ts_2-Ts_1) \quad (10\text{-}25)$$

式中，Ts_1 和 Ts_2 分别是下一时刻 Job1 和 Job2 的假定开始时间；ΔT_1 和 ΔT_2 分别是 Job1 和 Job2 的加工时间。当 Job1 和 Job2 的加工时间差是 Job1 和 Job2 之间的开始时间差的三倍时，节省的流经时间等于延长的等待时间。因此，可为工件制定一些排队规则：

① 如果两个工件的开始时间相等，则给予加工时间较短的工件更高优先级。
② 如果两个工件的处理时间相等，则给予开始时间较短的工件更高优先级。

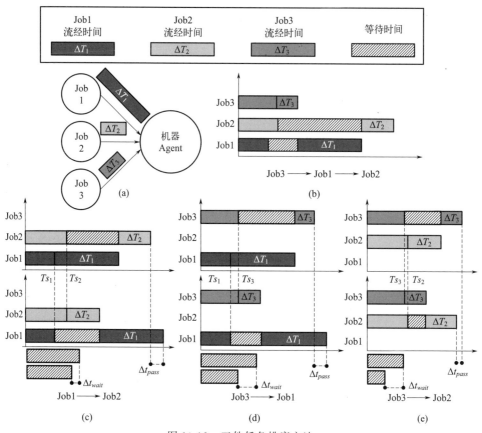

图 10-12　工件任务排序方法

③ 当 $Ts_1<Ts_2$ 且 $\Delta T_1>\Delta T_2$ 时，若 $\Delta T_1-\Delta T_2>3(Ts_2-Ts_1)$，则 Job1 优先，如图 10-12(c) 所示；若 $\Delta T_1-\Delta T_2<3(Ts_2-Ts_1)$，则 Job2 优先，如图 10-12(d) 所示。

④ 若 $Ts_1<Ts_2$ 且 $\Delta T_1<\Delta T_2$，则 Job1 优先，如图 10-12(e) 所示。

对于多个工件任务，需要证明上述规则具有单调性，如图 10-12(b) 所示，已知条件如下：

$$Ts_2-Ts_1=(Ts_3-Ts_1)+(Ts_2-Ts_3) \tag{10-26}$$

$$\Delta T_1-\Delta T_2<3(Ts_2-Ts_1) \tag{10-27}$$

$$\Delta T_1-\Delta T_3>3(Ts_3-Ts_1) \tag{10-28}$$

不等式(10-27) 意味着 Job1 优先于 Job2；不等式(10-28) 意味着 Job3 优先于 Job1；不等式(10-29) 可由式(10-27) 和式(10-28) 推导而来：

$$\Delta T_3-\Delta T_2<3(Ts_2-Ts_3) \tag{10-29}$$

由上述条件可得 Job3 优先于 Job2，单调性得证，工件顺序得以确定，如图 10-12(b) 所示。此外，可将上述排队规则扩展到多个工件任务，以生成如算法 10-1 所示的作业任务排序方法。

接下来，每个加工点的工件开始时间可与改进的经验规则同步更新，满足如下约束条件：

① 每台机器同一时刻只加工一个工序；

② 每个工件同一时刻只能在一台机器上加工；

③ 工件需要按照工序网络顺序进行加工；

④ 工件调度由每个工件 Agent 基于 RL 和 DAG 邻接矩阵来确定，并且根据概率分布将加工量分配给各个加工点；

⑤ 机器上工件的加工顺序由算法 10-1（作业任务排队算法）确定；

⑥ 在开始后续工件之前，无需等待前一工件的所有工序完成；

⑦ 在开始下一批次加工之前，无需等待上一批次产品加工完成。

算法 10-1： 工件任务排序

输入： 机器 Agent 数量（m），在第 k 台机器 Agent 等待处理的工件数量（n_k）

输出： 工件优先级

1 **for** $k \leftarrow 1$ **to** m **do**

2 　$n \leftarrow n_k$

3 　**while** $n \neq 0$ **do**

4 　　根据 Ts_j，$j = \{1, 2, \cdots, n\}$ 对工件进行排序

5 　　找出优先级为 1 的工件

6 　　对 $Ts_{first} \leftarrow Ts_j$，$\Delta T_{first} \leftarrow \Delta T_1$

7 　　**for** $j \leftarrow 1$ **to** n **do**

8 　　　**if** $(\Delta T_j - \Delta T_{first}) < (Ts_{first} - Ts_j)$ **then**

9 　　　　$Ts_{first} \leftarrow Ts_j$

10 　　　　$\Delta T_{first} \leftarrow \Delta T_j$

11 　　执行具有最小 Ts_{first} 和 ΔT_{first} 的工件

12 　　$Tf_{first} \leftarrow Ts_{first} + \Delta T_{first}$

13 　　更新剩余等待工件的时间状态

14 　　**for** $j \leftarrow 1$ **to** n **do**

15 　　　**if** $Ts_j < Tf_{first}$ **then**

16 　　　　$Ts_j \leftarrow Tf_{first}$

17 　$n \leftarrow n - 1$

更新 $t+1$ 时刻加工节点 i 的开始时间 $Ts_{i,j,t+1}$ 需要考虑两种情况：机器是否存在冲突；操作是否存在冲突。

考虑到机器加工时间冲突，$Tf_{i,j,t+1}$ 应取值：

$$Tf_{i,j,t+1} = \max_{i \in M_k} Tf_{i,j,t} \tag{10-30}$$

考虑到工序冲突，$Ts_{i,j,t+1}$ 应取值：

$$Ts_{i,j,t+1} = \begin{cases} Tf_{i,j,t} & \min_{i' \in O_{l-1}} Tf_{i',j,t} < Tf_{i,j,t} \\ \min_{i' \in O_{l-1}} Tf_{i',j,t} & \text{其他} \end{cases} \tag{10-31}$$

式中，$\max_{i \in M_k} Tf_{i,j,t}$ 是指使用与加工节点 i 相同的机器（M_k）的加工节点的最大完工时间；$\min_{i' \in O_{l-1}} Tf_{i',j,t}$ 指属于上一步骤操作 O_{l-1} 的加工节点的最小完工时间。

多 Agent 工件模块包含一组 RL 工件 Agent，它们嵌入 CLDE 结构中，如图 10-11 所示。每个 RL 工件 Agent 采用 DDPG 算法，每个 RL 工件 Agent 中都涉及 Actor（行动者）和 Critic（批判者）。Actor 与环境 Agent 和机器 Agent 交互，根据局部信息（即工件可以观察到的概率 DAG 的子图），进行实时调度动作（即邻接矩阵 A_j），然后将 A_j 传递给 GCN 单元以提取行动属性 X_j；所有工件 Agent 的行动可汇总为全局行动 X，供 Critic 对行动做出判断。Actor 基于确定性策略梯度方法更新网络参数，因为其输出是连续动作，而 Critic 使用基于 Q 价值的学习更新网络参数。

GCN 是一种基于卷积神经网络的图形学习算法，用于非结构化数据建模。在生产调度问题中，GCN 作为一个汇总点，从每个 Actor 执行的行动中提取特征，并形成全局行动，如图 10-13 所示。

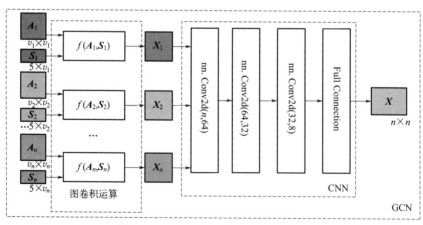

图 10-13　基于 GCN 的全局特征提取

首先，基于状态矩阵 S_j 和行动矩阵 A_j，通过图论一阶谱卷积运算提取工件 Agent j 的行动特征矩阵 X_j，表示为 $f(\cdot)$，其可公式化为：

$$X_j = f(S_j, A_j) = \sigma(\widehat{D}_j^{-\frac{1}{2}} \widehat{A}_j \widehat{D}_j^{-\frac{1}{2}} S_j^{\mathrm{T}} W_g) \tag{10-32}$$

式中，S_j 的维度为 $5 \times v$；A_j 的维度为 $v \times v$；$\widehat{D}_j^{-\frac{1}{2}} \widehat{A}_j \widehat{D}_j^{-\frac{1}{2}}$ 是维度为 $v \times v$ 的卷积滤波器；$\widehat{A}_j = A_j + I_v$（$I_v$ 是维度为 v 的单位矩阵）；D_j 是 A_j 的对角阵；$\sigma(\cdot)$ 为 sigmoid 激活函数；W_g 是维度为 $5 \times v$ 的权值矩阵；X_j 是工件 j 的特征矩阵，维度为 $v \times v$，其直观含义是在 S_j 状态下执行行动 A_j 之后每个加工节点之间的关系图。

然后，通过卷积神经网络合并来自不同工件的输出特征矩阵（X_1，…，X_j，…，X_n），以提取全局行动 X（大小为 $n \times n$）：

$$X = CNN(X_1, \cdots, X_j, \cdots, X_n) \tag{10-33}$$

全局行动反映了在特定环境状态下所有工件 Agent 执行其行动之后，每个工件 Agent 之间的潜在关系，可理解为一项全面考虑工件 Agent 之间交互关系的全局行动。然后，Critic 可评估除已知 Agent 行动之外的所有 Agent 的行动关系的情况下，根据局部信息来评估 Actor 的行动，以减少数据量和计算复杂性。

工件 Agent 基于深度确定性策略梯度方法进行学习，策略梯度通过梯度下降直接优化参数化控制策略，在处理连续状态和行动方面具有优势，与连续调度的概率 DAG 模型相符。但策略梯度是一种随机策略，需要通过抽样来确定。高维空间中频繁的低效采样导致了沉重的计算压力，因此，需要采用更高效的确定性策略梯度（DPG）。

为了应对复杂的调度场景，DPG 采用深度学习方法执行，其中采用经验回放来克服连续数据和非平稳分布的相关问题。为了提高学习稳定性，Actor 和 Critic 分别使用一对网络，即在线网络和目标网络。基于 DDPG 的 CLDE 结构化多智能体系统可以表述如下：Actor 以分布式方式执行，根据基于确定性策略梯度 $\mu_{j\theta}$ 的局部状态 $S_{j,t}$ 做出即时行动 $a_{j,t}$。

$$a_{j,t} = \mu_{j\theta}(S_{j,t} | \theta^\mu) \tag{10-34}$$

Critic 以集中的方式评估行动，评估价值 $Q_j^\mu(S_{j,t}, \mu_{j\theta}(S_{j,t}), X_t)$ 由局部 Actor 的状态 $S_{j,t}$ 和行动 $\mu_{j\theta}(S_{j,t})$ 决定，全局行动 X_t 包含由 GCN 提取的全局 Agent 之间的交互关系。在 t 时刻，工件 Agent j 的 Actor 的多 Agent 确定性策略的目标 $J_{j\beta}(\mu_{j\theta})$ 可表示为：

$$J_{j\beta}(\mu_{j\theta}) = \int_{S_j} \rho_j^\beta(S_{j,t}) Q_j^\mu(S_{j,t}, \mu_{j\theta}(S_{j,t}), X_t) \mathrm{d}S_{j,t} = \mathbb{E}_{S_{j,t} \sim \rho_j^\beta}[Q_j^\mu(S_{j,t}, \mu_{j\theta}(S_{j,t}), X_t)] \tag{10-35}$$

Actor j 网络可以基于确定性策略梯度进行更新，如下所示

$$\nabla_\theta J_{j\beta}(\mu_{j\theta}) = \int_{S_j} \rho_j^\beta(S_{j,t}) \nabla_\theta \mu_{j\theta}(a_{j,t} | S_{j,t}) Q_j^\mu(S_{j,t}, a_{j,t}, X_t) \mathrm{d}S_{j,t}$$

$$= \mathbb{E}_{\boldsymbol{S}_{j,t} \sim \rho_j^\beta} \left[\nabla_\theta \mu_{j\theta}(\boldsymbol{S}_{j,t}) \, \nabla_{a_{j,t}} Q_j^\mu(\boldsymbol{S}_{j,t}, a_{j,t}, \boldsymbol{X}_t) \mid a_{j,t} = \mu_{j\theta}(\boldsymbol{S}_{j,t}) \right]$$

$$(10\text{-}36)$$

式中，$\boldsymbol{S}$ 为状态空间；$\mu_{j\theta}$ 是带有参数 θ 的 Agent j 的确定策略；$\rho_j^\beta(\boldsymbol{S}_{j,t})$ 是 Agent j 离线策略下的折扣状态分布；$Q_j^\mu(\boldsymbol{S}_{j,t}, a_{j,t}, \boldsymbol{X}_t)$ 是 Agent j 的价值函数（在已知全局行动特征 $\boldsymbol{X}_t$ 的前提下，行动策略 $\mu_{j\theta}$ 的累积折扣报酬）；$\mathbb{E}_{\boldsymbol{S}_{j,t} \sim \rho_j^\beta}$ 表示策略 $\mu_{j\theta}$ 下折扣状态分布 $\rho_j^\beta(\boldsymbol{S}_{j,t})$ 的预期值。

Critic j 的在线网络使用时序差分算法更新如下：

$$loss_{jt} = \mathrm{MSE}\left[r_{j,t} + \gamma Q_j^\mu(\boldsymbol{S}_{j,t}, \mu_{j\theta}(\boldsymbol{S}_{j,t}), \boldsymbol{X}_t) - Q_j^{\mu'}(\boldsymbol{S}_{j,t+1}, \mu_{j\theta}(\boldsymbol{S}_{j,t+1}), \boldsymbol{X}_{t+1}) \right]$$

$$(10\text{-}37)$$

式中，MSE 表示均方误差；Q_j^μ 是 Critic j 基于价值的在线网络；$Q_j^{\mu'}$ 是 Critic j 基于价值的目标网络。在线网络实时更新，而目标网络间歇性更新：

$$\begin{cases} \theta_{t+1}^{Q_{j'}} = \tau \theta_t^{Q_j} + (1-\tau)\theta_t^{Q_{j'}} & \text{Agent } j \text{ Actor update} \\ \theta_{t+1}^{\mu_{j'}} = \tau \theta_t^{\mu_j} + (1-\tau)\theta_t^{\mu_{j'}} & \text{Agent } j \text{ Critic update} \end{cases}$$

$$(10\text{-}38)$$

式中，$\theta_t^{Q_j}$ 表示 t 时刻 Agent j 的在线网络参数；$\theta_t^{Q_{j'}}$ 和 $\theta_{t+1}^{Q_{j'}}$ 分别表示 t 和 $t+1$ 时刻 Agent j 的 Critic 目标网络参数；$\theta_t^{\mu_{j'}}$ 表示 t 时刻 Actor j 的在线网络参数；$\theta_t^{\mu_{j'}}$ 和 $\theta_{t+1}^{\mu_{j'}}$ 分别表示在 t 和 $t+1$ 时刻 Actor 的目标网络参数；τ 是柔性系数。

10.3.4 柔性车间实时调度案例仿真

为了探索 GMAS 算法在 FJSP 中高柔性机器和高复杂性水平工件调度问题求解上的优势，选用基准数据集 Hurink。其过程复杂性分布广泛，其机器灵活性可以表示为一台机器上可以执行的不同操作的平均数。图 10-14（a）显示了四种对比算法在 MK10 收敛性能方面的比较，这表明 GMAS 以最快的优化速度收敛到最佳解；图 10-14（b）是基于 Brandmarte 实例的 RPD 方框图，从中可以观察到 GMAS 具有最低的统计 RPD 值和最佳的中心趋势，这意味着 GMAS 在稳定性方面表现最好。图 10-15 显示了 Hurink 数据集上具有不同柔性和复杂度的比较算法的平均 CPU 时间。显然，机器柔性和加工复杂性的增加延长了计算时间，与集中式算法 HA 和分布式算法 MA-Q 相比，随着柔性和复杂度的增加，GMAS 具有最小的 CPU 时间和最缓慢的增长趋势。结果表明，GMAS 能够胜任高复杂度柔性调度，并具有良好的可扩展性。

图 10-16（a）和图 10-16（b）显示了第 10 次模拟后，在工件插入和机器故障事件下的平均动态 CPU 时间。与基于规则的动态调度和 DRL 算法相比，GMAS 在这两种事件下的灵活性表现最好。此外，从图 10-17（a）和图 10-17（b）中可

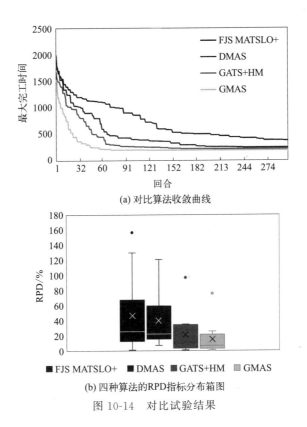

(a) 对比算法收敛曲线

(b) 四种算法的RPD指标分布箱图

图 10-14 对比试验结果

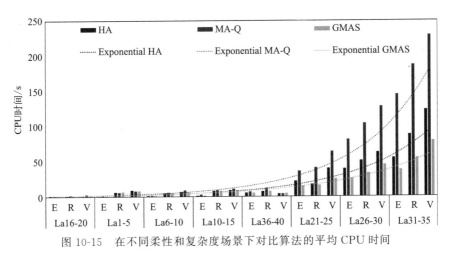

图 10-15 在不同柔性和复杂度场景下对比算法的平均 CPU 时间

以看出，GMAS 算法在作业插入和机器故障条件下具有最低的 SAR 和 MIR。由于小的 MIR 意味着良好的整体动态调度性能，而小的 SAR 意味着动态调度策略的良好稳定性和一致性，因此动态调度结果表明 GMAS 具有最佳的灵活性和鲁棒性。

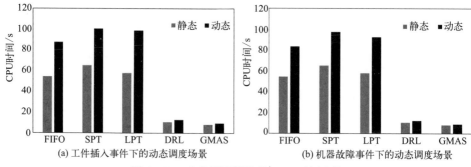

(a) 工件插入事件下的动态调度场景　　　　　(b) 机器故障事件下的动态调度场景

图 10-16　动态调度算法的 CPU 时间比较

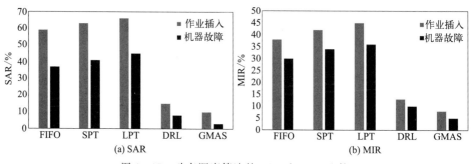

(a) SAR　　　　　　　　　　　(b) MIR

图 10-17　动态调度算法的 SAR 和 MIR 比较

第**11**章

模糊多属性云制造资源
决策理论与方法

　　云制造资源优选是一个多目标、多属性优化决策问题，既包括定性的因素也包括定量的因素。本章针对属性指标值具有模糊不确定性的制造云服务进行优选评估，提出基于二元语义的模糊多属性云制造资源优选方法，通过不同类型的模糊数与二元语义的转化实现对模糊属性指标值的标准化，并基于二元语义信息处理对制造云服务多粒度评价信息进行集结运算得到各指标属性权重，结合灰色关联分析法对候选制造云服务进行排序，并确定资源优选的具体步骤，最后给出了云制造资源优选案例，表明基于二元语义和灰关联分析方法优选云制造资源的可行性与有效性。

11.1　引言

　　云制造[274]是致力于全球资源覆盖、全球任务响应的开放大型系统，旨在汇聚全球各类制造资源，实现高效敏捷的资源优化配置，为制造业转型升级提供推动力。其通过采用物联网、虚拟化和云计算等网络化制造与服务技术对制造资源和制造能力进行虚拟化和服务化的感知接入，并进行集中高效管理和运营，实现制造资源和制造能力的大规模流通，促进各类分散制造资源的高效共享和协同，从而动态、灵活地为用户提供按需使用的产品全生命周期制造服务，直接推动了全球范围内制造资源的优化配置。

　　在云制造系统中，用户的制造任务首先通过资源服务化建模工具进行统一的形式化表述，构建相应的制造任务模型；然后通过相应的任务分解机制将复杂制造任务逐步分解为一系列原子任务；最后通过云平台的服务发现和优选过程将每个子任务分配到云平台中相应的服务资源上去完成。在此过程中，如何从海量的资源中为每个制造子任务精确匹配到满足用户各种需求和约束的制造云服务，以及对所找到的制造资源进行优选评估，对云制造任务高效优质地完成起着至关重要的作用，对提升云制造平台的服务质量有着重要意义。

云环境下，制造资源及制造能力被虚拟化和服务化封装为制造云服务，因而在云平台中，制造资源与制造任务的供需匹配表现为制造云服务与制造任务之间的匹配。云服务优选是指对符合制造任务需求的候选服务集中的云服务进行评价，筛选出最符合用户需求的服务或对候选云服务进行优劣排序返回给用户供其参考，本质上是一个层次化、多变量并且伴随不确定性的决策问题。作为一个致力于全球制造资源汇聚、全球制造任务响应的开放系统，在云制造资源池中，势必存在海量的具有不同功能的制造云服务，即便是针对同一功能，也可能存在多个服务质量不同的制造云服务，这对制造任务与云服务的供需匹配造成巨大的困难。基于制造任务需求，为其筛选出最优的云服务或者进行云服务组合，成为云制造平台高效完成用户任务请求的重要一环，也是云平台进入实质推广应用的关键问题。

在云制造出现之前，相关学者已对网络化制造、面向服务制造的资源优选进行了大量研究，包括虚拟企业[275]、制造网格[276]、应用服务提供商（ASP）[277]、社会化制造[278]、工业产品服务系统[279]等。例如潘晓辉[277]提出 ASP 模式的网络化制造资源优选评估体系，采用基于层次分析法的资源优化配置的优选过程模型，以数控机床和制造业软件为例对支持 ASP 服务的制造业资源能力进行综合评价优选。陶飞等[276]提出制造网格资源优选评估模型，将制造资源评价指标分为一般评价指标、特殊评价指标和个性化评价指标，不同评估专家根据获取的制造资源指标属性值的范围进行评价，采用九标度层次分析法确定指标权重，然后对制造资源的评价矩阵进行统计和计算以对被评估资源进行排序。刘冠权[275]综合运用层次分析法、聚类分析和粗糙集理论方法实现区域虚拟企业结盟制造资源优化评价指标体系的建立以及各属性权重因子的确定。Parvaneh 等[280]应用模糊数和模糊决策理论，建立基于偏好关系的制造工艺资源模糊评价模型，实现了多方案制造工艺资源的排序。在云制造方面，宋文艳[281]运用模糊层次分析法对云制造资源进行初选，构建了时间、质量、成本、服务性、信誉和可靠度等云制造资源评价指标体系，得到各个候选制造云服务资源。Chen[282]提出了一种 Type-Ⅱ型模糊协作智能方法来协助工厂选择合适的云制造模式实施方案。尹超等[283]提出基于灰色关联度分析的面向新产品开发云制造服务资源优选模型，该模型包含服务时间、服务成本、服务质量等优选指标，并采用灰色关联度分析方法对服务资源进行了评价优选。针对云制造中任务和资源配置偏好信息的犹豫性和模糊性，Li 等[284]提出了犹豫模糊偏好信息下考虑双向投影的双边匹配决策模型；杨腾等[285]采用本体和语义 Web 对加工设备的加工能力和服务质量等服务能力进行了描述与建模，建立加工设备制造云服务的本体模型，提出基于层次分析法和灰色关联度分析的评价方法对候选制造服务进行多目标综合评价，以期实现制造服务资源集的优化配置。

以上资源指标权重的确定方法大多采用层次分析法，标准的层次分析法指标间的两两比较的判断矩阵是以精确数给出的，忽略了主观评判思考的模糊性，这样会影响评价结果的准确性。模糊层次分析法虽然体现了评判信息的犹豫度，但仍然需要构造判断矩阵，判断矩阵有可能无法通过一致性检验，目前没有切实有效的方法指导调整。而语言标度的权重信息运算结果必须有近似过程，不能用先前定义的单个语言短语来准确表达集结运算后所得到的总体评价信息，从而造成了精度损失和结果不准确。二元语义表示模型[286]将语言短语看作其定义域内的连续变量，同时具有犹豫度，使其表达信息更加准确，有效避免了权重信息集成损失问题。此外，资源属性数据可能是模糊数表示的形式，不同类型的不确定模糊数的比较方法争议较多，二元语义表示模型能够综合多种类型的模糊数据，同时能够保持信息的完整性，因此本章探讨将二元语义用于模糊多属性制造云服务的优选评估。

11.2　云服务资源发现与配置

云制造平台通过标准的虚拟化及服务化封装技术将与制造过程相关的海量异构资源（硬件、软件、知识资源、人力资源及其他制造服务资源）以服务的形式发布在互联网上，云终端用户的制造任务通过任务请求描述、任务自动分解、功能需求解析和服务匹配技术寻找到满意的制造服务。在此过程中，制造云资源服务匹配机制以及优选模型的优劣直接影响云资源配置的准确性和高效性。制造云资源优选是多层次分阶段进行的，以零件加工类资源为例，制造云资源优选过程大体上可分为如图 11-1 所示的三个步骤。实际应用中可根据制造任务复杂度和任务对象类型的不同进行适当调整。

第一步是资源初选。用户通过云平台发布加工任务请求，平台相关功能模块通过任务分解机制，将其分解成若干个子任务；进而根据子任务相对应的资源的属性约束条件，通过语义规则匹配、约束匹配等，搜索满足任务类型需求和功能需求的服务资源，以获得初选资源集合，而时间、成本、服务质量、可靠度等非功能性约束在这一阶段未作考虑。

第二步是资源精选。当用户进行资源初选后，可能得到多个符合功能要求的资源，用户可根据实际需求的侧重点，对候选资源进行优选，即根据资源属性指标值以及用户对各指标属性的需求重要性，构建如服务时间、服务成本、服务质量、可靠度等评价指标体系，并基于各属性指标的相对权重，综合得到各资源的

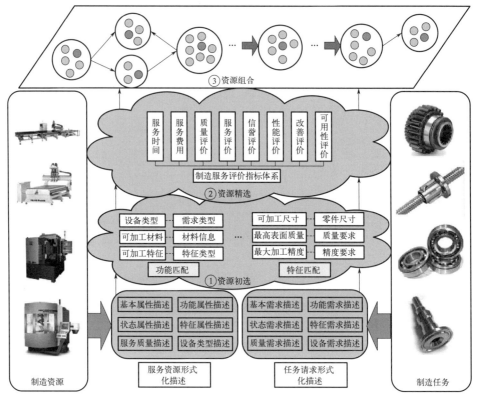

图 11-1　制造云服务发现模型及其体系结构

总排序结果。资源评价及优选是一个多方参与的复杂系统工程。本节运用基于二元语义的模糊多属性制造云服务优选方法，为制造子任务选择合适的资源，以减小下一步服务组合的规模，提高云平台服务效率。

第三步是资源组合。单个制造云资源的功能是有限的，复杂的制造任务需要按一定规则将经过精选的制造云资源按照一定的流程逻辑组织起来而达到任务目标，即从制造任务的整体性出发，充分考虑所有云资源整体组合的最佳性，从而对可能存在的多个组合服务进行综合优化。

制造云服务的选择过程具有多样性、动态性和复杂性的特点，需要从给定的备选云服务集中选出最理想的资源。由于制造云服务的特殊性，指标属性具有多因素、多层次的特征，同时存在着大量的定性和定量指标，这些指标属性往往不能全部用精确的定量数据表示，有些指标属性值模糊难以量化，更适宜用模糊数表示，如用区间变量、三角模糊数、梯形模糊数、语言变量等数据类型表示，云制造平台需要针对属性值为模糊数的各个待选云服务的信息进行集成，然后再排序、择优；另一方面资源选择过程中各指标属性权重的分配对最终理想资源的选择具有决定性影响，需要多位领域专家根据制造任务的实际需求对待选云服务各属性指标赋权，在此过程中，由于受到来自评审专家主观因素和被评价对象客观因素的影响，不同的评审成员针对同一评价对象可能采用不同的语言评价集给出各自的评价信息，因而形成了不同粒度的评价信息，需要将其统一转化为相同范围内统一的数据形式，以确定指标的综合权重。目前有关网络化制造资源优选评价方法的相关研究，主要还是针对传统的指标属性数据为数值型精确数的资源优选问题，有关资源指标属性数据为多种类型的模糊数（如用区间模糊数、三角模糊数、梯形模糊数、语言变量等数据类型）的资源优选问题鲜有报道。因此本节针对属性值为模糊数据类型的云制造资源进行优选评估，将模糊多属性数据转换为二元语义的形式以实现多种模糊信息的融合，同时运用二元语义来集成多粒度权重评价信息，结合灰色关联分析法对资源进行评价优选，以协助云制造企业在模糊环境下，筛选出满足要求的制造资源。通过采用二元语义及其集结算子进行权重及模糊属性信息的综合处理，有效避免了以往模糊信息处理方法引起的信息损失问题，提高了资源评价的准确性。

11.3　基于二元语义的制造服务优选技术

11.3.1　二元语义相关基础

二元语义采用二元组 (s_i, α_i) 来描述语言信息，其中 $s_i \in S, S = \{s_0, s_1, \cdots, s_T\}$ 是语言评价集，一般是由奇数个元素组成的有序集合，s_i 表示 S 中的评价短语；α_i 表示计算得到的评价信息与 S 中与之最贴近的语言短语 s_i 的偏差，$\alpha_i \in [-0.5, 0.5)$。设自然语言的三角模糊数表示为 $s_i = (a_i, b_i, c_i)$，则有：

$$\begin{cases} a_0 = 0 \\ a_i = \dfrac{i-1}{T} & 1 \leqslant i \leqslant T \\ b_i = \dfrac{i}{T} & 0 \leqslant i \leqslant T \\ c_i = \dfrac{i+1}{T} & 1 \leqslant i \leqslant T-1 \\ c_T = 1 \end{cases} \tag{11-1}$$

当 $T = 8$ 时，有 $S = \{s_0, s_1, s_2, s_3, s_4, s_5, s_6, s_7, s_8\} = \{(0, 0, 0.125)(0, 0.125, 0.25)(0.125, 0.25, 0.375)(0.25, 0.375, 0.5)(0.375, 0.5, 0.625)(0.5, 0.625, 0.75)(0.625, 0.75, 0.875)(0.75, 0.875, 1)(0.875, 1, 1)\}$，其语义表示形式如图 11-2 所示。

定义 1：设 $s_i \in S$ 为语言短语，通过下面的转换函数 θ 可以将单个语言短语

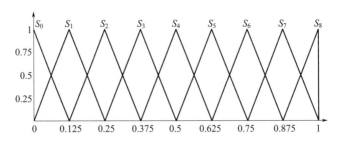

图 11-2　九标度二元语义评价集的语义表示

s_i 转化为相应的二元语义形式：

$$\begin{cases} \theta:s \rightarrow S \times [-0.5,0.5) \\ \theta(s_i)=(s_i,0) \qquad s_i \in S \end{cases} \tag{11-2}$$

定义 2：设 $S=\{s_0,s_1,\cdots,s_T\}$ 为一个语言短语评价集，$\beta \in [0,T]$ 是一个数值，表示语言评价短语集结运算之后的数值结果，则与 β 相对应的二元语义表示形式 (s_i,α_i) 可由如下函数得到：

$$\Delta:[0,T] \rightarrow S \times [-0.5,0.5)$$

$$\Delta(\beta)=(s_i,\alpha_i)=\begin{cases} s_i & i=round(\beta) \\ \alpha_i=\beta-i & \alpha \times [-0.5,0.5) \end{cases} \tag{11-3}$$

其中，$round$ 意为"四舍五入"取整运算。

定义 3：设 (s_i,α_i) 是一个二元语义，$\alpha_i \in [-0.5,0.5)$，则必定存在逆函数 Δ^{-1} 使 (s_i,α_i) 转换成相对应的数值表示形式 β，若 $\beta \in [0,T]$，则有：

$$\begin{cases} \Delta^{-1}:S \times [-0.5,0.5) \rightarrow [0,T] \\ \Delta^{-1}(s_i,\alpha_i)=i+\alpha_i=\beta \end{cases} \tag{11-4}$$

基于上述定义可得二元语义的计算模型，包括二元语义的比较、距离和集成运算等。

(1) 二元语义的比较：若 $i>j$，则 $(s_i,\alpha_i)>(s_j,\alpha_j)$；若 $i=j$ 且 $\alpha_i=\alpha_j$，则 $(s_i,\alpha_i)=(s_j,\alpha_j)$；若 $i=j$ 且 $\alpha_i>\alpha_j$，则 $(s_i,\alpha_i)>(s_j,\alpha_j)$；若 $i=j$ 且 $\alpha_i<\alpha_j$，则 $(s_i,\alpha_i)<(s_j,\alpha_j)$；若 $(s_i,\alpha_i)>(s_j,\alpha_j)$，则 $\max\{(s_i,\alpha_i),(s_j,\alpha_j)\}=(s_i,\alpha_i)$，$\min\{(s_i,\alpha_i),(s_j,\alpha_j)\}=(s_j,\alpha_j)$；

(2) 二元语义的距离：任意两个二元语义 $A:(s_i,\alpha_i)$ 和 $B:(s_j,\alpha_j)$ 的距离 $d(A,B)$ 为：

$$d(A,B)=\frac{1}{T}(|\Delta^{-1}(s_i,\alpha_i)-\Delta^{-1}(s_j,\alpha_j)|) \tag{11-5}$$

式中，$d \in [0,1]$；$\alpha \in [-0.5,0.5)$。

（3）二元语义的逆算子"Neg"：$Neg((s_i,\alpha_i))=\Delta(T-(\Delta^{-1}(s_i,\alpha_i)))$。

定义 4：二元语义加权算术平均算子 Ψ 定义为：

$$\Psi[S]=\Delta(\frac{\sum_{i=1}^{n}\Delta^{-1}(s_i,\alpha_i)w_i}{\sum_{i=1}^{n}w_i})=\Delta(\frac{\sum_{i=1}^{n}\beta_i w_i}{\sum_{i=1}^{n}w_i}) \tag{11-6}$$

式中，$S=\{(s_1,\alpha_1),(s_2,\alpha_2),\cdots,(s_n,\alpha_n)\}$ 是一组需要集成的二元语义；$\boldsymbol{\omega}=(w_1,w_2,\cdots,w_n)$ 是对应的权重向量，且 $\beta_i=i+\alpha_i$。

定义 5：二元语义有序加权平均算子（2-tuple ordered weighted averaging，T-OWA）ϕ 定义为[287]：

$$(\bar{s},\bar{\alpha})=\phi((s_1,\alpha_1),(s_2,\alpha_2),\cdots,(s_m,\alpha_m))=\Delta(\sum_{i=1}^{m}v_i c_i) \tag{11-7}$$

式中，$\bar{s}\in S$；$\bar{\alpha}\in[-0.5,0.5]$，$C=(c_1,c_2,\cdots,c_m)$ 中的元素 c_i 代表集合 $\{\Delta^{-1}(s_i,\alpha_i),i=1,2,\cdots,m\}$ 中按照降序排列排在第 i 位的元素；$V=(v_1,v_2,\cdots,v_m)$ 代表相应权重向量，v_i 由模糊量化算子 $Q(r)$ 按下式计算得出：

$$v_i=Q(I/m)-Q((i-1)/m) \quad i=1,2,\cdots,m \tag{11-8a}$$

$$Q(r)=\begin{cases}0 & r<a \\ (r-a)/(b-a) & a\leqslant r\leqslant b \\ 1 & r>b\end{cases} \tag{11-8b}$$

式中，$v_i\in[0,1]$，$\sum_{i=1}^{m}v_i=1$；$a,b,r\in[0,1]$，在"多数""至少一半"和"尽可能多的"原则下，$Q(r)$ 对应的参数 (a,b) 分别为 $(0.3,0.8)$，$(0,0.5)$ 和 $(0.5,1)$。

11.3.2　模糊数与二元语义的转化

定义 6：设 I 为实数、区间数、三角模糊数及梯形模糊数等，$S=\{s_0,s_1,\cdots,s_T\}$ 为二元语义评价集，可采用下述映射将 I 转换为二元语义集[288-289]：

$$\tau:[0,1]\rightarrow F(S)$$
$$\tau(I)=\{(s_k,\alpha_k)|k\in[0,1,\cdots,T]\} \tag{11-9a}$$
$$\alpha_k=\max_x\min\{\mu_I(x),\mu_{s_k}(x)\} \tag{11-9b}$$

式中，$\mu_I(x)$、$\mu_{s_k}(x)$ 分别表示 I 和 s_k 的隶属度函数。

定义 7：令 $\tau(I)=\{(s_1,\alpha_1),(s_2,\alpha_2),\cdots,(s_T,\alpha_T)\}$ 是模糊数 I 的二元语义的转化结果，可通过函数 χ 将二元语义集 $\tau(I)$ 映射为对应的数值形式：

$$\chi:F(S)\rightarrow[0,T]$$

$$
\begin{aligned}
\chi(\tau(I)) &= \chi(F(S))\\
&= \chi[(s_i,\alpha_i),J=0,1,\cdots,T]\\
&= (\sum_{j=0}^{T} j * \alpha_j) / \sum_{j=0}^{T} \alpha_j \\
&= \beta
\end{aligned}
\tag{11-10}
$$

这样就可以结合定义 6 中式(11-9)将模糊数 I 转换为数值 β 或对应的二元语义的形式。以包含 9 个二元组的二元语义评价集为例，区间数 $[0.2,0.4]$ 转化为二元语义表示如下：

$$
\chi(\tau(0.2,0.4)) = \chi\{(s_i,\alpha_i)\,|\,\alpha_j\}
$$
$$
= \max_{x} \min\{\mu_I(x),\mu_{s_j}(x)\},j=0,1,\cdots,8\}
$$
$$
= \chi\{(s_0,0),(s_1,0.4),(s_2,1),(s_3,1),(s_4,0.2),(s_5,0),(s_6,0),(s_7,0),(s_8,0)\}
$$
$$
= \frac{1\times0.4+2\times1+3\times1+4\times0.2}{0.4+1+1+0.2}
$$
$$
= 2.38
$$

因而 $\Delta(2.38)=(2,0.38)$，其转化关系如图 11-3 所示，图中箭头所指点的隶属度函数值为区间模糊数的二元语义转化值。

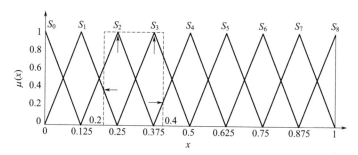

图 11-3　区间模糊数与二元语义之间的转化关系

其他类型模糊数转化为二元语义的过程类似。

三角模糊数：$\chi(\tau(0.2,0.3,0.4))=\chi((s_1,0.23),(s_2,0.78),(s_3,0.66),(s_4,0.12))=2.375$；$\Delta(2.375)=(2,0.375)$。

梯形模糊数：$\chi(\tau(0.2,0.3,0.4,0.5))=2.74$；$\Delta(2.74)=(3,-0.26)$。

同理，实数的二元语义表示：$\chi(\tau(0.2))=\chi((s_1,0.4),(s_2,0.6))=1.6$；$\Delta(1.6)=(2,-0.4)$。

11.3.3　多粒度二元语义权重信息的一致化处理

不同的评价者可能会选择包含不同的语言短语数目的术语集对被评价对象权

重进行评估，这样就形成了不同粒度的权重信息，不同粒度的权重信息所对应的隶属函数等方面不尽相同，因此需要将多粒度语义信息转换到统一的二元语义术语集，即基本语言术语集（basic linguistic term set，BLTS），通常选择粒度最大的语言评价集作为 BLTS。设 BLTS 为 $S=\{s_0,s_1,\cdots,s_T\}$，其中 $s_i\in S$ 的三角模糊数形式为 $s_i=(a_i,b_i,c_i),i=0,1,\cdots,T$；不同粒度的另一语言术语集为 $S'=\{s'_0,s'_1,s'_2,\cdots,s'_g\}$，$g<T,s'_j=(l_j,m_j,u_j),j=0,1,\cdots,g$，则对应任意两个三角模糊数 $s_i=(a_i,b_i,c_i)$ 和 $s'_j=(l_j,m_j,u_j)$，s_i 和 s'_j 之间的距离 d_{ji} 为：

$$d_{ji}=\sqrt{1/3((l_j-a_i)^2+(m_j-b_i)^2+(u_j-c_i)^2)} \tag{11-11}$$

s_i 和 s'_j 大小的比较采用重心法[290]，将 s'_j 转化为 BLTS 中对应的二元语义形式 (s^c_j,α_j)，其中，$s^c_j\in S$，$\alpha_j\in[-0.5,0.5]$。两者的具体计算公式如下：

$$s^c_j=\{s_k|s_k\in S,d_{jk}=\min(d_{ji}),i=0,1,\cdots,T\} \tag{11-12}$$

$$\alpha_j=\begin{cases}d_{jk} & s'_j\geqslant s_k\\-d_{jk} & s'_j<s_k\end{cases} \tag{11-13}$$

式(11-12)表示三角模糊数 s'_j 与 s_k 的最近距离，式(11-13)表示 s'_j 与距离最近的 s_k 之间的偏差。

11.3.4　制造云服务优选评估流程

制造云服务评估优选的主要任务是综合处理待评估资源的各项指标属性值，并对待评估资源的评价指标属性权重进行评估，然后根据相关规则进行分析计算，最后得到各待评估资源的综合评价值。指标权重一般根据实际需求来加以确定，本节采用多粒度二元语义评价法。而云制造平台创造了一个支持信息与知识共享的群体评价工作环境，有利于集成多位专家的知识和智慧，不同知识结构、经验和背景的评估专家可以借助云平台对资源属性权重进行评价。在此基础上，结合灰色关联度分析对候选制造云服务进行综合排序优选。

11.3.4.1　求取各候选资源与理想最优指标的灰色关联系数矩阵

（1）建立候选云资源评价信息模型

设要评价的候选制造云服务集有 m 个，记为 $CS=(cs_1,cs_2,\cdots,cs_m)$；$n$ 个评价指标 $U=(u_1,u_2,\cdots,u_n)$；第 i 个候选制造云服务的第 j 个指标属性值记为 a_{ij}，其取值为实数、区间数、语言变量、三角模糊数、梯形模糊数等数据类型之一。

（2）模糊指标的规范化处理

由于制造云服务各指标原始值通常具有不同的量纲和数量级，因而无法直接比较，也不便于模糊数与二元语义的转换。为了保证各指标值具有可比性，需要对原始指标值进行归一化处理，转换成 $[0,1]$ 标度，得到第 i 个候选制造云服务的第 j 个指标属性值记为 r_{ij}。以数值型指标值为例，用 $a_{\max j}$ 和 $a_{\min j}$ 分别表示第 j 个指标属性的上、下限值。其中 $a_{\min j}=\min(a_{ij})$，$a_{\max j}=\max(a_{ij})$，$i=1,2,\cdots,m$，$j=1,2,\cdots,n$，得 $r_{ij}=(a_{ij}-a_{\min j})/(a_{\max j}-a_{\min j})$，即为标准化后的属性值。

(3) 将标准化处理的模糊属性信息转换成二元语义的形式

根据 11.3.2 节式(11-9a)、(11-9b) 及式(11-10) 中模糊数与二元语义的转换公式，将标准化之后的模糊指标值转换成二元语义的形式，得到第 i 个候选制造云服务的第 j 个指标属性值记为 x_{ij}。

(4) 计算各制造云服务与最优云服务指标的灰色关联系数

依据备选制造云服务的指标属性的意义及其取值确定最优指标，成本型指标越小越优，效益型指标越大越优。成本型指标可用二元语义逆算子转换为效益型，得到二元语义最优指标序列 $x^{*}=(x_{*1},x_{*2},\cdots,x_{*j},\cdots,x_{*n})$，$x_{*j}=\Delta(\max(\Delta^{-1}(x_{ij})))$，$i=1,2,\cdots,m$。根据灰色系统理论求得第 i 个制造资源的第 j 个指标属性与最优指标属性的灰色关联系数 ε_{ij}，$\varepsilon_{ij}=\dfrac{\min\limits_{i}\min\limits_{j}d_{ij}^{*}+\rho\max\limits_{i}\max\limits_{j}d_{ij}^{*}}{d_{ij}^{*}+\rho\max\limits_{i}\max\limits_{j}d_{ij}^{*}}$，

得到关联系数矩阵 $\boldsymbol{\varepsilon}_{ij}=[\varepsilon_{ij}]_{m\times n}$，其中，$d_{ij}^{*}=d(x_{ij},x_{*j})$ 可由本章定义 3 中的距离公式(11-5) 求出；$\rho\in[0,1]$ 为分辨率系数，通常取 $\rho=0.5$。

11.3.4.2 基于多粒度二元语义的制造云资源指标权重的确定

在对制造云服务的属性项进行主观赋权时，允许各评审专家自由选择不同粒度的语言术语集对各指标属性权重进行评估，并将评估结果统一映射到基本二元语义术语集，然后采用二元语义集成算子进行信息集结，体现不同粒度的二元语义评价集所在的层次的重要性。

(1) 将不同粒度的指标属性权重评价信息转化为二元语义基本语言术语集

选取粒度最大的二元语义集作为基本语言术语集，若专家采用基本语言术语集给出权重信息，则依据本章定义 1 式(11-2) 将权重评价信息转换成对应的二元语义的形式。如果采用其他语言集，则在转化为二元语义的基础上，还需根据不同粒度的二元语义映射式(11-11)、式(11-12) 和式(11-13) 将其转换为基本语言术语集。

(2) 将采用相同粒度的二元语义集的专家权重信息进行分组

设 S_{ij}^{e} 为专家 j 从评价集 e 中选择一个元素作为指标 u_{i} 的重要程度评判值。通过二元语义算术加权平均算子[式(11-6)]将 S_{ij}^{e} 进行综合得到评价术语集 e 对

指标 u_i 的评价值 $(s_i^e, \alpha_i^e) = (1/p)\sum\limits_{j=1}^{p} \Delta^{-1}(s_{ij}^e, \alpha_{ij}^e)$，其中 p 为采用评价集 e 给出评价值的专家人数。

（3）计算各指标的权重向量

给采用不同粒度的评价专家组分配不同的权重，粒度越大采用越大的权重，具体权重分配由式(11-8a) 求出，v_i 为各组专家权重向量 $v = (v_1, v_2, \cdots, v_m)$ 按降序排在第 i 位的权重系数，$c = (c_1, c_2, \cdots, c_m)$ 中的元素 c_i 代表评价集的语义粒度按降序排在第 i 位的二元语义属性值。采用式(11-7) 二元语义集结算子 T-OWA 对评价信息进行综合，将各组权重评价信息 (s_i^e, α_i^e) 集结为总体权重评价信息 (s_i, α_i)。

（4）计算指标综合权重

权重归一化 $w_j = \Delta^{-1}(s_j, \alpha_j) / \sum\limits_{i=1}^{n} \Delta^{-1}(s_i, \alpha_i)$，指标综合权重 $w = (w_1, w_2, \cdots, w_j, \cdots, w_n)$。

11.3.4.3　候选制造云服务资源排序

根据 11.3.4.1 节计算得到的各候选服务各指标值与理想最优指标的灰色关联系数矩阵 ε 和 11.3.4.2 节计算得到的指标综合权重 w，可以计算得到各候选制造云服务的综合评价值，并进行优劣排序。候选云服务的综合评价结果为 $P = \varepsilon w^{\mathrm{T}}$。

11.4　实例分析

云制造需求用户希望通过云制造平台寻求机械加工服务，经过初选后，制造云资源池中符合用户提出的加工任务功能要求的资源可能有多个，这时平台需要对这些初选后的资源进行优选评估，将综合评估结果反馈给用户。

11.4.1　计算关联系数矩阵

（1）建立候选资源评价指标体系

由于不同种类的制造资源的评价体系指标侧重点不同，且不同用户对同一需求资源性能要求可能不尽相同，从而造成资源评价指标的相异性和动态性，因此在云资源综合评估过程中，需要根据具体任务建立评价指标集。本例中根据机加工资源的特点，选取的评价指标主要有资源的服务时间（u_1）、服务成本（u_2）、可用性（u_3）、可靠性（u_4）、稳定性（u_5）、用户满意度（u_6）等。其中 u_1 为区间数，u_2 为数值，u_3、u_6 为三角模糊数，u_4 为语言评价术语，u_5 为梯形模糊数。各候选资源的评价指标及其属性值如表 11-1 所示。

表 11-1　各候选制造云服务属性指标及其参数

候选服务	服务时间 (u_1)	服务成本 (u_2)	可用性(u_3)	可靠性 (u_4)	稳定性(u_5)	用户满意度 (u_6)
CS_1	[20,25]	570	(0.84,0.86,0.88)	S_5	(0.84,0.85,0.86,0.87)	(0.85,0.85,0.88)
CS_2	[21,23]	510	(0.81,0.84,0.86)	S_4	(0.82,0.85,0.87,0.88)	(0.91,0.93,0.97)
CS_3	[22,26]	487	(0.86,0.88,0.93)	S_7	(0.90,0.91,0.93,0.94)	(0.93,0.94,0.96)
CS_4	[18,22]	680	(0.90,0.93,0.95)	S_8	(0.93,0.94,0.96,0.97)	(0.82,0.87,0.90)
CS_5	[16,21]	618	(0.86,0.88,0.90)	S_1	(0.87,0.88,0.89,0.90)	(0.88,0.88,0.90)
CS_6	[22,28]	540	(0.72,0.77,0.81)	S_2	(0.85,0.88,0.90,0.91)	(0.87,0.90,0.94)
CS_7	[19,23]	490	(0.77,0.79,0.81)	S_6	(0.90,0.91,0.92,0.94)	(0.90,0.91,0.93)
CS_8	[17,19]	423	(0.81,0.81,0.84)	S_3	(0.88,0.90,0.91,0.91)	(0.88,0.90,0.91)

（2）属性指标值的规范化处理

根据 11.3.4.1 节步骤（2）对表 11-1 的数据进行规范化处理，得到的标准化属性数据如表 11-2 所示。

表 11-2　各候选制造云服务属性指标及其参数标准化

候选服务	服务时间 (u_1)	服务成本 (u_2)	可用性 (u_3)	可靠性 (u_4)	稳定性 (u_5)	用户满意度 (u_6)
CS_1	[0.33,0.75]	0.57	(0.52,0.61,0.70)	S_5	(0.13,0.20,0.27,0.33)	(0.20,0.20,0.40)
CS_2	[0.42,0.58]	0.34	(0.39,0.52,0.61)	S_4	(0,0.20,0.33,0.40)	(0.60,0.73,1)
CS_3	[0.50,0.83]	0.25	(0.61,0.70,0.91)	S_7	(0.53,0.601,0.73,0.80)	(0.73,0.80,0.93)
CS_4	[0.17,0.50]	1	(0.78,0.91,1)	S_8	(0.73,0.80,0.93,1)	(0,0.33,0.53)
CS_5	[0.00,0.42]	0.76	(0.61,0.70,0.78)	S_1	(0.33,0.40,0.53,0.60)	(0.40,0.40,0.53)
CS_6	[0.50,1.00]	0.46	(0,0.22,0.39)	S_2	(0.20,0.40,0.53,0.60)	(0.33,0.53,0.80)
CS_7	[0.25,0.58]	0.26	(0.22,0.30,0.39)	S_6	(0.53,0.60,0.67,0.80)	(0.53,0.60,0.73)
CS_8	[0.08,0.25]	0	(0.39,0.39,0.52)	S_3	(0.40,0.53,0.60,0.60)	(0.40,0.53,0.60)

（3）将标准化不确定属性信息转换成二元语义矩阵

根据 11.3.4.1 节步骤（3）的处理方法，结合不同模糊数与二元语义的映射规则，将表 11-2 的模糊数据转换为二元语义的形式，结果如表 11-3 所示。

表 11-3　候选制造云服务指标参数的二元语义形式

候选服务	服务时间 (u_1)	服务成本 (u_2)	可用性 (u_3)	可靠性 (u_4)	稳定性 (u_5)	用户满意度 (u_6)
CS_1	(S_4,0.29)	(S_5,−0.44)	(S_5,−0.08)	(S_5,0)	(S_2,−0.08)	(S_2,0.13)
CS_2	(S_4,0.01)	(S_3,−0.28)	(S_4,0.05)	(S_4,0)	(S_2,−0.17)	(S_6,0.17)

候选服务	服务时间 (u_1)	服务成本 (u_2)	可用性 (u_3)	可靠性 (u_4)	稳定性 (u_5)	用户满意度 (u_6)
CS_3	$(S_5, 0.35)$	$(S_2, 0)$	$(S_6, -0.04)$	$(S_7, 0)$	$(S_5, 0.35)$	$(S_6, 0.25)$
CS_4	$(S_3, -0.35)$	$(S_8, 0)$	$(S_7, 0.11)$	$(S_8, 0)$	$(S_7, -0.12)$	$(S_3, -0.45)$
CS_5	$(S_2, -0.29)$	$(S_6, 0.08)$	$(S_6, -0.39)$	$(S_1, 0)$	$(S_3, 0.45)$	$(S_4, -0.46)$
CS_6	$(S_6, 0)$	$(S_4, -0.32)$	$(S_2, -0.35)$	$(S_2, 0)$	$(S_3, 0.38)$	$(S_4, 0.43)$
CS_7	$(S_3, 0.35)$	$(S_2, 0.08)$	$(S_2, 0.39)$	$(S_6, 0)$	$(S_5, 0.25)$	$(S_5, -0.04)$
CS_8	$(S_1, 0.26)$	$(S_0, 0)$	$(S_3, 0.47)$	$(S_3, 0)$	$(S_4, 0.2)$	$(S_4, 0.07)$

（4）计算候选制造云服务各属性值与最优指标值的灰色关联系数矩阵

根据 11.3.4.1 节步骤（4）求得最优指标的关联系数矩阵 $\boldsymbol{\varepsilon}$ 为：

$$\boldsymbol{\varepsilon} = \begin{bmatrix} 0.439 & 0.467 & 0.555 & 0.538 & 0.337 & 0.333 \\ 0.463 & 0.595 & 0.472 & 0.467 & 0.333 & 0.963 \\ 0.367 & 0.667 & 0.704 & 0.778 & 0.623 & 1 \\ 0.63 & 0.333 & 1 & 1 & 1 & 0.358 \\ 0.84 & 0.397 & 0.645 & 0.333 & 0.424 & 0.432 \\ 0.333 & 0.521 & 0.333 & 0.368 & 0.419 & 0.531 \\ 0.531 & 0.658 & 0.366 & 0.636 & 0.608 & 0.615 \\ 1 & 1 & 0.429 & 0.412 & 0.485 & 0.486 \end{bmatrix}$$

11.4.2　确定指标权重系数

专家给出的各属性指标重要度评价信息如表 11-4 所示，专家 ep_1、ep_2 采用粒度为 5 的术语集，ep_3、ep_4 采用粒度为 7 的术语集，ep_5、ep_6 采用粒度为 9 的术语集。

表 11-4　专家对各资源属性重要度的评价信息

信息源	u_1	u_2	u_3	u_4	u_5	u_6
ep_1	s_4^1	s_2^1	s_2^1	s_1^1	s_1^1	s_0^1
ep_2	s_4^1	s_3^1	s_3^1	s_2^1	s_0^1	s_0^1
ep_3	s_6^2	s_5^2	s_3^2	s_3^2	s_1^2	s_1^2
ep_4	s_5^2	s_4^2	s_4^2	s_2^2	s_2^2	s_1^2
ep_5	s_8^3	s_5^3	s_5^3	s_3^3	s_3^3	s_1^3
ep_6	s_6^3	s_6^3	s_4^3	s_2^3	s_2^3	s_1^3

根据 11.3.3 节多粒度二元语义信息一致化处理的方法，将粒度为 5、7 的评价信息映射为粒度为 9 的基本语义术语集，得到的各属性指标权重评价信息如

表 11-5 所示。

表 11-5　不同粒度的指标权重评价信息映射为基本二元语义术语集的结果

信息源	u_1	u_2	u_3	u_4	u_5	u_6
ep_1	$(S_8,-0.072)$	$(S_4,0.102)$	$(S_4,0.102)$	$(S_2,0.102)$	$(S_2,0.102)$	$(S_0,0.072)$
ep_2	$(S_8,-0.072)$	$(S_6,0.102)$	$(S_6,0.102)$	$(S_4,0.102)$	$(S_0,0.072)$	$(S_0,0.072)$
ep_3	$(S_8,-0.024)$	$(S_7,-0.054)$	$(S_4,0.34)$	$(S_4,0.34)$	$(S_1,0.054)$	$(S_1,0.054)$
ep_4	$(S_7,-0.054)$	$(S_5,0.054)$	$(S_5,0.054)$	$(S_3,-0.054)$	$(S_3,-0.054)$	$(S_1,0.054)$
ep_5	$(S_5,0)$	$(S_4,0)$	$(S_4,0)$	$(S_2,0)$	$(S_2,0)$	$(S_4,0)$
ep_6	$(S_8,0)$	$(S_5,0)$	$(S_5,0)$	$(S_3,0)$	$(S_3,0)$	$(S_1,0)$

根据本章定义 4 中式(11-6)将采用相同粒度的专家评价信息进行算术加权平均，并转化为二元语义的形式，结果如表 11-6 所示。

表 11-6　相同粒度的指标权重评价信息集结的结果

信息源	u_1	u_2	u_3	u_4	u_5	u_6
ep_1,ep_2	$(S_8,-0.072)$	$(S_5,0.102)$	$(S_5,0.102)$	$(S_3,0.102)$	$(S_1,0.087)$	$(S_0,0.072)$
ep_3,ep_4	$(S_7,0.461)$	$(S_6,0)$	$(S_5,-0.456)$	$(S_3,0.49)$	$(S_2,0)$	$(S_1,0.054)$
ep_5,ep_6	$(S_7,-0.5)$	$(S_5,-0.5)$	$(S_5,-0.5)$	$(S_3,-0.5)$	$(S_3,-0.5)$	$(S_1,0)$

根据本章定义 5 二元语义 T-OWA 算子，将上述三组评价信息进行集结，采用"尽可能多的"原则确定权重，得到各组评价信息权重按降序排列的向量 $\boldsymbol{V}=(v_1,v_2,v_3)=(0.667,0.266,0.067)$。以指标 u_1 权重为例，由表 11-6 知 $C_{u_1}=(c_1,c_2,c_3)=(6.5,7.461,7.928)$，可求得 $w(u_1)=\Delta(\sum_{i=1}^{m}v_ic_i)=6.85$。同理可得指标 u_2 和 u_6 的权重，集结后各指标综合权重的二元语义表示形式如表 11-7 所示。

由 11.3.4.2 节步骤（4）指标权重归一化公式 $w_j=\Delta^{-1}(s_j,\alpha_j)/\sum_{i=1}^{n}\Delta^{-1}(s_i,\alpha_i)$，代入表 11-7 中的数据计算得指标权重 $w=$（0.3063，0.2208，0.2035，0.1253，0.1016，0.0427）。

表 11-7　相同粒度的指标权重评价信息集结的结果

信息源	u_1	u_2	u_3	u_4	u_5	u_6
$(\bar{s},\bar{\alpha})$	$(S_7,-0.15)$	$(S_5,-0.06)$	$(S_5,-0.45)$	$(S_3,-0.02)$	$(S_2,0.27)$	$(S_1,-0.05)$

11.4.3　资源综合评价

根据 11.4.1 节计算的关联系数矩阵和 11.4.2 节计算的指标权重，得到云服务的综合评价结果：

$$\boldsymbol{P} = \boldsymbol{\varepsilon w}^{\mathrm{T}} = \begin{bmatrix} \varepsilon_{11} & \varepsilon_{12} & \cdots & \varepsilon_{1n} \\ \varepsilon_{21} & \varepsilon_{22} & \cdots & \varepsilon_{2n} \\ \vdots & \vdots & \ddots & \vdots \\ \varepsilon_{m1} & \varepsilon_{m2} & \cdots & \varepsilon_{mn} \end{bmatrix} \times \begin{bmatrix} w_1 \\ w_2 \\ \vdots \\ w_n \end{bmatrix}$$

$$= (0.466, 0.502, 0.606, 0.712, 0.58, 0.396, 0.55, 0.736)^{\mathrm{T}}$$

从上式得到候选制造云服务资源的优劣顺序为 CS_8，CS_4，CS_3，CS_5，CS_7，CS_2，CS_1，CS_6。由以上综合评价结果可知，候选制造云资源的综合评价值越大，说明其越优，更符合相关用户的需求和制造企业的目的，在云制造平台中，理应被优先提供给相应的需求者，而综合评价值较小的制造云资源将被延缓或拒绝提供给用户使用，这样制造云平台需求方选择最佳资源的效率得到极大提高，同时也提高了云制造平台的服务质量。

云资源的选择是一个基于制造任务和用户需求的多目标、多层次动态优选过程，其目标明确、主观性强。基于多粒度二元语义的权重确定方法能客观反映用户的偏好，得到相对确切的重要度，过程简洁明朗。此外制造云资源的某些属性更适合用模糊数来表示，本节从尽量避免信息转换精度损失和评价过程简化的角度出发，将模糊数统一转化为统一的二元语义变量，二元语义在定义域内为连续变量，可以有效避免信息集成运算时的扭曲和损失现象，并结合灰色关联分析对候选云资源进行排序，以实现各资源的优选评估。

参 考 文 献

[1] 周佳军，姚锡凡. 先进制造技术与新工业革命 [J]. 计算机集成制造系统，2015，21：1963-1978.

[2] 张洁，高亮，秦威，等. 大数据驱动的智能车间运行分析与决策方法体系 [J]. 计算机集成制造系统，2016，22：1220-1228.

[3] 陶飞，程颖，程江峰，等. 数字孪生车间信息物理融合理论与技术 [J]. 计算机集成制造系统，2017，23（08）：1603-1611.

[4] 刘强. 智能制造理论体系架构研究 [J]. 中国机械工程，2020，31：24-36.

[5] WANG B，TAO F，FANG X，et al. Smart manufacturing and intelligent manufacturing：A comparative review [J]. Engineering，2021，7（6）：738-757.

[6] YAO X，ZHOU J，LIN Y，et al. Smart manufacturing based on cyber-physical systems and beyond [J]. J. Intell. Manuf.，2019，30：2805-2817.

[7] TAO F，ZUO Y，XU L D，et al. IoT-Based Intelligent Perception and Access of Manufacturing Resource Toward Cloud Manufacturing [J]. IEEE Trans. Ind. Informat.，2014，10（2）：1547-1557.

[8] 张映锋，郭振刚，钱成，等. 基于过程感知的底层制造资源智能化建模及其自适应协同优化方法研究 [J]. 机械工程学报，2018，54（16）：1-10.

[9] 陶飞，戚庆林. 面向服务的智能制造 [J]. 机械工程学报，2018，54（16）：11-23.

[10] 张益，冯毅萍，荣冈. 智慧工厂的参考模型与关键技术 [J]. 计算机集成制造系统，2016，22（01）：1-12.

[11] 张洁，高亮，李新宇，等. 前言——工业大数据与工业智能 [J]. 中国科学：技术科学，2023，53（07）：1015.

[12] 杨晓楠，房浩楠，李建国，等. 智能制造中的人-信息-物理系统协同的人因工程 [J]. 中国机械工程，2023，34（14）：1710-1722+1740.

[13] 姚锡凡，景轩，张剑铭，等. 走向新工业革命的智能制造 [J]. 计算机集成制造系统，2020，26（09）：2299-2320.

[14] TAN K C，FENG L，JIANG M. Evolutionary Transfer Optimization-A New Frontier in Evolutionary Computation Research [J]. IEEE Computational Intelligence Magazine，2021，16（1）：22-33.

[15] CHEN Y，ZHONG J，FENG L，et al. An Adaptive Archive-Based Evolutionary Framework for Many-Task Optimization [J]. IEEE Transactions on Emerging Topics in Computational Intelligence，2020，4（3）：369-384.

[16] TIAN Y，ZHANG X，WANG C，et al. An Evolutionary Algorithm for Large-Scale Sparse MultiObjective Optimization Problems [J]. IEEE Trans. Evol. Comput.，2019：1-1.

[17] MISHRA S K，PANDA G，MAJHI R. A comparative performance assessment of a set of multiobjective algorithms for constrained portfolio assets selection [J]. Swarm Evol. Comput.，2014，16：38-51.

[18] FENG L，HUANG Y，ZHOU L，et al. Explicit Evolutionary Multitasking for Combinatorial Optimization：A Case Study on Capacitated Vehicle Routing Problem [J]. IEEE Trans. Cybern.，2020：1-14.

[19] ZHANG B，PAN Q K，GAO L，et al. A Three-Stage Multiobjective Approach Based on Decomposition for an Energy-Efficient Hybrid Flow Shop Scheduling Problem [J]. IEEE Trans. Syst.，Man，Cybern.，Syst.，2019：1-16.

[20] ZHOU A，QU B Y，LI H，et al. Multiobjective evolutionary algorithms：A survey of the state of the art [J]. Swarm Evol. Comput.，2011，1（1）：32-49.

[21] CHENG R，RODEMANN T，FISCHER M，et al. Evolutionary Many-Objective Optimization of

Hybrid Electric Vehicle Control: From General Optimization to Preference Articulation [J]. IEEE Trans. Emerg. Top. Comput. Intell., 2017, 1 (2): 97-111.

[22] LI K, CHEN R, SAVICD, et al. Interactive Decomposition Multiobjective Optimization Via Progressively Learned Value Functions [J]. IEEE Trans. Fuzzy Syst., 2019, 27 (5): 849-860.

[23] LI K, CHEN R, MIN G, et al. Integration of Preferences in Decomposition Multiobjective Optimization [J]. IEEE Trans. Cybern., 2018, 48 (12): 3359-3370.

[24] COHON J. Multiobjective programming and planning: vol. 140 [M]. Courier Corporation, 2004.

[25] OSYCZKA A. An approach to multicriterion optimization problems for engineering design [J]. Comput. Methods Appl. Mech. Eng., 1978, 15 (3): 309-333.

[26] STEUER R. Multiple criteria optimization: Theory, computation and application [M]. John Wliey & Sons, 1986.

[27] KOSKI J. Multicriterion optimization in structural design [R]. Tech. rep., 1981.

[28] DELSER J, OSABA E, MOLINA D, et al. Bio-inspired computation: Where we stand and what's next [J]. Swarm Evol. Comput., 2019, 48: 220-250.

[29] RAJASEKHAR A, LYNN N, DAS S, et al. Computing with the collective intelligence of honey bees-A survey [J]. Swarm Evol. Comput., 2017, 32: 25-48.

[30] DEB K, PRATAP A, AGARWAL S, et al. A fast and elitist multiobjective genetic algorithm: NSGA-II [J]. IEEE Trans. Evol. Comput., 2002, 6 (2): 182-197.

[31] ZHAN Z, LI J, CAO J, et al. Multiple Populations for Multiple Objectives: A Coevolutionary Technique for Solving Multiobjective Optimization Problems [J]. IEEE Trans. Cybern., 2013, 43 (2): 445-463.

[32] WANG J, LIANG G, ZHANG J. Cooperative Differential Evolution Framework for Constrained Multiobjective Optimization [J]. IEEE Trans. Cybern., 2019, 49 (6): 2060-2072.

[33] CHENG R, JIN Y, NARUKAWA K, et al. A Multiobjective Evolutionary Algorithm Using Gaussian Process-Based Inverse Modeling [J]. IEEE Trans. Evol. Comput., 2015, 19 (6): 838-856.

[34] SUN Y, YEN G G, YI Z. Improved Regularity Model-Based EDA for Many-Objective Optimization [J]. IEEE Trans. Evol. Comput., 2018, 22 (5): 662-678.

[35] SCHAFFER J D. Multiple objective optimization with vector evaluated genetic algorithms [C] // the first international conference on genetic algorithms and their applications, 1985: 93-100.

[36] HORN N N, Jeffrey GOLDBERG D E. A niched Pareto genetic algorithm for multiobjective optimization [C] //the first IEEE conference on evolutionary computation, 1994: 82-87.

[37] FONSECA C M, FLEMING P J. Genetic Algorithms for Multiobjective Optimization: Formulation-Discussion and Generalization [C] //the Fifth International Conference on Genetic Algorithms, 1994: 416-423.

[38] CORNE D W, JERRAM N R, KNOWLES J D. PESA-II: Region-based Selection in Evolutionary Multiobjective Optimization [C] //GECCO'01: the 3rd Annual Conference on Genetic and Evolutionary Computation. San Francisco, California: Morgan Kaufmann Publishers Inc., 2001: 283-290.

[39] ZITZLER E, LAUMANNS M, THIELE L. SPEA2: Improving the strength Pareto evolutionary algorithm [R]. TIK-report, 2001, 103.

[40] ZHANG Q, LI H. MOEA/D: A Multiobjective Evolutionary Algorithm Based on Decomposition [J]. IEEE Trans. Evol. Comput., 2007, 11 (6): 712-731.

[41] TIAN Y, ZHENG X, ZHANG X, et al. Efficient Large-Scale Multiobjective Optimization Based on a Competitive Swarm Optimizer [J]. IEEE Trans. Cybern., 2019: 1-13.

325

[42] ZHANG X，TIAN Y，CHENG R，et al. A Decision Variable Clustering-Based Evolutionary Algorithm for Large-Scale Many-Objective Optimization [J]. IEEE Trans. Evol. Comput.，2018，22（1）：97-112.

[43] GE Y F，YU W J，LIN Y，et al. Distributed Differential Evolution Based on Adaptive Mergence and Split for Large-Scale Optimization [J]. IEEE Trans. Cybern.，2018，48（7）：2166-2180.

[44] ADRA S F，FLEMING P J. Diversity Management in Evolutionary Many-Objective Optimization [J]. IEEE Trans. Evol. Comput.，2011，15（2）：183-195.

[45] LI K，CHEN R，FU G，et al. Two-Archive Evolutionary Algorithm for Constrained Multiobjective Optimization [J]. IEEE Trans. Evol. Comput.，2019，23（2）：303-315.

[46] ZHOU Y，ZHU M，WANG J，et al. Tri-Goal Evolution Framework for Constrained Many-Objective Optimization [J]. IEEE Trans. Syst.，Man，Cybern.，Syst.，2018：1-14.

[47] JIN Y，WANG H，CHUGH T，et al. Data-Driven Evolutionary Optimization：An Overview and Case Studies [J]. IEEE Trans. Evol. Comput.，2019，23（3）：442-458.

[48] ZHANG J，ZHOU W，CHEN X，et al. Multi-Source Selective Transfer Framework in MultiObjective Optimization Problems [J]. IEEE Trans. Evol. Comput.，2019：1-1.

[49] JIANG M，HUANG Z，QIU L，et al. Transfer Learning-Based Dynamic Multiobjective Optimization Algorithms [J]. IEEE Trans. Evol. Comput.，2018，22（4）：501-514.

[50] ZHOU Y，YEN G G，YI Z. A Knee-Guided Evolutionary Algorithm for Compressing Deep Neural Networks [J]. IEEE Trans. Cybern.，2019：1-13.

[51] SUN Y，XUE B，ZHANG M，et al. Evolving Deep Convolutional Neural Networks for Image Classification [J]. IEEE Trans. Evol. Comput.，2019：1-1.

[52] SEGHIR F，KHABABA A. A hybrid approach using genetic and fruit fly optimization algorithms for QoS-aware cloud service composition [J]. J. Intell. Manuf.，2018，29（8）：1773-1792.

[53] LIU W，LIU B，SUN D，et al. Study on multi-task oriented services composition and optimisation with the 'Multi-Composition for Each Task' pattern in cloud manufacturing systems [J]. Int. J. Computer Integr. Manuf.，2013，26（8）：786-805.

[54] YANG Q，CHEN W N，DENG J D，et al. A Level-Based Learning Swarm Optimizer for LargeScale Optimization [J]. IEEE Trans. Evol. Comput.，2018，22（4）：578-594.

[55] SHEN M，ZHAN Z H，CHEN W N，et al. Bi-Velocity Discrete Particle Swarm Optimization and Its Application to Multicast Routing Problem in Communication Networks [J]. IEEE Trans. Ind. Electron.，2014，61（12）：7141-7151.

[56] YU X，CHEN W N，GU T，et al. Set-Based Discrete Particle Swarm Optimization Based on Decomposition for Permutation-Based Multiobjective Combinatorial Optimization Problems [J]. IEEE Trans. Cybern.，2018，48（7）：2139-2153.

[57] WANG Y N，WU L H，YUAN X F. Multi-objective self-adaptive differential evolution with elitist archive and crowding entropy-based diversity measure [J]. Soft Comput.，2009，14（3）：193.

[58] KUKKONEN S，LAMPINEN J. GDE3：the third evolution step of generalized differential evolution [C] //2005 IEEE Congress on Evolutionary Computation，2005，1：443-450.

[59] IGEL C，HANSEN N，ROTH S. Covariance Matrix Adaptation for Multi-objective Optimization [J]. Evol. Comput.，2007，15（1）：1-28.

[60] CHEN H，CHENG R，WEN J，et al. Solving large-scale many-objective optimization problems by covariance matrix adaptation evolution strategy with scalable small subpopulations [J]. Inf. Sci.，2020，509：457-469.

[61] LI H，ZHANG Q，DENG J. Biased Multiobjective Optimization and Decomposition Algorithm [J].

IEEE Trans. Cybern. , 2017, 47 (1): 52-66.

[62] ZHANG Q, ZHOU A, JIN Y. RM-MEDA: A Regularity Model-Based Multiobjective Estimation of Distribution Algorithm [J]. IEEE Trans. Evol. Comput. , 2008, 12 (1): 41-63.

[63] SHIM V A, TAN K C, TANG H. Adaptive Memetic Computing for Evolutionary Multiobjective Optimization [J]. IEEE Trans. Cybern. , 2015, 45 (4): 610-621.

[64] LIN Q, CHEN J, ZHAN Z, et al. A Hybrid Evolutionary Immune Algorithm for Multiobjective Optimization Problems [J]. IEEE Trans. Evol. Comput. , 2016, 20 (5): 711-729.

[65] KE L, ZHANG Q, BATTITI R. MOEA/D-ACO: A Multiobjective Evolutionary Algorithm Using Decomposition and AntColony [J]. IEEE Trans. Cybern. , 2013, 43 (6): 1845-1859.

[66] AKBARI R, HEDAYATZADEH R, ZIARATI K. A multi-objective artificial bee colony algorithm [J]. Swarm Evol. Comput. , 2012, 2: 39 -52.

[67] YANG X S, DEB S. Multiobjective cuckoo search for design optimization [J]. Comput. Oper. Res. Emergent Nature Inspired Algorithms for Multi-Objective Optimization, 2013, 40 (6): 1616-1624.

[68] ZHANG X, TIAN Y, JIN Y. A Knee Point-Driven Evolutionary Algorithm for ManyObjective Optimization [J]. IEEE Trans. Evol. Comput. , 2015, 19 (6): 761-776.

[69] LI M, YANG S, LIU X. Shift-Based Density Estimation for Pareto-Based Algorithms in Many-Objective Optimization [J]. IEEE Trans. Evol. Comput. , 2014, 18 (3): 348-365.

[70] XIANG Y, ZHOU Y, LI M, et al. A Vector Angle-Based Evolutionary Algorithm for Unconstrained Many-Objective Optimization [J]. IEEE Trans. Evol. Comput. , 2017, 21 (1): 131-152.

[71] DEB K, MOHAN M, MISHRA S. Evaluating the ε-Domination Based Multi-Objective Evolutionary Algorithm for a Quick Computation of Pareto-Optimal Solutions [J]. Evol. Comput. , 2005, 13 (4): 501-525.

[72] YANG S, LI M, LIU X, et al. A Grid-Based Evolutionary Algorithm for Many-Objective Optimization [J]. IEEE Trans. Evol. Comput. , 2013, 17 (5): 721-736.

[73] HE Z, YEN G G, ZHANG J. Fuzzy-Based Pareto Optimality for Many-Objective Evolutionary Algorithms [J]. IEEE Trans. Evol. Comput. , 2014, 18 (2): 269-285.

[74] TIAN Y, CHENG R, ZHANG X, et al. A Strengthened Dominance Relation Considering Convergence and Diversity for Evolutionary Many-Objective Optimization [J]. IEEE Trans. Evol. Comput. , 2019, 23 (2): 331-345.

[75] YUAN Y, XU H, WANG B, et al. A New Dominance Relation-Based Evolutionary Algorithm for Many-Objective Optimization [J]. IEEE Trans. Evol. Comput. , 2016, 20 (1): 16-37.

[76] ELARBI M, BECHIKH S, GUPTA A, et al. A New Decomposition-Based NSGA-II for ManyObjective Optimization [J]. IEEE Trans. Syst. , Man, Cybern. , Syst. , 2018, 48 (7): 1191-1210.

[77] CHEN L, LIU H L, TAN K C, et al. Evolutionary Many-Objective Algorithm Using Decomposition-Based Dominance Relationship [J]. IEEE Trans. Cybern. , 2019, 49 (12): 4129-4139.

[78] LI F, CHENG R, LIU J, et al. A two-stage R2 indicator based evolutionary algorithm for many-objective optimization [J]. Appl. Soft Comput. , 2018, 67: 245-260.

[79] HERNÁNDEZ GÓMEZ R, COELLO COELLO C A. Improved Metaheuristic Based on the R2 Indicator for Many-Objective Optimization [C] //GECCO' 15, Madrid, Spain: ACM, 2015: 679-686.

[80] LOPEZ E M, COELLO C A C. IGD+-EMOA: A multi-objective evolutionary algorithm based on IGD+ [C] //2016 IEEE Congress on Evolutionary Computation (CEC), 2016: 999-1006.

[81] TIAN Y, CHENG R, ZHANG X, et al. An Indicator Based Multi-Objective Evolutionary Algorithm with Reference Point Adaptation for Better Versatility [J]. IEEE Trans. Evol. Comput. ,

2018，22（4）：609-622.

[82]　SUN Y，YEN G G，YI Z. IGD Indicator-based Evolutionary Algorithm for Many-objective Optimization Problems [J]. IEEE Trans. Evol. Comput. ，2019，23（2）：173-187.

[83]　SINGH H K. Understanding Hypervolume Behavior Theoretically for Benchmarking in Evolutionary Multi/ Many-objective Optimization [J]. IEEE Trans. Evol. Comput. ，2019：1-1.

[84]　BADER J，ZITZLER E. HypE：An Algorithm for Fast Hypervolume-Based Many-Objective Optimization [J]. Evol. Comput. ，2011，19（1）：45-76.

[85]　SHANG K，ISHIBUCHI H. A New Hypervolume-based Evolutionary Algorithm for Manyobjective Optimization [J]. IEEE Trans. Evol. Comput. ，2020：1-1.

[86]　HONG W，TANG K，ZHOU A，et al. A Scalable Indicator-Based Evolutionary Algorithm for Large-Scale Multiobjective Optimization [J]. IEEE Trans. Evol. Comput. ，2019，23（3）：525-537.

[87]　BEUME N，NAUJOKS B，EMMERICH M. SMS-EMOA：Multiobjective selection based on dominated hypervolume [J]. Eur. J. Oper. Res. ，2007，181（3）：1653-1669.

[88]　LIANG Z，LUO T，HU K，et al. An Indicator-Based Many-Objective Evolutionary Algorithm With Boundary Protection [J]. IEEE Trans. Cybern. ，2020：1-14.

[89]　LIU Z Z，WANG Y，HUANG P Q. AnD：A many-objective evolutionary algorithm with angle-based selection and shift-based density estimation [J]. Inf. Sci. ，2020，509：400-419.

[90]　PAMULAPATI T，MALLIPEDDI R，SUGANTHAN P N. I_{SDE} +—An Indicator for Multi and Many-Objective Optimization [J]. IEEE Trans. Evol. Comput. ，2019，23（2）：346-352.

[91]　LIANG Z，HU K，MA X，et al. A Many-Objective Evolutionary Algorithm Based on a Two-Round Selection Strategy [J]. IEEE Trans. Cybern. ，2019：1-13.

[92]　FANG W，ZHANG L，YANG S，et al. A Multiobjective Evolutionary Algorithm Based on Coordinate Transformation [J]. IEEE Trans. Cybern. ，2019，49（7）：2732-2743.

[93]　ZHANG K，XU Z，XIE S，et al. Evolution Strategy-Based Many-Objective Evolutionary Algorithm Through Vector Equilibrium [J]. IEEE Trans. Cybern. ，2020：1-13.

[94]　ZHANG K，YEN G G，HE Z. Evolutionary Algorithm for Knee-Based Multiple Criteria Decision Making [J]. IEEE Trans. Cybern. ，2019：1-14.

[95]　LI B，TANG K，LI J，et al. Stochastic Ranking Algorithm for Many-Objective Optimization Based on Multiple Indicators [J]. IEEE Trans. Evol. Comput. ，2016，20（6）：924-938.

[96]　WANG H，JIAO L，YAO X. Two _ Arch2：An Improved Two-Archive Algorithm for Many-Objective Optimization [J]. IEEE Trans. Evol. Comput. ，2015，19（4）：524-541.

[97]　CHENG R，JIN Y，OLHOFER M，et al. A Reference Vector Guided Evolutionary Algorithm for Many-Objective Optimization [J]. IEEE Trans. Evol. Comput. ，2016，20（5）：773-791.

[98]　LIU H L，GU F，ZHANG Q. Decomposition of a Multiobjective Optimization Problem Into a Number of Simple Multiobjective Subproblems [J]. IEEE Trans. Evol. Comput. ，2014，18（3）：450-455.

[99]　LIU H L，CHEN L，ZHANG Q，et al. Adaptively Allocating Search Effort in Challenging Many-Objective Optimization Problems [J]. IEEE Trans. Evol. Comput. ，2018，22（3）：433-448.

[100]　JIANG S YANG S. A Strength Pareto Evolutionary Algorithm Based on Reference Direction for Multiobjective and Many-Objective Optimization [J]. IEEE Trans. Evol. Comput. ，2017，21（3）：329-346.

[101]　TRIVEDI A，SRINIVASAN D，SANYAL K，et al. A Survey of Multiobjective Evolutionary Algorithms Based on Decomposition [J]. IEEE Trans. Evol. Comput. ，2017，21（3）：440-462.

[102] MA X，YU Y，LI X，et al. A Survey of Weight Vector Adjustment Methods for Decomposition based Multi-objective Evolutionary Algorithms [J]. IEEE Trans. Evol. Comput.，2020：1-1.

[103] LI K，DEB K，ZHANG Q，et al. An Evolutionary Many-Objective Optimization Algorithm Based on Dominance and Decomposition [J]. IEEE Trans. Evol. Comput.，2015，19 (5)：694-716.

[104] LIN Q，LIU S，ZHU Q，et al. Particle Swarm Optimization With a Balanceable Fitness Estimation for Many-Objective Optimization Problems [J]. IEEE Trans. Evol. Comput.，2018，22 (1)：32-46.

[105] ZHANG Q，LIU W，TSANG E，et al. Expensive Multiobjective Optimization by MOEA/D With Gaussian Process Model [J]. IEEE Trans. Evol. Comput.，2010，14 (3)：456-474.

[106] MA X，LIU F，QI Y，et al. A Multiobjective Evolutionary Algorithm Based on Decision Variable Analyses for Multiobjective Optimization Problems With Large-Scale Variables [J]. IEEE Trans. Evol. Comput.，2016，20 (2)：275-298.

[107] PONWEISER W，WAGNER T，BIERMANN D，et al. Multiobjective Optimization on a Limited Budget of Evaluations Using Model-Assisted S-Metric Selection [C] //Parallel Problem Solving from Nature-PPSN X. Springer，Berlin，Heidelberg，2008：784-794.

[108] KNOWLES J. ParEGO：a hybrid algorithm with on-line landscape approximation for expensive multiobjective optimization problems [J]. IEEE Trans. Evol. Comput.，2006，10 (1)：50-66.

[109] CHUGH T，JIN Y，MIETTINEN K，et al. A Surrogate-Assisted Reference Vector Guided Evolutionary Algorithm for Computationally Expensive Many-Objective Optimization [J]. IEEE Trans. Evol. Comput.，2018，22 (1)：129-142.

[110] PAN L，HE C，TIAN Y，et al. A Classification-Based Surrogate-Assisted Evolutionary Algorithm for Expensive Many-Objective Optimization [J]. IEEE Trans. Evol. Comput.，2019，23 (1)：74-88.

[111] YUAN Y，ONG Y S，GUPTA A，et al. Objective Reduction in Many-Objective Optimization：Evolutionary Multiobjective Approaches and Comprehensive Analysis [J]. IEEE Trans. Evol. Comput.，2018，22 (2)：189-210.

[112] HE C，LI L，TIAN Y，et al. Accelerating Large-Scale Multiobjective Optimization via Problem Reformulation [J]. IEEE Trans. Evol. Comput.，2019，23 (6)：949-961.

[113] ZILLE H，ISHIBUCHI H，MOSTAGHIM S，et al. A Framework for Large-Scale Multiobjective Optimization Based on Problem Transformation [J]. IEEE Trans. Evol. Comput.，2018，22 (2)：260-275.

[114] LI M，YANG S，LIU X. Bi-goal evolution for many-objective optimization problems [J]. Artif. Intell.，2015，228：45 -65.

[115] YANG Q，CHEN W N，GU T，et al. A Distributed Swarm Optimizer With Adaptive Communication for Large-Scale Optimization [J]. IEEE Trans. Cybern.，2019：1-16.

[116] CHEN W，JIA Y，ZHAO F，et al. A Cooperative Co-Evolutionary Approach to Large-Scale Multisource Water Distribution Network Optimization [J]. IEEE Trans. Evol. Comput.，2019，23 (5)：842-857.

[117] FENG L，ZHOU L，ZHONG J，et al. Evolutionary Multitasking via Explicit Autoencoding [J]. IEEE Transactions on Cybernetics，2019，49 (9)：3457-3470.

[118] ZHENG X，QIN A K，GONG M，et al. Self-Regulated Evolutionary Multitask Optimization [J]. IEEE Transactions on Evolutionary Computation，2020，24 (1)：16-28.

[119] GUPTA A，ONG Y，FENG L. Insights on Transfer Optimization：Because Experience is the Best Teacher [J]. IEEE Trans. Emerg. Top. Comput. Intell.，2018，2 (1)：51-64.

[120] FENG L，ONG Y，JIANG S，et al. Autoencoding Evolutionary Search With Learning Across Het-

erogeneous Problems [J]. IEEE Trans. Evol. Comput.，2017，21（5）：760-772.

[121]　DING J，YANG C，JIN Y，et al. Generalized Multitasking for Evolutionary Optimization of Expensive Problems [J]. IEEE Trans. Evol. Comput.，2019，23（1）：44-58.

[122]　HABIB A，SINGH H K，CHUGH T，et al. A Multiple Surrogate Assisted Decomposition-Based Evolutionary Algorithm for Expensive Multi/Many-Objective Optimization [J]. IEEE Trans. Evol. Comput.，2019，23（6）：1000-1014.

[123]　MIN A T W，ONG Y，GUPTA A，et al. Multiproblem Surrogates：Transfer Evolutionary Multiobjective Optimization of Computationally Expensive Problems [J]. IEEE Trans. Evol. Comput.，2019，23（1）：15-28.

[124]　HAGHIGHI A. Analysis of Transient Flow Caused by Fluctuating Consumptions in Pipe Networks：A Many-Objective Genetic Algorithm Approach [J]. Water Resour. Manage.，2015，29（7）：2233-2248.

[125]　SAEEDI S，KHORSAND R，GHANDI BIDGOLI S，et al. Improved many-objective particle swarm optimization algorithm for scientific workflow scheduling in cloud computing [J]. Comput. Ind. Eng.，2020，147：106649.

[126]　FERNANDEZ E，GOMEZ C，RIVERA G，et al. Hybrid metaheuristic approach for handling many objectives and decisions on partial support in project portfolio optimisation [J]. Inf. Sci.，2015，315：102-122.

[127]　COSTA M，DI BLASIO G，PRATI M V，et al. Multi-objective optimization of a syngas powered reciprocating engine equipping a combined heat and power unit [J]. Appl. Energy，2020，275：115418.

[128]　WANG H，JIN Y，SUN C，et al. Offline Data-Driven Evolutionary Optimization Using Selective Surrogate Ensembles [J]. IEEE Trans. Evol. Comput.，2019，23（2）：203-216.

[129]　YUAN Y，XU H，WANG B，et al. Balancing Convergence and Diversity in Decomposition-Based Many-Objective Optimizers [J]. IEEE Trans. Evol. Comput.，2016，20（2）：180-198.

[130]　SUN Y，YEN G G，YI Z. Evolving Unsupervised Deep Neural Networks for Learning Meaningful Representations [J]. IEEE Trans. Evol. Comput.，2019，23（1）：89-103.

[131]　HE C，CHENG R，ZHANG C，et al. Evolutionary Large-Scale Multiobjective Optimization for Ratio Error Estimation of Voltage Transformers [J]. IEEE Trans. Evol. Comput.，2020，24（5）：868-881.

[132]　GONG W，CAI Z，LIANG D. Adaptive Ranking Mutation Operator Based Differential Evolution for Constrained Optimization [J]. IEEE Trans. Cybern.，2015，45（4）：716-727.

[133]　SARKER R A，ELSAYED S M，RAY T. Differential Evolution With Dynamic Parameters Selection for Optimization Problems [J]. IEEE Trans. Evol. Comput.，2014，18（5）：689-707.

[134]　TAKAHAMA T SAKAI S. Constrained Optimization by the ε Constrained Differential Evolution with Gradient-Based Mutation and Feasible Elites [C] //2006 IEEE International Conference on Evolutionary Computation，2006：1-8.

[135]　RUNARSSON T P，YAO X. Stochastic ranking for constrained evolutionary optimization [J]. IEEE Trans. Evol. Comput.，2000，4（3）：284-294.

[136]　LI M，YAO X. Quality Evaluation of Solution Sets in Multiobjective Optimisation：A Survey [J]. ACM Comput. Surv.，2019，52（2）：26：1-26：38.

[137]　JIANG S，ONG Y S，ZHANG J，et al. Consistencies and Contradictions of Performance Metrics in Multiobjective Optimization [J]. IEEE Trans. Cybern.，2014，44（12）：2391-2404.

[138] GUPTA A, ONG Y S, FENG L. Multifactorial Evolution: Toward Evolutionary Multitasking [J]. IEEE Transactions on Evolutionary Computation, 2016, 20 (3): 343-357.

[139] LIAW R T, TING C K. Evolutionary many-tasking based on biocoenosis through symbiosis: A framework and benchmark problems [C] //2017 IEEE Congress on Evolutionary Computation (CEC), 2017: 2266-2273.

[140] ZHENG X, QIN A K, GONG M, et al. Self-regulated Evolutionary Multi-task Optimization [J]. IEEE Trans. Evol. Comput., 2020, 24 (1): 16-28.

[141] BALI K K, ONG Y S, GUPTA A, et al. Multifactorial Evolutionary Algorithm With Online Transfer Parameter Estimation: MFEA-II [J]. IEEE Trans. Evol. Comput., 2020, 24 (1): 69-83.

[142] CHEN H, TIAN Y, PEDRYCZ W, et al. Hyperplane Assisted Evolutionary Algorithm for ManyObjective Optimization Problems [J]. IEEE Trans. Cybern., 2019: 1-14.

[143] BALI K K, GUPTA A, FENG L, et al. Linearized domain adaptation in evolutionary multitasking [C] //2017 IEEE Con. Evol. Comput, 2017: 1295-1302.

[144] ZHOU L, FENG L, GUPTA A, et al. Learnable Evolutionary Search Across Heterogeneous Problems via Kernelized Autoencoding [J]. IEEE Trans. Evol. Comput., 2021, 25 (3): 567-581.

[145] WU K, WANG C, LIU J. Evolutionary Multitasking Multilayer Network Reconstruction [J]. IEEE Transactions on Cybernetics, 2021: 1-15.

[146] TANG Z, GONG M, WU Y, et al. A Multifactorial Optimization Framework Based on Adaptive Intertask Coordinate System [J]. IEEE Trans. Cybern., 2021: 1-14.

[147] TANG Z, GONG M, WU Y, et al. Regularized Evolutionary Multitask Optimization: Learning to Intertask Transfer in Aligned Subspace [J]. IEEE Trans. Evol. Comput., 2021, 25 (2): 262-276.

[148] LIANG Z, LIANG W, WANG Z, et al. Multiobjective Evolutionary Multitasking With Two-Stage Adaptive Knowledge Transfer Based on Population Distribution [J]. IEEE Trans. Syst., Man, Cybern., Syst., 2022, 52 (7): 4457-4469.

[149] XU H, QIN A K, XIA S. Evolutionary Multitask Optimization With Adaptive Knowledge Transfer [J]. IEEE Trans. Evol. Comput., 2022, 26 (2): 290-303.

[150] HUANG S, ZHONG J, YU W. Surrogate-Assisted Evolutionary Framework with Adaptive Knowledge Transfer for Multi-task Optimization [J]. IEEE Trans. Emerg. Topics Comput., 2021, 9 (4): 1930-1944.

[151] GONG M, TANG Z, LI H, et al. Evolutionary Multitasking With Dynamic Resource Allocating Strategy [J]. IEEE Trans. Evol. Comput., 2019, 23 (5): 858-869.

[152] WEI T, ZHONG J. Towards Generalized Resource Allocation on Evolutionary Multitasking for Multi-Objective Optimization [J]. IEEE Computational Intelligence Magazine, 2021, 16 (4): 20-37.

[153] ZHOU L, FENG L, TAN K C, et al. Toward Adaptive Knowledge Transfer in Multifactorial Evolutionary Computation [J]. IEEE Trans. Cybern., 2021, 51 (5): 2563-2576.

[154] WANG C, LIU J, WU K, et al. Solving Multitask Optimization Problems With Adaptive Knowledge Transfer via Anomaly Detection [J]. IEEE Transactions on Evolutionary Computation, 2022, 26 (2): 304-318.

[155] ZADEH L A. Fuzzy sets [J]. Information and Control, 1965, 8 (3): 338-353.

[156] RAO C, GOH M, ZHENG J. Decision mechanism for supplier selection under sustainability [J]. International Journal of Information Technology & Decision Making, 2017, 16 (01): 87-115.

[157] WANG H, YANG Z, YU Q, et al. Online reliability time series prediction via convolutional neural

network and long short term memory for service-oriented systems [J]. Knowledge-Based Syst. , 2018, 159: 132-147.

[158]　ZHOU N, LI F. Intuitionistic fuzzy multi-attribute decision-making method based on improved score function [C] //2022 4th International Academic Exchange Conference on Science and Technology Innovation (IAECST), 2022: 1111-1119.

[159]　WU W, XIE C, GENG S, et al. Intuitionistic fuzzy-based entropy weight method-TOPSIS for multi-attribute group decision-making in drilling fluid waste treatment technology selection [J]. Environmental Monitoring and Assessment, 2023, 195 (10): 1146.

[160]　ATZORI L, IERA A, MORABITO G. The internet of things: A survey [J]. Computer networks, 2010, 54 (15): 2787-2805.

[161]　COALITION S M L. Implementing 21st century smart manufacturing [R]. Workshop summary report, 2011: 1-36.

[162]　CHEN T, TSAI H R. Ubiquitous manufacturing: Current practices, challenges, and opportunities [J]. Robotics and Computer-Integrated Manufacturing, 2017, 45: 126-132.

[163]　SUH S H, SHIN S J, YOON J S, et al. UbiDM: A new paradigm for product design and manufacturing via ubiquitous computing technology [J]. International Journal of Computer Integrated Manufacturing, 2008, 21 (5): 540-549.

[164]　CHAND S, DAVIS J. What is smart manufacturing [J]. Time Magazine Wrapper, 2010, 7: 28-33.

[165]　HUANG G, WRIGHT P, NEWMAN S T. Wireless manufacturing: a literature review, recent developments, and case studies [J]. International Journal of Computer Integrated Manufacturing, 2009, 22 (7): 579-594.

[166]　LUCKE D, CONSTANTINESCU C, WESTKÄMPER E. Smart factory-a step towards the next generation of manufacturing [C] //Manufacturing Systems and Technologies for the New Frontier: The 41 st CIRP Conference on Manufacturing Systems, Tokyo, Japan, 2008: 115-118.

[167]　TANG R Z, BAI A, GU X J. U-manufacturing: ubiquitous computing-based intelligent manufacturing [J]. Jidian Gongcheng/ Mechanical & Electrical Engineering Magazine, 2011, 28 (1): 6-10.

[168]　ZHONG N, MA J H, HUANG R H, et al. Research challenges and perspectives on Wisdom Web of Things (W2T) [J]. Journal of Supercomputing, 2013, 64: 862-882.

[169]　ZUEHLKE D. SmartFactory Towards a factory-of-things [J]. Annual Reviews in Control, 2010, 34 (1): 129-138.

[170]　YAO X F, JIN H, LI B, et al. Event-driven service-oriented architecture for cloud manufacturing and its implementation with open source tools [J]. Computer Integrated Manufacturing System, 2013, 19 (03): 654-661.

[171]　LEE E A. Cyber-physical systems-are computing foundations adequate [C] //Position paper for NSF workshop on cyber-physical systems: research motivation, techniques and roadmap, 2006, 2: 1-9.

[172]　GROUP C. Framework for cyber-physical systems, release 1. 0 [R]. Report, National Institute of Standards and Technology, May. URL: https: //pages. nist. gov/cpspwg/library, 2016.

[173]　SCHÄTZ B. CyPhERS: Cyber-Physical European Roadmap & Strategy: Research Agenda and Recommendations for Action [R/OL]. European Commission, Germany, White Paper, 2013.

[174]　GEISBERGER E, BROY M. Living in a networked world: Integrated research agenda CyberPhysical Systems (agendaCPS) [M]. Herbert Utz Verlag, 2015.

[175] NOSEWORTHY J, LEESER M. Efficient communication between the embedded processor and the reconfigurable logic on an FPGA [J]. IEEE transactions on very large scale integration (VLSI) systems, 2008, 16 (8): 1083-1090.

[176] ALAM K M EL, SADDIK A. C2PS: A digital twin architecture reference model for the cloud-based cyber-physical systems [J]. IEEE access, 2017, 5: 2050-2062.

[177] TAO F, ZHANG M, CHENG J, et al. Digital twin workshop: a new paradigm for future workshop [J]. Computer Integrated Manufacturing Systems, 2017, 23 (1): 1-9.

[178] SCHROEDER G N, STEINMETZ C, PEREIRA C E, et al. Digital twin data modeling with automationml and a communication methodology for data exchange [J]. IFAC-PapersOnLine, 2016, 49 (30): 12-17.

[179] XU T, ZHANG H, YU C. See you see me: The role of eye contact in multimodal human-robot interaction [J]. ACM Transactions on Interactive Intelligent Systems (TiiS), 2016, 6 (1): 1-22.

[180] CHERUBINI A, PASSAMA R, FRAISSE P, et al. A unified multimodal control framework for human-robot interaction [J]. Robotics and Autonomous Systems, 2015, 70: 106-115.

[181] FRANK J A, KRISHNAMOORTHY S P, KAPILA V. Toward mobile mixed-reality interaction with multi-robot systems [J]. IEEE Robotics and Automation Letters, 2017, 2 (4): 1901-1908.

[182] HOSSAIN M, S MUHAMMAD G. Audio-visual emotion recognition using multi-directional regression and Ridgelet transform [J]. Journal on Multimodal User Interfaces, 2016, 10: 325-333.

[183] BRIZZI F, PEPPOLONI L, GRAZIANO A, et al. Effects of augmented reality on the performance of teleoperated industrial assembly tasks in a robotic embodiment [J]. IEEE Transactions on Human-Machine Systems, 2017, 48 (2): 197-206.

[184] SOETE N, CLAEYS A, HOEDT S, et al. Towards mixed reality in SCADA applications [J]. IF-ACPapersOnLine, 2015, 48 (3): 2417-2422.

[185] WANG X V, KEMÉNY Z, VÁNCZA J, et al. Human-robot collaborative assembly in cyberphysical production: Classification framework and implementation [J]. CIRP annals, 2017, 66 (1): 5-8.

[186] AHMAD R W, GANI A, HAMID S H A, et al. A survey on virtual machine migration and server consolidation frameworks for cloud data centers [J]. Journal of network and computer applications, 2015, 52: 11-25.

[187] SHU Z, WAN J, ZHANG D, et al. Cloud-integrated cyber-physical systems for complex industrial applications [J]. Mobile Networks and Applications, 2016, 21: 865-878.

[188] LI D, TANG H, WANG S, et al. A big data enabled load-balancing control for smart manufacturing of Industry 4.0 [J]. Cluster Computing, 2017, 20: 1855-1864.

[189] MOURTZIS D, VLACHOU E. Cloud-based cyber-physical systems and quality of services [J]. The TQM Journal, 2016, 28 (5): 704-733.

[190] COLOMBO A W, BANGEMANN T, KARNOUSKOS S, et al. Industrial cloud-based cyberphysical systems [J]. The Imc-aesop Approach, 2014, 22: 4-5.

[191] OSANAIYE O, CHEN S, YAN Z, et al. From cloud to fog computing: A review and a conceptual live VM migration framework [J]. IEEE Access, 2017, 5: 8284-8300.

[192] WU D, LIU S, ZHANG L, et al. A fog computing-based framework for process monitoring and prognosis in cyber-manufacturing [J]. Journal of Manufacturing Systems, 2017, 43: 25-34.

[193] GEORGAKOPOULOS D, JAYARAMAN P P, FAZIA M, et al. Internet of Things and edge cloud computing roadmap for manufacturing [J]. IEEE Cloud Computing, 2016, 3 (4): 66-73.

[194] VILALTA R, LÓPEZ V, GIORGETTI A, et al. TelcoFog: A unified flexible fog and cloud com-

puting architecture for 5G networks [J]. IEEE Communications Magazine, 2017, 55 (8): 36-43.

[195] YANG P, ZHANG N, BI Y, et al. Catalyzing cloud-fog interoperation in 5G wireless networks: An SDN approach [J]. IEEE Network, 2017, 31 (5): 14-20.

[196] LU Y. The blockchain: State-of-the-art and research challenges [J]. Journal of Industrial Information Integration, 2019, 15: 80-90.

[197] PETERSEN M, HACKIUS N, KERSTEN W. Blockchain for manufacturing and logistics basics, benefits, and use cases [J]. ZWF Zeitschrift für Wirtschaftlichen Fabrikbetrieb, 2016, 111 (10): 626-629.

[198] PREUVENEERS D, JOOSEN W, ILIE-ZUDOR E. Trustworthy data-driven networked production for customer-centric plants [J]. Industrial Management & Data Systems, 2017, 117 (10): 2305-2324.

[199] HUCKLE S, WHITE M. Socialism and the Blockchain [J]. Future Internet, 2016, 8 (4): 49.

[200] XU X. From cloud computing to cloud manufacturing [J]. Rob. Comput. Integr. Manuf. , 2012, 28 (1): 75 -86.

[201] ZHOU J, YAO X. Advanced manufacturing technology and new industrial revolution [J]. Computer Integrated Manufacturing Systems, 2015, 21 (8): 1963-1978.

[202] OCHOA S F, FORTINO G, DI FATTA G. Cyber-physical systems, internet of things and big data [J]. Future Generation Computer Systems, 2017, 75: 82-84.

[203] CUI Y, KARA S, CHAN K C. Manufacturing big data ecosystem: A systematic literature review [J]. Robotics and Computer-Integrated Manufacturing, 2020, 62: 101861.

[204] YAO X, JIN H, ZHANG J. Towards a wisdom manufacturing vision [J]. International Journal of Computer Integrated Manufacturing, 2015, 28 (12): 1291-1312.

[205] HEY T, TANSLEY S, TOLLE K M, et al. The fourth paradigm: data-intensive scientific discovery: vol. 1 [M]. Microsoft Research Redmond, WA, 2009.

[206] BAHGA A, MADISETTI V K. Analyzing massive machine maintenance data in a computing cloud [J]. IEEE Transactions on Parallel and Distributed Systems, 2011, 23 (10): 1831-1843.

[207] TSUDA T, INOUE S, KAYAHARA A, et al. Advanced semiconductor manufacturing using big data [J]. IEEE Transactions on Semiconductor Manufacturing, 2015, 28 (3): 229-235.

[208] LEE J, LAPIRA E, BAGHERI B, et al. Recent advances and trends in predictive manufacturing systems in big data environment [J]. Manufacturing Letters, 2013, 1 (1): 38-41.

[209] HUANG Y, WILLIAMS B C, ZHENG L. Reactive, model-based monitoring in RFID-enabled manufacturing [J]. Computers in Industry, 2011, 62 (8-9): 811-819.

[210] TENNENHOUSE D. Proactive computing [J]. Communications of the ACM, 2000, 43 (5): 43-50.

[211] WANT R, PERING T, TENNENHOUSE D. Comparing autonomic and proactive computing [J]. IBM Systems Journal, 2003, 42 (1): 129-135.

[212] ENGEL Y, ETZION O, FELDMAN Z. A basic model for proactive event-driven computing [C] //Proceedings of the 6th ACM international conference on distributed event-based systems, 2012: 107-118.

[213] BLOEM J, VAN DOORN M, DUIVESTEIN S, et al. Creating clarity with big data [M]. Sogeti VINT, 2012.

[214] CONTI M, CHONG S, FDIDA S, et al. Research challenges towards the Future Internet [J]. Computer Communications, 2011, 34 (18): 2115-2134.

[215] FRAZZON E M, HARTMANN J, MAKUSCHEWITZ T, et al. Towards Socio-Cyber-Physical Systems in Production Networks [J]. Procedia CIRP, 2013, 7: 49-54.

[216] WANG J, XU C, ZHANG J, et al. Big data analytics for intelligent manufacturing systems: A review [J]. J. Manuf. Syst., 2022, 62: 738-752.

[217] DUMBILL E, CROLL A, STEELE J, et al. Planning for big data [M]. O'Reilly Media Sebastopol, CA, 2012.

[218] CHEN M, MAO S, LIU Y. Big data: A survey [J]. Mobile Networks and Applications, 2014, 19: 171-209.

[219] LIU K. Semiotics in information systems engineering [M]. Cambridge University Press, 2000.

[220] ROWLEY J. The wisdom hierarchy: representations of the DIKW hierarchy [J]. Journal of Information Science, 2007, 33 (2): 163-180.

[221] SHADBOLT N, BERNERS-LEE T, HALL W. The semantic web revisited [J]. IEEE Intelligent Systems, 2006, 21 (3): 96-101.

[222] LEE J, WU F, ZHAO W, et al. Prognostics and health management design for rotary machinery systems Reviews, methodology and applications [J]. Mechanical Systems and Signal Processing, 2014, 42 (1-2): 314-334.

[223] TANG C S, VEELENTURF L P. The strategic role of logistics in the industry 4.0 era [J]. Transportation Research Part E: Logistics and Transportation Review, 2019, 129: 1-11.

[224] LASI H, FETTKE P, KEMPER H G, et al. Industry 4.0 [J]. Business & information systems engineering, 2014, 6: 239-242.

[225] HAN J, WU S, ZHANG X. Artificial intelligence and industry 5.0 [J]. Artificial Intelligence and Robotics, 2017, 6 (4): 135-140.

[226] 周佳军, 姚锡凡, 刘敏, 等. 几种新兴智能制造模式研究评述 [J]. 计算机集成制造系统, 2017, 23 (03): 624-639.

[227] ZHOU J, ZHOU Y, WANG B, et al. Human-cyber-physical systems (HCPSs) in the context of new-generation intelligent manufacturing [J]. Engineering, 2019, 5 (4): 624-636.

[228] BAICUN W, YUAN X, JIANLIN Y, et al. Human-centered intelligent manufacturing: Overview and perspectives [J]. Strategic Study of CAE, 2020, 22 (4): 139-146.

[229] DEIF A M. A system model for green manufacturing [J]. Journal of Cleaner Production, 2011, 19 (14): 1553-1559.

[230] HUANG S, WANG B, LI X, et al. Industry 5.0 and Society 5.0 Comparison, complementation and co-evolution [J]. Journal of Manufacturing Systems, 2022, 64: 424-428.

[231] 庄存波, 刘检华, 张雷. 工业 5.0 的内涵、体系架构和使能技术 [J]. 机械工程学报, 2022, 58 (18): 75-87.

[232] ROMERO D, STAHRE J. Towards the resilient operator 5.0: The future of work in smart resilient manufacturing systems [J]. Procedia Cirp, 2021, 104: 1089-1094.

[233] ÖZDEMIR V, HEKIM N. Birth of industry 5.0: Making sense of big data with artificial intelligence, the internet of things and next-generation technology policy [J]. Omics: A Journal of Integrative Biology, 2018, 22 (1): 65-76.

[234] NAHAVANDI S. Industry 5.0 A human-centric solution [J]. Sustainability, 2019, 11 (16): 4371.

[235] DEMIR K A, DÖVEN G, SEZEN B. Industry 5.0 and human-robot co-working [J]. Procedia Computer Science, 2019, 158: 688-695.

[236] REDDY P, PHAM Q V, PRABADEVI B, et al. Industry 5.0: A survey on enabling technologies and potential applications [J]. Journal of Industrial Information Integration, 2022, 26: 100257.

[237] SKOBELEV P O, BOROVIK S Y. On the way from Industry 4.0 to Industry 5.0: From digital manufacturing to digital society [J]. Industry 4.0, 2017, 2 (6): 307-311.

[238] XU X, LU Y, VOGEL-HEUSER B, et al. Industry 4. 0 and Industry 5. 0 Inception, conception and perception [J]. Journal of Manufacturing Systems, 2021, 61: 530-535.

[239] MICHAELIS J E, SIEBERT-EVENSTONE A, SHAFFER D W, et al. Collaborative or simply uncaged? understanding human-cobot interactions in automation [C] //Proceedings of the 2020 CHI Conference on Human Factors in Computing Systems, 2020: 1-12.

[240] ROMERO D, STAHRE J, WUEST T, et al. Towards an operator 4. 0 typology: a human-centric perspective on the fourth industrial revolution technologies [C] //proceedings of the international conference on computers and industrial engineering (CIE46), Tianjin, China, 2016: 29-31.

[241] ZHOU J, GAO L, YAO X, et al. Evolutionary many-objective assembly of cloud services via angle and adversarial direction driven search [J]. Inf. Sci. , 2020, 513: 143-167.

[242] DERRAC J, GARCÍA S, MOLINA D, et al. A practical tutorial on the use of nonparametric statistical tests as a methodology for comparing evolutionary and swarm intelligence algorithms [J]. Swarm and Evolutionary Computation, 2011, 1 (1): 3-18.

[243] ZHOU J, GAO L, LU C, et al. Transfer learning assisted batch optimization of jobs arriving dynamically in manufacturing cloud [J]. J. Manuf. Syst. , 2022, 65: 44-58.

[244] NIU S, LIU Y, WANG J, et al. A Decade Survey of Transfer Learning (2010-2020) [J]. IEEE Trans. Artif. Intell. , 2020, 1 (2): 151-166.

[245] ZHUANG F, QI Z, DUAN K, et al. A Comprehensive Survey on Transfer Learning [J]. Proc. IEEE, 2021, 109 (1): 43-76.

[246] TAO F, FENG Y, ZHANG L, et al. CLPS-GA: A case library and Pareto solution-based hybrid genetic algorithm for energy-aware cloud service scheduling [J]. Appl. Soft Comput. , 2014, 19: 264-279.

[247] XIANG F, JIANG G, XU L, et al. The case-library method for service composition and optimal selection of big manufacturing data in cloud manufacturing system [J]. Int. J. Adv. Manuf. Technol. , 2016, 84 (1): 59-70.

[248] XU X, LIU Z, WANG Z, et al. S-ABC: A paradigm of service domain-oriented artificial bee colony algorithms for service selection and composition [J]. Futur. Gener. Comp. Syst. , 2017, 68: 304-319.

[249] LI T, HE T, WANG Z, et al. SDF-GA: a service domain feature-oriented approach for manufacturing cloud service composition [J]. J. Intell. Manuf. , 2020, 31 (3): 681-702.

[250] DA B, GUPTA A, ONG Y S. Curbing Negative Influences Online for Seamless Transfer Evolutionary Optimization [J]. IEEE Trans. Cybern. , 2019, 49 (12): 4365-4378.

[251] WANG C, LIU J, WU K, et al. Solving Multi-task Optimization Problems with Adaptive Knowledge Transfer via Anomaly Detection [J]. IEEE Trans. Evol. Comput. , 2022, 26 (2): 304-318.

[252] LI K, FIALHO , KWONG S, et al. Adaptive Operator Selection With Bandits for a Multiobjective Evolutionary Algorithm Based on Decomposition [J]. IEEE Transactions on Evolutionary Computation, 2014, 18 (1): 114-130.

[253] GRETTON A, BORGWARDT K M, RASCH M J, et al. A kernel two-sample test [J]. The Journal of Machine Learning Research, 2012, 13 (1): 723-773.

[254] MURPHY K P. Machine learning: a probabilistic perspective [M]. MIT Press, 2012.

[255] TIAN Y, LU C, ZHANG X, et al. Solving Large-Scale Multiobjective Optimization Problems With Sparse Optimal Solutions via Unsupervised Neural Networks [J]. IEEE Transactions on Cybernetics, 2021, 51 (6): 3115-3128.

[256] AGRAWAL R B, DEB K, AGRAWAL R B. Simulated binary crossover for continuous search space

[J]. Complex Systems, 1994, 9 (3): 115-148.

[257] SHANG Q, ZHANG L, FENG L, et al. A Preliminary Study of Adaptive Task Selection in Explicit Evolutionary Many-Tasking [C] //2019 IEEE Congress on Evolutionary Computation (CEC), 2019: 2153-2159.

[258] XUE X, ZHANG K, TAN K C, et al. Affine transformation-enhanced multifactorial optimization for heterogeneous problems [J]. IEEE Transactions on Cybernetics, 2020.

[259] ZHOU J, GAO L, YAO X, et al. Evolutionary algorithms for many-objective cloud service composition: Performance assessments and comparisons [J]. Swarm Evol. Comput., 2019, 51: 100605.

[260] ZHOU J, GAO L, LI X. Ensemble of Dynamic Resource Allocation Strategies for Decomposition-Based Multiobjective Optimization [J]. IEEE Transactions on Evolutionary Computation, 2021, 25 (4): 710-723.

[261] CHANDOLA V, BANERJEE A, KUMAR V. Anomaly detection: A survey [J]. ACM computing surveys (CSUR), 2009, 41 (3): 1-58.

[262] TWOMEY N, CHEN H, DIETHE T, et al. An application of hierarchical Gaussian processes to the detection of anomalies in star light curves [J]. Neurocomputing, 2019, 342: 152-163.

[263] MEIDANI K, MIRJALILI S, FARIMANI A B. MAB-OS: multi-armed bandits metaheuristic optimizer selection [J]. Applied Soft Computing, 2022, 128: 109452.

[264] POWELL W B. A unified framework for stochastic optimization [J]. European Journal of Operational Research, 2019, 275 (3): 795-821.

[265] DRUGAN M M. Covariance Matrix Adaptation for Multiobjective Multiarmed Bandits [J]. IEEE Transactions on Neural Networks and Learning Systems, 2019, 30 (8): 2493-2502.

[266] ZHANG Y, TAO F, LIU Y, et al. Long/short-term utility aware optimal selection of manufacturing service composition towards Industrial Internet platform [J]. IEEE Trans. Ind. Informat., 2019: 1-1.

[267] LIANG Z, XU X, LIU L, et al. Evolutionary Many-Task Optimization Based on Multisource Knowledge Transfer [J]. IEEE Transactions on Evolutionary Computation, 2022, 26 (2): 319-333.

[268] ZHU Q, LIN Q, DU Z, et al. A novel adaptive hybrid crossover operator for multiobjective evolutionary algorithm [J]. Inf. Sci., 2016, 345: 177-198.

[269] DA B, ONG Y S, FENG L, et al. Evolutionary multitasking for single-objective continuous optimization: Benchmark problems, performance metric, and baseline results [J]. arXiv preprint arXiv: 1706.03470, 2017.

[270] GARCÍA-NÁJERA A, LÓPEZ-JAIMES A. An investigation into many-objective optimization on combinatorial problems: Analyzing the pickup and delivery problem [J]. Swarm and Evolutionary Computation, 2018, 38: 218-230.

[271] CORMEN T H, LEISERSON C E, RIVEST R L, et al. Introduction to algorithms [M]. MIT Press, 2022.

[272] WU Z, PAN S, CHEN F, et al. A comprehensive survey on graph neural networks [J]. IEEE Transactions on Neural Networks and Learning Systems, 2020, 32 (1): 4-24.

[273] DEFFERRARD M, BRESSON X, VANDERGHEYNST P. Convolutional neural networks on graphs with fast localized spectral filtering [C] //Advances in Neural Information Processing Systems. 2016.

[274] HELO P, HAO Y, TOSHEV R, et al. Cloud manufacturing ecosystem analysis and design [J].

Rob. Comput. Integr. Manuf.，2021，67：102050.

[275] LIU G. Decision making on optimal resource allocation in regional virtual enterprises all iance based on RST [J]. J. Netw. Comput. Appl.，2007，13（11）：2178-2183.

[276] TAO F，HU Y，DING Y. Resource optimization selection evaluation model based on agents in manufacturing grid systems [J]. China Mech. Eng.，2005，16（24）：2192-2197.

[277] 潘晓辉. 基于 ASP 模式的网络化制造资源建模及优化配置方法研究 [D]. 大连：大连理工大学，2005.

[278] XIONG G，TAMIR T S，SHEN Z，et al. A Survey on Social Manufacturing：A Paradigm Shift for Smart Prosumers [J]. IEEE Trans. Comput. Social Syst.，2023，10（5）：2504-2522.

[279] LI J，MO R，SUN H. Evaluation of product service system based on complex network [J]. Comput. Integr. Manuf. Syst.，2013，19（9）：2355-2363.

[280] SAEIDI P，MARDANI A，MISHRA A R. Evaluate sustainable human resource management in the manufacturing companies using an extended Pythagorean fuzzy SWARA-TOPSIS method [J]. J. Cleaner Prod.，2022，370：133380.

[281] 宋文艳. 云制造资源优化配置研究 [D]. 重庆：重庆大学，2013.

[282] CHEN T C T. Type-II fuzzy collaborative intelligence for assessing cloud manufacturing technology applications [J] Rob. Comput. Integr. Manuf.，2022，78：102399.

[283] YIN C，ZHANG Y，ZHONG T. Optimization model of cloud manufacturing services resource combination for new product development [J] Comput. Integr. Manuf. Syst.，2012，18（7）：1368- 1378.

[284] LI B，YANG Y，SU J，et al. Two-sided matching decision-making model with hesitant fuzzy preference information for configuring cloud manufacturing tasks and resources [J]. J. Intell. Manuf.，2020，31（8）：2033-2047.

[285] YANG T，ZHANG Y，WANG J. Research on initiative discovery and agile configuration of manufacturing services for cloud manufacturing [J]. Comput. Integr. Manuf. Syst.，2015，20（4）：1124-1133.

[286] HERRERA F，MARTÍNEZ L. A 2-Tuple Fuzzy Linguistic Representation Model for Computing with Words [J]. IEEE Trans. Fuzzy Syst.，2000，8（6）：746-752.

[287] HERRERA F，HERRERA-VIEDMA E，LUIS M. A fusion approach for managing multigranularity linguistic term sets in decision making [J]. Fuzzy Sets Syst.，2000，114（1）：43-58.

[288] HERRERA F，MARTINEZ L，SÁNCHEZ J. Managing non-homogeneous information in group decision making [J]. Eur. J. Oper. Res.，2005，166（1）：115-132.

[289] HERRERA F，MARTÍNEZ L. An approach for combining linguistic and numerical information based on the 2-tuple fuzzy linguistic representation model in decision-making [J]. Int. J. Uncertainty Fuzziness Knowl. -Based Syst.，2000，8（5）：539-562.

[290] 李登峰. 模糊多目标多人决策与对策 [M]. 北京：国防工业出版社，2003.

[291] 程美英，钱乾，倪志伟. 多任务优化算法综述 [J]. 控制与决策，2023，38（07）：1802－1815.

[292] 李峰，王琦，胡健雄，等. 数据与知识联合驱动方法研究进展及其在电力系统中应用展望 [J]. 中国电机工程学报，2021，41（13）：4377－4390.

[293] 蒲志强，易建强，刘振，等. 知识和数据协同驱动的群体智能决策方法研究综述 [J]. 自动化学报，2022，48（03）：627－643.

[294] Wu M，Li K，Kwong S，et al. Evolutionary Many-Objective Optimization Based on Adversarial Decomposition [J]. IEEE Transactions on Cybernetics，2020，50（2）：753-764.